经典译丛·网络空间安全

硬件木马之战
——攻击防御之谜

The Hardware Trojan War
Attacks, Myths, and Defenses

［美］ Swarup Bhunia
Mark M. Tehranipoor　主编

王坚　陈哲　柴松　译

电子工业出版社
Publishing House of Electronics Industry
北京·BEIJING

内 容 简 介

本书系统、详尽地介绍了硬件木马的起源、常见攻击手段与防御措施。具体内容包括：硬件木马的综述及其攻防策略概述；硬件木马攻击，如 SoC/NoC、硬件 IP、模拟/混合/射频芯片以及 PCB 中的硬件木马威胁分析；硬件木马检测，如逻辑测试、形式验证和无黄金电路检测等电路逻辑测试方法，以及延迟分析和逆向工程等边信道分析方法；安全设计方法，如硬件混淆、植入威慑和 FPGA 木马及其对策；硬件木马的发展趋势及挑战。

本书可作为电子科学与技术、信息安全等电子信息和计算机科学专业的硬件安全的本科生或研究生教材，也可作为科研院所的硬件系统研发人员的参考书。

版权贸易合同登记号　图字：01-2020-6725

图书在版编目（CIP）数据

硬件木马之战：攻击防御之谜 /（美）斯瓦鲁普·布尼亚（Swarup Bhunia），（美）马克·M. 德黑兰尼普尔（Mark M. Tehranipoor）主编；王坚，陈哲，柴松译. — 北京：电子工业出版社，2022.1
（经典译丛. 网络空间安全）
书名原文：The Hardware Trojan War: Attacks, Myths, and Defenses
ISBN 978-7-121-42752-7

Ⅰ. ①硬… Ⅱ. ①斯… ②马… ③王… ④陈… ⑤柴… Ⅲ. ①计算机网络—网络安全 Ⅳ. ①TP393.08

中国版本图书馆 CIP 数据核字（2022）第 014814 号

责任编辑：杨　博
印　　刷：三河市鑫金马印装有限公司
装　　订：三河市鑫金马印装有限公司
出版发行：电子工业出版社
　　　　　北京市海淀区万寿路 173 信箱　　邮编：100036
开　　本：787×1092　1/16　印张：19　　字数：486 千字　彩插：6
版　　次：2022 年 1 月第 1 版
印　　次：2022 年 1 月第 1 次印刷
定　　价：89.00 元

凡所购买电子工业出版社图书有缺损问题，请向购买书店调换。若书店售缺，请与本社发行部联系，联系及邮购电话：(010) 88254888，88258888。

质量投诉请发邮件至 zlts@phei.com.cn，盗版侵权举报请发邮件至 dbqq@phei.com.cn。

本书咨询联系方式：yangbo2@phei.com.cn。

译 者 序

硬件是网络空间的基础层，硬件安全是网络空间安全的基石。一旦硬件安全出现问题，其上承载的软件、协议等上层建筑亦会受到威胁。近年来，网络空间"降维打击"成为一种新趋势，和硬件相关的系统攻击、破坏和入侵事件层出不穷，数量与日俱增，这为网络空间安全带来了巨大挑战。硬件木马作为"降维打击"的一种主流手段，在篡改原始芯片设计后可能导致硬件系统出现功能转移、信息泄露甚至损毁等严重后果。由于硬件木马隐蔽性强、危害性大且难以清除，硬件木马从诞生以来就受到人们的广泛关注。本书正是在这样一种环境下，对硬件木马的相关技术进行讨论。

美国佛罗里达大学的 Bhunia 教授和 Tehranipoor 教授是本书主编，他们利用自身在硬件安全领域的学术影响力，组织了 Intel 公司、犹他州立大学、弗吉尼亚理工大学、宾夕法尼亚州立大学的多位硬件安全专家共同撰稿。全书共六部分，分 16 章，全面系统地介绍了硬件木马基础理论、威胁模型、设计方法、检测技术及未来趋势的相关知识，覆盖了 IP、IC、PCB 等多个硬件层次。此外，书中每章末都提供了大量参考文献[①]，可为读者进一步了解该领域提供帮助，特别适合从事硬件安全研究的工程师和学术界人士参考阅读。

本书的翻译由电子科技大学"赛博空间硬件设计与安全"研究团队完成，主要由王坚、陈哲和柴松翻译。该团队长期从事硬件安全领域相关工作，对硬件木马攻防技术有着深入的研究。为了完成高品质译著，团队花费了近一年半的时间，对本书进行了仔细研读，并对部分知识点进行了拓展学习。在学习与翻译过程中，译者发现原书图表、文字及公式等多个疑似错误之处。本着严谨的原则，译者同原书作者进行了沟通，并就上述疑点一一进行交流。在得到作者认可的基础上，译者在翻译稿中进行了修改。

在本书的翻译过程中，团队的多名教师及学生也做出了不同的贡献，在此深表感谢！他们是杨铼、李桓、汤涉、渊采、熊江涛、马骄阳、宋颖和郭铖飞等。我们深信，本书将为硬件安全领域的研究人员开启技术研究的大门。团队的座右铭是："前面的高山是如此巍峨美丽，让我们一起去攀登吧！"与读者共勉。

受时间和水平限制，本书难免有错误与不妥之处，热忱地希望读者将使用中发现的问题与改进建议告诉我们，以便我们能进一步提高译著的质量。

---

① 登录华信教育资源网(www.hxedu.com.cn)搜索本书可获得完整参考文献清单，本书未包含参考文献中的网址。

缩 略 语

3PIP	Third Party Intellectual Property	第三方知识产权
ADC	Analog-to-Digital Converter	模数转换器
AES	Advanced Encryption Standard	高级加密标准
AMD	Algebraic Manipulation Detection	代数操作检测
AMS	Analog/Mixed Signal	模拟/混合信号
ASIC	Application Specified Integrated Circuit	专用集成电路
ATE	Automatic Test Equipment	自动测试设备
ATMR	Adaptive Triple Modular Redundancy	自适应三模块冗余
ATP	Automatic Theorem Prover	自动定理证明器
ATPG	Automatic Test Pattern Generation	自动测试模式生成
BBI	Body Bias Injection	基底偏压注入
BDD	Binary Decision Diagram	二元决策图
BEOL	Back End Of Line	后道工艺
BGA	Binary Genetic Algorithm	二进制遗传算法
BISA	Built-In Self Authentication	内建自认证
BIST	Build-In Self Test	内建自测试
BMC	Bounded Model Checking	有界模型检查
BSA	Boundary Scan Architecture	边界扫描架构
CAD	Computer-Aided Design	计算机辅助设计
CAD	Chip Averaged Delay	芯片平均延迟
CHTD	Concurrent Hardware Trojan Detection	并发硬件木马检测
CIVA	Charge-Induced Voltage Alteration	电荷感应电压变化
CLB	Configurable Logic Block	可配置逻辑块
CMOS	Complementary Metal Oxide Semiconductor	互补金属氧化物半导体
CMP	Chemical Mechanical Polishing	化学机械抛光
CNF	Conjunctive Normal Form	合取范式
COTS	Commercial Off-The-Shelf	商业现成品
CPU	Central Processing Unit	中央处理器
CRC	Cyclic Redundancy Check	循环冗余校验
CRP	Challenge Response Pair	质询响应对
CTL	Computation Tree Logic	计算树逻辑
CTMR	Cell Trojan Miss Rate	单元木马漏报率
CVG	Constant Value Generator	恒值发生器
DARPA	Defense Advanced Research Projects Agency	（美国）国防部高级研究计划局
DCM	Digital Clock Manager	数字时钟管理器
DDR	Double Data Rate	双数据速率
DeECC	ECC decoder	ECC 解码器
DES	Data Encryption Standard	数据加密标准
DFD	Design For Debug	可调式设计

DFDeP	Dynamic Flit De-Permutation	动态数据切片去重排
DFP	Dynamic Flit Permutation	动态数据切片排列
DFT	Design-for-trust	可信设计
DLL	Delay Loop Lock	延迟锁相环
DMA	Direct Memory Access	直接存储器访问
DoS	Denial of Service	拒绝服务
DRM	Digital Right Management	数字版权管理
DSFF	Dummy Scan Flip-Flop	伪扫描触发器
DTMR	Design Trojan Miss Rate	设计木马漏报率
DUT	Device Under Test	被测设备
DVFS	Dynamic Voltage Frequency Scaling	动态电压频率调节
ECC	Error Correcting Code	差错控制编码
EDA	Electronic Design Automation	电子设计自动化
EKF	Extended Kalman Filter	扩展卡尔曼滤波器
EM	Electric Magnetic	电磁
FEOL	Front End Of Line	前道工艺
FF	Flip Flop	触发器
FIFO	First In First Out	先进先出队列
FPGA	Field Programmable Gate Array	现场可编程门阵列
FPR	False Positive Rate	假阳性率（误报率）
FPU	Float Point Unit	浮点单元
FSM	Finite State Machine	有限状态机
GA	Genetic Algorithm	遗传算法
GD	Geometry Distribution	几何分布
GIC	Golden Integrated Circuit	黄金芯片
GLC	Gate-Level Characterization	门级特征
GND	Ground	接地
GPU	Graphic Processing Unit	图形处理单元
HCI	Hot Carrier Injection	热载流子注入
HD	Hamming Distance	汉明距离
HDL	Hardware Description Language	硬件描述语言
HF	High Frequency	高频
HSM	Hardware Security Module	硬件安全模块
HT	Hardware Trojan	硬件木马
HTC	Hardware Trojan Countermeasure	硬件木马对策
HW	Hardware	硬件
I/O	Input/Output	输入/输出
IC	Integrated Circuit	集成电路
ICUT	Integrated Circuit Under Test	被测集成电路
IFT	Information Flow Tracking	信息流跟踪
ILD	Inter-Level Dielectric	层间介质
ILP	Integer Linear Program	整数线性规划
IP	Intellectual Property	知识产权

JTAG	Joint Test Action Group	联合测试工作组
LCI	Launch-Capture Interval	发射-捕获间隔
LFSR	Linear Feedback Shift Register	线性反馈移位寄存器
LIVA	Light-Induced Voltage Alteration	光致电压变化
LNA	Low Noise Amplifier	低噪声放大器
LOC	Launch-On-Capture	捕获时发射
LOS	Launch-On-Shift	移位时发射
LRT	Life-Span Reduction Trojan	寿命缩短型木马
LTL	Linear Temporal Logic	线性时序逻辑
LUT	Look-Up Table	查找表
M3D	Monolithic Three-Dimensional	单片式三维
MDS	Multi-Dimensional Scaling	多维缩放
MERO	Multiple Excitation of Rare Occurrence	多次激发稀有事件
MERS	Multiple Excitation of Rare Switching	多次激发稀有翻转
MISR	Multi-Input Signature Register	多输入签名寄存器
MMSE	Minimum Mean Squared Error	最小均方误差
MPSoC	Multi-Processor System-on-Chip	片上多处理器系统
NBTI	Negative Bias Temperature Instability	负偏压温度不稳定性
NFET	Negative channel Field Effect Transistor	N 沟道场效应管
NI	Network Interface	网络接口
NIST	National Institute of Standards Technology	（美国）国家标准技术研究所
NLD	Network Latency Differential	网络延迟差异
NMOS	Negative channel Metal Oxide Semiconductor	N 沟道金属氧化物半导体
NoC	Network-on-Chip	片上网络
NPL	NMOS Parallel Locking	NMOS 并行锁定
NSL	NMOS Serial Locking	NMOS 串行锁定
NVM	Non-Volatile Memory	非易失性存储器
OPAMP	Operational Amplifier	运算放大器
OPC	Optical Proximity Correction	光学邻近效应修正
ORA	Output Response Analyzer	输出响应分析仪
PA	Power Amplifier	功率放大器
PC	Program Counter	程序计数器
PCA	Principle Component Analysis	主成分分析
PCB	Printed Circuit Board	印制电路板
PCC	Proof-Carrying Code	携带证明代码
PCH	Proof Carry Hardware	携带证明硬件
PCHIP	Proof-Carrying Hardware Intellectual Property	携带证明的硬件知识产权
PCI	Peripheral Component Interconnect	外部设备互连总线
PCM	Process Control Monitor	工艺控制监视器
PDF	Path Delay Fault	路径延迟故障
PDN	Pull-Down Network	下拉网络
PICA	Picosecond Imaging Circuit Analysis	皮秒成像电路分析
PLL	Phase Locked Loop	锁相环

PMOS	Positive channel Metal Oxide Semiconductor	P 沟道金属氧化物半导体
PnR	Place and Route	布局布线
PPL	PMOS Parallel Locking	PMOS 并行锁定
PRPG	Pseudo-Random Pattern Generator	伪随机模式发生器
PSL	PMOS Serial Locking	PMOS 串行锁定
PSS	Periodic Stable State	周期稳态
PUF	Physical Unclonable Function	物理不可克隆函数
PUN	Pull-Up Network	上拉网络
PVC	Passive Voltage Contrast	电压衬度像
RE	Reverse Engineering	反向工程
RF	Radio Frequency	射频
RNG	Random Number Generator	随机数生成器
RO	Ring Oscillator	环形振荡器
RSM	Routing Switch Matrix	路由交换矩阵
RTL	Register Transfer Level	寄存器传输级
SAT	Satisfiability problem	可满足性问题
SDM	Steepest Descent Method	最速下降法
SEC	Sequential Equivalence Checking	时序等效性检验
SEM	Scanning Electron Microscope	扫描电子显微镜
SNR	Signal-to-Noise Ratio	信噪比
SoC	System-on-Chip	片上系统
SOM	Scanning Optical Microscope	扫描光学显微镜
SPOI	Security Point Of Interest	安全兴趣点
SQUID	Super Conducting Quantum Interference Device	超导量子干涉仪
SRAF	Sub-Resolution Assist Features	亚分辨率辅助特征
SRAM	Static Random Access Memory	静态随机存储器
STG	State Transfer Graph	状态转移图
SVM	Support Vector Machine	支持向量机
TASP	Target-Activated Sequential Payload	目标激活的时序有效负载
TC	Thermometer Code	温度码
TCA	Trojan-to-Circuit switching Activity	木马与电路的切换活动比
TCP	Trojan-to-Circuit Power consumption	木马与电路的功耗活动比
TCR	Trojan-to-Circuit Ratio	木马电路比
TDC	Time-to-Digital Converter	时间-数字转换器
TDF	Transition Delay Fault	转换延迟故障
TMR	Trojan Miss Rate	木马漏报率
TMR	Triple Modular Redundancy	三模块冗余
TPG	Test Pattern Generator	测试模式发生器
USB	Universal Serial Bus	通用串行总线
UWB	Ultra-Wide Band	超宽带
VCI	Voltage Contrast Imaging	电压对比成像
VeSFET	Vertical-Slit Field-Effect Transistor	垂直缝场效应晶体管
VLSI	Very Large Scale Integration	超大规模集成

目　　录

第一部分　硬件木马的基础知识

第二部分 硬件木马攻击：威胁分析

第五部分 安全设计

第一部分　硬件木马的基础知识

第1章 绪 论

Swarup Bhunia、Atul Prasad Deb Nath 和 Mark M. Tehranipoor[①]

传统上，人们都认为计算机系统的安全性与软件或所处理信息的安全性有关，而用于信息处理的底层硬件一直以来均被认为是"信任根"(root of trust)或"可信锚"(trust anchors)。然而，恶意的硬件修改违反了硬件是信任根这一基本假设，是一种对电子硬件有力的攻击(如十年前曝光的硬件木马攻击)。通过在电子硬件生命周期的不同阶段进行恶意硬件修改，此类攻击行为已成为电子行业重要的安全问题。攻击者可以发起此类攻击，使得电子硬件现场运行失效并因此引发灾难性后果，又或造成芯片中机密信息泄露，例如将加密芯片中的密钥泄露给未经授权的一方。全球经济趋势使得硬件的设计和制造过程中越来越依靠不可信实体，这加剧了硬件在此类攻击下的脆弱性。本书全面地阐述了源自硬件木马攻击的威胁，给出了不同的木马攻击模型并详细描述其木马类型和场景，阐释了现有的可信指标及各种形式的保护方法、防御措施以及未来研究方向。在学术界和产业界，硬件木马的研究进展非常显著。近十年来，这一领域的研究活动显著增长，全球研究人员也经常报告新的硬件脆弱性及其解决方案。

硬件木马攻击已成为电子硬件在所有抽象层面上的一个主要安全问题，涵盖硬件知识产权核(IP)、集成电路(IC)、印制电路板(PCB)和系统。这些攻击源自不可信的设计方或代工厂在硬件的设计或生产过程中对其进行恶意篡改，涉及不可信的人员、设计工具或组件。此类篡改可导致硬件出现非预期的功能行为、性能降低，或提供隐秘渠道或"后门"用以泄露敏感信息，这些结果均将破坏硬件的信任根。攻击者希望其植入的木马足够隐蔽，以便逃避制造后的传统检测手段，并在长期运行后才显现出来。学术界和业界对这一话题的兴趣与日俱增，同时所有与硬件木马相关的话题在全球范围内的研究活动都显著增加。本书首次全面地介绍硬件木马攻击，着重阐述木马威胁的演变，所面临的挑战以及各种防御方法。本书尝试揭开硬件木马攻击的神秘面纱，并描述在当前商业模式和商业实践范围中的木马攻击域。本书内容：揭示硬件木马攻击的威胁；阐释攻击模型、类型和场景；讨论可信指标；描述不同形式的保护方法，既有主动保护又有被动保护；最后介绍新兴攻击模式、防御方法及未来的研究思路。

1.1 本书的目的

当前的行业惯例，比如在芯片设计过程中越来越依赖于第三方硬件 IP 和自动化工具，又比如出于成本考虑将设计/生产等环节进行外包，使得硬件系统对于木马攻击的脆弱性

---

① 佛罗里达大学电气与计算机工程学院

Email: swarup@ece.ufl.edu

迅速增加。随着工业界和学术界对这一话题的兴趣日益浓厚，迫切需要一本关于该领域的书籍。撰写一本新书将对本领域产生以下影响：

1. 目前没有全面的资料来为研究人员、学生和从业者提供硬件木马攻击的基础知识——既涵盖攻击模型/攻击实例，又包括各种防御措施。硬件安全领域既激动人心，又愈发重要。而本书将是市面上该领域的第一本图书。
2. 本书将介绍可信测试集和可信度量的描述，为该领域的研究人员提供宝贵的资源。
3. 私人和政府部门中训练有素的网络安全工作人员，需充分了解硬件木马攻击的风险，并能评估、实施并改进针对硬件木马的防御措施。为了满足这一需求，本书的写作方式平易近人，无论是初学者（如本科生），还是高级研究人员及专业人士都易于理解。
4. 本书涵盖了不同硬件（IC 和 PCB）设计和制造步骤中的木马脆弱性问题，可使制造商和政府决策者了解不同步骤中所包含的木马威胁，并知道如何合理地实施保护措施。
5. 本书还包含当前硬件安全文献中尚未充分探索的话题，包括新兴纳米级器件中的硬件木马威胁。

1.2　对读者的帮助

本书希望能为读者提供以下帮助：

1. 读者将获得关于硬件木马攻击最深入全面的信息，这些信息均源自作者对该重要主题长达十年的研究工作。
2. 读者将熟知所有类型的木马攻击，包括木马分类法、木马攻击面、威胁模型以及真实的攻击实例。
3. 读者将了解各个硬件抽象层次（从 IP 级到系统级）以及各种不同硬件类型（如数字电路、数模混合电路）的木马脆弱性和相应的对策。
4. 读者将通过本书洞察未来纳米级器件、全球分布式供应链、现代硬件复杂性带来的新兴威胁，以及研制有效反制手段中的机遇与挑战。
5. 读者将了解硬件的可信评估过程、可信测试集和可信度量等相关知识。

1.3　关于木马攻击

过去十年中，报告了多种形式的硬件木马攻击，且攻击模式和攻击面也不断演变[1~6]。最简单的木马攻击可以通过增加一个电路模块进行挂载，该模块在触发后将导致电路功能异常或参数改变。图 1.1 给出了硬件木马的简化框图。木马在被触发后，即当触发逻辑所实现的激活条件为"真"后，将会导致电路功能异常（翻转信号 S）[1]。木马电路模块可以设计为由布尔函数进行触发，当特定内部节点达到某个指定状态时（例如，当存储器处于写使能，且数据的最高两位为逻辑值"10"时），达到触发条件。触发条件既可以是数字量，又可以是模拟量（例如，节点电容状态或工作温度）。此外，还可能存在"永久激活型木马"[6]，其触发条件不依赖于电路或环境状态。木马电路的另一部分是其恶意功能（又称有效负载），它确定了电路行为在多大程度上偏离其期望行为。当满足触发条件时，有效负载可以改变特定节点处的内部电路状态，从而破坏电路功能行为；或导致电路的参数行为发生意外变化(例如，产生尖峰电流)。

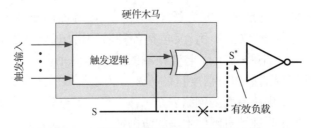

图 1.1　设计中硬件木马的通常结构[1]

　　硬件木马攻击模型假定电路的设计或制造过程是不可信的，该假设意味着设计或制造过程涉及不可信的设计组件(如 IP 或设计工具)或无良的设计师和实体(如代工厂)。对原始设计的恶意更改可由以上某个因素或多个因素组合引起。图 1.2 显示了 IC 的生命周期，从设计构思阶段(在该阶段创建设计指标)到部署运行的全过程。通常各个阶段的木马攻击漏洞不尽相同，且漏洞的程度取决于公司的商业模式及设计实践。例如，对于无晶圆公司，其漏洞可能来自不可信的代工厂。类似地，依赖于第三方 IP 的公司也容易受到 IP 级木马的攻击。图中标成红色的阶段通常都是不可信的，包括芯片制造、PCB 制造和系统集成。因为这些阶段涉及第三方代工厂，而且他们需要接触到芯片或 PCB 的整体设计。在这些单位中，攻击者可能以多种方式改变设计来植入木马。其他用黄色标记的阶段可能是可信的，也可能是不可信的，这取决于各公司所遵循的商业模式和实践方式。

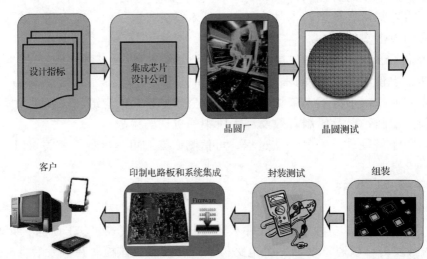

图 1.2(见彩图)　IC 从设计到部署的生命周期以及易受木马攻击的阶段。红色标记的阶段通常有较高的脆弱性，黄色标记的阶段不那么脆弱。各个阶段的漏洞在很大程度上取决于公司的商业模式

　　当前经济趋势在增加木马攻击的脆弱性上，扮演了主要的角色[1,3]。在 IC 的生命周期中，IC 设计和制造实践越来越依赖于不可信任的各方和实体。经济原因决定了大多数现代 IC 都是由海外代工厂制造的。此外，现代 IC 设计通常涉及由第三方供应商提供的 IP 核、外包设计和测试服务，以及由不同供应商提供的电子设计自动化软件工具(EDA)。这种商业模式很大程度上弱化了 IC 设计商对 IC 设计和制造过程的控制，使得 IC 在恶意

逻辑的植入面前非常脆弱。图 1.3 显示了片上系统(SoC)生命周期的各个关键阶段中,可以进行加载的不同攻击面和不同形式的木马攻击。该图还展示了本领域中的现有研究如何缓解位于这些阶段中的木马威胁。根据木马出现的阶段和形式,公开文献中报道了多种测试方法或设计方案。图中给出了多种抵御木马攻击的设计与测试技术的简要思路。后面的章节将详细阐述这些攻击技术和保护方法。

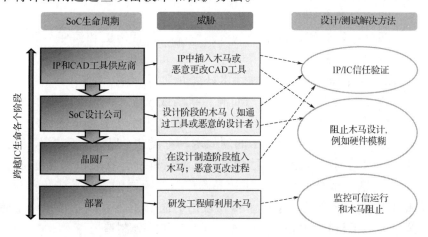

图 1.3　在 SoC 生命周期的不同阶段受到的硬件木马攻击

　　理想情况下,硅前验证/仿真和硅后测试能检测出集成电路中任何未知的修改。然而,硅前验证或仿真需要整个 IC 详尽的黄金(golden)模型。这有时是无法做到的,特别是那些使用来自于第三方供应商 IP 的设计,或是由系统集成商从不可信供应链中取得的芯片,均无法获得其黄金模型。此外,大型的多模块芯片设计通常也不太适于进行详尽的功能性验证来发现恶意篡改[1]。图 1.4 显示了传统功能性验证和硬件可信性验证之间的区别。传统的制造后测试不适合检测硬件木马。这是由于硬件木马天然的隐蔽性所导致的,并且攻击者可以植入的木马实例形式实在太多了。与故障或漏洞不同,木马是故意插入到设计中的,并会导致指标之外的非预期功能。传统的功能性验证由指标约束,即验证某个设计是否满足其预期功能行为,却并不检查该设计在指标之外的非预期功能。第 3 章至第 6 章对木马攻击进行了阐述,并给出了一些实例,说明木马是如何实现芯片设计指标之外的其他功能或参数行为的。

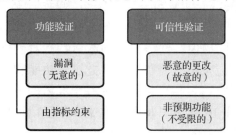

图 1.4　传统功能性验证和硬件可信性验证之间的主要区别

　　在制造之后,可以通过破坏性拆封与逆向工程验证芯片设计,或与黄金芯片的功能或电路特性进行对比来验证芯片设计[4~5]。然而,从成本效益和可扩展性考虑,目前顶级的检测技术并不允许对 IC 进行破坏性验证。此外,攻击者可能只在一块晶圆上的部分芯片中植入木马,而非在所有芯片中植入,这也限制了破坏性检测方法的有效性。

1.4　本书的内容

本书尝试在硬件木马的研究和实践之间架起一座桥梁，对木马攻击各个方面感兴趣的研究人员可将本书作为参考。全书分为六部分，共 16 章，重点是硬件木马攻击和保护方法。接下来，我们简要介绍每一章的内容。

本书的第一部分主要介绍硬件木马的基本情况，包括历史和演变、定义、分类以及当前安全趋势下的行业前景。

第 2 章是 Jason Vosatka 撰写的"硬件木马简介"，对硬件木马进行了全面的介绍。该章详细阐释了硬件木马的定义，及其与漏洞、缺陷或软件木马的区别。该章还详细描述了不同木马之间的对比，以及一些关于木马的误解，并阐述了恶意硬件木马的趋势、权衡和造成的威胁。该章提出了一种详尽的硬件木马分类法，以深入分析木马的攻击策略。该分类法主要依据木马的插入阶段、抽象级别、激活机制、效果和位置进行分类。此外，基于第三方 IP 供应商、SoC 开发者和芯片晶圆厂，对不同的木马攻击模型进行了分类。通过对硬件木马对策进行分类，阐述了木马攻击的防御策略。该章还讨论了防御木马植入的主要对策，如可信设计（design-for-trust，DFT）和拆分制造。

本书的第二部分（第 3 章至第 6 章）包含了硬件木马的威胁分析，并讨论了预防和辅助方法，使木马插入更困难，且检测过程更有效。

第 3 章是由 Rajesh JS 等撰写的"SoC 与 NoC 中的硬件木马攻击"，该章讨论了 SoC 安全中越来越多的硬件木马攻击问题和相应对策，重点关注了片上网络（NoC）中的木马。该章着重描述与当前 SoC 安全保障相关的挑战和脆弱性。随着物联网产生的数字足迹迅速增长，移动通信、嵌入式系统和高性能计算等背景下的 SoC 安全保障已经成为一个炙手可热的话题。该章概述了一种最显著的威胁模型，并为 SoC 的安全保障提供了一些行之有效的系统级解决方案。本章将针对片上网络的攻击分为几类，包括信息泄露型攻击、造成网络接口故障型攻击、拒绝服务型攻击和基于故障注入的拒绝服务型攻击。该章还对 NoC 中的不可信恶意第三方 IP 这一较少探寻的领域进行了讨论，并提供了攻击模型样本和解决方案。

第 4 章是由 Mainak Banga 和 Michael S. Hsiao 撰写的"硬件 IP 核可信度"，它对第三方 IP 相关的安全和可信问题、硬件木马造成的潜在漏洞以及阻止木马攻击的可能对策进行了高层次概述。该章依据物理特性、行为和激活特性对硬件木马进行了分类。分类法的主要依据是木马的类型、大小、分布、激活方法、功能和指标。本章将木马缓解技术粗略地分为两类，即预防技术（包括可信设计和基于混淆的方法）和检测技术（基于延迟和功率的检测方法等）。针对 IP 级木马检测，本文介绍了以可疑信号为导向的时序电路等价验证，并以携带证明代码为例介绍了预防技术。

第 5 章"模拟、混合信号和射频集成电路中的硬件木马"，作者 Angelos Antonopoulos 等探讨了硬件木马对模拟、混合信号和射频芯片的威胁。与过去十年间数字芯片中硬件木马检测和预防所取得的研究进展相比，模拟/混合和射频芯片在威胁建模和脆弱性分析领域仍处于起步阶段。然而，由于模拟功能在物理接口、传感器、执行器、无线通信等领域的广泛使用，模拟/混合和射频芯片的安全性对大多数当代计算系统来说至关重要。

该章深入讨论了无线加密芯片、本底噪声以下的射频传输以及模拟/混合芯片的硬件木马攻击模型与防御机制。除了木马攻击，该章还讨论了 IC/IP 盗版和伪造、脆弱性分析以及相关对策(如 IP 水印、伪造保护策略和拆分制造)等问题。

本书的第三部分(第 6 章至第 9 章)阐述了基于功能测试的木马检测方法，包括统计和定向测试、形式化验证和无黄金样本的可信性验证方法。

第 6 章是 Anirudh Iyengar 和 Swaroop Ghosh 撰写的"PCB 硬件木马和盗版"。现代 PCB 日益复杂且高度依赖第三方实体，这导致了一系列由木马和盗版带来 PCB 的安全性问题。该章研究了 PCB 可信和不可信等情况下可能的攻击模型，并进一步基于攻击者的动机(例如，导致故障或泄露机密信息)对攻击进行了分析。在阐述攻击实例时，考虑了设计机构可信和不可信的因素。该章还讨论了预防性对策，如将安全接口硬化以及其他几种设计安全 PCB 的方法。为了解决 PCB 认证的难题，本章也对星形线圈和仲裁线圈等新型 PUF 结构进行了讨论。此外，本书还对引起 PCB 中各种波动变化的多种源头进行了分析，并对评价 PCB 的 PUF 质量指标进行了定性研究。

第 7 章是由 Vidya Govindan 和 Rajat Subhra Chakraborty 撰写的"面向硬件木马检测的逻辑测试技术"。该章讨论了传统的制造后测试方法、测试向量生成算法和测试覆盖率指标等问题，并介绍了一种称为"多次激发稀有事件(MERO)"的测试向量生成技术。MERO 是一种针对小型木马(例如，等效规模小于 10 个 2 输入的与非门)有效的逻辑测试算法。与基于加权随机模式的测试向量生成法相比，MERO 可以使得硬件木马被逻辑测试触发和检测的概率最大化，同时使测试向量的数量显著减少。该章随后还探讨了一种 MERO 的拓展方案，该方案将遗传算法与布尔可满足性的优点相结合，构建了一种针对稀有输入触发条件木马检测的自动测试模式生成机制。

第 8 章是 Farimah Farahmandi 等人撰写的"硬件可信性验证的形式化方法"，详细讨论了如何通过形式化方法进行硬件可信性验证。由于硬件木马天然的隐蔽性，基于仿真的功能性验证对检测木马而言是无效的，因为它很难触发硬件木马之类的恶意电路。该章讨论了形式化验证通过验证设计的功能正确性来检测隐秘硬件木马所具有的优势。尽管在许多情况下，形式化方法的可扩展性限制了其验证数字电路的能力，但有几种形式化技术，如可满足性求解器、模型检验器、定理证明器和符号代数，可有效地进行扩展以验证大型的电路设计。该章对验证硬件安全和可信度的各种形式化方法进行了深入的综述。可信 SoC 体系结构的设计越来越重要，其复杂度也急剧攀升。形式化方法将会在未来获得更多的关注。

第 9 章是由 Azadeh Davoodi 撰写的"无黄金模型木马检测"，讨论了依赖于黄金 IC 的木马检测方法的局限性，并介绍了无黄金模型的 IC 认证过程。依赖黄金 IC 的木马检测其基本局限性包括：难以获得黄金 IC，并且难以识别出黄金 IC 的标准特征。而无黄金 IC 的认证过程，通过将黄金 IC 移出认证循环，是一种可行的木马检测方法。本章对现有的无黄金 IC 木马检测技术进行了总体概述，并详细描述了其中一种技术，即由依赖定制设计的片内传感器辅助进行芯片自认证。对于传感器辅助的自认证框架，本书描述了三种场景，即：木马被植入到设计路径中、被植入到传感器群中、同时植入到以上两者中。传感器辅助自认证的主要思想是利用传感器获取的片上延迟信息，来精确预测期望的路径延迟。电路设计中的路径数越多，则木马被检出的概率越高，但同时测试时间开销也越长。

　　本书的第四部分(第 10 章和第 11 章)包括了基于边信道分析的和逆向工程的木马检测方法的相关研究。

　　在第 10 章"利用延迟分析检测硬件木马"中，Jim Plusquellic 和 Fareena Saqib 综述了一些不同的基于延迟的硬件木马检测技术，这些技术均采用了精确模拟测试(analog testing)。基于延迟的木马检测方法其特征可用海森堡原理(Heisenberg principle)或观测者效应来描述，即：任何对某系统的测量或监控都会导致该系统的行为发生变化。该章对基于路径延迟的测试方法进行了全面审视，此类测试方法可以检测出由木马的连接以及门电路(主要是硬件木马的触发电路和有效负载)插入引起的细微延迟变化。该章对木马植入策略进行了高层次的阐述，重点介绍了如何检测布局版图木马和 GDSII 木马。该章还描述了木马检测方法的约束条件，并详细讨论了边信道信号的分析方法，例如电源和延迟信息。此外，该章还介绍了基于多参数边信道的木马检测方法。

　　第 11 章是 Chongxi Bao 等撰写的"基于逆向工程的硬件木马检测"，介绍了 IC 逆向工程的基本原理，并描述了如何使用逆向工程技术进行硬件木马检测。该章还介绍了一种机器学习方法，以区分无木马和有木马的芯片。这项工作利用扫描电子显微镜获得芯片图像，提取图像特征，并用以训练和测试支持向量机(SVM)。实验结果表明，基于 SVM 的逆向工程技术能够以极高的精度识别出无木马和有木马的芯片。该章还研究了面向木马防护的安全设计策略，因为这些策略对于开发安全的硬件平台来说至关重要。该章提出了一种新的安全性设计方法，该方法选取对硬件木马植入敏感度较高的标准单元来进行芯片的综合与布局。该方法能够以合理的开销显著提高木马的检出率。

　　本书第五部分(第 12 章至第 14 章)介绍了在产品设计阶段阻止木马攻击的一些预防方法。

　　第 12 章是 Qiaoyan Yu 等撰写的"硬件木马预防和检测的硬件混淆方法"。该章重点介绍在 IC 设计阶段使用硬件混淆技术，用以防止外包芯片被恶意的攻击者篡改或逆向工程。该章讨论了在不同抽象层次，即设备级、电路级、门级和寄存器传输级，引入硬件混淆的方法，同时概述了在 FPGA 和 PCB 中的硬件混淆方法。混淆后的硬件设计使得攻击者更难理解原电路的功能。此外，混淆处理可与认证技术相结合，生成用于木马检测的专用签名。

　　第 13 章是 Qihang Shi、Domenic Forte 和 Mark M.Tehranipoor 撰写的"硬件木马植入的威慑方法"，介绍了在芯片设计阶段防止硬件木马植入可采用的几种威慑手段。与传统的硬件木马反制措施不同，威慑手段通过在设计层面进行修改来防止木马的植入，从而消除了将来进行木马检测的需求。该章主要讨论三种主要的威慑手段，即监测法、阻塞法和混合法。监测法包括对边信道签名的测量和分类。阻塞法阻断攻击者获取植入木马所需必要信息的途径。混合法则结合了监测法和阻塞法来防止木马植入。该章描述了每种方法的原型技术，分析了它们之间的相对优缺点。这些方法的优缺点是针对产品和应用的，要获得一整套方法仍有待于未来的研究。

　　第 14 章是 Vinayaka Jyothi 和 Jeyavijayan Rajendran 撰写的"FPGA 中的硬件木马攻击及其保护方法"，讨论了 FPGA 中潜在的木马攻击以及抵御此类风险的可能对策。该章对不可信晶圆厂和 FPGA 供应链中的攻击者所带来的威胁进行了分类，并提出一种专门面向 FPGA 木马的分类法，该分类法描述了可在 FPGA 生命周期各个阶段进行植入的不同类型的木马。该章对 FPGA 中主要的木马类别进行了深入讨论，并演示了几种木马植入方法。该章还介绍了现有防止 FPGA 感染木马的反制手段。这些措施主要着眼于验证 FPGA 的内部物理结构，并考虑了不同裸片之间和空间因素相关的工艺波动。由物理特性不一致导致的片内延迟或电压发生波动，特别是邻近区域的波动变化，有助于在 FPGA 中进行木马检测。

本书的第六部分重点介绍硬件木马的新兴趋势、业界实践和新的攻击实例。

第 15 章是 Sandip Ray 撰写的"工业 SoC 设计中的硬件可信性：实践与挑战"，主要关注现代工业实践中所采用的安全和可信保障技术以及验证机制，并探讨它们的复杂性和局限性。该章简要介绍不同类型可信脆弱性的来源，并讨论由现代 SoC 设计流程的分布性所导致的安全问题。该章介绍了目前基于对抗和部署方法的可信性验证和设计实现的实践方式。该章全面概述从软件/设计目标到涉及 PCB 和平台的相关技术。目前，由于攻击的多样性和设备的复杂性，对脆弱性源进行系统性分析仍是一项挑战。此外，从体系结构到 RTL/软件模型，到硅片实施攻击，保障性活动需要各个层面的专业知识，给可信保障造成了进一步的困难。为了消除当前标准中的严重不足，需要一种一致性保障方法，可无缝地在各个抽象层次之间移动，为现代 SoC 设计的安全问题提供全面的解决方案。

第 16 章总结了各章的内容，并描绘了硬件木马攻击的未来研究方向。未来将看到，学术界和产业界会有越来越多的研究活动涉及本章所介绍的这些领域。

本书能够顺利出版，我们深感快乐和荣幸，我们也希望通过对电子硬件恶意修改的广泛介绍，能够弥补目前硬件安全领域的一个重要空白。我们相信本书的内容将为包括学生、研究人员和业界从业者在内的不同读者，在硬件木马问题和其解决方案上提供宝贵的参考。当然，和硬件安全的大多数领域一样，任何关于该话题的书都不可能做到完全、详尽。尽管如此，我们依旧希望本书能有助于向读者介绍硬件可信性问题。此外，本书也将提供该领域的研究现状，以及理解硬件可信问题并研制可信计算系统对不同领域所提出的新挑战。

参考文献

1. S. Bhunia, M. Hsiao, M. Banga, S. Narasimhan, Hardware Trojan attacks: Threat analysis and countermeasures. Proc. IEEE **102**(8), 1229–1247 (2014)

2. S. Ghosh, A. Basak, S. Bhunia, How secure are printed circuit boards against Trojan attacks? IEEE Des & Test **32**(2), 7–16 (2014)

3. K. Xiao, D. Forte, Y. Jin, R. Karri, S. Bhunia, M. Tehranipoor, Hardware Trojans: Lessons learned after one decade of research. ACM Trans Des Autom Electron Syst (TODAES) **22**(1), 1–23 (2016)

4. S. Narasimhan, D. Dongdong, R.S. Chakraborty, S. Paul, F. Wolff, C. Papachristou, K. Roy, S. Bhunia, Hardware Trojan detection by multiple-parameter Side-Channel analysis. IEEE Trans. Comput. **62**(11), 2183–2195 (2012)

5. R.S. Chakraborty, F. Wolff, S. Paul, C. Papachristou, S. Bhunia, MERO: A statistical approach for hardware Trojan detection, in *Workshop on Cryptographic Hardware and Embedded Systems (CHES)*, Lecture Notes in Computer Science, ed. by C. Clavier, K. Gaj (Eds), vol. 5747, (Springer, Berlin, 2009)

6. L. Lin, W. Burleson, C. Paar, MOLES: Malicious off-chip leakage enabled by side-channels. ICCAD, 117–122 (2009)

第2章 硬件木马简介

Jason Vosatka[①]

2.1 概述

硬件木马是对硬件电路有意进行的功能性恶意修改[9,17,36,37]。硬件设计者对此类修改（比如硬件篡改）并不知晓也不希望其出现，它们可能会对电子系统造成破坏性影响。木马有三个主要特征：恶意意图、逃避检测和极少激活[6]。木马的意图总是相同的：通过设计外的行为来危害底层硬件的机密性、完整性或身份验证。

木马破坏的后果可能是导致硬件的运行寿命缩短（例如，从 20 年缩短至 5 年）或在木马激活后致使系统完全失效。硬件木马也可能让攻击者未经授权访问硬件（如通过"后门"进行远程访问）或产生信息的泄露（如泄露用于安全数据通信的加密密钥）。硬件木马可能是由盗版软件工具套件中的软件木马引入的，并在设计流程的综合阶段显现出来；也可能是在硬件生命周期的不同阶段中，经多方串通后进行植入的[45]。木马的设计意图也可能旨在损害或摧毁公司的品牌声誉，这可能导致该公司破产，为攻击者带来竞争优势。

图 2.1(a)展示了原始电路的简化框图，图 2.1(b)给出了带有触发器和有效负载的硬件木马，图 2.1(c)显示了木马植入到电路中的情形。当本例中的木马激活后，它的有效负载将会反转电路输出（即将 O 反转为 O′），造成故障。

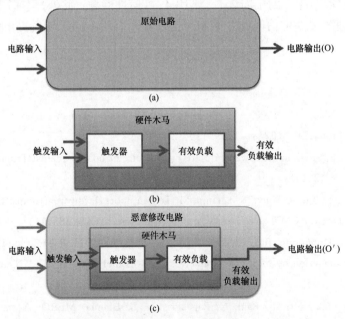

图 2.1 框图显示。(a)原始电路；(b)简化的硬件木马；(c)电路中植入硬件木马，激活后将输出 O 转变为 O′

① 佛罗里达网络安全研究所（FICS），佛罗里达大学电气与计算机工程学院
  Email：jvosatka@ufl.edu

过去一直认为硬件是信任根，而运行在其之上的软件或固件，除非经特别证明，均被认为是不可信的[6,37]。然而在过去的十年中，经过大量的研究，安全研究人员了解到许多针对底层硬件安全性和可信性的木马模型、攻击、对策以及威胁。参与集成电路(IC)设计、制造、测试、封装和交付的每个实体(例如个人、设计公司、晶圆厂、供应链)都可被视为潜在的攻击者，因为他们都有机会在设计过程的多个节点上篡改 IC。因此，需要在硬件本身功能之外，进行专门的安全性设计。

硬件木马并不是设计故障或制造故障。故障(例如，SA0、SA1、路径延迟)是指上述过程中发生的意外错误或失败，通常设计者知道故障的激活位置。与之相对的，任何形式的木马都是被有意植入的，而且设计者并不知晓它们的激活位置。虽然硬件木马的意图与其不法的同类——软件木马相似，但是硬件木马在 IC 制造完成后无法移除，而软件木马则可在部署后被去除[6]。

木马由一种被称为触发器的特殊机制进行激活，并投递一种称为有效负载的特定功能。与电路的其余部分相比，它们的尺寸可小可大：小型木马只有几只晶体管；数百万个晶体管的大型 SoC 设计中，木马则可由数千个逻辑门组成[6]。木马形式多样，最常见的一种是由时序或组合数字电路(或由两者组合)触发，但也可以由模拟激励进行触发。有效负载可以是数字的也可以是模拟的，均是专门设计来在被激活后造成恶意结果的。

木马通常无法通过传统的硅前和硅后制造测试过程进行检测，如非形式化验证和形式化验证[47]。这是因为对硬件的测试覆盖仅针对电路自身的特定功能，如果要对它所有可能的功能都进行详尽测试，测试过程将既昂贵又耗时。木马设计通常具有隐秘性，并植入到电路内部的少量节点中，这减少了木马在正常测试中被激活的可能性。这些节点通常不在电路预期功能的范围内(即离群点或极端情况)，无法在常规的测试和验证方法中激活。虽然也存在一些用于木马检测的非常规方法，但这些方法通常需要与经过验证的正品(即黄金)IC 或模型进行对比，此类方法可通过破坏性(如物理逆向工程)或非破坏性(如边信道)的测试方法进行木马检测[6,37]。

2.2　半导体的发展趋势、权衡和木马攻击威胁

2.2.1　半导体设计流程

过去十年间，专用集成电路(ASIC)、现场可编程门阵列(FPGA)和片上系统(SoC)等半导体 IC 生产公司的全球制造模式和设计流程都已经发生了变化。这些新的趋势由各种经济因素推动，包括货币成本、上市时间要求以及半导体复杂性的增加。长久以来，硬件设计公司作为一个可信的实体，执行了整个设计流程——"从摇篮到坟墓"，包括：定义指标、生成原理图和网表、制造、测试、封装并交付到供应链市场。这种设计流程通常被称为"垂直模型"。然而，很多公司也在采用"水平模型"，将设计流程的某些步骤外包给不可信实体和海外晶圆厂。现在大多数硬件设计公司已经完全采用了水平模式，并迅速向"无晶圆模式"发展，即将所有的硬件制造外包出去。许多系统集成商将硬件设计和制造都外包出去，以求最大限度地为客户提供服务，同时也为公司带来最大化的利润。

对不可信晶圆厂的依赖降低了设计公司的货币成本，因为不再需要建造并维护数十

亿美元的制造设施。在采用海外晶圆厂代工后，设计公司有机会使用最先进的制造工艺并且降低制造错误的风险。通过将来自不可信实体的第三方知识产权(3PIP)整合到硬件设计中，公司能够缩短产品的上市交付时间，最大化产品的获利窗口。这些商业决策促使设计公司更倾向于不可信实体所带来的规模经济[39,45]。

然而，这些权衡付出的代价是降低了硬件的安全性和可信性，从而违背了传统的硬件信任根理念。依赖不可信实体降低了设计者对硬件设计的掌控，从而增加了在设计生命周期和供应链分销期间引入漏洞的可能性[45,47]。这些漏洞以各种形式存在，包括 IP 盗版、伪造、克隆、过量生产和硬件木马[6,30,37,39,40]。

如图 2.2 所示为当代半导体 IC 设计和制造流程的水平模型。通常，可信实体(例如设计公司)负责指标、寄存器传输级(RTL)设计、网表生成和布局布线。不可信实体(如晶圆厂)负责晶圆制造、组装和测试。然而，正如 2.4.5 节中的七种攻击模型所述，这种概括性的总结并不一定都是成立的。

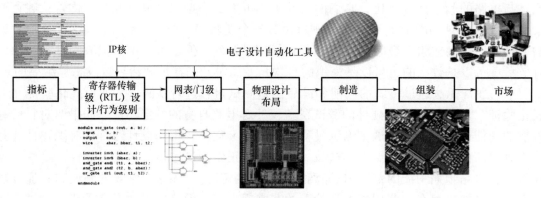

图 2.2　半导体 IC 设计与制造流程[45]

2.2.2　攻击者和攻击

2.2.2.1　对抗性威胁

任何参与 IC 设计、制造、测试、封装或供应链的实体都有可能成为攻击者。而攻击者可能是人、设计公司、晶圆厂，甚至是电子设计自动化(EDA)或计算机辅助设计(CAD)软件工具。所有攻击者的共同点是，当设计不在其合法拥有者的控制范围时，有机会对设计进行篡改(例如植入木马)。这些机会出现在 IC 生命周期的许多阶段，如图 2.2 和图 2.3 所示。每个攻击者的动机不尽相同，他们所设计的木马各不相同。攻击者的动机包含多方面的因素，包括金钱收益、占领更多市场份额、个人或政治宿怨、损害竞争对手的声誉，甚至以通过运转故障或泄露敏感信息来破坏关键基础设施为唯一目的。攻击者会精心地对原始电路进行恶意修改，以实现其不法的目的。

2.2.2.2　攻击面

硬件木马的目标和攻击者身份类似，是各不相同的。木马可植入到包括控制电路、存储器模块、传感器和输入/输出驱动器等 IC 之中。木马还可植入到嵌入式系统处理器中以开启软件"后门"，或植入 SoC 中的加密单元里以削弱、绕过或禁用系统的安全功能[6]。以下是三个在设计过程中攻击者可能发起攻击的例子：不可信的第三方知识产权（3PIP）供应商将木马植入 SoC 的 IP 核，不可信的设计师将木马植入 IC 中未使用的单元，或是可信的设计师在使用不可信的第三方 EDA 软件工具时，无意中植入硬件木马。

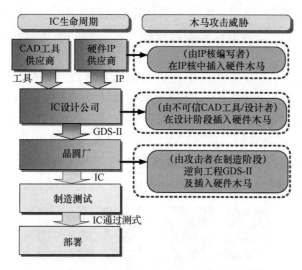

图 2.3　IC 生命周期中的多个脆弱阶段[6]

攻击面的另一个例子是，在半导体晶片的制造过程中，不可信晶圆厂中的攻击者将木马植入至光刻掩模。感染木马的晶片随后被组装为 IC，并返回设计公司。除非设计公司有专门的木马检测或测试预防机制，如黄金 IC 或黄金模型，否则被感染的 IC 将进入供应链，并在不知不觉中集成到某个电子系统里，对其造成损害。黄金 IC 或黄金模型均被认为是可信的，因已验证其制造完全遵照设计指标（既不多也不少）且不含木马。

此外，不可信晶圆厂或不可信设计公司中的攻击者可以对整个 IC 设计进行逆向工程以克隆（即创建非法副本）IC。攻击者可在克隆 IC 中植入木马，并将受感染的 IC 直接发放到供应链中，这样就绕过了合法设计所有者的木马检测机制。该情况不存在用于验证的黄金模型，因此集成商必须依赖其他方法，例如自参考和边信道分析方法，进行木马检测[12,23,25]。

IC 生命周期中易被木马攻击的多个脆弱阶段如图 2.3 所示。

2.3　木马攻击的比较和误区

2.3.1　木马与漏洞或缺陷的比较

木马不应被视为设计漏洞或制造缺陷，这种概括是不准确的。回想之前的描述，硬件木马是对电路有意且恶意的修改，旨在改变电路的行为，以实现特定目标。而设计漏洞则是一种非有意的问题（如错误），是在电路的设计和开发阶段被无意引入电路的。制造缺陷是在电路的制造、组装和测试阶段发生的一种非有意的物理现象（如瑕疵）。设计漏洞和制造缺陷都会导致最终组装的 IC 或电子系统出现缺陷、失效或故障。

虽然设计漏洞和制造缺陷也会导致不正确的结果或意外的行为，但这些结果可以通过传统的测试和验证方法检测出来。也就是说，通过功能性测试或结构性测试以及硅前或硅后验证能够发现漏洞和缺陷。类似于木马分类法和攻击模型（参见 2.4 节），设计公司也使用模型来检测漏洞和缺陷。这些模型通常受设计指标的约束，仅支持在电路的预期设计内进行测试和验证。例如，固定 1 型故障（SA1）、固定 0 型故障（SA0）、开路、短路和路径延迟故障都可以根据指标模型进行检测，它们的特定激活位置通常可以在电路中识别出来。

木马与漏洞和缺陷的类似之处在于，它们都会导致设计外的功能。但是木马却会引入不受设计指标约束的设计外功能。因此木马往往无法通过标准测试和验证操作进行检测。由于传统模型通常不检查设计指标之外的任何功能，因此攻击者常常将木马藏匿于测试过程难以到达、控制和观察的内部电路节点中[38]。木马也可以设计成在稀有或任意的复杂条件组合发生后被激活[6,37]。有关木马检测策略的更多详细信息，参见 2.5 节。

图 2.4 说明了硬件木马、设计漏洞和制造缺陷之间的对比。

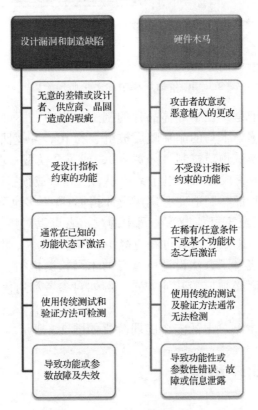

图 2.4　硬件木马与设计漏洞和制造缺陷的对比

2.3.2　硬件木马与软件木马的比较

无论是软件木马还是硬件木马，都具有相同的三个关键特征：恶意意图、逃避检测和难于激活。它们也都具有类似的抽象形式，均包含两个主要组件：触发器和有效负载。软件木马是包含精心制作的恶意代码（即有效负载）的一段计算机程序，触发后将对目标系统造成伤害。软件木马的恶意目标可包括在目标系统上进行权限升级、泄露敏感的用户信息(包括凭据和密码)以及数据损坏、未经授权的加密和拒绝服务(DoS)攻击。软件木马设计隐秘,需要特定事件的发生来激活,同时也需要专门的程序来检测和删除。大多数软件木马检测程序都包含运行时间监控功能,这一概念也已扩展到硬件安全领域(2.5.1.2 节)[6]。

虽然硬件木马的恶意意图与软件木马相似,但这两者之间存在显著差异。例如,软件木马隐藏在软件代码中,并在程序执行期间激活运行,而硬件木马则隐藏在物理硬件中,在运行过程出现特定条件后被激活。此外,计算机系统的合法用户在日常活动中可无意地将软件木马程序传播给另一个用户,攻击者也可以故意将其传播给目标或非目标受害者。软件木马的传播可以通过多种方式完成,例如通过点对点文件共享,或是运行从互联网下载的受感染程序。另一方面,硬件木马通常由攻击者传播至用户,因为 IC 难于被终端用户复制。还有一个关键区别是,IC 一旦制造完成就无法删除其硬件木马,而部署后的软件木马可以通过本地或远程的代码更新进行删除[6]。

图 2.5 给出了软件木马和硬件木马比较的总结。

软件木马	硬件木马
隐藏在软件代码中并在程序运行期间当特定条件满足时被激活	隐藏在物理硬件中,并在硬件运行中满足特定条件后被激活
在计算机活动中,通过用户到用户或攻击者到用户的方式进行传播(例如文件共享或运行被感染的程序)	在物理上植入电路,通过用户到用户或攻击者到用户进行传播(例如在供应链中的受感染 IC,或不可信实体)
在部署后可被移除(如通过更新程序代码)	在制造后无法被删除(由于无法更新硬件)

图 2.5　软件木马和硬件木马的比较

2.3.3　关于硬件木马成因及影响的误区

设计公司承受着必须进一步降低成本、缩短产品交付上市时间和增加公司利润的压力,这加强了半导体行业向水平商业模式和无晶圆工厂商业模式的转变。因此,企业往往更依赖于硬件第三方知识产权(3PIP)以及电子设计自动化(EDA)和计算机辅助设计(CAD)软件工具的购买和重使用。这种依赖关系在 SoC 行业很普遍。在设计和制造流程中,设计指标会多次发生变化,硬件半导体公司必须保持灵活性以快速响应市场需求。遗憾的是,这些公司有时从不可信实体(例如,灰市或黑市供应商)获取了 3PIP 和设计工具,而并不完全了解其行为的影响及对其 SoC 设计和客户的潜在安全风险。

硬件 3PIP 中的硬件木马攻击是一种严重并且难以缓解的安全和信任风险。通常提供可信 3PIP(如 IP 加密核)的公司和供应商很少向任何外部实体提供其 IP 的黄金模型。这给攻击者提供了一个潜在的攻击面:不可信实体(例如,供应商、设计公司)可以合法地获取可信 3PIP 的单一版本,并将硬件木马插入其中,从而使其成为不可信的 3PIP。此类受感染的 3PIP 可通过各种渠道分发给许多信任该 3PIP 的 SoC 公司,例如通过非法的文件共享服务或其他不可信的供应商。由于这些 SoC 公司没有进行传统测试和验证方法所需的黄金模型,因此它们将面临几乎不可能的挑战——验证所获取的 3PIP 是否安全可靠[38,47]。

虽然 SoC 公司也可以对 3PIP 进行仿真,但这种仿真只能根据设计指标进行功能性验证;而并不能保证 3PIP 是无木马的。SoC 公司无法将基于不可信 3PIP 的设计与基于合法可信 3PIP 的结果进行比较。然而,文献[28]设计了一种技术,可以通过使用从多个来源获得的同一个硬件 3PIP，来降低潜在硬件木马的风险和影响。此外，文献[47]还开发了一种多步骤方法，用于识别和消除 3PIP 数字 IP 核中的木马。但总体而言，使用不可信 3PIP 的风险仍然很高，向客户和供应链交付受感染 SoC 产品的可能性也很高。

同样，不可信 EDA 工具也存在类似的问题，可能将恶意修改植入到硬件设计中。与硬件 3PIP 所有者类似，EDA 工具公司很少向其他公司提供其黄金模型。不可信 EDA 工具可以通过非法下载、许可证密钥破解和不可信供应商等各种途径获得。硬件设计公司通常会使用同一 EDA 工具套件中的多个工具，例如设计自动化、测试和验证工具。因此，攻击者就有了多个攻击面，可通过恶意修改软件工具，将硬件木马植入到公司的设计中。

由于硬件木马可以通过不可信软件 EDA 工具（例如，通过硬件综合工具）植入到设计中，随着设计流程的推进，检测木马变得更加困难。这可能会导致一种情况：硬件木马在设计流程的早期通过不可信 EDA 工具植入，但随后通过同一供应商其他的工具（尽管是可信工具）却无法检测到该木马或忽略掉该木马。文献[26]中使用具有完全指定设计和低延迟可观察性的安全范式，并由此使用不可信的软件工具来设计可信的硬件。然而，同样与不可信 3PIP 类似，使用不可信软件 EDA 工具仍然存在向客户和供应链交付受感染硬件产品的风险[6]。

另一个常见的误解是，使用多个不可信实体会提升设计的安全性和可信性。但是这样做将允许多个不可信实体之间恶意串通，并引发称为多层面攻击的一类难以防范的风险形式。在硬件设计流程和生命周期的多个不可信阶段都可能会发生串通[6]。例如，文献[1]中展示了一种由不可信实体植入的硬件木马，该木马在特定故障条件下被激活，而此故障条件仅为其他串通方所知。在文献[19]的另一个例子中，设计了一个硬件木马用于通过模拟边信道来泄露敏感信息。此木马由另一个不可信实体激活，该实体还会获取并分析所泄露的信息。在同一供应商内部的多个团队之间也可能发生串通。例如文献[27]中阐述了这一观点，并提供了一种防止设计公司多个不良内部人员之间串通的协同设计方法。尽管存在一些反串通技术，但文献[1]的工作表明，不可信实体之间的多层面串通比仅由单一攻击者造成的威胁更大。

图 2.6 总结了本节中讨论的关于硬件木马成因和影响的误解。

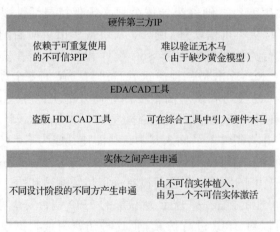

图 2.6　关于硬件木马成因和影响的误解

2.4 攻击策略

2.4.1 木马的类型

为了正确建模硬件木马的进攻和防御方式，首先必须理解木马的不同类型。不同的木马类型，也称之为木马的分类法，表示了基于木马个体特征的硬件木马分类框架，也为构造木马检测机制的评估度量提供了基础。文献[43]中首次提出了一种硬件木马的分类法，该分类法由三种基本类别、六项属性组成，包括物理特性、激活特性和动作特性等。随着硬件木马变得越来越复杂，文献[36]对这种基本分类法进行了改进，由同样的三种基本类别和九项属性组成。迄今为止最全面的分类法是文献[17]中的工作，它包括五种类别（植入阶段、抽象层次、激活机制、激活影响和木马位置），每个类别又包含多个属性。此分类法面向两个关键指标进行分类预测：（1）覆盖率（它应能对任何/所有的木马进行分类）和（2）分辨率（它应能区分木马之间的显著功能差别）。这种全面的分类法如图 2.7 所示。

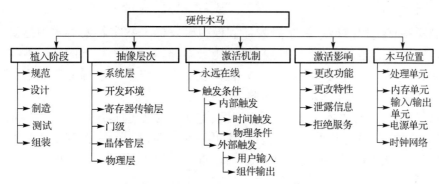

图 2.7　全面的硬件木马分类法[17]

植入阶段指在硬件的设计与制造生命周期中，易受到恶意修改的各个阶段。植入阶段的范围从定义硬件特性（即设计指标阶段），到在印制电路板（PCB）上放置物理 IC（即组装阶段）。

抽象层次指硬件 IP 在制造之前的各个开发阶段。该层次的范围从电路内部元件的物理尺寸和位置（即物理层），到最终 IC 之间互连和通信协议的确定（即系统层）。

激活机制指木马的触发方式，包括永久激活型木马，例如通过电磁辐射持续泄露信息的木马，以及需要特定触发器来激活的木马，例如通过内部顺序计数器进行触发或通过外部输入数据流进行触发的木马。

激活影响指由木马投递的有效负载所产生的非期望结果，包括从引入难以检测的小错误（即更改功能），到硬件资源的完全耗尽或故障，并借此阻断系统的可用性（即拒绝服务）。

木马位置指木马可在硬件中植入的物理位置。这一类别的范围从针对单个组件（如系统时钟）的单木马故障注入攻击，到针对多个复杂组件（如处理单元），旨在改变指令执行顺序的分布式多木马攻击。

上述木马分类法已通过 56 个硬件木马进行了覆盖率和分辨率的验证，均能正确地将木马划分至适当的类别中[17]。然而如同安全和可信的许多方面，为了保持领先于攻击者，就需要不断进步。trust-hub.org 官网中保存了一组硬件木马基准，由硬件安全和可信社区的研究人员开发并更新[32,34,41]。

从 2007 年至今，很多研究都集中在硬件木马建模、电路生成和基准测试[32,34,36,41,45]。然而就在过去几年间，有关木马设计的出版物数量呈现下降趋势，这可能表明木马设计相关研究已经饱和。另一方面，以检测和预防等对策为重点的研究出版物数量却在大幅增加。该趋势变化可能是由于存在数量几乎无限的不同木马设计，因而关键研究需要集中于木马的防御手段，其中预防机制的权重可能会超过检测机制[45]。

2.4.2 木马触发器和有效负载的分类

触发器和有效负载是硬件木马的两个主要部分，其基本分类法如图 2.8 所示。触发器持续监控电路中的特定信号，并在预期事件发生时被激活，这些事件通常源于原始电路。有效负载由触发器激活，并向电路投递恶意行为。木马可能在许多年的时间内未被检出并保持未激活状态，一直等待特定条件发生，而在被触发后将其有害的有效负载投递至电路。

木马触发器有两种类型：数字触发器和模拟触发器。数字触发器木马是研究最多的一种木马，它由组合电路和时序电路构成。组合电路木马是无状态的，这意味着它们不包含状态元素（例如触发器、锁存器），并且由发生在电路中一组稀有节点上的特定条件进行触发。时序木马是有状态的，这意味着它们由特定的状态序列转移进行触发（例如计数器、有限状态机）。时序木马更难检测，因为它们在激活前需要满足许多特定条件，这使得用常规测试方法进行检测不再具有计算可行性。而模拟触发器则是依靠各种自然现象（如温度、射频辐射、栅极电容）进行激活。混合木马是数字木马和模拟木马的组合。两类木马的通用模型如图 2.9 所示。

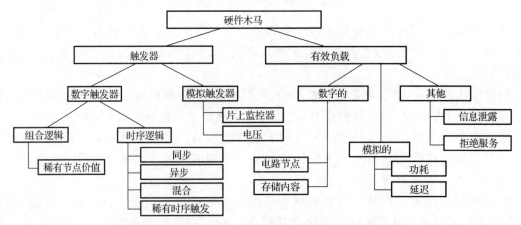

图 2.8 硬件木马触发器和有效负载的基本分类法[6]

木马几乎不可检测且很少被激活。因此，攻击者将选择在常规测试方法中不太可能被激活的节点。木马激活后，其有效负载将被投递至电路。有效负载可分为数字的（例如影响逻辑值、开启"后门"）或模拟的（例如影响性能、电磁辐射）或其他类型（例如加速

IC 老化、信息泄露）。有效负载是木马的关键部分，因为它最终会改变电路的原始行为。带有触发器和有效负载的基本硬件木马示例见 2.4.3 节。

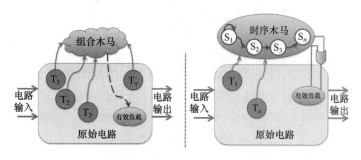

图 2.9　混合和时序木马的通用模型

2.4.3　基本木马示例

图 2.10 给出了以一个或非门作为触发器和一个异或门作为有效负载的组合木马。只有当在或非门触发器节点上出现 A=0 且 B=0 这一特定条件时，才会激活此木马，从而导致有效负载传递一个反向的输出 C篡改。

图 2.11 给出了一个带简单激活计数器的同步时序木马（也称"定时炸弹"木马）。触发器由一个 k 位计数器和一个与门组成，有效负载为一个异或门。此木马预定义在 2^k-1 次计数后触发，导致输出反向的 ER*。通过用另一逻辑实现替换时钟信号（CLK），可以创建此木马的异步版本。

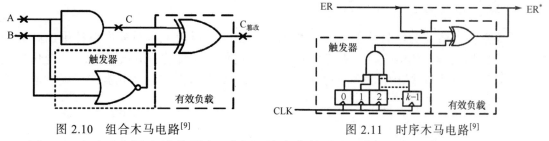

图 2.10　组合木马电路[9]　　　　　　　　　图 2.11　时序木马电路[9]

图 2.12 显示了由同步计数器（$k1$ 位）和异步计数器（$k2$ 位）组合而成的混合木马。这两个计数器都必须达到它们的预定激活值，以产生一个反向输出 ER*。

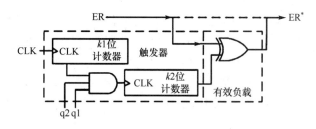

图 2.12　混合木马电路[9]

在图 2.13 显示的模拟型木马中，如果与门输出（由 q1 和 q2 驱动）为 1，则电容进行充电，在一段时间后将产生反向输出 ER*。如果与门输出为 0，则电容会向接地端进行放电，一段时候后木马将不会被激活。

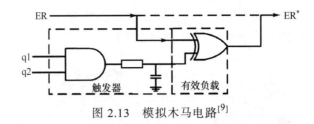

图 2.13　模拟木马电路[9]

　　前面给出了一些带有数字或模拟触发器的硬件木马产生数字有效负载的例子。总之，数字有效负载的设计目的是影响特定内部节点的目标逻辑值，而模拟有效负载会影响性能等特性。图 2.14 和图 2.15 给出了模拟有效负载的示例。

　　图 2.14 展示了模拟有效负载，当与门的输出为逻辑 0 时，由电阻与 V_{DD} 上拉至高电平从而产生故障。

　　图 2.15 展示了模拟有效负载，当与门的输出为逻辑 1 时，通过电容放电至 GND 造成的路径延迟受到影响。

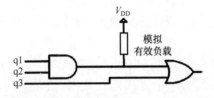

图 2.14　模拟有效负载到 V_{DD} 的木马[9]

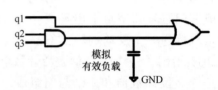

图 2.15　模拟有效负载到 GND 的木马[9]

2.4.4　新型木马攻击：设计和示例

　　硬件木马已演变为硬件安全和可信性的严峻威胁。目前，木马攻击包括更加高级的功能，例如由温度驱动的激活，基于电磁、功耗和光学边信道的信息泄露，IC 老化加速以及针对设备可用性的拒绝服务(DoS)攻击[15,18,43]。本节将探讨几个此类新型硬件木马的最新设计示例。

2.4.4.1　边信道木马

　　由边信道引起的恶意片外泄露(MOLES)[19]展现了一种由不可信晶圆厂植入的硬件木马。MOLES 通过模拟边信道将敏感信息泄露到 IC 外部，这些信息随后将由另一个不可信实体获取并分析。MOLES 的设计是为了破坏硬件安全模块(HSM)，该模块是嵌入式系统和通用计算机中的防篡改加密单元。在高级加密标准(AES)IP 核中植入 MOLES 设计，就能泄露多位的加密密钥。泄露这些比特位时的信噪比(SNR)均低于被感染 IC 的噪声功率级，这是为了让木马在激活后仍能保持其隐匿性。此外，为了逃避自动检测模式生成(ATPG)测试和布局检查过程中的检测，MOLES 都设计得非常小(比如小于50门)。图 2.16 展示了 MOLES 的方框图。

2.4.4.2　半导体木马

　　文献[4]中描述了极其隐蔽的掺杂级硬件木马，在受感染 IC 的晶体管中，掺杂极性发生了改变。该类型木马在布局布线之后由不可信晶圆厂在布局阶段植入。由于此类木马不需要额外的电路，IC 的外表和功能不会发生变化。因此，无法通过光学检测技术和黄金 IC 模型验证法进行检测。在一个研究案例中，为了降低用于产生密钥的随机数生成器(RNG)的熵，将此木马植入到密码安全处理器。作者声称，他们的木马能使被感染的处理器仍然通过内置式自检(BIST)和国家标准技术研究所(NIST)的测试套件，而后者通常用于评估随机数生成的质量。图 2.17(a)展示了未经修改的反相门。图 2.17(b)展示了植入掺杂木马后的反相门，产生了恒定的 V_{DD} 输出。仔细观察该图，可以发现触点、第 1 层金属和多晶硅区在两种情况下均是相同的，唯一的变化是 N 区和 P 区的极性。

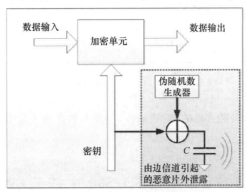

图 2.16　硬件安全模块中嵌入的 MOLES 电路[19]

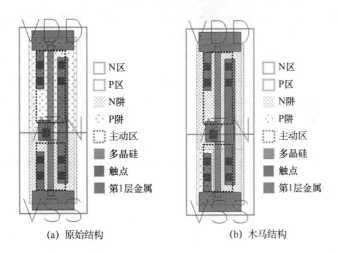

图 2.17　(a)无木马反相门的结构；(b)有木马反相门的结构，输出恒定的 V_{DD}[4]

2.4.4.3　模拟木马

一种称为"A2"的模拟型恶意硬件，展示了不可信晶圆厂如何将模拟硬件木马插入电路的空单元中[16]。A2 是一种基于电容的木马，它缓慢地从内部连接吸附电荷，几乎不造成数字值的翻转。一旦 A2 的电容器达到指定电量状态，木马就会被触发并投递其有效负载。该有效负载会重载触发器的当前状态，从而迫使其达到预定值。尽管 A2 是硬件木马，但它的目标是通过强制安全寄存器中的目标位达到某特定值，来使能远程控制软件的权限升级攻击。A2 在 CPU 制造之前的最后阶段被植入到一个开源的 CPU 处理器中，并且能成功地进行木马攻击。本质上 A2 使用了一个模拟计数器来作为触发器，这意味着它不需要像传统的数字计数器触发器那样，需要许多额外门电路。A2 可以小到只有一个门，比相应的数字型木马更加隐蔽。因此，很难通过功能性验证、仿真和边信道木马检测方法进行检测。图 2.18 显示了 A2 木马的行为，通过多个上升沿触发对电容进行充电，以达到激活所需的电压门限。

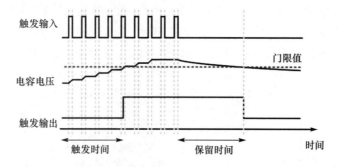

图 2.18　A2 模拟型木马的电路行为。注意电容在激活前需要多次触发[16]

2.4.4.4　数字木马

硬件木马也可以存在于数字有限状态机(FSM)中，参见文献[13]。在高层次的不完整设计指标中也存在漏洞，攻击者可在设计流程中或制造后，通过在已定义的 FSM 中无意间发现的"后门"来利用这些漏洞。当受保护状态的数量非 2 的幂次时(如 n^2 个状态)，FSM 中会存在被视为"无须关注"的未使用状态。攻击者将逻辑木马植入时序 FSM 的无关状态中(即未指定下一个状态或输出的情况)，从而允许攻击者在触发木马后访问 FSM 中的受保护状态。如果无关状态没有被植入木马，逻辑设计工具可能会用它进行优化。但是在电路层次上，无关状态将被可能已感染木马的 EDA/CAD 工具指定一个明确的下一状态值。因为木马是在设计早期插入的，所以在设计后期使用木马检测机制可能无法发现该木马。图 2.19 (a) 展示了一个四态转换图，该图原本是三态 FSM，其中的"11" 状态为无关状态。实线表示明确的状态转换，虚线表示 FSM 中的无关状态。虚线由图 2.19 (b)中所示的电路实现，攻击者可借此访问 FSM 中的受保护状态。

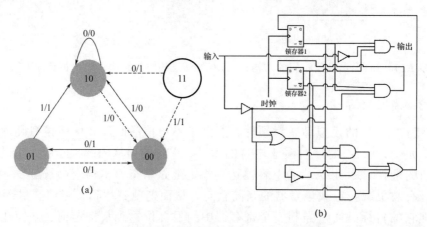

图 2.19　易受攻击的四态 FSM (最初三个状态显示为灰色)。(a)虚线和状态"11"表示由数字逻辑实现的无关状态；(b)无关状态的电路实现，它可能允许攻击者访问受保护的 FSM 状态[13]

2.4.4.5　其他值得注意的木马

2.4.4.5a：文献[20]将硬件木马植入制造好的无线加密 IC 中。木马被植入到专用集成电路(ASIC)芯片组的 AES 核和超宽带(UWB)发射机中。这种攻击引起了加密密钥泄露，并隐藏在工艺波动允许的幅度和频率设计裕度内。

2.4.4.5b：文献[44]中实现了一种嵌入式处理器内可利用软件的硬件木马。该硬件木马建模为时序 FSM，由固件指令和数据处理序列的特定组合触发。此攻击导致程序 IP 和加密密钥泄露，并引发系统故障。

2.4.4.5c：文献[35]中介绍的可靠性木马是对半导体制造过程中生产条件的恶意更改。这些木马利用了 CMOS 晶体管的磨损机制，如负偏压温度不稳定性(NBTI)和热载流子注入(HCI)。攻击目标包括降低可靠性、加速老化和 IC(如 SRAM 缓存)的早期故障，所有这些原本只会随着时间和 IC 的使用而发生。

2.4.4.5d：文献[7,42]设计了几种小型、已优化并基于性能的木马，以逃避检测。此类低影响木马依赖于一些电路修改，例如调整逻辑门的大小、互连篡改和在电路中的单个故障点注入电阻桥接故障。它们被设计为植入后不影响原电路的路径延迟、功耗或面积开销。它们的攻击目标包括权限提升、不稳定的行为、错误的输出和硬件失效。

2.4.4.5e：现场可编程门阵列(FPGA)和片上系统(SoC)也容易受到硬件木马攻击。文献[33]提出了一种全面的 FPGA 木马攻击分类法。文献[11]中提出了一种自动化安全分析框架，旨在检测包括 SoC 中木马攻击在内的硬件漏洞。此外，文献[34]还展示了一个庞大的硬件木马攻击数据库，该数据库可用于将木马插入到 FPGA 和 SoC 中，以研究防御安全和可信技术。

2.4.5　木马攻击模型

硬件木马的正确建模对于准确地分类进攻威胁和分析木马攻击的影响至关重要。在开发某种攻击或对抗方法之前，攻击者或防御者必须考虑适当的木马模型。回想一下，攻击者可以在设计流程的许多阶段将木马植入硬件，这就需要多种攻击模型。准确的木马攻击模型必须基于完整的半导体供应链。对于 SoC 可以分为三个阶段：IP 核开发阶段、SoC 开发阶段与制造阶段。这三个阶段导致有三类实体可对硬件设计发起攻击：3PIP 供应商、SoC 开发人员和晶圆厂。这种对抗性威胁建模概念可以扩展到其他 IC，并且现有的研究已对木马攻击的不同模型进行了分类[17,29,36]。文献[45]为我们提供了 7 种全面的硬件木马攻击模型，如图 2.20 所示。

模型	描　　述	3PIP 供应商	SoC 开发者	晶圆厂
A	不可信 3PIP 供应商	不可信	可信	可信
B	不可信晶圆厂	可信	可信	不可信
C	不可信 EDA 工具或无良雇员	可信	不可信	可信
D	商业现成 COTS 组件	不可信	可信	不可信
E	不可信设计公司	不可信	不可信	可信
F	无晶圆 SoC 设计公司	不可信	不可信	不可信
G	使用可信 IP 的不可信 SoC 开发者	可信	不可信	不可信

图 2.20　7 种全面的硬件木马攻击模型[45]

7 种全面的硬件木马攻击模型总结如下：

模型 A：不可信 3PIP 供应商——大多数 SoC 设计人员均需获取某种形式的第三方 IP(3PIP)核才能完成其设计。这是由降低成本、缩短上市时间、减小物理 IC 尺寸以及不断增加的功能复杂性等需求所驱动的。不可信供应商中的攻击者可以将硬件木马植入 3PIP，而无须了解 SoC 的设计。

模型 B：不可信晶圆厂——多数设计公司为部分或全部无晶圆厂模式，这意味着它们将其集成电路的制造外包给海外和不可信的实体。此外包决策是在以最低成本使用最新制造技术的需求和设计的安全性之间权衡的结果。这些不可信晶圆厂中的攻击者可以接触到设计的所有层次，并且能够将木马植入到任何光刻掩模中，同时可以进行逆向工程来仿制设计。

模型 C：不可信 SoC 开发者——复杂的硬件设计需要经过培训的 SoC 设计师和专门的设计工具。此模型中的攻击者是内部威胁，他们可能会使用不可信(例如盗版)的 CAD 和 EDA 软件工具。

模型 D：不可信 COTS 组件——设计中会使用许多商业现成(COTS)组件。COTS 组件比定制产品更便宜，并且通常无须定制开发以集成到系统中。这些组件以完全不可信的方式开发，将导致设计流程中出现多个脆弱环节。

模型 E：不可信设计公司——在该模型中，设计是在可信晶圆厂制造的，但设计公司和 3PIP 供应商不可信，不能保证设计中无木马。除可信晶圆厂外，整个供应链也是不可信的。

模型 F：不可信的外包商——这是模型 A 和模型 B 的结合，几乎适用于所有无晶圆厂 IC 设计公司。这些设计人员使用 3PIP 供应商和不可信晶圆厂，以致无法保证无木马的硬件设计。

模型 G：不可信系统集成商——该模型所包含的不可信系统集成商，迎合了多种客户的需求，即需要一个既能设计又能制造的供应商。此类开发人员可以从各种资源中抽取出一部分，以满足客户的需求；但是可能在完成的硬件设计中引入漏洞。

文献[45]还对 161 篇关于以上这些木马攻击模型对策的论文进行了综合分析。结果表明，高达 89% 的对策论文涉及 F 模型(不可信外包商)，近 60% 的已发表论文涉及 B 模型(不可信晶圆厂)。近 30% 的论文涉及模型 A(不可信 3PIP 供应商)，13% 的论文涉及模型 C(不可信 SoC 开发人员)。值得注意的是，涉及 D、E 和 G 这三种模型的论文几乎近零，因为这三种模型可以被其他攻击模型所合并。

众所周知，木马攻击通常发生在不可信实体。因此，应对措施只能由可信实体来执行。7 种攻击模型表明，晶圆厂、供应商和设计师都扮演着不可信或可信实体的角色，但它们不能同时分饰二角。

2.5 防御对策

2.5.1 木马防御对策分类法

正如 2.3.1 节中所介绍及 2.5.5 节中所分析的那样，采用传统的测试和验证过程很难检测硬件木马。无论是进行硅前或硅后验证，还是执行结构、功能或随机测试模式，这些常规方法在检测硬件木马方面都表现不佳。这些方法主要用于检测制造工艺中的缺陷，通常仅在电路的预期工作情况下进行测试。从本质上来说，木马隐藏在稀有内部节点之中，这些节点通常在设备测试期间并未被激活。攻击者可从大量的木马中进行选择来植入到电路中。然而，在全部条件下执行确定性和详尽的防御性测试事实上是不可行的。此外，制造公差导致每个 IC 的参数（如路径延迟、内部噪声和功耗）是不同的，从而使检测本身更具挑战性[3,6,9,36,43,45,48]。因此，需要木马检测和预防机制两种手段来防御硬件木马。

硬件安全和硬件可信的研究人员指定了三大硬件木马反制手段，并提出了如图 2.21 所示的分类法。三类主要的对策分别是木马检测、可信设计和可信拆分生产[45]。图中对策框里的字母对应 2.4.5 节中讨论的攻击模型类别。

2.5.1.1　木马检测

木马检测的目标是在无须辅助电路的情况下验证硬件设计[45]。额外的电路将增加制造成本、电路尺寸与性能以及功耗。木马检测通常在硅前和硅后的设计阶段进行。在制造前的最后设计阶段，SoC 设计人员借助硅前验证来认可 3PIP，包括执行功能性验证、结构分析和代码分析以及形式化验证。尽管这些技术有助于识别无意的设计错误和制造错误，但它们不能确保没有硬件木马。硅后验证则可提供更多针对木马的保障，但所花代价不同，可进一步分为破坏性方法和非破坏性方法[9,45]。

破坏性方法（例如，拆解 IC、物理逆向工程）是对抗木马的最高保障手段，因为可以根据黄金 IC 或黄金模型对制造好的 IC 进行可视验证。这是一个复杂的过程，涉及通过化学机械抛光（CMP）技术逐层去除金属，然后使用扫描电子显微镜（SEM）进行图像重建和分析。这种方法可以识别 IC 中单个的门、晶体管和布线元件。该过程为一对一进行，需要几周的时间，并且 IC 在此过程中也被破坏了。另外，攻击者可只将木马植入少量而不是整批 IC 中。因此从可扩展的角度来看，破坏性检测方法是不切实际的。但是，破坏性地测试数量有限的部分 IC 仍然是有益的，因为从样本中获得的信息可用于形成黄金模型，以便用于校验其他木马检测方法（例如，边信道分析）[6,9,45]。

非破坏性方法包括功能测试和边信道分析，以识别可能的硬件木马。功能测试，也称为逻辑测试，通过将特定的逻辑模式输入 IC 以触发可能存在的木马。此类测试并不等同于传统的测试，因为传统测试向量旨在识别错误和缺陷。而木马通常隐藏于低可控和低可观测的节点中，因此使用常规测试方法很难触发。边信道分析是一种获取和分析每个 IC 独有特性的方法。其目的是通过观察每个 IC 物理参数的变化来识别包含木马的附加电路。该方法包括对功耗、门时序、路径延迟、电路温度和电磁辐射进行分析。边信道分析可使用环形振荡器（Ring Oscillators）、影子寄存器（Shadow Registers）和延迟组件来检测物理参数的波动，从而指示硬件木马的存在。非破坏性方法根据需要，可以在多个 IC 上进行多次检测。虽然功能测试和边信道分析通常需要一个黄金 IC 或黄金模型，但它们共同构成了一种非破坏性硬件木马检测的补充方法[6,9,36,43,45]。

功能性验证是一种硅前木马检测方法，主要思想类似于功能测试（即逻辑测试）。功能性验证通过建模和仿真进行，无须与被测设备（DUT）进行物理连接。与之相对，功能测试则需要与 DUT 进行物理连接，通常在专用测试台上进行。测试台需要提供所有生成的测试输入向量（基于设计指标生成），并收集设备的输出。功能测试方法可应用于功能性验证，但反之却不行[45,47]。

形式化验证是一种硅前或综合前设计验证技术，通常用于确认电路是否按照设计要求进行了准确的设计。在安全性和可信性中，形式化验证是用于彻底验证 IC 完整安全性和可信规范的一种数学方法，包括使用一组特定安全策略和验证检查法。木马检测的形式化验证基于三种验证方法：属性检查、等价性检查和模型检查。这些方法分别验证硬件测试基准的属性需求，检查 RTL 文件、网表文件和 GDSII 文件之间的等价性，以及根据所定义的安全规范来检查系统级语言（如 Verilog 和 VHDL）所用的模型[45,47]。

代码和电路覆盖分析是另一种硅前木马检测技术。对硬件描述语言（HDL）进行结构性或行为性分析，以识别 HDL 代码和电路中稀有内部节点和冗余内部节点。覆盖分析通常包括 RTL 线路执行、FSM 可达性覆盖，以及门级网表连同指示成功与否的功能性断言的覆盖。该分析旨在定位并识别木马植入概率最高位置所对应的节点。对结果进行量化的度量和手动后处理之后，可用于识别具有低观察性、低可达性和低概率的稀有节点或逻辑门，这都是攻击者植入硬件木马的理想位置[45]。

2.5.1.2　可信设计（DFT）

另一种可代替上述木马检测的方法是可信设计（DFT）。DFT 是一种在整个设计和制造流程中集成安全性和可信性的方法。如图 2.21 所示，它包括促进检测、防止木马植入以及在不可信组件上执行可信计算等内容。

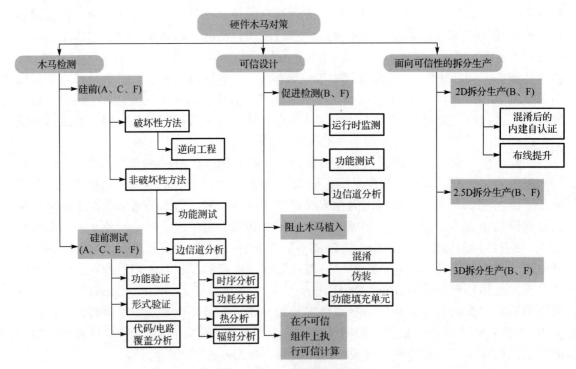

图 2.21　硬件木马对策的分类[45]

第一种实现 DFT 的方法是结合功能测试、边信道分析(这两种方法前文已述)和运行时监控来促进木马检测。运行时监控可通过不断监视各种异常的所有关键计算环节来增加硬件的可信性,从而减少木马带来的影响。运行时监视可检测恶意行为并自动禁用或绕开恶意逻辑,使 IC 恢复可靠运行。它采用现有的片上资源或额外的片外资源(比如在线资源)来持续监控 IC 的特性,包括行为、运行条件、瞬时功率和温度等[6,9,24,36,45]。

预防木马植入是 DFT 设计的另一种方法,包括混淆、伪装和功能填充单元。混淆是一种通过在设计中插入额外的逻辑锁定电路来隐藏电路功能的方法,用于隐藏正确的功能和原本的硬件设计。当输入正确的逻辑密钥时,混淆后的电路恢复全部功能。混淆能有效预防组合逻辑、时序逻辑和可重构逻辑中的木马。伪装则是一种通过在电路中增加额外的伪触点,并在不同的门电路层之间增加虚假连接来创建不可辨识门布局的方法。伪装可防止攻击者对电路的网表进行逆向工程,从而防止木马植入。功能填充单元是一种将功能门插入硬件设计中空白区域的方法。通常,EDA/CAD 工具会在空白区域填充不具有功能的标准单元,因此攻击者可用硬件木马替换这些未使用的单元。功能填充单元向所有空白区域插入功能门,形成可在设计流程中可测试的特定组合逻辑。如果功能填充单元的功能失效,则表示可能被植入了木马[6,45]。

还有一种 DFT 方法是使用不可信组件进行可信计算。与其他预防方法(如监控运行和混淆处理)不同,这种方法具有天然的抗木马攻击能力。该方法通过将运行在不可信硬件上的可信计算程序分布至多个独立的机制和进程上,减轻了激活木马的影响。这些降低风险的措施包括在多个多核处理器上进行分布式软件调度,使用来自不同不可信供应商的相同不可信 3PIP,以及将多个 3PIP 来源与类似不可信设计进行对比[45]。

硬件设计人员需要考虑的一个重要问题是硬件木马检测和预防方法之间的平衡,以及增加硬件设计安全性和可信度的实际需求。对于木马检测,随着电路尺寸的增加,额外的门和内部节点的数量也会增加。这些额外的门可能在无意中引入低可控性和低可观测性节点,从而导致木马检测更加困难。此外为了木马预防而刻意地修改的门电路,可能会对电路性能产生负面影响。这些影响以多种形式出现,包括路径延迟、功耗和电路的面积开销。与设计指标一样,在整个设计流程和制造过程中,必须考虑这种不可避免的权衡。

2.5.1.3　面向可信性的拆分生产

最近几年,拆分生产也被用于保护硬件,阻止硬件木马的植入。该制造工艺将硬件设计分为前道工艺(FEOL)和后道工艺(BEOL)两部分,由不同的晶圆厂生产。通常不可信晶圆厂只生产整个设计的 FEOL 部分,然后将其生成的晶圆运送给可信晶圆厂,由它们生产 BEOL 部分并整合两个部分。生产过程之所以采用这种方式进行,是因为 FEOL 生产的成本(即资金、机械、时间)高于 BEOL 生产。拆分生产可防止不可信晶圆厂访问到 IC 的所有层,因为一旦拥有这些信息可使攻击者能轻松植入木马。

拆分生产的常见技术包括 2D(二维)集成(如前所述)、2.5D 集成和 3D(三维)集成,如图 2.21 所示。在 2.5D 集成中,设计分为两部分(FEOL 和 BEOL),均由不可信晶圆厂生产。其中的中间部分,又称为硅中介层(因其包含片间连接),由可信晶圆厂生产。硅中介层、FEOL 和 BEOL 三部分在可信工厂中进行最终组装。在 3D 集成中,FEOL 和 BEOL 部分都由不同晶圆厂生产。3D 装配包括垂直堆叠各个部分并插入垂直互连[称为硅通孔(TSV)]。当然和其他木马反制手段类似,拆分生产也需考虑安全性和成本的权衡,包括更高的制造成本、互连导致的面积增加、时序的增加、功耗开销以及 IC 中间层的更高温度[6,45,46]。

2.5.2 木马检测：示例

2.5.2.1 统计检测

多次激发稀有事件(MERO)是一种统计形式的木马检测[10]。MERO 旨在最大化逻辑测试期间触发木马的概率,同时与加权随机模式测试方法相比,最小化所需的测试向量数。它首先检测内部节点的低概率事件,然后创建一组优化的测试向量,并多次触发每个内部节点至其稀有逻辑值(例如,N>1000)。MERO 在测试过程中使用此类向量来触发电路中的木马。试回想,传统测试无法有效扩展以检测木马,因为可能的木马实例数量呈指数增长。图 2.22(a)显示了触发组合木马所需的稀有事件(abc = 011),图 2.22(b)显示了触发时序木马所需的稀有事件(ab = 10)。这两个条件将由 MERO 识别并多次切换,以触发和检测电路中的木马。

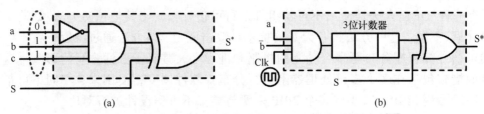

图 2.22　组合木马和时序木马的 MERO 统计逻辑测试[10]

2.5.2.2 稀有事件移除

文献[31]中提供了一种通过识别并移除稀有节点增强木马检测的方法。众所周知,攻击者的目标是在低可控性和低可观测性的节点中植入木马,从而给木马检测带来困难。该技术分析硬件设计以识别转移概率小于特定阈值的网络,这些地方成为木马的最理想候选位置。该技术使用几何分布(GD)对转移概率阈值进行建模,并估计节点转移所需的时钟周期数。然后将一个(或多个)伪扫描触发器(dummy scan flip-flops, DSFF)插入到识别出的节点中,以增加它们的转移概率,而所有这些触发器都不会影响原设计的时序或功能。转移率的增加将减少电路中难以激活的节点(即移除稀有事件)。即使门级网表不可信,移除这些稀有事件也有利于硬件中的木马检测。小型木马可能被完全激活,并通过故障和故障电路输出进行检测(通过逻辑测试)。大型木马可能被部分激活,从而通过可测量的信号变化(如瞬态功率和路径延迟)进行检测(通过边信道分析)。

图 2.23(a)显示了一个全由与门组成的原始木马锥体(即连接到木马门输入端的逻辑门),木马门(T_{gj})处产生"1"的概率(1/256 = 0.0039)远小于产生"0"的概率(255/256=0.9961)。图 2.23(b)显示了一个插入到电路顶端网络的伪扫描触发器或门。该或门极大地减少了转移至木马门(T_{gj})所需的时钟周期数,从而大大增加了"1"的转移概率("1",17/512 = 0.0332;"0",495/512 = 0.9668)。转移率的增加导致了木马检测的概率增加。

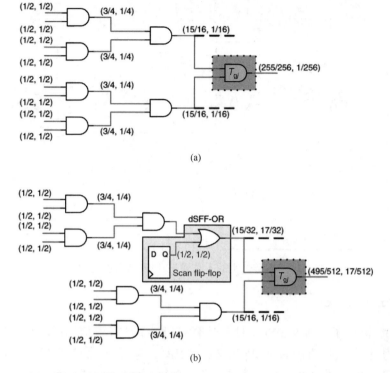

图 2.23　(a)原始木马锥体的转移概率；(b)包含单个伪扫描触发器的转移概率[31]

2.5.3　木马预防：示例

2.5.3.1　混淆

基于密钥的设计混淆将原电路转换成另一个功能相同的等价电路，并增加防止硬件木马的电路安全功能来阻止攻击者插入木马[8]。它允许电路工作在两种不同的模式下(即混淆模式和正常模式)，并且需要一个时序逻辑密钥来解锁正确的电路功能。在混淆模式(即保护模式)下，电路的正确功能和结构设计被混淆，混淆后的电路会产生错误行为。在正常模式下，电路被恢复为正确的行为和功能，但设计本身对攻击者来说仍是混淆不清的。

从混淆模式转换到正常模式，需要在电路初始启动期间从输入端送入正确的密钥，否则电路将保持其保护模式。这种技术使攻击者很难植入木马，因为稀有内部节点是混淆的(试回想，攻击者将木马植入到稀有电路节点中以防止检测)。如果进行木马植入，很可能会将其植入到孤立区域，从而消除触发木马后所带来的影响。这种方法提高了对稀有节点中难检木马的防护，增加了木马检测率，同时提供了针对 IP 盗版的保护(即通过逆向工程窃取 IP)。该方法可以防止在 IC 设计流程中攻击者在不可信晶圆厂植入木马，或由于使用不可信 EDA/CAD 工具引入木马。其代价是需要更高的开销，并且该方法不能阻止随机的木马植入。

图 2.24 显示了某电路的状态转换图(STG)。上电后，电路以混淆模式(即状态 S_0^O)启动。只有正确的时序逻辑密钥(即 $K_1 \rightarrow K_2 \rightarrow K_3$)才能将电路转换为正常模式(即状态 S_0^N)。任何不正确的密钥都会导致电路转换至隔离状态空间，电路和无效木马都会受陷其中。

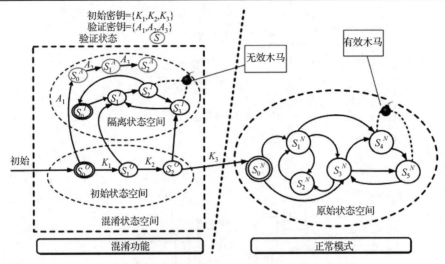

图 2.24   基于密钥的木马预防/检测和混淆方案[8]

2.5.3.2   硬件 3PIP

文献[21,37]提出了一种形式的,具有计算可行性,且有可信性的硬件 3PIP 设计框架。该框架被称为携带证明的硬件知识产权(PCHIP),基于携带证明代码(PCC)的概念。PCHIP 关注 IP 的安全性和可靠性,主要针对 FPGA 中硬件描述语言(HDL)形式的 IP。与许多其他方法不同,它不需要黄金 IC 或黄金模型,也不需要值得信赖的 3PIP 供应商。IP 使用者与 IP 供应商共同建立一套前置安全性和可信属性,随后被集成为整个设计流程中的一个组件。这些属性均是时序逻辑,意味着它们是基于规则的符号表达式,而不是确切的硬件功能。IP 供应商创建了这些属性的形式化证明,并随 3PIP 一起交付给 IP 使用者。然后,IP 使用者根据相互认可的安全规范来验证 3PIP。如果 3PIP 验证失败,则意味着该 IP 可能违反了安全协议,从而可以防止恶意木马被植入到 IP 使用者的 FPGA 设计中。因为不充分的安全规范可能有未知的漏洞,导致该框架不能确保完全覆盖,只能与其他检测和预防方法结合使用。图 2.25 显示了 IP 使用者和 IP 供应商之间的交互循环。

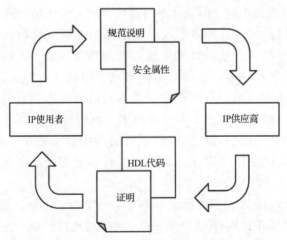

图 2.25   硬件知识产权(IP)获取和交付框架协议[21]

2.5.4　其他值得注意的木马检测和预防方法

与硬件木马设计攻击的演变类似，木马检测和预防机制也经历了大致相同的发展。本节将介绍其他一些值得注意的新型木马检测和预防技术。

2.5.4.1　电压反转

文献[2]提出了一种电压反转技术来探查 IC 中的恶意植入（VITAMIN）。该技术利用一个反向电压方案来填补 CMOS 门的电压水平（例如，将一个与门变为一个与非门）。其目的是通过增加黄金 IC 和测试 IC 之间的功率特征差异来检测硬件木马的存在，从而提高电路中稀有节点的触发频率。该方法与持续向量技术相结合，进一步增强了其有效性。

2.5.4.2　温度跟踪

在文献[14]中介绍了一种硬件木马的运行时检测方法。该框架的目标是检测 IC 内部热量和功率特征之间正常的互相关偏差。该参数出现异常可能表示木马已被激活。此方法包括设计阶段监控、测试阶段监控和运行时监控。其开销很低，因为它利用了许多FPGA、SoC 和其他 IC 上现成的内部热传感器。该方法可以在 IC 的整个生命周期内实现在线木马检测。

2.5.4.3　拆分制造

文献[46]提出了一种在 IC 内部使用垂直缝场效应晶体管（VeSFET）的安全拆分制造方法。这种方法使用 VeSFET 的双向可访问性和三维集成技术，将晶体管隐藏在伪装的三维外壳中。该方法可使两个独立的不可信晶圆厂安全地制造二维和三维 IC。如果一个晶圆厂添加或移动了晶体管，则另一个晶圆厂就会检测到所产生的直通电流效应。这种设计方法可以阻止硬件木马植入、逆向工程和 IP 盗版，并为木马检测提供方法。

2.5.4.4　FPGA 可信

在文献[22]的工作中，阐述了 FPGA 的硬件木马攻击预防和检测方法。这种安全和可信性验证方法被称为自适应三模块冗余（ATMR），能针对设备生产期间在晶圆厂植入的木马进行保护。因为木马可独立于最终设计，所以将其设计为自适应的。ATMR 是由逻辑测试和边信道分析组合而成的一种方法，旨在保护 FPGA 免受各种大小、位置和功能的木马攻击。该文献还开发了专门针对 FPGA 的木马攻击分类法和木马模型。分类法涵盖了改变 FPGA 编程状态的木马和 I/O 模块的木马，以及由晶圆厂植入的导致逻辑故障和物理损坏的木马。

2.5.5　各种木马防御方法的比较

硬件木马的检测方法和预防手段试图分别从两个独特的角度来解决问题。人们已经研究了许多检测方法，一致认为检测小型的、安静的木马非常具有挑战性，大多数检测方法都基于使用黄金 IC 或黄金模型[6,45]。尽管文献[45]的作者指出预防可能比检测更好，但值得考虑的是，这两种方法各取其长可能是实现无木马硬件的最佳方式。

自动测试模式生成（ATPG）是一种电路测试方法，用于区分设计的正确行为和由缺陷引起的错误行为。ATPG 基于电路的规格指标，其目标是 100% 的测试覆盖率。结构测试可以检测到一些木马，因为需要测试的节点数量与电路输入数量仅呈线性关系增长。然而功能测试要复杂得多，因为要测试的节点数量与电路输入的数量呈指数关系增长，因此几乎不可能检测到所有可能存在的木马。形式化验证法是基于算法的方法，用于验证预期设计的特性。有关木马检测的几种方法，包括形式化验证、识别和移除可疑信号以及等价性检查等，详见文献[38,43,47]。

以逻辑测试为形式的功能和结构性测试，旨在验证过程中激活未知木马，并将其影响传播到可观察的输出节点[6]。逻辑测试是一种直接的方法，在检测超小型木马时效果很好。在环境噪声和工艺波动的情况下，其表现也很稳定。但是随着电路或木马的规模/复杂性增加，该方法不能扩展并极易失败。缺乏扩展性的原因是由于测试全部内部节点和生成所有输出所需的输入组合呈指数增长，很难生成完整的测试向量集。从本质上讲，逻辑测试在激发稀有、低可控性和低可观测性节点方面存在困难。此外逻辑测试不能触发外部激活的木马，这需要黄金 IC 或黄金模型用于木马检测[6,45]。

边信道功率分析也是一种木马检测方法，它根据包含硬件木马后，功率开销发生的或增加或减少的变化(尽管数目未知)进行有无木马的预测。常用的方法包括静态电流分析法和瞬态电流分析法。未激活木马所增加或改动的逻辑门将导致电源的电流消耗发生显著变化。静态电流分析通过观察这一变化进行木马的检测。而瞬态电流则用于分析检测激活木马中的比特翻转活动[5,6,9,45]。

边信道分析有较好的扩展性，可以很好地检测小型和大型电路中的大型木马。它对不会导致可观察故障(如数据泄露)的木马很有效，并且很容易生成用于木马检测的测试向量。然而此类测试在存在环境噪声和工艺波动情况下的效果并不好，而且在检测超小型木马时表现也不太好。该限制是由于木马带来的影响被 IC 中的噪声所淹没。边信道检测是一种非侵入和被动型的木马检测，其有效性取决于信噪比(SNR)和木马电路比(TCR)。信噪比对于检测结果的准确性很重要，因为木马的影响可能被系统或环境噪声所掩盖。TCR 的重要性在于，它度量了木马尺寸占电路尺寸的比例。在大型电路中检测小型木马是一个日益严峻的挑战，因为 IC 的特征尺寸变得更小，而硬件设计中的晶体管数目却又不断增加。与逻辑测试一样，边信道分析通常也需要用于木马检测的黄金 IC 或黄金模型[6,45]。

尽管逻辑测试和边信道分析可以根据需要，对多个 IC 进行多次测试。但它们也存在不足，如稀有节点中的未激活木马，激活木马被噪声掩盖，或制造过程中 IC 公差的差异。因此逻辑测试与边信道分析相结合，可以为检测硬件木马提供最佳覆盖。图 2.26 比较了这两种非侵入性硬件木马检测方法。

逻辑测试(功能/结构)	边信道法分析
√检测小型木马非常有效	√检测大型木马非常有效
√受过程噪声影响小	√容易生成测试向量
√通常不需要额外的硬件开销	√通常不需要额外的硬件开销
×难以检测大型木马	×难以检测小型木马
×难以生成测试向量	×受噪声影响较大
×通常需要黄金 IC 或黄金模型	×通常需要黄金 IC 或黄金模型

图 2.26　两种非侵入性硬件木马检测方法的比较

2.6　小结

硬件木马是对硬件安全和集成电路可靠性的确切威胁。这些恶意修改对任何电子系统都构成安全风险，因为底层硬件不再被视为完全的信任根。木马可能会在许多年内未被发现并保持未激活状态，等待的特定条件发生并触发木马，以投递其有害的有效负载。我们见过了太多的木马攻击设计，并认识到需要一个行之有效的防御手段。为了对抗木马威胁，人们必须确保攻击模型和对策模型是精确的。有了这些精确的模型才能实现各种检测和预防技术。目前，该领域的工作需要在安全性和性能之间进行权衡，同时没有一种防御技术能提供 100% 的保证。本领域的未来工作将有助于回答"无黄金模型是否能成为硬件木马防御机制的可行方法？"。

参考文献

1. S. Ali, D. Mukhopadhyay, R.S. Chakraborty, S. Bhunia, Multi-level attack: an emerging threat model for cryptographic hardware, in *Proceeding of the Design, Automation & Test in Europe (DATE) Conference Exhibition* (2011), pp. 1–4

2. M. Banga, M. Hsiao, VITAMIN: voltage inversion technique to ascertain malicious insertions in ICs, in *Proceeding of the IEEE International Workshop on Hardware-Oriented Security and Trust* (2009), pp. 104–107

3. C. Bao, D. Forte, A. Srivastava, On reverse engineering-based hardware Trojan detection. IEEE Trans. Comput.-Aided Des. Integr. Circuits Syst. **35**(1), 49–57 (2016)

4. G.T. Becker, F. Regazzoni, C. Paar, W.P. Burleson, Stealthy dopant-level hardware Trojans: extended version. J. Cryptogr. Eng. **4**(1), 1–13 (2014)

5. S. Bhunia, M. Abramovici, D. Agrawal, P. Bradley, M.S. Hsiao, J. Plusquellic, M. Tehranipoor, Protection against hardware Trojan attacks: towards a comprehensive solution. IEEE Design Test **30**(3), 6–17 (2013)

6. S. Bhunia, M.S. Hsiao, M. Banga, S. Narasimhan, Hardware Trojan attacks: threat analysis and countermeasures. Proc. IEEE **102**(8), 1229–1247 (2014)

7. B. Cha, S.K. Gupta, A resizing method to minimize effects of hardware Trojans, in *2014 IEEE 23rd Asian Test Symposium* (2014), pp. 192–199

8. R.S. Chakraborty, S. Bhunia, Security against hardware Trojan attacks using key-based design obfuscation. J. Electron. Test. (JETTA) Theory Appl. **27**(6), 767–785 (2011)

9. R.S. Chakraborty, S. Narasimhan, S. Bhunia, Hardware Trojan: threats and emerging solutions, in *IEEE International High Level Design Validation and Test Workshop* (2009), pp. 166–171

10. R.S. Chakraborty, F. Wolff, S. Paul, C. Papachristou, S. Bhunia, MERO: a statistical approach for hardware Trojan detection, in *Proceeding of the Cryptographic Hardware and Embedded Systems (CHES)* (2009), pp. 396–410

11. G.K. Contreras, A. Nahiyan, S. Bhunia, D. Forte, M. Tehranipoor, Security vulnerability analysis of

design-for-test exploits for asset protection in SoCs, in *2017 22nd Asia and South Pacific Design Automation Conference (ASP-DAC)* (2017), pp. 617–622

12. D. Du, S. Narasimhan, R.S. Chakraborty, S. Bhunia, Self-referencing: a scalable side-channel approach for hardware Trojan detection, in *Proceeding of the Cryptographic Hardware and Embedded Systems (CHES)* (2010), pp. 173–187

13. C. Dunbar, G. Qu, Designing trusted embedded systems from finite state machines. ACM Trans. Embed. Comput. Syst. **13**(5s), Article 153 (2014)

14. D. Forte, C. Bao, A. Srivastava, Temperature tracking: an innovative run-time approach for hardware Trojan detection, in *Proceedings of the 2013 IEEE/ACM International Conference on Computer-Aided Design, ICCAD* (2013), pp. 532–539

15. Y. Jin, N. Kupp, CSAW 2008 team report (Yale University). CSAW embedded system challenge (2008)

16. Y. Kaiyuan, M. Hicks, Q. Dong, T. Austin, D. Sylvester, A2: analog malicious hardware, in *2016 IEEE Symposium on Security and Privacy (SP)* (2016)

17. R. Karri, J. Rajendran, K. Rosenfeld, M. Tehranipoor, Trustworthy hardware: identifying and classifying hardware Trojans. IEEE Comput. **43**(10), 39–46 (2010)

18. S.T. King, J. Tucek, A. Cozzie, C. Grier, W. Jiang, Y. Zhou, Designing and implementing malicious hardware, in *Proceeding of the 1st USENIX Workshop Large-Scale Exploits Emergent Threats (LEET)* (2008)

19. L. Lin, W. Burleson, C. Paar, MOLES: malicious off-chip leakage enabled by side-channels, in *Proceedings International Conference on Computer-Aided Design (ICCAD)* (2009), pp. 117–122

20. Y. Liu, Y. Jin, A. Nosratinia, Y. Makris, Silicon demonstration of hardware Trojan design and detection in wireless cryptographic ICs. IEEE Trans. Very Large Scale Integr. VLSI Syst. **25**(4), 1506–1519 (2017)

21. E. Love, Y. Jin, Y. Makris, Proof-carrying hardware intellectual property: a pathway to trusted module acquisition. IEEE Trans. Inf. Forensics Secur. **7**(1), 25–40 (2012)

22. S. Mal-Sarkar, R. Karam, S. Narasimhan, A. Ghosh, A. Krishna, S. Bhunia, Design and validation for FPGA trust under hardware Trojan attacks. IEEE Trans. Multi-Scale Comput. Syst. **2**(3), 186–198 (2016)

23. S. Narasimhan, X. Wang, D. Du, R.S. Chakraborty, S. Bhunia, TeSR: a robust temporal selfreferencing approach for hardware Trojan detection, in *Proceeding of the IEEE International Symposium on Hardware-Oriented Security and Trust (HOST)* (2011), pp. 71–74

24. S. Narasimhan, W. Yueh, X. Wang, S. Mukhopadhyay, S. Bhunia, Improving IC security against Trojan attacks through integration of security monitors. IEEE Des. Test Comput. **29**(5), 37–46 (2012)

25. S. Narasimhan, D. Du, R.S. Chakraborty, S. Paul, F.G. Wolff, C.A. Papachristou, K. Roy, S. Bhunia, Hardware Trojan detection by multiple-parameter side-channel analysis. IEEE Trans. Comput. **62**(11), 2183–2195 (2013)

26. M. Potkonjak, Synthesis of trustable ICs using untrusted CAD tools, in *Proceeding of the Design Automation Conference* (2010), pp. 633–634

27. J. Rajendran, A.K. Kanuparthi, M. Zahran, S.K. Addepalli, G. Ormazabal, R. Karri, Securing processors against insider attacks: a circuit-microarchitecture co-design approach. IEEE Des. Test **30**(2), 35–44 (2013)

28. T. Reece, D.B. Limbrick, W.H. Robinson, Design comparison to identify malicious hardware in external intellectual property, in *Proceeding of the IEEE 10th International Conference on Trust, Security and Privacy in Computing and Communications*, Changsha (2011), pp. 639–646

29. M. Rostami, F. Koushanfar, J. Rajendran, R. Karri, Hardware security: threat models and metrics, in *Proceedings of the International Conference on Computer-Aided Design (ICCAD'13)* (IEEE Press, Piscataway, 2013), pp. 819–823

30. J. Roy, F. Koushanfar, I. Markov, EPIC: ending piracy of integrated circuits. IEEE Comput. **43**(10), 30–38 (2010)

31. H. Salmani, M. Tehranipoor, J. Plusquellic, A novel technique for improving hardware Trojan detection and reducing Trojan activation time. IEEE Trans. Very Large Scale Integr. VLSI Syst. **20**(1), 112–125 (2012)

32. H. Salmani, M. Tehranipoor, R. Karri, On design vulnerability analysis and trust benchmark development, in *IEEE International Conference on Computer Design (ICCD)* (2013)

33. M. Sanchita, A. Krishna, A. Ghosh, S. Bhunia, Hardware Trojan attacks in FPGA devices: threat analysis and effective counter measures, in *Proceedings of the 24th Edition of the Great Lakes Symposium on VLSI* (2014), pp. 287–292

34. B. Shakya, T. He, H. Salmani, D. Forte, S. Bhunia, M. Tehranipoor, Benchmarking of hardware Trojans and maliciously affected circuits. J. Hardw. Syst. Secur. (HaSS) **1**(1), 85–102 (2017)

35. Y. Shiyanovskii, F.Wolff, A. Rajendran, C. Papachristou, D.Weyer,W. Clay, Process reliability based Trojans through NBTI and HCI effects, in *Proceeding of the NASA/ESA Conference on Adaptive Hardware and Systems* (2010), pp. 215–222

36. M. Tehranipoor, F. Koushanfar, A survey of hardware Trojan taxonomy and detections. IEEE Des. Test Comput. **27**(1), 10–25 (2010)

37. M. Tehranipoor, C. Wang, *Introduction to Hardware Security and Trust* (Springer, New York, 2012)

38. M. Tehranipoor, H. Salmani, X. Zhang, *Integrated Circuit Authentication* (Springer, Cham, 2014)

39. M. Tehranipoor, U. Guin, D. Forte, *Counterfeit Integrated Circuits: Detection and Avoidance* (Springer, Cham, 2015)

40. R. Torrance, D. James, The state-of-the-art in semiconductor reverse engineering, in *IEEE/ACM Design Automation Conference* (2011), pp. 333–338

41. TrustHub.

42. N.G. Tsoutsos, M. Maniatakos, Fabrication attacks: zero-overhead malicious modifications enabling modern microprocessor privilege escalation. IEEE Trans. Emerg. Top. Comput. **2**(1), 81–93 (2014)

43. X. Wang, M. Tehranipoor, J. Plusquellic, Detecting malicious inclusions in secure hardware: challenges and solutions, in *IEEE International Workshop on Hardware-Oriented Security and Trust (HOST)* (2008)

44. X.Wang, S. Narasimhan, A. Krishna, T.Mal-Sarkar, S. Bhunia, Software exploitable hardware Trojan attacks in embedded processor, in *Proceedings of the IEEE International Symposium on Defect and*

Fault Tolerance in VLSI and Nanotechnology Systems（DFT）(2012), pp. 55–58

45. K. Xiao, D. Forte, Y. Jin, R. Karri, S. Bhunia, M. Tehranipoor, Hardware Trojans: lessons learned after one decade of research. ACM Trans. Des. Autom. Electron. Syst. **22**(1), 6:1–6:23 (2016)

46. P.L. Yang, M. Marek-Sadowska, Making split-fabrication more secure, in 2016 *IEEE/ACM International Conference on Computer-Aided Design（ICCAD）*, Austin (2016), pp. 1–8

47. X. Zhang, M. Tehranipoor, Case study: detecting hardware Trojans in third-party digital IP cores. IEEE Int. Symp. Hardw.-Oriented Secur. Trust **22**(1), 67–70 (2011)

48. Y. Zheng, S. Yang, S. Bhunia, SeMIA: self-similarity-based IC integrity analysis. IEEE Trans. Comput.-Aided Des. Integr. Circuits Syst. **35**(1), 37–48 (2016)

第二部分　硬件木马攻击：威胁分析

第 3 章　SoC 与 NoC 中的硬件木马攻击

Rajesh JS，Koushik Chakraborty 和 Sanghamitra Roy[①]

3.1　引言

移动计算和普适性计算已然成为我们日常生活中不可或缺的一部分，而片上系统 (SoC) 是这些设备的核心。三个特定因素导致了低功耗计算设备中 SoC 的大规模增长：(a) 工艺微型化；(b) 基于可重用知识产权 (IP) 形式的模块化系统设计；(c) 高器件密度。然而，由于前所未有的上市时间压力，以及为了应对设计和验证成本的不断上升，现代 SoC 设计都使用了来自各种可信/不可信供应商的第三方知识产权 (3PIP)。3PIP 组件的广泛使用在 SoC 中引入了一个不可信硬件区域，导致了灾难性的安全漏洞。硬件木马可被有策略性地放置在关键的 3PIP 组件中，从而对 IP 客户端和终端用户造成严重的经济影响。

在 SoC 主导移动计算市场的同时，更加复杂的片上多处理器系统 (MPSoC) 则被认为是高效能与高性能计算系统的未来发展方向。作为这场变革的关键，片上网络对提高 SoC 的可扩展性和能源效率起着至关重要的作用。NoC 将一组不同的片上 IP 模块相互连接，芯片上的各个 IP 模块可以无缝运行。然而，关键的挑战是如何在 NoC IP 不可信的情况下，在 SoC 中提供安全可靠的通信。由于 NoC 在 SoC 片上通信中的独特与核心作用，它可以直接访问 SoC 内部的所有资源和信息。因此被植入木马的 NoC 3PIP 会对 SoC 造成严重破坏，如可施加一系列攻击，包括信息泄露、数据损坏和拒绝服务等。

在不可信的 SoC 环境（包括移动和高性能计算）下，数字足迹呈指数增长，这使得 SoC 安全保证成为一种迫切的需求。本章的重点是 SoC 的安全保证，特别强调了可以嵌入 NoC 中的硬件木马。3.2 节讨论 SoC 安全方面的挑战；3.3 节概述最常见的威胁模型；3.4 节总结一些有前景的 SoC 安全保证系统级解决方案；3.5 节通过示例攻击模型和解决方案，深入研究不可信恶意 NoC 3PIP 中涉足较少的领域。

3.2　SoC 的安全挑战

在过去的十年间，硬件安全已成为现代计算设计的基础。然而随着半导体行业横向整合战略的兴起，供应链中出现了大量不可信区域。下面列举了 SoC 设计流程中面临的安全挑战。

1. SoC 的设计流程十分复杂，由多个阶段组成，包括面向特定应用的硬件设计和软件设计过程。在这个费时费力的过程中，设计经过了分布在世界各地的各方之手，为恶意和不道德的设计实践创造了一个避风港。
2. SoC 设计需要在几个关键阶段之间进行多次反复。例如在输出最终设计前，几位

③ 犹他州立大学

Email：rajesh.js@aggiemail.usu.edu；koushik.chakraborty@usu.edu；sanghamitra.roy@usu.edu

首席工程师会反复地参与集成电路的设计和验证。这个反复过程给了他们在 SoC 设计中隐藏恶意电路和"后门"的机会。

3. 为了减少设计成本和上市时间，SoC 集成商会从大量不可信供应商那里获得预先验证的硬件或软件 IP 块。因为第三方 IP 供应商不会透露设计信息以保持市场竞争优势，所以这些 IP 都以黑盒形式提供服务。

4. 为数众多的第三方 IP 供应商经常使用不可信、有时是未经验证的自动化工具来设计和验证其 IP 块。使用不可靠的软件工具可能导致设计偏差，并为低标准的 IP 设计以及恶意"后门"敞开大门。

5. 由于验证成本上升，SoC 集成商不会重新验证所采购的 IP 模块。此外，现代验证工具常常被设计用来解决"功能不够"，而非"功能过多"的问题。换句话说，这些验证工具能够检测出设计规范中缺失的功能，但无法检测出大型复杂数字设计中的隐藏功能或电路。

6. 保障 SoC 安全需要付出巨大的成本。对于小型应用，SoC 集成商无法负担高级安全特性所需的成本，因其在芯片面积、性能和成本方面的设计开销过高。

7. 最后，由于现代 SoC 设计极端复杂，几乎不可能验证和确保每个子部件的可信行为以及多个 IP 块之间的交互。

在上述 SoC 设计流程所面临的难题中，有一个特别的问题是无法避免的，即第三方 IP 的使用。后续章节提供了此难题的一个威胁模型示例。

3.3　SoC 威胁模型

不可信 3PIP 组件的广泛使用，已经成为现代 SoC 中对安全的关注度不断提高的最大原因。图 3.1 展示了 SoC 集成商从不同的 3PIP 供应商处采购各种组件的典型场景。在此例中，提供给 SoC 集成商 4 的 3PIP NoC 中嵌入了一个硬件木马。通常，恶意电路可能包含在一个或多个不可信 3PIP 模块中。表 3.1 概述了在 IP 块设计期间被植入恶意电路的威胁生命周期。只有 SoC 集成商内部设计的组件才经过了完整的安全性和功能性测试和验证。3PIP 设计透明度的缺乏和不断上升的验证成本使得 SoC 集成商无法评估所采购 3PIP 的可信度，从而造成灾难性的安全漏洞。关于这一点，3.4 节给出了一些最近几年比较有前途的安全保证措施。

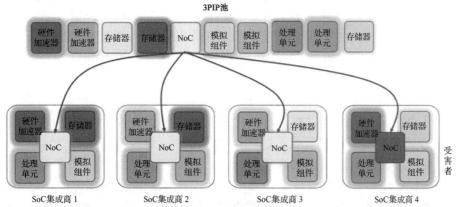

图 3.1（见彩图）　第三方 NoC 供应商选择性地向某一 SoC 集成商提供感染了硬件木马的 NoC。恶意 NoC 与其共犯软件可以在运行时进行大量的恶意活动，从而损害不知情 SoC 集成商的声誉

表 3.1　由于不可信第三方 IP 的广泛使用，SoC 中的威胁生命周期

木马植入
恶意电路可以在 IP RTL 的设计阶段，由一个或多个关键的 IP 设计工程师植入。少数员工的行为可能导致一个可信赖的 IP 供应商向其客户提供嵌入木马的 IP
木马激活
为了逃避 IP 验证和 SoC 集成测试，木马被设计为保持休眠状态。在运行时间内，可以由组合或时序的稀有事件触发器从内部或外部进行触发激活
木马操作
在运行时间内，一旦被激活，木马的有效负载就会造成大量攻击，如信息泄露、拒绝服务、功能篡改和数据损坏。施行攻击的类型仅受攻击者想象力的限制

3.4　SoC 安全保证

片上系统安全性的目标是确保芯片的公平、安全、可靠运行，该目标通常包括可信度的三个核心方面：

- 机密性：保护数据隐私，防止泄露、盗窃和非法访问；
- 完整性：保护数据和芯片功能不被篡改；
- 可用性：确保基于功能正确性的公平分配与访问物理资源。

由于对 SoC 安全性的研究还处于起步阶段，研究人员尝试使用了处理器、内存和硬件加速器中的现有技术。如物理边信道分析、内建自测试（BIST）和携带证明的硬件等技术，已被证明不足以抵御 SoC 中硬件木马带来的复杂挑战[2,7,8,18,19,22]。例如，Balasch 等人测量了现有硬件中 SoC 发出的电磁（EM）信号，并基于 EM 指纹[2]来检测硬件木马。虽然边信道分析技术在检测硬件木马方面有一定的效果，但它存在两个重要缺点。首先，它需要一个黄金（参考）电路进行比较，而这在 3PIP 威胁模型中是不可得的。其次，由于工艺波动和测试环境的变化，许多边信道技术都不太准确。

Dubrova 等人探索了如何使用可配置密钥的逻辑 BIST[8]进行木马检测。在逻辑 BIST 中，伪随机模式发生器（PRPG）用于生成待测 SoC 电路的测试输入。然后，将逻辑 BIST 生成的签名与预先计算的签名进行比较，以检测故障。Dubrova 等人提出在芯片制造过程结束后，使用可配置密钥来设置 PRPG 的初始状态。用户根据密钥计算所得的签名将存储为"正确"签名。由于密钥在制造阶段是未知的，添加的恶意电路会改变签名，从而暴露木马的存在。尽管逻辑 BIST 具有很多优点，但它的比特反转活动功耗很高，并且缺乏足够的覆盖率。

Love 等人提出了一种新的 IP 获取和传输协议，其中供应商构建了一个被 SoC 集成商所认可的安全合规证明[18]。这样，形式化证明就成为了 IP 交付物的一部分，SoC 集成商可以很容易地对其进行检查。但是，在这个模型中，供应商仍然有空间来篡改证明及测试基准，使其不覆盖特定的恶意修改。

专用底层架构 IP，以及细粒度安全策略的使用在 SoC 安全保障方面都得到了迅速增长。安全策略根据抽象和复杂的高层次需求（如访问控制、信息流和资源使用时间），建立了可量化的约束。Wang 等人提出了一种即插即用的 IP，专门用于安全功能，可预防由

扫描式攻击导致的信息泄露、芯片伪造和硬件木马[23]。集中式 IP 使用 SoC 中的核测试封装器架构，并整合一些成熟的安全措施来对抗威胁。对于木马检测，它整合了基于组合路径延迟的检测机制。Basak 等人将上述工作进行了扩展，将系统级安全策略固化为专用安全 IP 模块（又称为面向安全性的扩展底层架构 IP，E-IIPS）的固件代码[3]。SoC 安全策略可以通过升级存放在安全存储器中的固件代码来进行配置。此方法可实现的安全策略仅受限于安全封装器（security wrapper）能访问的可观察和可控制信号。

近年来，对软硬件协同木马检测的需求愈加强烈。SoC 设计复杂度的不断增加，以及软硬件之间不可信边界事务的不断增加，都需要一种系统级的木马检测方法。在此方面，Jin 等人提出了一种硬件锚，允许操作系统和硬件之间数据和信息的跨层共享[14]。硬件模块还负责强制执行操作系统所设置的安全策略。Guo 等人提出了一种新型的集成形式验证框架，该框架集成了自动化模型检查器（automated model checker）和交互式定理证明器（interactive theorem prover）[13]，并根据 SoC 设计来检查系统级安全性。

SoC 的安全保证正迅速成为一个独立的学科。尽管硬件木马检测已经获得了足够的研究兴趣，但在针对恶意电路的保护工作方面，研究人员所付出的努力仍然有限。在此方面，Kim 等人提出使用嵌入式或外部可重构逻辑来替换在运行时被硬件木马所感染的系统功能[16]。这样的自再生系统虽然很有前途，但在低功耗计算应用中却是不可行的。

3.5　NoC 安全性

片上网络为所有片上组件提供了一种模块化、可扩展的互连结构，广泛应用于现代 MPSoC 中。十多年来的 NoC 相关研究，为理解互连网络及其安全性方面提供了宝贵的经验。然而，现有绝大部分关于 NoC 安全性的文献，均针对 NoC 受到来自其他 IP 模块中的软件或硬件木马攻击进行研究，如表 3.2 所示。其中，大多数工作都将安全检查嵌入 NoC 中。在此方面，Evain 等人在文献[9]中展示了一项有趣的研究，列举了在 NoC 中可能出现的各种攻击，如表 3.2 所示。

表 3.2　NoC 中的威胁摘要

	木马位置 [a]	攻击 [b]	保护机制 [c]	触发机制 [d]
DPU[10]	软件	存储器（机密性）	网络接口	—
KeyCore[12]	软件	存储器（机密性）	网络接口	—
surfNoC[24]	软件	软件（机密性）	NoC	—
AE[15]	软件	存储器（机密性）	网络接口	—
IMP[17]	微处理器	微处理器/存储器（机密性）	—	软件
NoC-MPU[20]	软件	存储器（机密性）	网络接口	—
FortNoC[1]	NoC IP	NoC（机密性）	网络接口	软件-硬件
RLAN[21]	NoC IP	NoC（可用性）	网络接口	—
Mal-NI[11]	网络接口	NoC（完整性和可用性）	网络接口	—
FI-DoS[5]	NoC 链路	NoC（可用性）	NoC	—

[a] 木马被植入到系统的哪一部分

[b] 系统的哪一部分被攻击和攻击类型

[c] 系统在哪一部分实施了保护机制以预防攻击

[d] 触发机制（如果是硬件木马）

1．旨在降低系统性能的拒绝服务攻击。该攻击通过将数据包引入不正确的路径、有意的死锁路径和无限的活锁路径中，消耗可供其他数据包使用的宝贵资源。
2．对未经授权目标进行数据读取造成的信息泄露。
3．旨在修改系统行为的安全区域劫持。

鉴于 NoC 在 SoC 中所起的关键作用，必须考虑 3PIP NoC 电路自身存在硬件木马的可能性。由于 NoC 可以直接访问 SoC 中的所有数据和资源，上述设想带来了一项独特的挑战。受感染的 NoC 所带来的危害，远甚于 Evain 等人所讨论的各种攻击[9]。此外，保护 SoC 的安全措施也不能放置在 NoC 中。接下来的内容展示了一些相关工作，它们假设 NoC 中已嵌入了硬件木马，并提出了一些检测恶意活动的创新解决方案。

3.5.1　信息泄露攻击

Dean 等人证明了在 NoC 中嵌入的硬件木马可在共犯软件存在的条件下，进行信息盗窃攻击，而此过程无须依赖存储器访问[1]。为应对这一威胁，他们提出了一种强化 SoC 固件的三层安全措施。第一层在数据传输至网络之前将其顺序打乱，以阻断基于顺序编码信息的木马激活。在第二层中，使用数据包认证技术来阻止无效数据包抵达非预期目的地。在最顶层，通过周期性地在各个节点中迁移所运行的应用程序，解除源节点和目的节点之间的固定关系。

3.5.1.1　攻击语义

图 3.2 展示了被感染 NoC 进行信息泄露的攻击语义。该研究涉及 MPSoC 中的云计算环境，其中多个用户共享硬件资源来执行其应用程序。首先，第三方 NoC IP 供应商在 IP 设计阶段向 NoC 中嵌入了硬件木马。SoC 集成商在不知道恶意电路的情况下，完成设计并提供给终端用户。在云环境中，以第三方应用程序形式出现的共犯线程被调度至其中一个片上处理单元。恶意应用程序建立与 NoC 中硬件木马之间的隐蔽通信信道，并将其激活。例如，在图 3.2 中，NoC 节点 X 中的共犯线程可以向节点 W 发送一条指令，激活其 NoC 路由节点中的休眠木马。

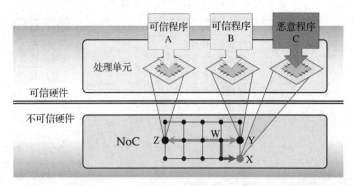

图 3.2　受感染的 NoC 监听程序 A 和 B 之间的数据消息并泄露给共犯程序 C

一旦激活，木马将复制网络中实时通信的特定实例，并将其泄露给共犯线程。该硬件木马的设计目的是从网络接口监听通信，并复制其中一个输入端口送入的数据包。节点 W 的木马(见图 3.2)会泄露节点 Y 和 Z 之间的所有通信信息。出现在节点 W 的 NoC 路由器中的恶意电路将复制所有通过它且属于被请求通信的数据包，并将其发送给节点 X 中的共犯线程。最后，还可以通过向嵌入式硬件木马发送编码信息序列，让其停止恶意活动。

硬件木马通过状态机实现，有三种主要状态：非活动状态(木马休眠)、等待状态(木马激活并等待监听命令)和泄露状态(进行木马攻击)。状态机的状态转换仅能由共犯线程使用切片的特定编码序列来实现。状态发生偶然变化的概率非常低。假设在 NoC 路由节点中，需要由连续的 5 个 32 位序列密码来激活木马，状态发生意外改变(木马激活)的概率低至 $1/10^{50}$。

3.5.1.2　安全措施：FortNoC

FortNoC 采用了一种三层安全措施，旨在提供应对信息盗窃的主动和被动保护。安全机制在 NoC 固件中实现，作为处理单元与网络接口的交互接口。该固件由内部团队设计完成，以摆脱对第三方供应商的依赖。这三层分别针对确保 MPSoC 安全通信的特定目标。

1. **第一层**。应对硬件木马的第一道防线是阻止其激活。在注入网络前，SoC 固件会确保处理单元核所处理的数据在网络接口中被打乱了顺序。同时低成本、基于 XOR 密码的加密器和解密器被用来打乱数据。通过破坏待注入网络的数据，SoC 固件阻止了木马的激活。该层还实现了另一个目标：因为网络中的数据已被加密，攻击者必须通过额外的步骤来理解所窃取的数据。

2. **第二层**。该层采用了一种基于包认证的数据完整性保护机制，在木马被激活的情况下防止信息被盗。专门针对每个源节点和目的节点的加密标记，将与待传数据一起打包。在每个目的节点，SoC 固件都会验证数据，确保标记与预期的通信路线匹配。如果恶意应用程序试图将数据包重新路由到一个非预期位置，防御机制将丢弃数据包并触发异常，以警告操作系统该异常行为。

3. **第三层**。这是 FortNoC 的最后一层。通过周期性地将应用程序迁移到不同的节点，旨在破坏通信模式(pattern)的形成。该安全机制通过解除通信源节点和目的节点的关联，在泄露的数据中引入噪声，使得攻击者更难提取有用信息。

FortNoC 中使用分层方法的好处在于，允许设计人员根据设计需求配置所需的安全级别。图 3.3 展示了增加各个安全层对性能开销的影响。FortNoC 安全机制的开销较低，三层全用造成的性能下降为 6%。与之相比，另一种最近提出的基于身份验证的安全机制则导致性能下降更多(NMPU, 8%)。单独添加第一层对性能的平均影响为 3.8%，而单独添加第二层和第三层对性能的影响分别为 2% 和 0.01%。

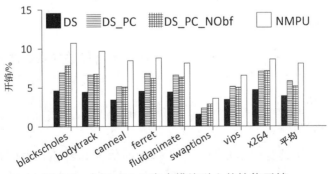

图 3.3　由 FortNoC 安全措施引入的性能开销

3.5.2 针对故障注入攻击的数据包安全性

Boraten 等人提出了一种三重数据包验证技术，以防止 NoC 中基于故障注入的边信道攻击[4]。他们首先使用可配置检错编码方案来增强 NoC 路由器的容错能力。然后再将数据包头与路由信息一起编码。最后对数据包的分发进行优先级排序，以提高 NoC 的服务质量。

3.5.2.1 攻击语义

攻击者的目标是通过向路由节点链路注入错误来破坏数据包的编码。攻击者控制代数操作检测（AMD）编码器的输入，并在链路上生成一组错误向量。利用从 AMD 不同输入组合中所获得的知识，并观察边信道攻击对编码器和解码器的影响，攻击者可以迭代破译加密密钥。一旦知道了加密密钥，攻击者就可以对 MPSoC 中计算和通信的数据进行破坏。下面给出三种特定的攻击场景。在场景 1 中，使用循环冗余校验（CRC）编码的数据受到来自受感染 NoC 链路的边信道攻击；在场景 2 中，一个 AMD 编码的数据包在受感染链路上受到攻击；在场景 3 中，受感染的路由节点复制目标数据包，并将其发送到另一个核，以泄露信息。

3.5.2.2 安全措施：P-Sec

为了保护数据的完整性，通常对敏感和关键数据均采用 AMD 编码加密，以提高 NoC 微体系结构的容错性。对于其他所有数据包，均使用循环冗余校验来提供基本的容错能力。为了有助于正确地解码数据，编码类型和数据包头一起被标记。

由于 CRC 编码方式过于简单，如果未能检测到某次针对 CRC 编码数据包的边信道攻击，则会导致数据在悄无声息中被损坏。然而，AMD 编码的通信流可以检测到针对数据包的恶意更改，因为根据其定义，AMD 代码不能被伪装成其他有效代码。所有关键与非关键的包头信息都使用 AMD 码字进行编码，以确保安全可靠的数据包传输。此外，为防止使用有效的包头来恶意构造数据包，还添加了第二级加密作为额外保护。当发现解码的数据包被恶意路由到非预期位置，网络接口将丢弃这些包，并向源节点发送一个 NACK 消息。

为提高敏感数据包的服务质量，使用 AMD 编码的数据包会附加一个标识，用以向仲裁单元发出信号，给予这些数据包更高的优先级。AMD 编码的两个主要缺点在于，它不能定位硬件木马，且数据包级 AMD 编码的开销也非常高。

3.5.3 网络接口故障

Frey 等人阐述了网络接口（NI）状态机中的硬件木马能够导致其故障，从而降低系统性能[11]。为应对这种威胁，他们提出了一种带伪状态的基于密钥的有限状态机（FSM）来检测恶意状态转换。

3.5.3.1 攻击语义

网络接口中的 FSM 具有两组角色，基于作为通信发起者还是通信目标而定。作为通信发起者，FSM 负责接收来自 IP 模块的数据，将其封装到数据包中，然后再注入网络中。

类似地，作为通信目标，FSM 也有一组用有限状态表示的职责。在网络接口状态机中的硬件木马，可以通过进行非预期状态变化，在不知不觉中引发网络接口故障。

3.5.3.2 安全措施

为了对抗状态改变型硬件木马，网络接口中的 FSM 通过在状态转换条件中引入认证密钥，以及增加一些伪状态进行混淆。由于攻击者并不知道认证的存在，任何未使用密钥或使用错误密钥进行的状态更改事件，都会导致状态机进入伪状态，以表明恶意活动的存在。每个真实状态都连接到一个伪状态，而在硬件约束的条件下，多个正确状态可以连接到同一个伪状态。该技术具有较高的木马检测率。

3.5.4 拒绝服务攻击

在文献[21]中，Rajesh 等人提出了一种 NoC 中有针对性的带宽拒绝攻击（RLAN），该攻击只阻断部分 NoC 节点之间的通信。通过有选择地拒绝某些包的资源请求，嵌入 NoC 中的硬件木马会为选定的应用程序带来严重的性能瓶颈。然而总体系统性能却基本不受影响，从而隐藏了恶意活动。为了对抗这种威胁，他们提出了一种基于数据包延迟监控的非侵入式运行时间解决方案。

3.5.4.1 攻击语义

Rajesh 等人考虑了基于云计算的环境，其中多个应用程序竞争相同的底层硬件资源。通过阻断特定应用程序的通信，NoC 为运行在同一块 MPSoC 上的其他应用程序提供了不公平的优势。恶意硬件木马在设计阶段被植入 NoC IP 中，并在运行时由恶意应用程序激活。图 3.4 展示了作者使用的恶意 NoC 路由节点设计。该木马通过监听输入端口，收集有关通信模式的统计信息，并通过隐秘操纵 NoC 路由控制平面，来影响资源的可用性。

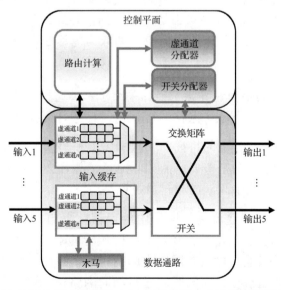

图 3.4 NoC 路由节点中硬件木马的概念图。木马通过侦听输入端口监控特定节点的使用率，并通过操纵资源争用阶段进行攻击

在大型网络中实现有针对性拒绝服务攻击，所面临的挑战是如何选择受害节点，才能导致应用程序性能显著下降。图 3.5 展示了 Rajesh 等人提出的受害节点选择示例。在 NoC 路由节点中嵌入的恶意电路能动态地识别网络使用率较高的节点。他们提出了一种分层的受害节点选择方法，以便在任意时刻只监视少量的节点，以维持较低的木马设计痕迹。例如，在图 3.5 中，显示了一个两阶段的受害节点选择过程。在第 1 阶段，使用了与拥塞感知网络类似的通信流量聚合技术来选择流量较大的区域。随后，在第 2 阶段，受害选择过程局限于该区域，选择出一个或几个具有高接收/发出率的受害节点。此受害者选择过程是一个初级版本，没有考虑应用程序的关键性，甚至也没有考虑受攻击数据包的性质。

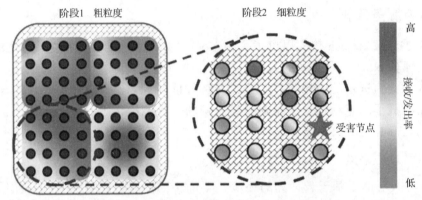

图 3.5（见彩图）　发动有针对性拒绝服务攻击的受害节点选择过程。在第 1 阶段中收集区域的聚合带宽信息，在第 2 阶段中识别使用率高的节点作为受害节点

一旦受害节点被选中，硬件木马就会隐秘地操纵属于受害节点的数据切片流。木马将对每个路由节点内部的资源争用模块，如开关仲裁和虚信道分配阶段进行恶意操控，如图 3.4 所示。攻击者通过分布式方式操纵流量来隐藏攻击。受害数据包在每一跳中都将引入小的延迟。该攻击可能被误认为是由网络拥塞导致的延迟。通过仔细地选择每个路由节点的延迟，攻击者能够让被攻击的应用的数据包延迟增加 72%。

3.5.4.2　安全措施

为了检测 NoC 中的通信流量异常，他们采用了一种通过监控数据包延迟的非侵入式运行时间检测机制。满足以下三个条件的数据包，其延迟具有可比较性：

首先，数据包必须具有相似的特征，如包的大小和消息类型等；

其次，数据包必须通过两个节点间的相同路径，并且必须具有类似的跳数；

最后，数据包必须在几乎相同的时刻通过网络。

可以用真实世界中的交通流量与网络中的通信数据包之间的相似性来构造假设。图 3.6 显示了如果不满足空间（不同路径）和时间（旅行的不同时间）条件，数据包到达目的地所需的时间差异。类似地，可以向网络中的指定通信线路中注入一个作为对比的监控数据包，该对比数据包几乎在相同的时间通过相同的路径。该技术通过比较原始数据包和对比数据包到达时间的差异来检测恶意通信流量活动。

图 3.7 概述了该技术。在获得从处理单元传递到网络接口的数据特征之后，SoC 固件

将为受害数据包创建一个对比数据包。接着为对比数据包选择一个近端节点，使得两种数据包经过相同的路由路径，并且跳数也相近。然后比较对比数据包与原始数据包的包路由时间戳。图 3.7 中显示了三种攻击情况和近端节点选择过程。

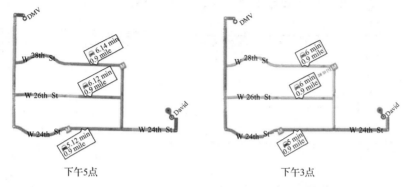

图 3.6（见彩图）　类比用于形成安全机制的假设信息

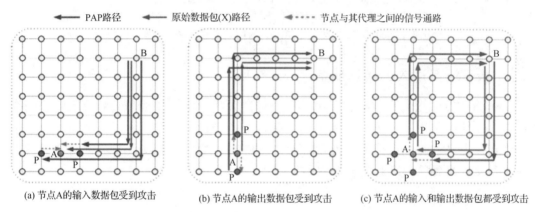

(a) 节点A的输入数据包受到攻击　　(b) 节点A的输出数据包受到攻击　　(c) 节点A的输入和输出数据包都受到攻击

图 3.7（见彩图）　延迟监听器概述。受害节点周围的近端节点作为复制包的代理源/目的节点。原始包和复制包都以相同的路径在相似的时间范围内穿过网络

- 在图 3.7(a) 的情况下，只有进入节点 A 的数据包受到攻击。在此场景中，选择节点 P 为代理节点。在节点 B 中，当原始数据包送入网络时，一个以节点 P 为目的节点的对比数据包也被创建，并在节点 B 送入网络。一旦对比数据包到达节点 P，标记其时间戳，完成收包并将其重新发送回节点 A。这样，在节点 A 便能比较原始数据包与对比数据包之间的延迟和到达时间。

- 在图 3.7(b) 的情况下，节点 A 发出的数据包受到攻击。在此场景中，选择节点 P 为代理节点，并由 P 发出一个以节点 B 为目的节点的对比数据包。在节点 B 比较两个包的到达时间。

- 在图 3.7(c) 的情况下，输入到节点 A 和从节点 A 输出的数据包都受到攻击。所选择的代理节点将用作伪源节点和伪目的节点。

如果原始数据包和对比数据包到达时间戳的差异超过了设置的阈值，则会标记为异常网络流量活动，以便进一步检查。图 3.8 给出了原始数据包和对比数据包（横轴）之间延迟差异的累积分布（纵轴）。可以看出，有攻击和无攻击场景之间存在明显的差异。在

无攻击场景中，只有很少一部分数据包的延迟差异大于 12 个时钟周期；而对于几种不同的攻击场景，都有相当一部分原始包和对比包之间具有较高的延迟差异。调校良好的延迟监听器能够以较高精度检测出选择性拒绝服务攻击，平均额外开销为 5.5%。同样的延迟差异也存在于无攻击场景和有攻击场景的多应用环境中。

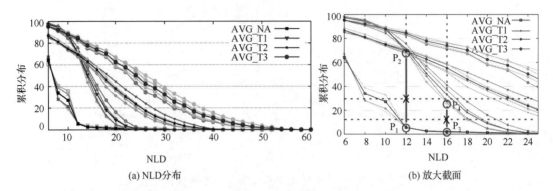

图 3.8（见彩图）　四种情况下 RLAN 的效果：无攻击和三种攻击场景（T1、T2、T3），其中每跳延迟分别为 1、2、3。所有测试基准都用浅色表示，平均值用深色表示。(a) NLD分布；(b) 截取并放大了 CDF-NLD 阈值选择部分，包含漏报与误报分析

3.5.5　基于错误注入的拒绝服务

Boraten 等人提出了一种 NoC 中基于故障注入的攻击，其中注入的故障触发纠错编码响应导致数据包不断重传，从而占用实际传输所需的资源[5]。为了检测和对抗这种威胁，他们首先对故障进行分类以发现被感染的链路，然后进行交换开关到交换开关的纠错编码以及数据混淆，以避免触发木马。

3.5.5.1　攻击语义

文献[5]构造了一个轻量级目标激活的时序有效负载（TASP）木马，该木马检视数据包并识别特定的数据包信息，如线程 ID、内存地址、源和目标节点等。根据解码后的信息，TASP 木马会选择一个目标数据包，以便将故障注入多个链路。同时，文献[5]还设计了一种基于有限状态机的计数器，以精确生成注入链路故障的位置，并将其伪装成瞬时链路故障。

在由外部驱动的激活开关被使能之前，TASP 木马一直处于休眠状态。一旦被启用，TASP 木马就会主动监听数据包以选择目标/受害包。然后，木马会在多个链路上注入故障，造成数据包不可恢复的错误，该木马会确保同一链路中不会出现多个错误。为了规避 NoC 容错技术，例如在出现永久链路错误的情况下重新发送路由数据包，木马利用有限状态机将注入的故障转移到不同的链路，模拟网络中的瞬时故障。注入的故障迫使源节点重新传输该数据包。由于多个链路被硬件木马注入故障，攻击者期望多个数据包重传，从而造成网络高度拥塞和饱和。攻击效力可从引起简单的应用程序性能下降，到由通信背压（backpressure）引起死锁而导致的全芯片失效。

3.5.5.2　安全措施：从交换开关到交换开关的混淆

为了应对触发硬件木马的威胁，采用了三种数据包混淆方法：数据乱序、反转和加

扰。每个路由节点的重传缓冲区都与一个 L-Ob 模块相连接,该模块针对不同的粒度对数据包进行混淆(如对整个数据切片、对有效负载或仅对报头切片)。通过仔细选择该粒度,就可以识别出木马触发器。

每个路由器都使用轻量级转换开关到转换开关(s2s)纠错编码。此外,当检测到网络中的链路故障时,威胁检测器将在本地记录数据包头信息。如果先前已记录了具有类似包头信息的数据包,则会触发内建自测试,以测试链路是否存在永久故障。之后,先前的混淆模式被记录下来,以提醒 L-Ob 模块尝试其他混淆技术。该模块依次尝试所有的混淆模式,如果有一种模式在任何时刻都没有检测到故障,则记录该混淆方法以加快未来的选择过程。最后向上游路由节点发送传输成功通知。由于添加了 L-Ob 模块与转换开关到转换开关的混淆技术,这种用于链路分类硬件木马的反制手段需要额外的面积和功率开销。

3.5.5.3　安全模型检测器

Boraten 等人在另一项研究中使用不变性模型检测器来提供即时故障检测[6]。他们首先根据 NoC 微体系结构中的漏洞和容错技术,确定感兴趣的安全点(SPOI)。对 NoC 微体系结构进行的操控,例如非法的虚通道分配、不公平的仲裁技术和动态频率电压调节的无意触发,都可能会在暗中导致性能下降。在当前的 NoC 微体系结构中,路由节点组件,如缓冲区、路由节点流水线状态和状态寄存器,都被认为是感兴趣的安全点。类似地,如缓存协议、DVFS、路由重配置、损耗和老化等技术也都是感兴趣的安全点。

模型检测器将控制逻辑的输入与输出进行比较,以确定某个事件或动作是否为非法的。当发生违反规则的情况时,将引发断言标识。Boraten 等人将现有的模型检测器进行扩展,包含了三条新规则:

- 低效输出:NoC 中导致网络资源泛滥、饥饿和去优先化的决策被认为是低效输出。可采用容错技术来检测低效输出威胁。
- 饥饿和前一步验证:引入一个不变性规则来关联前一个输出和下一个输出,以确保功能的及时性。
- 去优先化:为了解释违反规则的原因,会记录资源争用阶段的上一次请求和响应,并评估仲裁的公平性。

基于所提出的不变性规则,Boraten 等人研究了许多安全增强措施。在路由计算阶段,增加了低效的路由选择和去优先化规则。在虚通道和交换开关分配阶段,将强制执行规则来检查分配请求、不匹配信用计数、不一致分配和去优先化许可。

3.5.6　使用差错控制方法的木马检测

Yu 等人探索了使用差错控制编码(ECC)来检测 NoC 链路中是否存在硬件木马[25]。注入 NoC 链路中的木马恶意地更改包头,可能会造成死锁、活锁和包丢失。在该研究讨论的木马模型中,木马将攻击 NoC 链路,从而在一个或多个链路中产生错误。

NoC 中的发送路由节点配备了一个 ECC 编码器,接收模块配备了两个 ECC 解码器。当硬件木马修改了数据切片后,该切片会存储在错误数据切片缓冲区中,并发出重新传输信号。在重新传输过程中会交换奇数位和偶数位，以确保相同的位不会受到 NoC 链路中恶意电路的影响。当接收到重新传输的数据切片时，会将其奇偶位重新复原，并与保存在错误缓冲区中的原数据切片相结合，创建两个版本的校正数据切片。然后将正确的版本传递到路由节点的下一跳。通过该方法纠正错误并检测硬件木马，需要满足以下三个条件之一：(a)单个链路受到影响；(b)链路中的两个偶数位线受到影响；(c)链路中的两个奇数位线受到影响。该技术的另一个限制是，只有当硬件木马活动持续时间很短时，保护机制才能工作。

如果硬件木马在较长时间内处于活动状态，则采用链路隔离算法。链路数据位线隔离可以解决由硬件木马引起的 2 比特错误。

3.6　开放性挑战

硬件安全需求的范围主要通过应用领域定义。与多媒体应用相比，用于金融部门或安全关键性应用的硬件会受到更严格的可信和安全约束。在这方面，有必要对 NoC 相关威胁进行全面分析和分类，并采用可配置和模块化的策略，以较低成本解决这些威胁。虽然近十年来对 NoC 安全的研究逐步发展，但仍存在一些需要进一步关注的挑战。

- 传统的 NoC 安全保证技术在很大程度上依赖于 NoC 设计人员来执行电路和架构的修改。然而由于不可信 3PIP 设计使用的激增，应该重新审查现有的威胁，更多地强调保护通信网络的出入检查点。
- NoC 设计缺乏透明性，并且由于对 NoC 状态感知路由和仲裁的需求不断增加，数据包传输延迟也变得不确定。对这些自适应技术的小型恶意修改往往不会被发现，会对 NoC 的功能、能源效率和性能产生灾难性的影响。因此需要运行时解决方案来监视和诊断 NoC 的公平性和分配决策，以对抗拒绝服务攻击。此外，最近在 NoC 路由中引入的学习技术，对公平、安全的分组传输提出了新的挑战。
- 光子、光学和无线 NoC 体系结构的出现，揭开了 NoC 安全的未知领域。串扰噪声的引入，通过改变信噪比实施的 DoS 攻击等，都只是快速增长的安全问题的冰山一角。
- 现代 NoC 占芯片总功率的很大一部分，在芯片温度分布中起着至关重要的作用。需要仔细研究 NoC 中基于功率的攻击，该攻击扰乱了本地/全局的芯片操作。

3.7　小结

现代电子设备已经完全进入了我们的个人生活，并且掌握着我们大部分敏感信息。由于电子设备的这一关键角色，片上系统的安全保障迅速成为一门独立的学科。随着一代又一代的技术发展，片上系统的复杂度不断增加，安全可靠计算面临进一步的新兴挑战。安全性、保密性、完整性和可用性这四个基本原则的验证和确保也迅速变得难以实现。在这种情况下，迫切需要低成本、低设计和低验证开销的片上系统安全保障方案。

安全保障需要双管齐下。一方面，必须设计新颖和创新的攻击方式，以领先于攻击者。需要仔细分析不同的硬件抽象级，以识别和理解安全漏洞的各个关键点。另一方面，必须致力于让设计变得更加透明和可验证，同时仍然保持设计内部机密，以促进市场的创新。在这方面，本章简要介绍了两个互补的安全保证领域。

参考文献

1. D.M. Ancajas, K. Chakraborty, S. Roy, Fort-NoCs: mitigating the threat of a compromised NoC, in *Proceedings of the 51st Annual Design Automation Conference*（ACM, 2014）

2. J. Balasch, B. Gierlichs, I. Verbauwhede, Electromagnetic circuit fingerprints for hardware trojan detection, in *2015 IEEE International Symposium on Electromagnetic Compatibility (EMC)*（IEEE, 2015）

3. A. Basak, S. Bhunia, S. Ray, A flexible architecture for systematic implementation of SoC security policies, in *Proceedings of the IEEE/ACM International Conference on Computer-Aided Design*（IEEE Press, 2015）

4. T. Boraten, A.K. Kodi, Packet security with path sensitization for NoCs, in *Proceedings of the 2016 Conference on Design, Automation and Test in Europe*（EDA Consortium, 2016）

5. T. Boraten, A.K. Kodi, Mitigation of denial of service attack with hardware Trojans in NoC architectures, in *2016 IEEE International Parallel and Distributed Processing Symposium*（IEEE, 2016）

6. T. Boraten, D. DiTomaso, A.K. Kodi, Secure model checkers for Network-on-Chip（NoC）architectures, in *2016 International Great Lakes Symposium on VLSI*（IEEE, 2016）

7. D. Du et al., Self-referencing: a scalable side-channel approach for hardware Trojan detection, in *International Workshop on Cryptographic Hardware and Embedded Systems*（Springer, Berlin/Heidelberg, 2010）

8. E. Dubrova et al., Keyed logic BIST for Trojan detection in SoC, in *2014 International Symposium on System-on-Chip (SoC)*（IEEE, 2014）

9. S. Evain, J.-P. Diguet, From NoC security analysis to design solutions, in *IEEE Workshop on Signal Processing Systems Design and Implementation*（IEEE, 2005）

10. L. Fiorin et al., Secure memory accesses on networks-on-chip. IEEE Trans. Comput. **57**（9）, 1216–1229（2008）

11. J. Frey, Q. Yu, Exploiting state obfuscation to detect hardware trojans in NoC network interfaces, in *2015 IEEE 58th International Midwest Symposium on Circuits and Systems (MWSCAS)*（IEEE, 2015）

12. C.H. Gebotys, R.J. Gebotys, A framework for security on NoC technologies, in *Proceedings of the IEEE Computer Society Annual Symposium on VLSI*（IEEE, 2003）

13. X. Guo et al., Scalable SoC trust verification using integrated theorem proving and model checking, in *2016 IEEE International Symposium on Hardware Oriented Security and Trust (HOST)*（IEEE, 2016）

14. Y. Jin, D. Oliveira, Trustworthy SoC architecture with on-demand security policies and HWSW cooperation, in *5th Workshop on SoCs, Heterogeneous Architectures and Workloads (SHAW-5)*, 2014

15. H.K. Kapoor et al., A security framework for NoC using authenticated encryption and session keys.

Circuits Syst. Signal Process. **32**(6), 2605–2622 (2013)

16. L.-W. Kim, J.D. Villasenor, Dynamic function replacement for system-on-chip security in the presence of hardware-based attacks. IEEE Trans. Reliab. **63**(2), 661–675 (2014)

17. S.T. King et al., Designing and implementing malicious hardware. LEET **8**, 1–8 (2008)

18. E. Love, Y. Jin, Y. Makris, Proof-carrying hardware intellectual property: a pathway to trusted module acquisition. IEEE Trans. Inf. Forensics Secur. **7**(1), 25–40 (2012)

19. S. Narasimhan et al., Hardware Trojan detection by multiple-parameter side-channel analysis. IEEE Trans. Comput. **62**(11), 2183–2195 (2013)

20. J. Porquet, A. Greiner, C. Schwarz, NoC-MPU: a secure architecture for flexible co-hosting on shared memory MPSoCs, in *Design, Automation and Test in Europe Conference and Exhibition (DATE)*(IEEE, 2011)

21. J.S. Rajesh et al., Runtime detection of a bandwidth denial attack from a rogue network-onchip, in *Proceedings of the 9th International Symposium on Networks-on-Chip*(ACM, 2015)

22. K. Rosenfeld, R. Karri, Security-aware SoC test access mechanisms, in *2011 IEEE 29th VLSI Test Symposium (VTS)*(IEEE, 2011)

23. X. Wang et al., IIPS: infrastructure IP for secure SoC design. IEEE Trans. Comput. **64**(8), 2226–2238 (2015)

24. H.M.G. Wassel et al., SurfNoC: a low latency and provably non-interfering approach to secure networks-on-chip. ACM SIGARCH Comput. Archit. News **41**(3), 583–594 (2013). ACM

25. Q. Yu, J. Frey, Exploiting error control approaches for hardware trojans on network-on-chip links, in *2013 IEEE International Symposium on Defect and Fault Tolerance in VLSI and Nanotechnology Systems (DFT)*(IEEE, 2013)

第 4 章　硬件 IP 核可信度

Mainak Banga[①]和 Michael S. Hsiao[②]

4.1　引言

当前电子市场充满活力、发展迅速，对数字硬件的需求也不断增加。这些数字硬件可以是单个的知识产权(IP)，也可以是片上系统(SoC)，甚至可以是一个完整的平台或系统。由于电子产品价格持续下跌，硬件公司主要依靠大出货量交易来维持利润。为此，降低设计成本和制造成本将有助于降低产品的最终成本。

另一方面，降低设计成本通常涉及重复使用部分设计，或从第三方实体获得部分设计，而无须自行设计所有内容。这些组件可能包括处理器[如 x86、ARM、NVIDIA 图形处理器(GPU)等]，输入/输出(I/O)模块[如外部设备互连总线(PCI)、通用串行总线(USB)等]，存储器模块[如非易失性存储器(NVM)、双数据速率(DDR)内存]，等等。在典型的电子产品中通常包含多个上述组件，并以符合逻辑的方式组装在一起，以实现客户提出的产品指标。虽然通常会考虑单个组件的可信度，但其不会受到严格质疑。同样，通常在只考虑单个组件的可行度后，就会进行所有组件的集成。如何保证最终系统的可信度仍然是安全关键系统的一个主要问题。另一方面，降低制造成本通常涉及以较低的成本生产部件，往往会通过将工作承包给经济实惠的海外地区来实现，这个过程通常称为外包。但海外制造商的可信度会受到质疑，因为他们可能会在生产过程中损害设计的完整性。

在以上这两种降低成本的方法中，由于设计的一部分或全部会在设计的生命周期中某个节点由第三方进行处理，所以最终产品的功能正确性、可信度和质量就成为母公司所关注的问题。这迫使他们寻找各种方法，检查电路被篡改/入侵的可能性。同时，保证设计的可信度和正确性的相关成本也不能过高。所有这些相互矛盾的方面使这个问题变得更加具有挑战性，因为任何质量上或正确性上的问题都会直接影响供应商公司的声誉和可信度。从图 4.1 可以明显看出，如今的硬件产品结合了 IP 和生产过程，两者都可能来自不可信的供应商。IP 在硬件中以集成电路(IC)或高级描述语言(HDL)设计文件的形式实现。在本章中，术语 IP 和 IC 可互换使用。

商业关系是由政治和社会经济因素驱动的。带有恶意意图的第三方组件可能会在最终设计中引入细微的更改，使其在特殊或稀有情况下工作异常。若存在此类恶意修改的情况(可能在设计阶段或制造阶段引入)，这些设计就像一个定时炸弹，等待被触发造成严重后果。存在传统意义上的错误或缺陷的部件并不构成严重威胁，因为它们中的绝大多数都可以在生产测试和/或硅后验证阶段被检出。对于那些没被检测到的缺陷来说，随机的运行故障不太可能泄露芯片的机密信息或造成灾难性的后果。这是因为制造中产生

---

① M. Banga，Intel 公司，Email：banga@vt.edu

② M.S. Hsiao，弗吉尼亚理工大学

的缺陷并没有恶意目的。相反，智能地篡改设计是非常难以处理的。植入它们是为了特定目的，一旦触发就会造成灾难性的后果。

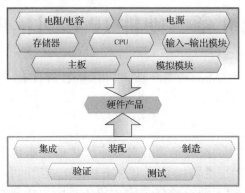

图 4.1　IP 与生产过程相结合得到硬件产品

上述对设计的恶意篡改，会在特定情况下产生与预期相反的行为，这种木马称为硬件木马。硬件木马的植入方式可包括添加额外的逻辑、添加额外的线网（wire）以实现非设计连接、删除现有逻辑，甚至更改设计参数和/或几何尺寸。

4.2　问题的提出

为了降低使用第三方 IP 带来的结构性和技术性漏洞的风险，美国国防部高级研究计划局（DARPA）在 2007 年推出了"可信制造计划"（Trusted Foundry Program）[1]。美国国防部使用非常专门的 IC。美国的一些实验室，如 SANDIA 实验室和 Honeywell 实验室等，可能无法满足国防部对于性能、体积、成本等的各种需求。因此，这些 IC 需要由不受国家安全局直接监督的部门/制造商来设计或制造。所以，DARPA 提出了这些难题：

- 当芯片在不可信的设施中设计或制造时，人们如何信任它们只忠实地执行被设计的功能？
- 如何确保经过测试的芯片能保证只按设计运行（不多也不少）？
- 如何确保芯片的封装不会引入其他特性，或此芯片不会被误识别？
- 如何确定封装好的芯片在安装后没有被篡改，以及如何发现已被篡改的事实？

4.3　木马的特征

1. 与其被植入的设计相比，木马尺寸极小。它们可以很好地藏身于 IC 的未使用区域内，因此即使存在木马，IC 尺寸仍然保持不变。所以它们不会在裸片上产生任何硅面积开销。此外，由于它们由内部信号激活，并将其恶意影响注入其他一些内部信号中，因此木马无须额外的输入或输出端口，也不会增加引脚数。
2. 木马本质上极为隐蔽。木马的激活通常取决于特定或稀有的触发场景，这些场景在常规测试中很难产生。由于触发条件未知，即使基于扫描的测试也无法发现木马，而且彻底扫描电路的代价极其昂贵。此外，还有一些木马可能需要通过一个激励序列来激活，以产生输出，这意味着它们内部包含状态机并由触发器驱动。

这些触发器由恶意篡改生成，因此不属于扫描链的一部分，难以控制。

3．木马具有恶意目的。触发主动型木马后，会影响 IC 的一个或多个输出，改变设备的预期功能，造成有害结果。然而，被动型木马不会影响设备的功能。相反，它可能会将机密信息传输给攻击者[2]，后者可以利用这些信息来劣化设备的性能，或者导致一些物理变化，比如使设备过热并导致失效。

4．木马可能在其生命的大部分时间里都处于休眠状态。在 IC 正常运行条件下，主动型木马不会干扰设备的逻辑行为，除非触发条件出现。因此，篡改后的 IC 的输出与真正 IC 的输出没有区别。

4.4 现有测试和安全特性的不足

IP 盗窃一直被视为一个问题，因此人们也一直在探索各种技术，以降低此类事件的风险。其中一种是水印技术，将信息以不易察觉的方式直接嵌入原始数据中。水印技术应用于版权保护、分发跟踪、身份认证和授权访问控制[3]。最近，人们利用工艺波动来表述 IC 特征，类似于设备的指纹。由于不可能完全重现制造一个 IC 时所有的物理条件，因此这种技术被称为物理不可克隆函数（PUF）保护技术[4~6]。当物理激励作用于 PUF 结构时，由于存在随机性，会产生不可预测且独特的反应方式 [7~9]。例如，分布在芯片上不同位置的两个或多个相同的环形振荡器，它们的延迟是不一样的。可用此特性来构建 PUF 电路，因为芯片上不同环形振荡器的延迟差异，提供了一种关于该芯片的独特模式。所采用的刺激称为质询，而 PUF 的反应称为响应。

传统 IC 测试方法包括扫描链和 BIST 模块，在检测设计中的智能入侵或恶意篡改方面并不够强大。这是因为可测试设计技术在架构上只考虑功能逻辑，而不会充分检查任何设计外的功能。所有可能进行的植入在理论上有无限种。因此，要检查所有输入组合就需要无数种模式的仿真。即使扫描能保证所有触发器完全可控，如此大量的输入也使得这种测试方法行不通。此外，除非在非常特定的条件下，这些恶意入侵很少被激活，这也造成使用给定测试集意外检测成功的概率几乎为零。因此需要新的方法来测试、验证和评估这些入侵。

4.5 木马分类

木马有多种不同的分类方法，可以根据其物理特性、激活特性或动作特性来区分不同的木马[10]。

4.5.1 基于物理特性的木马分类

物理特性可以根据类型、尺寸、分布和结构来确定（见图 4.2），详述如下。

● **类型**：类型可分为两个子类别。功能型木马涉及对原始设计结构的改变，包括从电路中添加或删除门电路。参数型木马涉及对现有线网（wire）和逻辑的修改，通常会对 IC 运行时的性能造成有害影响，包括减少线网的厚度、通过改变晶体管的长宽比来削弱其强度，等等。

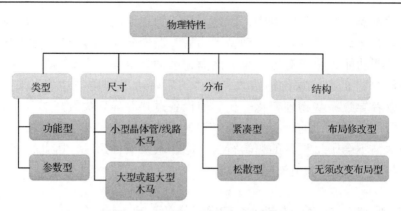

图 4.2　基于物理特性的木马分类

- **尺寸**：尺寸指的是木马在裸片上消耗的实际硅面积。尺寸是木马激活和检测的一个重要因素。当激活频率较低时，大型或超大型木马相对更容易检测。因为较高的泄漏电流消耗导致的功率特性变化，更容易被观察到[11]。另一方面，小型晶体管/线网木马可能更容易激活，因为只需要较少的条件就可以触发它们。但是，它们只会使设计的物理参数产生细微的变化，因此基于物理参数的特性分析技术可能无法有效地检测它们。
- **分布**：分布指的是木马在 IC 上的位置。紧凑型木马由局部区域内的几个拓扑上相邻的门组合而成，松散型木马由分散在整个电路或部分电路中的门组成。木马制作的灵活性取决于原始布局中的可用空间。因此，恶意第三方制造商必须选择适当的组件分布来设计木马。
- **结构**：改变 IC 的结构会影响器件的功率和延迟特性。结构改变，特别是那些会导致布局变动的结构改变，是非常难以实现的。因此，为了实现此类最终会导致重新配置布局的结构改变，攻击者很可能使用物理足迹非常小的木马。物理足迹由面积、功耗、延迟特性以及其他因素进行测量。由于功能型木马的大小和分布对木马的原始足迹有很大影响，因此相对于制作大型木马，将木马组件分布在整个布局中有助于降低其对功率和延迟特性的影响，从而使其更加隐蔽。无须改变原布局的木马则使用原设计中现有空闲单元制作木马电路，也不会改变原电路结构。

4.5.2　基于激活特性的木马分类

激活特性指触发木马运行的条件。广义上讲，基于激活特性的木马分为如下两种类型(见图 4.3)。

- **外部激活型木马**：这些木马的触发条件是由 IC 的输入引脚控制的，因此由操作人员决定何时触发木马。可通过使用包含设备内部信息的边信道信号来监视设备状态，并使用该信息恰当地进行触发。
- **内部激活型木马**：这些木马监控系统的内部配置以待其运行，即它们从现有的内部环境获得激活条件。内部激活型木马可细分为如下两类：
  - 永久激活型木马永远处于活动状态，可以在运行设备的任何时间触发。此类木马包括使晶体管线网变薄、通过改变晶体管的长宽比来改变其驱动强度等。

感染此类木马的设备可能在开始一段时间像正常设备一样工作，但是当内部条件超过设备制造时所支持的物理阈值后就会失效。因此不能准确地预测故障，只能估计发生故障的统计概率。

- 基于条件型木马更加智能化。木马等待电路进入特定的配置或状态位后，获得特定的值来激活。基于条件型木马可以根据触发条件进一步分类如下：
  - 基于传感器型木马，其激活取决于一些物理参数值/阈值，如温度、电压或任何类型的外部环境条件，如压力、湿度和由传感器监测的电磁干扰等。
  - 基于逻辑型木马指其内部的逻辑单元智能监控内部电路环境，从而被触发，如计数器木马、序列检测木马等。

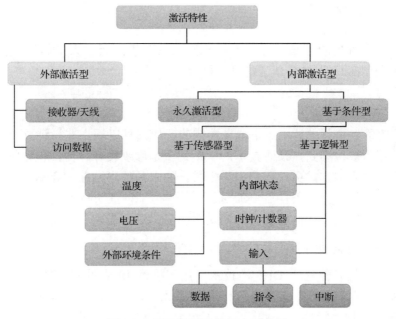

图 4.3　基于激活特性的木马分类

4.5.3　基于动作特性的木马分类

动作特性描述了木马触发后对底层设计的影响。主要有以下三种类型（见图 4.4）：

- **功能修改型**：这些木马改变逻辑的原始功能。这可能意味着删除一部分逻辑以减少某些功能，禁用某些功能以造成操作失效，或者添加额外的逻辑来实现一些恶意的功能。
- **指标修改型**：此类木马改变芯片的属性，如延迟等，以实现其恶意目标。该类型木马类似于前面讨论的参数型木马。参数型木马篡改强度，如门输出的扇出能力，通过某根线网提供所需电流的能力，等等。改变线网或门的强度同样会影响组合路径的延迟，因此也属于这一类型。
- **信息传输型**：此类木马不会干扰设备的运行。实验已证明，通过分析边信道信号，可泄露设备内部的重要信息。该类型木马会传输包含此类关键信息的信号。这些信息可能被攻击者滥用。

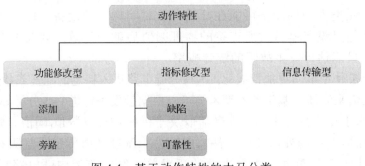

图 4.4　基于动作特性的木马分类

4.6　通用木马缓解技术

就像其他难以解决的问题一样，木马检测也没有特效药。大量的研究从不同的角度尝试解决这个问题。广义上说，这些研究可分为两类。

4.6.1　预防技术

预防技术的重点是对设计本身采取预防措施，使其难以插入非设计更改，或者使发生的更改相对更容易被检测到。预防技术的一个例子是修改设计，使其包含特殊测试功能，该测试通过不可预知的方式更改预期操作模式，使木马的影响在主要输出上更加可观察，或使木马的影响在更改测试条件后更加明显[12,13]。另一种预防技术是在设计中加入冗余逻辑，使攻击者难以确定设计的真实功能模式[14]。随后的小节将详细描述这些方法。

4.6.1.1　基于可信设计（DFT）的技术

电压反转技术是一种基于 DFT 的技术，用于检测 IP 中的木马植入[12]。电压反转简单地说就是将一组门电路的电源（V_{DD}）和接地（GND）以相反的方式连接。虽然听起来很奇怪，但只要对器件物理特性有一些了解就会知道，不这样做的唯一原因可能是，采用这种方式连接的门电路无法产生轨到轨的输出电压[15]。因为触发木马门的输入条件很难实现，所以木马门通常是不活动的。因此受木马输出影响的门不太容易被发现。而当电压反转应用于任意门电路时，其功能都将取补。取补后木马门的输出成为被木马影响的门的控制值。因此，木马门的影响在电路的其余部分中更为明显。

在文献[13]中，一个触发器的两个输出值都用来在设计中引入新的状态。通常，D 触发器有两个输出：Q 和 Q 非。往往只使用一个输出（Q）来驱动嵌入设计中的状态机。由于原设计基于某种特定逻辑，由电路实现的有限状态机也随之确定下来。状态机施加的约束使得木马电路很难不受其他非预期状态的影响。如果在测试模式中增加状态空间，则激活木马的概率也会增加。在原来的功能模式下，木马很少被激活。而增加新状态后，现有木马的激活行为也有可能发生变化。

4.6.1.2　基于混淆的技术

文献[14]通过增加启动阶段 FSM 来隐藏真实的功能模式，从而对设计进行混淆。只有在设计接收到一个特定的输入序列后，通过将启动阶段 FSM 的内部状态以预定步骤进行转换，设计才会进入真正的操作模式。这种混淆技术会带来一些面积开销，但它会使设计变得模糊，使得攻击者无法区分设计的哪些部分属于功能模式，哪些部分属于故意的混淆逻辑。这有助于从两方面防止木马的植入。首先，可以阻止攻击者发现设计背后的真正逻辑。其次，可以减少木马恶意修改核心电路逻辑的机会。

4.6.2　检测技术

检测技术的重点是设计测试机制，在木马被植入后对其进行无损检测。这些技术的基础是对设计的一个或多个物理参数进行增强并测量，这些参数可能包括延迟特性[16,17]、功能性功耗[18,19]和泄漏功耗[20]。

4.6.2.1　基于延迟的检测技术

文献[16]使用负向偏移时钟来表示功能性路径的延迟特性。电路中的所有组合路径都包含在源寄存器和目标寄存器之间。为了描述此路径的延迟特性签名，在目标寄存器旁设置第三个寄存器(称为影子寄存器)。但是，与使用系统时钟的源寄存器和目标寄存器不同，影子寄存器由另一个时钟驱动，这个时钟相对于系统时钟是负向偏移的。然后比较目标寄存器和影子寄存器的输出，如果输出不同，则将结果位置为 1。对于感染了木马的设计，由于木马逻辑引入了额外的延迟，有木马设计的此类故障(结果位为 1)的时钟偏移度比原始设计要小得多。通过在足够数量的正品部件中进行重复实验，时钟偏移的统计平均值可用作预期时钟偏移差异的估计值。只要电路组合路径支持该技术，就可以将该值作为分辨部件被篡改与否的签名。

文献[17]使用原始电路网表产生了一个高覆盖率的延迟故障测试集。然后在每个输出端口观察测试集中各个测试模式的效果。实验中使用一组测试 IC 样本进行重复实验，然后对样本进行破坏性测试，以确保它们确实没有受到篡改。

在实验数据的基础上，将所有数据点绘制在三维图中，形成一个凸包。一旦凸包构造完成，只要某个 IC 的延迟特性点大多位于凸包外，就表示存在可疑行为，该 IC 很可能受到了木马的感染。

4.6.2.2　基于功率的检测技术

美国国防部高级研究计划局(DARPA)是最早尝试检测电路木马植入的研究机构之一[11]。DARPA 以木马部分/全部激活时所记录的瞬时功率作为参数，与可信参考模型进行比较。采用一组随机向量对设计进行仿真，并记录其总功耗。研究结果表明，在整个电路功耗中，木马门的功耗只占很小一部分比例。因此很容易被工艺波动所掩盖，因此检测外部智能恶意入侵是一项极具挑战性的任务，需要更精细的方法来实现。

在文献[18]提出的方法中，一个“向量集”会在电路输入端维持一定数量的时钟周期，然后再换为另一个向量集。该想法利用了这样一个事实，即电路活动是输入变化、状态变化，或两者的组合。在多个时钟周期内将输入维持在一个固定值，将迫使电路活动由不断变化的内部状态产生(因为输入保持稳定)。同时，由输入与状态同时变化导致的协同效应也将被削弱。结果就是该方法很好地最小化了整个电路的活动，这被证明有助于放大原始设计和受感染设计之间的活动差异。由于植入的木马很小，增加木马后的功率特征变化可能也很小。因此，保持较低的总功耗非常重要，这样才能清楚地观察到原始设计和被感染部分之间的差别。但是，芯片功率也不能降得过低，以免芯片进入休眠状态。

在文献[19]中，原始电路被划分成多个区域。通过使用测试集对设计进行仿真，为每个区域创建一个功率特征。所使用的测试集可以在选择性地增加某一区域开关活动的同时，尽可能尝试降低电路其他部分的活动。其思路是增加区域内的局部活动相对于整体设计中活动的强度。如果木马(或其部件)位于被观察区域，则黄金参考设计和被篡改设计之间的功率特征差异将被放大，并超过工艺波动的差异，从而给出设计被入侵的提示。

4.6.2.3　基于电荷消耗的检测技术

文献[20]提出了一种电流集成技术，用来计算电路在一段时间内消耗的总电荷量。木马中的门电路没有翻转时，对应泄漏电流；若部分门电路发生翻转，则对应动态电流。首先通过对一组正品 IC 进行测试，得到芯片的黄金电荷消耗特性。然后引入工艺波动的影响，将其反映为电荷消耗特性的变化。最后，对所有待测试 IC 采用相同的测试机制进行测试，如果电荷消耗特性与黄金特性差异超过某个阈值，则可判定为恶意 IC。如果芯片是在全局电源焊盘上进行测试的，则工艺波动导致的差异可能会掩盖木马额外所消耗的微小电流。为了避免此情况，可从不同的电源引脚同时测试芯片，其中每个电源引脚都专用于 IC 内部的特定区域。

4.7　IP 级的木马缓解

现有多种方法可以检测 IP 级木马，这些方法均利用了 4.6 节中所描述的一个或多个概念。其中部分方法讨论如下。

4.7.1　检测技术：可疑信号引导的时序等价性检验

通常，硅前阶段软件 IP 中的恶意植入无法简单地直接识别。这是因为 IP 通常是基于用户提供或公开的指标进行开发的。按此指标设计得到的最终布局级/门级网表不一定是唯一的。设计阶段将此指标转换为行为代码(Verilog)，然后再转换为门级网表(Register-Transfer Logic，RTL)，最后综合为物理布局。所用的工具链，将门级网表转换为物理布局时所给出的优化约束，以及在布局中映射网表时所用的物理门电路库，对最终的输出有着深远的影响。高度的面积受限优化会导致使用多扇入复合逻辑门，这将消耗更多的能量。另一方面，针对功率优化的实现会使用更小型的门，但将占用更多裸片面积。在这两种情况下，最终的网表或布局看起来都有很大的不同。

这样的情况使得在软件 IP 中植入秘密恶意篡改的可能性非常高，除非进行智能和严格的测试，否则它们很可能会逃过传统的测试流程。由于这些篡改是非常隐蔽的，因此从故障检测的角度来看，若在此类节点上出现一种故障(固定 0 型故障或固定 1 型故障)，将会非常难以检测。木马若能有效，必须将其恶意功能传播至一或多个主要输出。以上两个假设是文献[21]中所描述工作的前提。文献[21]尝试解决根据原始功能(称为 spec 电路)检查可疑网表(称为 sus 电路)的问题。由于不太可能直接识别出篡改，因此该问题改在 spec 电路和 sus 电路之间执行时序等效性检验(SEC)。然而在大多数情况下，类似的全面 SEC 方法是不可行的。因此需要对输入进行智能约束，以缩小设计的搜索空间。

文献[21]提出的方法首先使用功能性向量仿真排除第三方 IP(3PIP)中易于检测的故障，接下来可使用基于 N 次检测的全扫描自动测试模式生成(ATPG)来识别功能上难以激发和/或传播的故障。然后通过特定的 SEC 设置，比较原始设计和 3PIP 之间的行为一致性，对识别出的故障进行处理。最后对排查出的故障使用区域隔离方法来定位恶意植入的可能位置。该方法包括以下四个步骤。

第一步：功能性向量仿真

在此步骤中，使用功能性向量从 sus 电路中检测并排除尽可能多的固定型故障。此类易于激发/观察的信号无须进一步考察。因为木马一般很难激发和传播(即使在全扫描模式下)，所以功能性向量不太可能检测到它。此外，功能性向量本身就可以作为区分两类电路的基准。未被功能性向量检测到，但最终又会导致故障的信号，将被视为可疑候选信号。

第二步：基于 N 次检测的全扫描 ATPG

在传统的全扫描模式下，原来由内部网络控制的状态位变得完全可控。这就扩展了状态空间。因此，可以使用多个全扫描向量来检测同一个固定型故障。木马具有难以实现的激活条件，因为它具有非常特殊的逻辑互连。通常只有一个(几乎没有)特定的全扫描向量能将其输出置为木马的触发值，并使其效果传播至可观测点。因此，如果多个不同的向量都可激活某个信号，并将故障传播至主输出端口，那么它就不太可能是木马。

然而，在全扫描模式中可设置无约束的初始状态。通过使用一些在功能上无法达到的向量，可使木马在输出端中被观测到。因此使用基于 N 次检测的全扫描 ATPG 进行故障扫描，而不直接选用全扫描模式下具有独特激活条件的故障。

在此步骤中，组合的不可测固定型故障将从可疑候选信号中被剔除。此外，需选择合适的 N 值。若 N 值过小，则会误排除掉木马相关的信号(故障)；而 N 值过大，则会导致下一步需要处理的可疑候选信号过多。

第三步：弱化的顺序等价性检查

这一步由图 4.5 所示的两个相连部分组成。

第一部分从可疑候选对象列表中选择一个固定型故障，并确保它在主输出上能被观察到。这是通过图 4.5 第一部分所示的联接电路(miter circuit)所实现。它包含 sus 电路的两个实例，每个实例都展开成指定的奇数个时间帧。在其中一个实例正中间的时间帧上注入信号 S 的故障。初始状态(PPI SUS)和 INPUTS 均为无约束的。S 产生的影响在联接电路的输出(OR-1 门)被捕获。比较时不考虑伪主输出(PPO-2)，以确保所选的信号确实影响到了输出。

这种设置有三个优点：(1)剔除了在多个帧上不可测试的故障；(2)出现在内部状态边界处的连续状态最终将收敛于可达状态空间；(3)在给定的时间帧展开深度范围内，被激发但不能传播到输出的故障也会被剔除，从而进一步精简可疑候选信号列表。尽管完全无约束的初始状态最终会导致后续状态中出现部分不可达状态空间，但这并不会忽视掉任何功能上可能的状态。

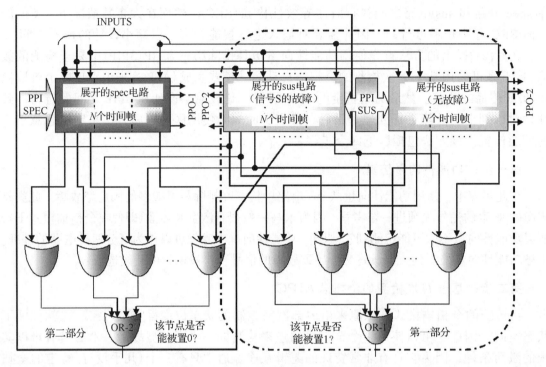

图 4.5　弱化 SEC 的联接电路设置

在第二部分中，spec 电路以与 sus 电路相同的时间帧数 N 进行展开（见图 4.5 第二部分）。通过强行将第二部分中的联接电路的输出（OR-2）固定为 0，迫使 spec 电路的输出和 sus 电路中的输出完全相同。因此主输入（INPUTS）被限制为 sus 电路中可激活和观测信号 S 的序列（从第一部分设置的联接电路处获得），从而有效地检查在给定的时间帧展开帧数内，spec 电路是否会产生与 sus 电路相同的信号。

上述由两部分组成的组合设置被转换成一个 CNF 实例，并交至 SAT 求解器。如果求解器返回一个 SAT 结果，就不能对信号 S 下结论，因为我们并不知道在 spec 电路中初始时间帧状态的可达性。然而，如果返回一个 UNSAT 结果，则可能有两个原因。该结果要么是由于木马的影响或 sus 电路中满足木马触发条件（spec 电路中没有此情况），要么是由于 sus 电路时间帧中非法状态的影响，因为在 spec 电路中没有对应的状态存在。但随着时间帧展开，非法状态因素的可能性减少，出现 UNSAT 结果更可能源于木马的影响。结果表明，当 SAT 解算器无法解算实例时，绝大部分信号来源于木马。

第四步：感染区域隔离

这是该方法的最后一步。它旨在隔离可能被木马病毒感染的区域。该步骤始于从基于 N 次检测的全扫描 ATPG 中获得的可疑候选信号列表。可疑候选列表通常包含同一门电路相关的多个未检测故障。对于一个门电路 G_i（其中 i 代表门电路的编号），它的权重 W_i 对应于它在可疑候选列表中出现的频率。选取这些可疑候选信号的周围区域时，应扩大范围。由于此类门的数量很少，所以区域的数目也很少。对于以门电路 i 为中心，以 x 为半径[用 $R_i(x)$ 表示]且包含 n 个门的区域，可计算该区域的可疑计数 SC_i：

$$SC_i(x) = \sum_1^n W_i \mid G_i \in R_i(x)$$

以门 i 为中心的对应区域，其可疑指数 SI 定义为

$$SI(x) = \frac{SC_i(x)}{\mid R_i(x) \mid}$$

其中，$\mid R_i(x) \mid$ 表示以电路 i 为中心的区域中的门的总数，x 为门电路 i 周围区域的半径。可疑指数 (SI) 表示木马相关区域内每个门的加权值。对于不包含木马的区域，随着半径的增大，其门的数量增加，而可疑数量不变，从而降低了可疑指数。

由于无约束的初始状态，SSG-EC 往往会剔除大量的门，借此可以完成对可疑候选列表的门电路筛选操作，该列表从基于 N 次检测的全扫描 ATPG (Step-Ⅱ) 中得到。值得注意的是，在给定的展开深度范围内，并不是所有木马区域内的固定型故障都会引发冲突，因此此类状态往往会在 Step-Ⅲ 中从可疑候选列表中删除。Step-Ⅱ 中确定的可疑候选对象是绝对难以检测的。因此，从 Step-Ⅱ 的可疑候选列表中删除的区域更有可能包含木马门的集合。虽然难以测试的区域不一定代表木马，但是 Step-Ⅲ 有助于过滤列表区域中与电路行为不一致的门区域。因此，Step-Ⅲ 和 Step-Ⅳ 在缩小搜索范围方面是互补的。

在图 4.6 中，阴影表示的门与木马相关。通过 Step-Ⅰ 和 Step-Ⅱ 处理故障列表后，可疑候选列表包含 $\{G_1, G_2, G_3, G_5, G_6, G_9\}$。这些门的权值分布为：$W_1 = 2$，$W_2 = 3$，$W_3 = 3$，$W_5 = 1$，$W_6 = 2$，$W_9 = 1$。所有不在可疑候选列表中的其他门的权重都为 0。注意，$W_4 = 0$（属于木马），$W_9 = 1$（不属于木马）。为了解释可疑指数的重要性，观察对两个候选门电路（即 G_3 和 G_6）进行区域扩展的效果。G_3 门周围以单位 1 为半径的区域，其可疑指数为 $SI_{G3} = (W_1 + W_2 + W_3 + W_5 + W_6)/5 = 2.2$。类似地，$G_6$ 门周围以单位 1 为半径的区域，对应的可疑指数为 $SI_{G6} = (W_3 + W_6 + W_7 + W_8 + W_9)/5 = 1.2$。基于这些值，$G_3$ 周围的区域更有可能包含木马。现在，如果将 G_3 门周围区域的半径增加至 2，将增加 G_7、G_8 和 G_{10} 以及 DFF 1 和 BUFFER，但不会增加可疑数量，因此其可疑指数降低至 1.1。所以需要对半径参数进行权衡，以获得与木马区域的最大重叠。实验结果表明，可疑指数最高的区域中所包含的门，与植入木马所包含的门具有显著的匹配性。

实验结果

表 4.1 总结了该方法的实验结果。第 1 列表示用于实验的 ISCAS'89 和 ITC'99 基准测试电路。第 2 列给出了每个基准测试 sus 电路中所包含的固定型故障数。第 3 列 (Step-Ⅰ) 表示使用功能性向量检测到的故障数，括号中是未检出故障数。第 4 列给出了使用基于 N 次检测的全扫描 ATPG 后，唯一检出次数小于 $N=3$ 的故障数。第 5 列给出了第 4 列所包含的故障中与电路的木马部分相关的百分比。第 6 列给出了 Step-Ⅲ 第 1 部分的计算结果。由于前面提到的因素，即 (1) 无法传播至输出和 (2) 时序不可测性，这里进一步缩减了可疑候选列表的大小。第 7～10 列显示了弱化 SEC 的结果。SAT 列表示 SAT 求解器求解成功的故障数；UNSAT 列表示 SAT 求解器无法求解的故障数。这些列分别表示有多少信号属于木马电路，有多少信号属于原电路。第 11 列显示了本方法中 Step-Ⅳ 的计算结果，该结果以 2 为半径进行计算。在大部分 ISCAS'89 电路 (s349 除外) 和超过半数的 ITC'99 电路中，所有可疑指数最高的门都属于木马，即该区域中所有的门都是与木马有关的信号。

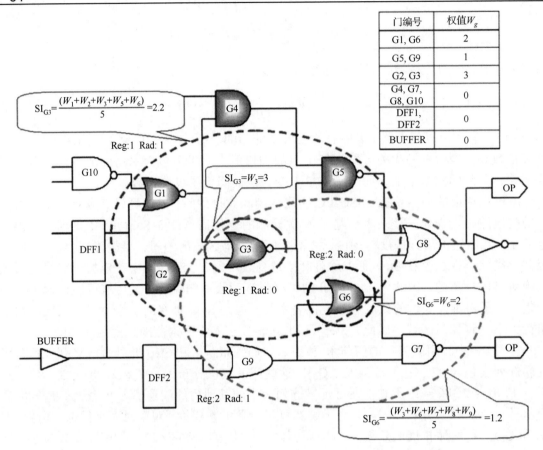

门编号	权值 W_g
G1, G6	2
G5, G9	1
G2, G3	3
G4, G7, G8, G10	0
DFF1, DFF2	0
BUFFER	0

$$SI_{G3}=\frac{(W_1+W_2+W_3+W_5+W_6)}{5}=2.2$$

Reg:1 Rad: 1

$SI_{G3}=W_3=3$

Reg:2 Rad: 0

Reg:1 Rad: 0

$SI_{G6}=W_6=2$

Reg:2 Rad: 1

$$SI_{G6}=\frac{(W_3+W_6+W_7+W_8+W_9)}{5}=1.2$$

图 4.6（见彩图）　基于门权重的感染区域隔离

表 4.1　基于 ISCAS'89 和 ITC'99 基准电路的木马检测结果（*N*=3）

电路	可疑电路故障数	Step-Ⅰ 功能检测故障数（未检出故障数）	Step-Ⅱ N-检测 ATPG（检出次数<*N*）	Step-Ⅱ 木马部分相关比例(%)	Step-Ⅲ（1）选择进行 SSG-EC	Step-Ⅲ（2） SAT 木马	Step-Ⅲ（2） SAT 非木马	Step-Ⅲ（2） UNSAT 木马	Step-Ⅲ（2） UNSAT 非木马	Step-Ⅳ 半径=2 时的 SI$_{max}$(%)
s298	502	340（162）	65	73.8	25	18	7	0	0	**100**
s344	507	353（154）	43	88.4	17	13	2	0	2	**100**
s349	517	361（156）	7	28.6	6	2	2	0	2	25
s526	728	512（216）	91	41.8	40	12	19	0	9	**100**
s641	633	427（206）	60	93.3	34	29	2	1	2	**100**
s713	656	433（223）	41	92.7	16	13	1	0	2	**100**
s1196	1414	1259（155）	61	86.9	31	10	1	15	5	**100**
s1238	1557	1332（225）	47	76.6	9	2	0	1	6	**100**
s1423	1600	1329（271）	46	82.6	7	6	1	0	0	**100**
s3330	2878	2106（772）	89	42.7	50	1	31	0	18	**100**
s5378	4826	3496（1330）	208	18.3	132	13	110	0	9	**100**
b03	628	351（277）	51	70.6	1	0	1	0	0	**100**
b04	3308	2581（727）	117	8.5	21	10	11	0	0	0

续表

电路	可疑电路故障数	Step-Ⅰ 功能检测故障数 (未检出故障数)	Step-Ⅱ		Step-Ⅲ(1) 选择进行 SSG-EC	Step-Ⅲ(2)				Step-Ⅳ 半径=2 时的 SI$_{max}$(%)
			N-检测 ATPG (检出次数<N)	木马部分相关 比例(%)		SAT		UNSAT		
						木马	非木马	木马	非木马	
b05	3762	1197(2565)	184	5.4	121	0	82	10	29	0
b08	576	371(205)	70	68.6	27	23	4	0	0	**100**
b09	846	2(844)	95	41.1	36	14	19	0	3	**100**
b10	672	467(205)	42	78.6	1	0	1	0	0	**100**
b11	2154	1169(985)	15	73.3	12	10	2	0	0	**61.1**
b12	4558	1287(3271)	1042	0.2	5	0	4	0	1	0
b13	622	380(242)	71	14.1	26	10	15	0	1	0

为了验证木马实例有足够高的隐秘性，这里使用了两种不同的分析方法。在第一个实验中，从已知的初始状态出发，对 spec 电路和 sus 电路进行了功能仿真，以检查输出端是否能较容易地检测到木马的效果。在第二个实验中，对不同展开深度下的 spec 电路和 sus 电路进行了有界模型检验(BMC)。结果如表 4.2 所示。第 1 列显示了电路名称。随机功能性向量仿真和 BMC 的超时时限均设置为 3 小时。第 2 列是 3 小时内对实例仿真的随机向量数量。第 3～7 列显示了在相同电路上，不同展开时间帧数的 BMC 结果。在 3 小时的功能仿真中，没有任何一个木马实例被检测到。而在 BMC 中，几乎所有的实例(s298 除外)都显示为无法满足或超时。至此，实验证据已证明所使用的木马不易被检测。

表 4.2　使用功能性向量仿真和 BMC 方法对 ISCAS'89 和 ITC'99 基准电路进行木马检测的结果

电路名称	功能性向量仿真数 (百万)	不同展开边界的 BMC				
		10 个时间帧	20 个时间帧	30 个时间帧	40 个时间帧	50 个时间帧
s298	1222.9	满足	满足	满足	满足	满足
s344	688.0	不满足	不满足	不满足	不满足	不满足
s349	676.1	不满足	不满足	不满足	不满足	不满足
s526	925.7	不满足	不满足	不满足	不满足	超时
s641	369.1	不满足	超时	超时	超时	超时
s713	354.9	不满足	超时	超时	超时	超时
s1196	202.9	不满足	不满足	不满足	不满足	不满足
s1238	190.1	不满足	不满足	不满足	不满足	不满足
s1423	241.0	不满足	超时	超时	超时	超时
s3330	95.0	不满足	超时	超时	超时	超时
s5378	76.1	不满足	超时	超时	超时	超时
b03	708.8	不满足	不满足	不满足	不满足	不满足
b04	149.6	超时	超时	超时	超时	超时
b05	352.2	不满足	不满足	不满足	不满足	不满足
b08	875.4	不满足	不满足	不满足	不满足	不满足
b09	1179.7	不满足	不满足	不满足	不满足	不满足
b10	543.2	不满足	不满足	超时	超时	超时
b11	255.0	不满足	不满足	不满足	超时	超时
b12	164.5	不满足	不满足	不满足	不满足	不满足
b13	1142.2	不满足	不满足	不满足	不满足	不满足

4.7.2　预防技术：携带证明代码

　　利用携带证明代码(PCC)，用户和供应商可以共同约定使用一种基于验证的语言来表示设计的关键安全特性(也可用其进行设计)，从而解决 3PIP 的信任问题。在最终交付产品时，供应商需要将软件 IP 及其形式化属性一起提供给用户。形式化属性可用于检查不允许被破坏的关键电路功能。可能的破坏行为包括操作中断、信号篡改和敏感数据的滥用等。IP 供应商在形式化语言中使用时序逻辑提供证明，使用者只要了解语言的语法和语义，就可验证其正确性。虽然设计的实现不一定直接可见，但证明是用约定的形式化语言编写的，并且可以由了解该语言的人阅读和解读。这样，用户就能知道 IP 供应商确实在设计中实现了预期的属性。形式化语言为从理论上证明平台中的任何硬件描述语言(HDL)引入了一种新的语义模型，以便于跟踪和证明设计的安全属性。

　　为了这样做，需要将 Verilog 设计模型转换为形式化语义，以便在其上运行证明。IP 供应商必须交付一个形式化 IP 模型，或交付可由可信第三方提供的转换工具转换为形式化表示的软件 IP [25](要知道，IP 供应商可能不擅长使用形式化语言)。在文献[22]中，这种形式化语言被称为 Coq。从 Verilog 到 Coq 的转换由所有用户都信赖的第三方完成。因此如果 Verilog 源代码被篡改，则生成的 Coq 将不能正确地建模时序属性(该项也由用户进行检查和验证)。IP 供应商需要确保软件 IP 的内部实现不会违背任何上述属性。图4.7 显示了创建设计并为其数据保密性提供证明的过程。

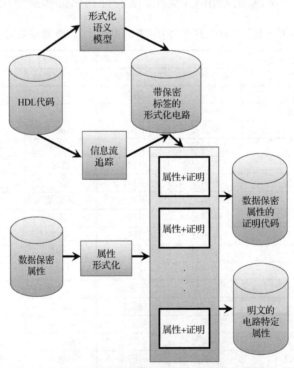

图 4.7　属性生成和证明声明流程

　　这种技术减轻了供应商确保可信度的负担。只要用户能够确认供应商提供的属性在时序逻辑中能被正确地建模，并且符合原始规范的要求，就很容易通过执行这些属性来检查设计的正确性。这些属性(也称为证明)由 Coq 编写。因为最终的设计具有根据上述属性证明正确性的内在能力,所以被称为携带证明硬件(Proof-Carrying Hardware, PCH)。该方法将每个 Verilog 构造转换为等价的形式化表述,并在 Coq 中创建其证明。

4.7.2.1　安全硬件的 Verilog 描述

在文献[22,23]中,选择 Verilog 作为 HDL 并将其转换为 Coq 中相应的声明。下面的语法给出了转换的规则,包括信号、表达式、运算符、逻辑以及模块声明和示例。

信号定义

信号值由包含两个值的归纳集所定义,即 lo 和 hi。所有单比特或多比特信号都被视为 bus_value。bus 定义为任意指定时间(由时钟周期表示,以自然数形式给出)bus_value 的列表。

```
Inductive value := lo | hi.
Definition bus_value := list value.
Definition bus := nat -> bus_value.
```

信号运算

总线处理方法的语义模型包括逻辑操作,如 and、or、xor 等,以及比较,如检查总线是否相等(bus_eq)、小于(bus_lt)等。同时还包括用于比较总线值是否为 0 的 bus_eq_0。

```
Fixpoint bv_bit_and (a b : bus_value)
{struct a} : bus_value := match a with
| nil => nil
| la :: a' => match b with
| nil => nil
| lb :: b' => (and la lb) :: (bv_bit_and a' b')
end
end.
Definition bus_bit_and (a b : bus) :
 bus := fun t:nat => bv_bit_and (a t) (b t).
Fixpoint bv_eq_0 (a : bus_value)
{struct a} : value := match a with
| hi :: lt => lo
| lo :: lt => bv_eq_0 lt
| nil => hi
end.
Definition bus_eq_0 (a : bus) (t : nat) : value :=
bv_eq_0 (a t).
```

信号运算

将表达式定义为包含运算符的归纳集,其中的运算符用于构造新的表达式或将表达式组合在一起。econv 和 econb 构造函数分别用来直接转换常量列表和总线。用于将两个表达式组合在一起的逻辑 AND、OR 以及 XOR 操作,分别由 eand、eor 和 exor 构造函数执行。

```
Inductive expr :=
| econv : bus_value -> expr
| econb : bus -> expr
```

```
| eand : expr -> expr -> expr
| eor : expr -> expr -> expr
| exor : expr -> expr -> expr
| enot : expr -> expr
| cond : expr -> expr -> expr -> expr
...
```

表达式不断被递归求值，并返回为 bus_value。

```
Fixpoint eval (e : expr) (t : nat)
{struct e} : bus_value := match e with
| econv v => v
| econb b => b t
| eand ex1 ex2 => bv_bit_and (eval ex1 t) (eval ex2 t)
| eor ex1 ex2 => bv_bit_or (eval ex1 t) (eval ex2 t)
| enot ex => bv_bit_not (eval ex t)
| cond cex ex1 ex2 => match (bv_eq_0 (eval cex t)) with
| hi => eval ex1 t
| lo => eval ex2 t end
...
```

Coq 语义模型

Coq 语义模型由信号和表达式的语义模型组成。模块的输出信号用 outb 表示，输入信号用 inb 表示。wireb 表示内部的线网信号，而 regb 表示内部寄存器。assign_* 用于组合逻辑，而 nonblock_assign_* 用于时序逻辑中的非阻塞赋值。符号";"的使用与其他 HDL 语法一致。

```
Inductive code :=
| outb : bus -> code
| inb : bus -> code
| wireb : bus -> code
| regb : bus -> code
| assign_ex : bus -> expr -> code
| assign_b : bus -> bus -> code
| assign_case3 : bus -> expr -> code
| nonblock_assign_ex : bus -> expr -> code
| nonblock_assign_b : bus -> bus -> code
| codepile : code -> code -> code.
Notation " c1 ; c2 " := (codepile c1 c2)
(at level 50, left associativity).
```

4.7.2.2　在 Coq 中构造证明

由于 Coq 语义模型与 Verilog 非常相似，在 Verilog 到 Coq 的转换过程中唯一需要遵守的转换规则是保持生成的代码与源代码结构相同。关于 Coq 证明辅助平台的详细信息以及 Coq 语言的语法可以在文献[24]中找到。组合逻辑的 assign 被映射为 assign_ex 语句，模块实例化被映射为 module_inst 语句，如下所示。

```
 Verilog code: assign Lout = (roundSel == 0) ?
IP[33:64] : R;
 Converted Coq formal logic: assign_ex Lout (cond (eq
(econb roundSel)
(econv (lo::lo::lo::lo::nil))) (econb (IP @ [33, 64]))
(econb R));
```

```
Verilog code: crp u0 (.P(out), .R(Lout),
.K_sub(K_sub));
Converted Coq formal logic: module_inst2in out Lout
K_sub;
```

4.7.2.3　使用 PCC 方法进行木马检测

图 4.8 所示的 DES 电路中，木马绕过内部轮密钥直接输出。在上述机制中，木马检测不依赖于触发条件，因为它是通过形式化的定理证明方法来实现的，而不是通过对电路施加实际激励来检测的。当感染木马的 HDL 代码被转换成 Coq 形式化模型，并被验证时，无法证明 no_leaking_des 定理（desOut 输出将拥有保密标签），从而表明木马的存在。

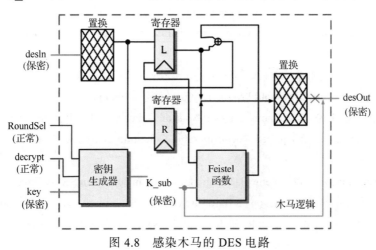

图 4.8　感染木马的 DES 电路

4.8　小结

本章高度概述了"第三方 IP 核可信问题"及其可能的后果。由于外包仍然是 IC 设计行业保持竞争力和盈利的支柱，在硬件组件中预防和检测木马正成为一个关键并激动人心的研究领域。由于现代硬件平台包含来自不同供应商的多个 IP，因此确保部件或产品作为一个整体，其完整性在设计流程的任何阶段都没有受到任何形式的篡改，这一点变得至关重要。此类篡改可能包括可导致有针对性运行故障的非预期篡改、导致 IP 盗窃的泄露机密信息、通过更改物理设计参数而损害产品的预期使用寿命等。在本章的后半部分，我们讨论了用于预防和辨别篡改电路的非破坏性方法的一些相关研究，详细讨论了用于 IP 级别木马植入检测的几种方法。为了降低上述风险，最终产品供应商必须采用此类测试方法来区分被篡改的第三方 IC 和正品 IC。

参考文献

1. D. R. Collins, TRUST, A proposed plan for trusted integrated circuits, Government Microcircuit Applications and Critical Technology Conference, 2006, pp. 276–277

2. S. Adee, The hunt for the kill switch. IEEE Spectr. **45**(5), 34–39 (2008)

3. S. Voloshynovskiy, S. Pereira, T. Pun, J.J. Eggers, J.K. Su, Attacks on digital watermarks: Classification,

estimation based attacks, and benchmarks. IEEE Commun. Mag. **39**(8), 118–126 (2001)

4. B. Gassend, D. Clarke, M. van Dijk, S. Devadas, Controlled physical random functions, IEEE Computer Security Applications Conference, 2002, pp. 149–160

5. J. Guajardo, S.S. Kumar, G.J. Schrijen, P. Tuyls, Physical unclonable functions and public-key crypto for FPGA IP protection, IEEE International Conference on Field Programmable Logic and Applications, 2007, pp. 189–195

6. V. Vivekraja, L. Nazhandali, Circuit-Level Techniques for Reliable Physically Uncloneable Functions, IEEE International Workshop on Hardware-Oriented Security and Trust, 2009, pp. 30–35

7. A. Maiti, R. Nagesh, A. Reddy, P. Schaumont, Physical unclonable function and true random number generator: a compact and scalable implementation, IEEE/ACM Great Lakes Symposium on VLSI, 2009, pp. 425–428

8. A. Maiti, P. Schaumont, Improving the quality of a Physical Unclonable Function using configurable Ring Oscillators, IEEE Int Conf Field Program Logic Appl, 2009, pp. 703–707

9. S. Morozov, A. Maiti, P. Schaumont, An Analysis of Delay Based PUF Implementations on FPGA, International Symposium on Applied Reconfigurable Computing, Lecture Notes in Computer Science, 2010, pp. 382–387

10. X. Wang, M. Tehranipoor, J. Plusquellic, Detecting Malicious Inclusions in Secure Hardware: Challenges and Solutions, IEEE International Workshop on Hardware Oriented Security and Trust, 2008, pp. 15–22

11. D. Agarwal, S. Baktir, D. Karakoyunlu, P. Rohatgi, B. Sunar, Trojan detection using IC fingerprinting, IEEE Symposium on Security and Privacy, 2007, pp. 296–310

12. M. Banga, M. Hsiao; VITAMIN: Voltage inversion technique to ascertain malicious insertions in ICs, IEEE International Workshop on Hardware Oriented Security and Trust, 2009, pp. 104–107

13. M. Banga, M. Hsiao, Odette: A Non-scan design-for-test methodology for Trojan detection in ICs, IEEE International Workshop on Hardware Oriented Security and Trust, 2011, pp. 18–23

14. R.S. Chakraborty, S. Bhunia, Hardware protection and authentication through netlist level obfuscation, IEEE/ACM International Conference on Computer-Aided Design, 2008, pp. 674–677

15. N.H.E. Weste, D. Harris, *CMOS VLSI Design: A Circuits and Systems Perspective*, 3rd edn. (Addison-Wesley, 2005)

16. J. Li, J. Lach, At-speed delay characterization for IC authentication and Trojan Horse detection, IEEE International Workshop on Hardware Oriented Security and Trust, 2008, pp. 8–14

17. Y. Jin, Y. Markis, Hardware Trojan detection using path delay fingerprint, IEEE International Workshop on Hardware Oriented Security and Trust, 2008, pp. 54–60

18. M. Banga, M. Hsiao, A Novel Sustained Vector Technique for the Detection of Hardware Trojans, IEEE International Conference on VLSI Design, 2009, pp. 327–332

19. M. Banga, M. Hsiao, A Region Based Approach for the detection of hardware Trojans, IEEE International Workshop on Hardware Oriented Security and Trust, 2008, pp. 43–50

20. X. Wang, H. Salmani, M. Tehranipoor, J. Plusquellic, Hardware Trojan detection and isolation using current integration and localized current analysis, IEEE International Symposium on Defect and Fault Tolerance of VLSI Systems, 2008, pp. 87–95

21. M. Banga, M. Hsiao; Trusted RTL: Trojan Detection Methodology in Pre-Silicon Designs, IEEE International Workshop on Hardware Oriented Security and Trust, 2010, pp. 56–59

22. E. Love, Y. Jin, Y. Makris, Proof-carrying hardware intellectual property: A pathway to Trusterd module acquisition. IEEE Trans Inf Forensics Secur 7(1), 25–40 (2012)

23. Y. Jin, Y. Makris; Proof Carrying-Based Information Flow Tracking for Data Secrecy Protection and Hardware Trust, IEEE VLSI Test Symposium, 2012, pp. 252–257

24. INRIA, The Coq proof assistant Sept 2010

25. M. Bidmeshki, Y. Makris; VeriCoq: A Verilog-to-Coq Converter for Proof-Carrying Hardware Automation, IEEE International Symposium on Circuits and Systems (ISCAS), 2015, pp. 29–32

第 5 章 模拟、混合信号和射频集成电路中的硬件木马

Angelos Antonopoulos，Christiana Kapatsori 和 Yiorgos Makris[①]

5.1 引言

在多种因素的作用下，包括上市时间的压力、可重用知识产权(IP)和外包生产及测试，现在已经可以通过硬件木马对如军事、基础设施、汽车和通信应用等关键工业领域进行攻击，以破坏敏感商业应用和国防应用的 IC 供应链。例如，2008 年的一则报道称，由于雷达系统中使用的成品微处理器存在"后门"，叙利亚雷达未能就来袭的以色列进攻向叙军方发出警告[5]。2012 年发现的另一个"后门"隐藏在计算机芯片中，可让攻击者控制关键的应用程序，如波音 787 的导航和飞行控制[3]。美国军方代理和承包商以及电力公司购买的伪造思科产品也造成了高级安全系统访问权外泄的潜在威胁[1]。2010 年，戴尔公司警告称，其部分服务器主板可能存在硬件木马[35]。过去十年，大量的研究都着力于理解硬件木马威胁，以及在数字电路中开发木马预防与检测方案[10,24,42,45,53]，而在模拟/混合信号(AMS)和射频(RF)信号电路中，相应课题的研究却严重缺乏。近期，文献[38]重点研究了数字 IC 中的威胁和对策，并讨论了它们与 AMS 领域的关联性。鉴于模拟功能(如物理接口、传感器、动作器、无线通信等)在大多数现代系统中的广泛使用，我们在本章中总结并介绍了有关 AMS/RF IC 中硬件木马脆弱性和补救措施的为数不多的一些现有工作。

5.2 射频 IC 中的硬件木马

由于电信和物联网的迅速发展，无线网络已经成为日常生活中不可分割的一部分，普遍存在于大多数电子系统中。同时，它们又特别脆弱，极易成为恶意攻击的目标；实际上，由于它们通过公共信道交换信息，攻击者因此无须获得对节点的物理访问，使得此类攻击看起来更加可行。因此，无线网络一直是隐蔽信道攻击的目标，这些攻击大多通过篡改软件或硬件来实施。除了此类利用合法硬件和协议功能的攻击，最近在文献[44]中提到了首个针对 802.11a/g 发射机基带部分，通过无线网络泄露敏感信息的硬件木马。然而到目前为止，只有少数研究小组调查并报告了无线网络收发器内部的模拟/射频电路中存在的漏洞。在下面的几节中，我们将总结一些现有示例，说明硬件木马是如何利用这些漏洞的，以及相应的防御机制。

5.2.1 无线加密 IC 中的硬件木马

5.2.1.1 攻击

文献[30,31]通过硅测量方法展示了在无线加密 IC 中,特别是在超宽带(UWB)发射机

① 得克萨斯大学达拉斯分校电气与计算机工程学院
Email：aanton@utdallas.edu; cxk161430@utdallas.edu; yiorgos.makris@utdallas.edu

中的硬件木马攻击。IC 的数字和模拟/射频部分都是其攻击目标，其一般原理如图 5.1 所示。攻击的实现非常简单，可以在 IC 供应链的各个阶段实施，例如设计或制造阶段。在数字电路方面，恶意添加的硬件窃听存储了 128 位高级加密标准（AES）密钥的寄存器，每次窃取一位密钥。被盗的密钥位将转发至 UWB 发射机，并在传输一个密文位的过程中，通过无线通信的参数调制来泄露该密钥位。总的来说，UWB 发射机每传输一个 128 位的密文数据块，就会泄露 128 位密钥[31]。具体来说，芯片上恶意植入了两个硬件木马，进行传输中幅度和频率的调制。第一个硬件木马，即Ⅰ型木马，实现幅度调制，被植入功率放大器（PA）中。其开销非常小，因为只需要一个额外的晶体管来泄露信息。由数字部分转发来的密钥位，将送至被恶意添加木马的 PMOS 晶体管的栅极上。当泄露的密钥位为"1"时，晶体管关闭，因此发送功率不受影响。然而，当泄露的密钥位为"0"时，晶体管就会开启，并在输出节点上增加一个小电流，从而略微增加输出功率，输出至天线。另一方面，实施频率调制的Ⅱ型木马在两个射频脉冲发生器的输入端都植入了一个额外的晶体管。同样，当被盗的密钥位为"0"时，图 5.1 中Ⅱ型木马的 PMOS 晶体管就会打开，从而导致更高的频率。

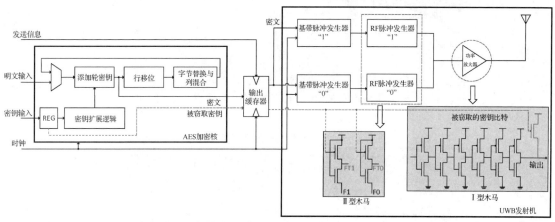

图 5.1　无线加密 IC 中数字和模拟电路的硬件木马篡改（改编自文献[31]）

为了研究木马对合法和恶意传播的影响，作者实现了 15 种不同级别的木马[31]。即使对于最高的木马级别，其对合法传输的影响也被小心地隐藏在工艺波动允许的传输规范余量中。图 5.2 绘制了 40 个未感染木马的 IC、40 个感染Ⅰ型木马的 IC 和 40 个感染Ⅱ型木马的 IC，在传输密文位"0"或"1"时，传输功率随时间的变化关系。对于感染了木马的传输，都将木马的影响设置为最大程度。三种分布都包含在未感染木马的 IC 的 $\mu \pm 3\sigma$ 的包络中[30,31]。有趣的是，没有一个感染木马的 IC 的传输功率超出包络边界。

虽然硬件木马隐藏在工艺波动的余量内，但它对发送波形功率的影响足以让攻击者获得密钥，进而通过破译密文获得明文。攻击者所要做的就是监听公共无线传输信道，重点关注硬件木马所操控的参数（即幅度和频率），以观察在传输密文位"0"或"1"时，其对应的密钥位为"1"或"0"的不同参数水平。图 5.3 展示了一个感染Ⅰ型木马的芯片传输 4 位密文块的接收波形。当传输密钥位"0"时，无论此时传输的密文是"0"还是"1"，微弱增加的幅度都会为攻击者提供信息以正确获取密钥。与Ⅰ型木马类似，攻击者也可以从受Ⅱ型木马感染的传输中获取被泄露的信息[30,31]。在这两种情况下，接收机都由连接了天线的示波器构成。

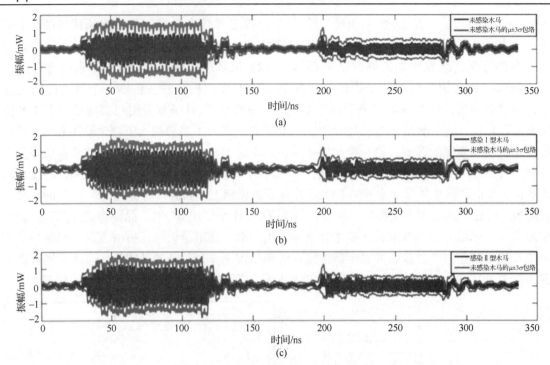

图 5.2　(a)40 个未感染木马的 IC；(b)40 个感染 I 型木马的 IC；(c)40
个感染 II 型木马的 IC。传输功率图像均位于 $\mu \pm 3\sigma$ 包络内[31]

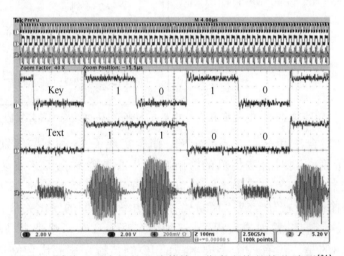

图 5.3　感染 I 型木马的芯片传输 4 位密文块的接收波形[31]

5.2.1.2　防御

传统检测方法在检测以下三种硬件木马时效果不佳：(1)(在面积和功率方面)开销较小的木马；(2)木马没有违反任何协议规范；(3)在工艺波动余量允许范围内的硬件木马。最近报道的几种防御方法更有优势，能够在存在前述操纵传输特性的硬件木马时发出危险信号。这些防御机制包括统计边信道指纹识别和一些并发与形式化方法，讨论如下。

统计方法：文献[6,23]首次提出了基于全局功耗和基于延迟的方法进行硬件木马检测。该方法使用边信道参数构建 IC 指纹，并利用指纹信息进行统计评估，判断 IC 是否感染了硬件木马。边信道指纹的思想是检测前述两种硬件木马的基础。其基本原理最早由文献[24,29,30] 提出，依赖于硬件木马施加在传输特性上的系统性影响。这种系统性影响对于攻击者识别隐藏的信息至关重要，如图 5.3 所示。在实际中，硬件木马在功率或频率传输特性上添加了一个统计结构，而统计边信道指纹识别正是利用该特性发现恶意操作的。

为展示统计边信道指纹识别方法的有效性，文献[24,29,30]的作者进行了以下实验：最初，通过 UWB 射频前端传输 6 个相同的密文块，其中 40 个 IC 未感染木马、40 个 IC 感染 I 型木马，40 个 IC 感染 II 型木马。在三维空间中绘制可视化累积功率图后，并没有发现任何可疑的操作，如图 5.4(a) 所示，因为所有的样本点都混杂在一起。然而在采用简单的统计处理后，如使用主成分分析(PCA)再加上如最小体积封闭椭球体(MVEE)之类的分类器后，这三类样本群变得清晰可分，如图 5.4(b) 所示。因此，可以使用该方法检测硬件木马的存在。

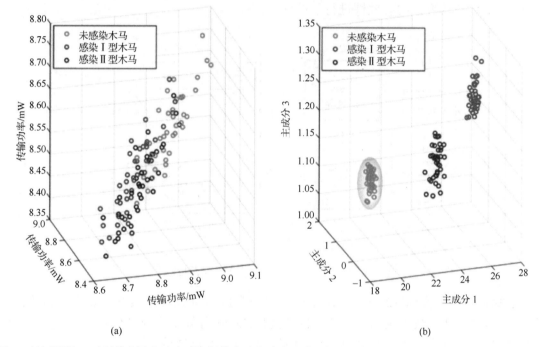

(a)   (b)

图 5.4(见彩图) 无硬件木马电路和感染硬件木马电路在三维空间上的投影，其中每一维都对应了(a)传输一个密文块的总传输功率，结果显示无法区分各个样本群，以及(b)采用 PCA 对所有芯片传输每一个密文块的传输总功率进行分析后，得到的前三项主成分。图中也标注了未感染硬件木马样本群的 MVEE，可用于区分未感染硬件木马和感染硬件木马的芯片[31]

并发硬件木马检测方法：上面讨论的统计边信道指纹识别方法，要么在 IC 部署之前进行，要么在 IC 部署后的空闲时段中定期进行操作。因此，在 IC 正常运行时间外一直保持休眠的硬件木马可以很轻易地逃避检测。为了解决这一问题，文献[32]提出了一种并发硬件木马检测(CHTD)方法，在 IC 正常运行时也能进行检测，如图 5.5 所示。

该方法检查电路的不变性，当不变性被违背时，使用片上的单类分类器产生一个 CHTD 输出。该分类器由在测试过程中木马休眠的时间内获得的可信边信道指纹进行训练。接下来，训练好的分类器可通过判断观测值在边信道指纹空间中的位置是否位于分类器所学习的决策边界之内，来检查运行过程中不变性的观测值是否合规。为了评估不变性是否被违背，需从单个密文比特流传输中收集两个观测值。每个观测值长度为 k 比特，其中包含 m 个"1"。如果观测值 A 和 B 的积分电压分别为 V_A 和 V_B，则下列不变性应始终成立：

$$|V_A(k, m) - V_B(k, m)| = \delta_{\text{noise}} \tag{5.1}$$

其中 δ_{noise} 表示测量噪声和其他非理想因素。如果两个观测值用到了不同的 k 和 m，则不变性为

$$\begin{aligned}
&|V_A \cdot (k_A, m_A) - V_B \cdot (k_B, m_B)| \\
&= \delta_{\text{noise}} + |m_A - m_B \cdot V_{C1} + [(k_A - m_A) - (k_B - m_B) \cdot V_{C0}]|
\end{aligned} \tag{5.2}$$

其中 V_{C1} 和 V_{C0} 分别表示传输位为"1"和"0"时的积分电压。除具有非侵入性外，CHTD 还是一种自引用方法，这使得 k_A、m_A、k_B 和 m_B 数值的选择非常灵活。因此对于攻击者来说，设计能够规避不变性检查的硬件木马非常困难。5.2.1 节和文献[32]，在感染木马的 IC 上对 CHTD 方法的有效性进行了验证。

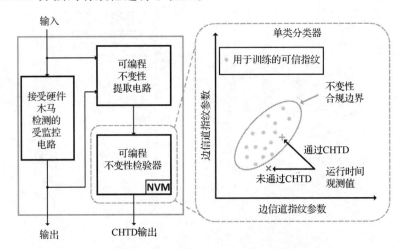

图 5.5　CHTD 实验平台(改编自文献[32])

形式化方法：文献[12]首次提出了用于保证模拟/射频设计中数据机密性的信息流跟踪(IFT)方法。IFT 被集成到一个基于自动携带证明硬件知识产权(PCHIP)的框架中，该框架最初用于在数字设计中实施信息流策略。该方法在晶体管级运行，将模拟/射频电路的网表转换为 Verilog 表示，然后使用一个称为 VeriCoq-IFT 的自动化框架将 Verilog 设计转换成 Coq 表示，同时生成安全属性定理以防止敏感信息泄露，并构建其证明[12]。

如文献[12]所示，该方法能够检测从数字域到模拟域的敏感数据泄露，反之亦然，而且无须修改模拟/混合信号/射频电路设计流程。该形式化方法应用于 5.2.1 节 AES UWB 发射机的设计中，提取出其 Verilog 网表，并对明文和密钥信号进行适当的敏感级别标注，如图 5.6 所示。同时，对 AES 核中降低敏感级别的相应操作也进行了标注。随后利用 VeriCoq - IFT 将设计转换为形式化表示，并使用 Coq 对自动生成、指示设计输出敏感性的安全性定理证明进行评估。对于无木马电路，在 Coq 中通过对其输出安全属性定理的证明，证实了只要按照规定在设计中正确标注初始敏感度值，并进行敏感度降低操作，

该输出就不会泄露敏感信息。而只要电路存在 I 型木马和 II 型木马，该证明在 Coq 中就通不过，这也验证了该方法的有效性。同时这也意味着可能存在一条路径，将敏感信息泄露到输出端口。图 5.6 给出了感染 II 型木马的 AES UWB 设计中，信息泄露路径和传播信号的敏感级别。

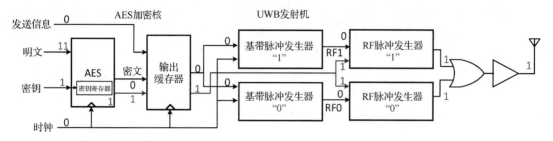

图 5.6　II 型木马的信息泄露路径和传播信号的敏感级别(摘自文献[12])

对寄生负载的观测：文献[16]中讨论了如何检测射频电路中对感染 IC 添加了部分结构的硬件木马。该方法基于由恶意负载电容留下的签名。具体来说，通过在典型的共源共栅低噪声放大器(LNA)中进行激励优化实验，可对电路内部节点的负载电容(由合法电路中存在的硬件木马引入)进行检测。

5.2.2　低于本底噪声的射频传输

5.2.2.1　攻击

与文献[30,31]类似，文献[15]也展示了硬件木马通过使用扩频技术，在环境本底噪声中隐藏非法传输信号的能力。文献[28]首次演示了受感染的密码处理器，在噪声功率等级以下，与攻击者进行通信的原始概念，其中多比特信息经由功率边信道发生泄露。具体地说，是利用扩频将边信道泄露的功率分散到多个时钟周期，使得每个时钟周期的信噪比(SNR)低至可以逃避检测。随后攻击者可以通过对大量时钟周期取均值来获取边信道信息。

类似地，文献[15]中的木马系统通过分散恶意数据以及衰减木马信号，使其低于本底环境噪声。扩频系统发射/接收机链的工作原理如图 5.7 所示。低速基带数据乘以高速扩频码，以生成高速序列。然后在模拟域中叠加合法扩频信号和木马扩频信号，生成待传信号，如图 5.7 所示。包含了合法和恶意分量的待传输信号，具有与合法信号相同的频谱，因此不容易检测到木马的存在。这种高比特率的数字序列接下来将在噪声信道上进行传输，可能会经历多径衰落和多重干扰。在接收端，目标信号和干扰信号使用相同的扩频码进行混频，此过程对原始信息进行解扩，而对干扰信号进行扩频。维持有效的通信需要保持极低的功率水平。然而，这是以降低攻击者的吞吐量为代价的。扩频攻击不会影响合法传输，因为它仍然很好地隐藏在本底噪声之下，因此可以逃避任何基于性能的测试或监测[15]。

5.2.2.2　防御

文献[25]提出了一种检测此类硬件木马以及移动平台中硬件木马的检测方法。该方法无需任何黄金参考，而是基于自参考。在文献[25]中，运行在商用 MpSoC 板上的移动平台，驱动其输出处于周期稳态(PSS)，以解耦电路板对噪声的响应以及电路板对木马的响应。不同周期之间，若电路行为发生变化，则表明存在非授权活动。在激励电路并获得其电流消耗信号后，让该信号经过低通滤波器从而得到自参考信号。然后从原始信号中减去该信号，得到一个差值信号，该差值包含了噪声和恶意活动（如果有）。在时域对差值信号的分析不能区分木马信号和信道噪声。然而，通过对差值信号进行快速傅里叶变换，计算出平均噪声水平，并将参考噪声阈值设为$3\sigma_n$，其中σ_n为噪声方差，就能够检测出木马信号。任何超过阈值的意外频点，即不符合基频及其各次谐波的频点，则被认为是频谱违规。为了展示该方法，作者在文献[25]中收集了240组数据频谱，其中一半感染了木马。对于没有任何木马活动的频谱，额外频点的最大数量只有3。而受木马感染频谱的额外频点数量大得多，在所有频谱中最大数量均大于380，如图5.8所示。尽管木马运行在等于或低于噪声的水平，通过观察违规频点的数量就可以明显地观察到其活动。

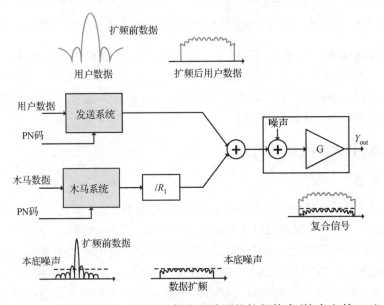

图 5.7　无线网络中用于规避硬件木马检测的扩频技术（摘自文献[15]）

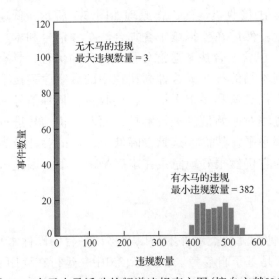

图 5.8　有无木马活动的频谱违规直方图（摘自文献[25]）

5.3　AMS 集成电路中的硬件木马

5.3.1　攻击

在射频电路中，硬件木马会在合法结构中植入额外的电路以利用其漏洞。与之不同的是，AMS IC 中的硬件木马无须在目标 IC 中植入额外电路，也不会在其正常运行时留下签名。准确地说，它们利用了 AMS 组件正反馈回路中可能存在的木马状态，通常这些正反馈回路用于减少电源电压变化对电路输出的影响。时间回到 1980 年，有研究表明，带有正反馈回路的晶体管网络直流方程在某些特定网络参数值下的解不止一个。文献[37]中指出，任何带正反馈回路的电路都允许存在多个直流工作点，反过来说，任何直流方程存在多个解的电路也必定具有正反馈回路。文献[17]在带有正反馈回路的 CMOS 对数域滤波器中展示并验证多个直流工作点的存在，但直到最近才在硬件安全领域中对其进行了研究。模拟电路中的多工作状态问题常被称为启动问题，这意味着通常需要添加一套启动电路来消除非设计状态。但是，如果没有使用启动电路(这在模拟设计中十分常见)，或者启动电路没有起作用，就可能存在一个隐藏了木马的冗余状态[14]。

多项研究成果表明 AMS IC 可能出现木马状态，其定义为某工作状态迫使电路以非预期和非设计的行为运行，在输出端产生不一致的结果，因而直接影响 IC 组件链中的前端模块。此类木马状态会影响运算放大器(OPAMP)、镜像电流源、带隙基准电源、振荡器和滤波器的输出特性[13,14,47~49,51]。以上结论都通过 MATLAB 和 Cadence Spectre 进行了仿真验证，结果如表 5.1 所示。

表 5.1　模拟 IC 中的木马状态

参 考 文 献	电路拓扑结构	仿 真 等 级
[14,47,49]	反向 Widlar	Cadence Spectre
[17,48]	滤波器	HSPICE
[33,51]	带隙	Cadence Spectre
[13]	OP-AMP	Cadence Spectre
[48]	文氏电桥振荡器	不适用

在图 5.9(a)所示的反向 Widlar 镜像电流源中，由于存在多个电路平衡点，其输出电压可能会在特定温度下达到非预期值[17,47]。如图 5.9(b)所示，对温度参数进行扫描测试后发现，确实在两个不同温度值 T_1 和 T_2 下得到了同一个输出电压 V_{out2}。类似地，文献[13]展示了在全差分运算放大器中，当使用了增强性能的反馈电路，如增加压摆率的正反馈回路时，也可导致木马状态的出现。文献[48]对文氏电桥振荡器的仿真结果也验证了木马状态的存在。当输入-输出特性出现高度非线性时，就会出现这种状态。具体地说，电路可能包含(非期望的)静态模式或动态模式，更进一步，即使在动态模式下，根据电容初始状态的不同，电路仍可能出现不同振幅或频率的振荡状态[48]。因此，振荡器中的硬件木马可以工作在静态模式下以使 IC 失效，也可以工作在非预期振荡特性下，如改变振荡器的振幅和频率。由于振荡器在通信系统中的广泛使用，木马状态可能会在信息交

换中产生灾难性的后果。例如，攻击者可以将本振频率篡改到不同的频段，以泄露敏感
信息。

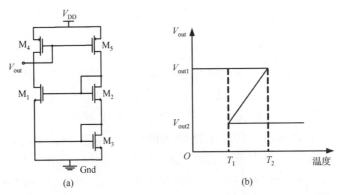

图 5.9　(a) 反向 Widlar 镜像电流源原理图；(b) 反向 Widlar 镜像电流源直流温度扫描中的多个工作点[47]

此类硬件木马不会导致任何功率、面积或架构的增加，因此不会留下任何签名。因此，
即使得到完整的电路原理图，在设计和验证过程中存在的多个工作点仍然不会被检测到。

5.3.2　防御

近年来，应用于正反馈回路模拟电路中多个工作点检测的防御机制均基于同伦理论，
该理论长期被用于验证[43]。对于给定的模拟电路，识别木马状态的第一步依赖于识别电
路的正反馈回路，通过构造基于其电路拓扑结构的有向关系图来实现。例如，在图 5.10(a)
的自举 V_t 参考电路中，可以识别出两个反馈回路，分别为：

$$I_1 \rightarrow B \rightarrow I_2 \rightarrow A \rightarrow I_1 \tag{5.3}$$

$$I_1 \rightarrow B \rightarrow I_2 \rightarrow C \rightarrow I_1 \tag{5.4}$$

具体来说，流过晶体管 M_4 和 M_1 的电流 I_1 的变化会影响节点 B 的电压，进而导致 I_2
发生变化。因此节点 A 的电压也受到了影响，从而影响了 I_1。类似地，图 5.10(b) 由式 (5.4)
描述。由于只需要确定正反馈回路，所以将电压/电流的依赖关系用极性符号标注。例如，
因为节点 A 作用于 PMOS 晶体管 M_4 的栅极，节点 A 的电压增加将导致 I_1 的减小，所以
在图 5.10(c) 顶部循环中的 $A \rightarrow I_1$ 支路标记一个负号。在标记完所有符号之后，由于正反
馈循环定义为包含偶数个负依赖项，而负反馈循环包含奇数个负依赖项，所以式 (5.3) 所
述的反馈回路为正反馈回路[33,34,50,51]。

确定了正反馈回路后，利用连续法可以识别多个运行状态的存在。该方法包括引入
可被扫描以跟踪电路非期望工作点的电压或电流源，且可视为对每个正反馈回路应用同
伦法[52]。最常见的连续法是向电路中插入不会破坏电路回路的电源，从而避免反馈回路
被破坏时对回路负载的干扰。同样，只要能保证破坏回路后工作点不受影响，也可使用
会破坏反馈回路的各种方法[50,52]。该连续法已经在几个采用正反馈回路的 AMS IC 中得
到了证明[33,49-51,51,52]。图 5.11 展示了该方法的一个示例，其中电压源 V_{AUG} 被插入一个
恒定 g_m 参考电路中。当对该电压源进行扫描时，得到的电流图显示了三个工作点 A、B
和 C。最右侧的过零点 C 是所设计的工作点，因为此时 $V_{AUG} = -0.2\ \mathrm{V}$，意味着所有晶体
管都处于饱和偏置状态[21]。

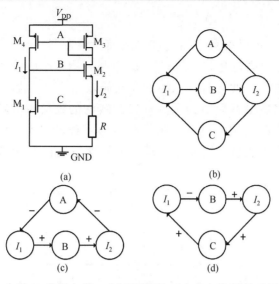

图 5.10　自举 V_t 参考电路：(a) 原理图；(b) 有向依赖关系图；(c) 顶层回路的依赖极性；(d) 底层回路的依赖极性 (摘自文献[33])

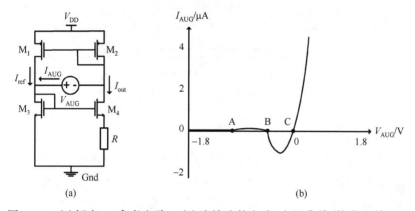

图 5.11　(a) 恒定 g_m 参考电路；(b) 连续法的电流-电压曲线 (摘自文献[21])

如文献[47]所示，采用温度扫描的同伦型电路仿真也会向电路设计人员发出警告。

相关文献中也记载了一些专门用于防止在模拟 IC 中出现非期望状态的方法。具体来说，文献[14]的仿真结果表明，通过减小图 5.9(a) 所示反向 Widlar 镜像电流源中二极管所连接晶体管 M_3 的宽度，可以消除输出电压的重叠区域，从而消除潜在木马状态。检测 AMS 电路中木马状态的另一种思路是使用纯布尔模型对 AMS 设计进行逼近后，对其进行形式化验证，如文献[26,27]所述。然而，到目前为止还没有对该方法进行更深入的研究。文献[56]也是如此，在 delta-sigma 调制器上实现了一种基于形式化的方案，用于验证 AMS 设计在给定属性下的运行情况。最近，在文献[12]中通过携带证明硬件实现 AMS 设计中的信息流跟踪。该方法也可用于验证 AMS 设计的安全属性，如多平衡点检测等。

5.3.3　模拟触发器

前述 AMS 木马状态的一个关键限制在于缺少能将电路驱动至非期望状态的触发机制。到目前为止，相关文献已经提出了一些模拟触发器，现讨论如下。

5.3.3.1　电容

文献[55]中展示了一种针对数字微处理器的模拟触发器。类似于文献[28]中，利用可变电容通过功率边信道泄露信息，文献[55]中的电路利用电容吸附附近线网上数值转换的电荷。当电容完全充电时，就会对目标触发器实施攻击[55]。电容从目标线网上实现电荷的模拟集成，同时在释放电荷后对其重置。目标线网的数值每翻转一次，电容的电荷都会增加，其电压最终会超过预先设定的阈值电压。当触发器输入消失，泄漏电流会逐渐使电容电压降低，最终停止触发器输出。模拟触发器的运行方式如图 5.12 所示。

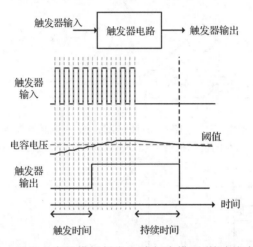

图 5.12　基于电容的模拟触发电路行为模型（摘自文献[55]）

5.3.3.2　电压毛刺

另一种触发机制是电源电压毛刺，会对由数字逻辑与锁相环组成的混合信号 IC 造成影响[7]。电压毛刺会对频率合成产生破坏性的影响，并导致带隙基准输出电压产生较大变化。此类电压毛刺可由基底偏压攻击产生[9]。基底偏压注入（BBI）法通过在电路衬底上施加高电压脉冲，从而改变衬底与电源或接地之间的电容和/或电阻耦合，如图 5.13（a）所示。这将依次影响局部的电源和/或接地电压，如图 5.13（b）所示，从而最终导致电源电压值出现较大偏差，如文献[9]的实验结果所示。然而，为了施加高电压基底偏置短脉冲，需要打开 IC 封装。

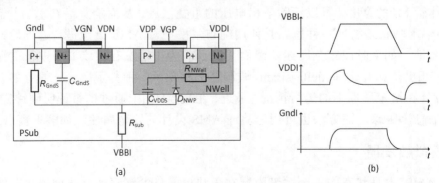

图 5.13　（a）BBI 对 CMOS 逻辑器件的影响（截面图）；（b）正向 BBI 对 V_{DD} 和接地节点的影响（摘自文献[9]）

5.4　AMS/RF IC 中的其他威胁

由于在过去几年中电子系统的复杂度显著增加,可重用 IP 市场也得到了极大的发展。因此,目前绝大多数硅裸片和片上系统都包含第三方公司生产的 AMS IP 模块。过去 20 年间数字领域的安全问题一直广受关注,与之不同的是,直到最近才有保护 AMS/RF IP 免遭逆向工程和剽窃的解决方案被提出。日益严重的 AMS/RF IP 伪造问题面临同样的处境[18,20]。

5.4.1　IC/IP 的剽窃和伪造问题

由于可重用 IP 在硅裸片中占有很大比例,盗版 IP 已受到广泛关注。盗版 IP 可以在晶圆阶段,通过逆向工程和非法复制等方式实施;也可以在 IP 制造完成后,通过申明所有权并将其作为黑盒子转售等方法实现[46]。逆向工程可以在芯片、印刷电路板和系统级等多个层面上进行[39]。随着伪造手法越发熟练,还有很多伪造 IC 的事例报道,这些 IC 通常在生产后被实际部署,引起了系统健康和安全性方面的担忧[18,20]。为防止逆向工程,在设计的网表或布局级上使用了基于混淆的技术(伪装),用来将设计转换为功能上与原始设计相同,但更难以进行逆向工程的设计[39,40]。除混淆技术外,最近还引入逻辑加密技术对设计功能进行加密,防止不可信晶圆厂进行恶意植入[41,42]。集成电路的所有权和真实性可以通过水印来保证[46],它在网表和物理实现阶段都对研发者的签名进行了唯一编码。最后,本章还提出了几种防伪检测方法:物理检查、电子检查和基于老化的指纹检测[20,54]。上述针对逆向工程和防伪的检测及预防方法详见文献[18,20,39~42,46]。尽管在数字领域进行了广泛的研究,但在 AMS/RF 领域只提出了少数针对盗版和伪造的防御措施。因此,针对 AMS/RF 系统的盗版和伪造问题,目前已有的补救措施如下。

5.4.2　漏洞分析

在文献[8]中,作者提出了一种分析方法,可暴露出模拟 IP 设计中存在的所有漏洞。该方法旨在识别模拟 IP 模块中潜在的安全漏洞,且必须在 IP 设计规范阶段完成后实施,而不是在制造阶段完成后实施,如图 5.14 所示。文献以由带隙基准、电压倍频器和压控振荡器组成的模拟时钟信号发生器作为 IP 模块,展示了该方法的有效性。文献分析了各个子电路的子功能,并识别了它们的故障及其特征。最后,对每种故障的潜在攻击和识别潜能进行评估,其中识别潜能表示攻击者识别攻击所需的时间和精力。一旦识别了所有攻击,设计人员就可以采取适当的对策。

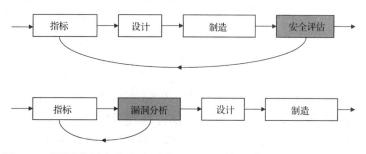

图 5.14　漏洞分析之前和之后的 AMS IP 核设计流程(摘自文献[8])

5.4.3 拆分制造

最近，拆分制造也被用于防止模拟/射频 IP 在制造阶段的逆向工程[11]。分块制造的核心思想是通过将芯片制造划分为前道工序(FEOL)和后道工序(BEOL)来保护设计。相应地，FEOL 层和 BEOL 层分别在不可信和可信晶圆厂制造。该方法的一般概念出现在射频应用的功率放大器(PA)设计中。使用该技术后，FEOL 顶部的两层金属被移除了。在此情况下，攻击者无法看到 PA 的电感和电容。文献指出，即使可通过所创建的空白区域来估算电感和电容的位置和尺寸，但是考虑到元件数值、偏置电压和工作频率的范围很广，对芯片进行逆向工程非常困难。在射频设计中，电感放置在金属环内，为了优化性能，还移除了环内较低的金属层。因此，金属环本身可以指示电感的确切位置和大小。为了解决这个问题，作者通过插入无功能环和创建空白区域来混淆原始设计。布局中的空白块可能会增加性能开销，但如果设计人员在早期设计阶段就考虑安全性，则可以减少此开销。

5.4.4 AMS IP 核水印

为了保护 AMS IP 的所有权，文献[22,36]的算法 1 提出了一种布局水印方法。该方法使用如下所述的算法来解析布局网表，并根据晶体管的类型(NMOS 或 PMOS)、宽度、到输入的最短距离和到输出的最短距离，每次对晶体管进行一级排序。搜索算法的结果是一个唯一有序的晶体管列表。

算法 1　晶体管排序伪代码[22]

创建一个虚拟晶体管
将其连接到电路的所有输入
将虚拟晶体管加入 FIFO 队列
while 队列不为空时，执行
　　　　将下一个晶体管移出队列
　　　　if 未访问过该晶体管，则
　　　　　　for 后续晶体管集，执行
　　　　　　　　if 有已匹配的晶体管，则
　　　　　　　　　　将其分为一组
　　　　　　　　　　根据沟道类型、宽度和到输出的距离进行排序
　　　　　　　　end if
　　　　　　　　if 有不能区分的晶体管，则
　　　　　　　　　　视作已匹配
　　　　　　　　　　将有序晶体管加入 FIFO 队列
　　　　　　　　　　将其加到最终顺序排列之后
　　　　　　　　end if
　　　　　　end for
　　　　　　将当前晶体管标记为已访问
　　　　end if
end while

创建了这个列表之后，所有者就会生成他/她想要的水印，并作为伪随机数生成器的种子。由随机函数产生的比特位形成一个长比特流，可以与唯一排序的晶体管流对应。该比特流通过改变晶体管的叉指嵌入设计中。比特流中的值"1"或"0"分别对应偶数或奇数个叉指。使用这种方法，对于拥有网表 A 的设计实体 A，可以证明其对另一个拥有网表 B 的设计实体 B 的 IP 所有权。IP 所有者可以观察网表 B 的有序排列节点并生成比特流 B，看其是否对应奇数或偶数个叉指。所有者现在有两个比特流，A 和 B，可以

度量两者之间的关联程度。除非设计实体 B 为比特流 B 生成了正确的种子，否则设计实体 A 可以声称设计实体 B 窃取了其布局。该技术已有效地应用于两级 Miller 运算放大器。水印布局仅使芯片面积增加了 0.25%。

5.4.5　针对 AMS 伪造品的保护

尽管模拟 IC 是五种最容易仿制的器件之一[4]，但截至目前，也只有少数研究提出了一些保护机制。特别地，在文献[20]中使用统计方法，包括单类分类器和劣化曲线敏感度分析等，实现针对模拟 IC 回收旧片的保护。该方法使用了产品早期故障率分析的典型实验结果，如最小电源电压(V_{min})、静态电流(I_{ddq})和最大振荡频率(F_{max})等，作为两种方法进行评估所需的测量参数。结果表明，在采用 45 纳米工艺下设计的全差分折叠式共源共栅运算放大器中，两种方法都能对全新和回收芯片进行 100% 正确的分类。近年来，低成本的片上环形振荡器也被用于预防 IC 回收旧片的使用[19]。这种方法很可能也适用于 AMS 和 RF IC。

5.5　讨论

十多年来，经过世界各地众多团队的不懈努力，如何确保数字 IC 和数字 IP 的可靠性已经成为相当成熟并被广泛理解的课题。事实上，已有各种各样的威胁场景，以及检测和/或预防方法，被演示和进行了实验评估，而且通常都使用实际的硅芯片测量。与之相对的，AMS/RF IC 由于其运行的复杂性和连续域特性，却为学术界带来了挑战，限制了模拟/射频领域安全风险的理解、建模和缓解手段。关于该领域最显著的一些贡献，我们重点指出了硬件木马在篡改加密 IC 的射频前端以秘密窃取敏感信息方面的有效性，并且已由一些团队在硅芯片上进行了实验展示。在 AMS 领域，目前的关键贡献在于展示了电路中固有的木马状态，这可能会导致非期望的运行条件。一些模拟触发器的概念(其中大部分用于破坏数字电路)，以及一些防止模拟 IP 盗窃和逆向工程的保护机制，构成了对这个主题极为有限的文献描述。展望未来，我们需要解决现有研究中存在的一些局限性，以便将我们对这一问题的认识提高一个层次，并在这一领域取得突破。例如：

- 在 AMS 电路中，安全性的含义目前只通过几个基本的模拟模块显现出来；此外，所有相关工作都基于仿真所得。虽然仿真提供了有用信息，但还需要通过实际的硅实现进行演示和评估，以得出最终结论。
- 对于如何触发 AMS 电路使其进入非期望状态，以及除电路故障或拒绝服务外，此类木马状态的有效载荷还可能是什么，应该进行进一步研究和理解。当前的大多数实例要么过于简单，要么过于不切实际，不能被视为真正的威胁。
- 需要为 AMS/RF IC 开发系统的、更普遍的 HT 检测/预防方法，而不是目前针对某个特殊问题的解决方案。虽然这是模拟领域中的固有困难，但是为了促进自动化及开发相关指标，这一点仍然很重要。
- 保护 AMS/RF IP 的形式化、可证明的安全方法仍处于初级阶段，并且需求迫切。虽然模拟领域的形式化验证近年来取得了很大的进展，但其研究成果还没有应用到安全与可信领域。

5.6 小结

尽管 AMS/RF IC 运行复杂且具有连续域特性，但目前学术界正在思考和研究其电路的安全威胁。因此，人们已朝着理解、建模和缓解 AMS/RF IC 中的安全风险迈出了第一步。相应地，本章总结了现有的研究，并具体讨论了硬件木马对 IC 射频前端进行篡改以秘密窃取敏感信息的有效性，详细阐述了几种带正反馈回路的 AMS 电路中可能存在的木马状态。我们还探索了 AMS/RF IC 中针对硬件木马的检测方法，包括基于统计分析的方法、形式化方法和并发操作等。最后，我们总结了现有的预防对模拟器件进行伪造和逆向工程的保护机制，并就 AMS/RF 研究团体下一步的研究方向提出了自己的想法。

参考文献

1. F.B.I. says the military had bogus computer gear（2008）

2. Fishy chips: spies want to hack-proof circuits（2011）

3. Could a vulnerable computer chip allow hackers to down a Boeing 787 'Back Door' could allow cyber-criminals a way in（2012）

4. Top 5 most counterfeited parts represent a $169 billion potential challenge for global semiconductor market（2012）

5. S. Adee, The hunt for the kill switch. IEEE Spectr. **45**(5), 34–39（2008）

6. D. Agrawal, S. Baktir, D. Karakoyunlu, P. Rohatgi, B. Sunar, Trojan detection using IC fingerprinting, in *IEEE Symposium on Security and Privacy (SP)*, 2007, pp. 296–310

7. N. Beringuier-Boher, K. Gomina, D. Hely, J.B. Rigaud, V. Beroulle, A. Tria, J. Damiens, P. Gendrier, P. Candelier, Voltage glitch attacks on mixed-signal systems, in *Euromicro Conference on Digital System Design*, 2014, pp. 379–386

8. N. Beringuier-Boher, D. Hely, V. Beroulle, J. Damiens, P. Candelier, Increasing the security level of analog IPs by using a dedicated vulnerability analysis methodology, in *International Symposium on Quality Electronic Design (ISQED)*, 2013, pp. 531–537

9. N. Beringuier-Boher, M. Lacruche, D. El-Baze, J.M. Dutertre, J.B. Rigaud, P. Maurine, Body biasing injection attacks in practice, in *Workshop on Cryptography and Security in Computing Systems*, 2016, pp. 49–54

10. S. Bhunia, M.S. Hsiao, M. Banga, S. Narasimhan, Hardware Trojan attacks: threat analysis and countermeasures. Proc. IEEE **102**(8), 1229–1247（2014）

11. Y. Bi, J.S. Yuan, Y. Jin, Beyond the interconnections: split manufacturing in RF designs. Electronics **4**(3), 541–564（2015）

12. M. Bidmeshki, A. Antonopoulos, Y. Makris, Information flow tracking in analog/mixed-signal designs through proof-carrying hardware IP, in *IEEE Design Automation and Test in Europe Conference (DATE)*, 2017

13. C. Cai, D. Chen, Performance enhancement induced Trojan states in op-amps, their detection and

removal, in *IEEE International Symposium on Circuits and Systems (ISCAS)*, 2015, pp. 3020–3023

14. X. Cao, Q. Wang, R.L. Geiger, D.J. Chen, A hardware Trojan embedded in the Inverse Widlar reference generator, in *IEEE International Midwest Symposium on Circuits and Systems (MWSCAS)*, 2015, pp. 1–4

15. D. Chang, B. Bakkaloglu, S. Ozev, Enabling unauthorized RF transmission below noise floor with no detectable impact on primary communication performance, in *IEEE VLSI Test Symposium (VTS)*, 2015, pp. 1–4

16. S. Deyati, B.J. Muldrey, A. Chatterjee, Targeting hardware Trojans in mixed-signal circuits for security, in *IEEE International Mixed-Signal Testing Workshop (IMSTW)*, 2016, pp. 1–4

17. R.M. Fox, M. Nagarajan, Multiple operating points in a CMOS log-domain filter, in *IEEE International Symposium on Circuits and Systems (ISCAS)*, 1999, pp. 689–692

18. U. Guin, D. DiMase, M. Tehranipoor, Counterfeit integrated circuits: detection, avoidance, and the challenges ahead. J. Electron. Test. **30**(1), 9–23 (2014)

19. U. Guin, D. Forte, M. Tehranipoor, Design of accurate low-cost on-chip structures for protecting integrated circuits against recycling. IEEE Trans. Very Large Scale Integr. Syste. **24**(4), 1233–1246 (2016)

20. U. Guin, K. Huang, D. DiMase, J.M. Carulli, M. Tehranipoor, Y.Makris, Counterfeit integrated circuits: a rising threat in the global semiconductor supply chain. Proc. IEEE **102**(8), 1207–1228 (2014)

21. W. Hou, Use of a continuation method for analyzing start-up circuits. Ph.D. thesis, University Of California, Irvine, 2011

22. D.L. Irby, R.D. Newbould, J.D. Carothers, J.J. Rodriguez, W.T. Holman, Low level watermarking of VLSI designs for intellectual property protection, in *IEEE International ASIC/SOC Conference*, 2000, pp. 136–140

23. Y. Jin, Y. Makris, Hardware Trojan detection using path delay fingerprint, in *IEEE International Workshop on Hardware-Oriented Security and Trust (HOST)*, 2008, pp. 51–57

24. Y. Jin, D. Maliuk, Y. Makris, Hardware Trojan detection in Analog/RF integrated circuits, in *Secure System Design and Trustable Computing*, ed. by C.H. Chang, M. Potkonjak (Springer, Cham, 2016), pp. 241–268

25. F. Karabacak, U.Y. Ogras, S. Ozev, Detection of malicious hardware components in mobile platforms, in *International Symposium on Quality Electronic Design (ISQED)*, 2016, pp. 179–184

26. A.V. Karthik, S. Ray, P. Nuzzo, A. Mishchenko, R. Brayton, J. Roychowdhury, ABCDNL: approximating continuous non-linear dynamical systems using purely Boolean models for analog/mixed-signal verification, in *IEEE Asia and South Pacific Design Automation Conference (ASP-DAC)*, 2014, pp. 250–255

27. A.V. Karthik, J. Roychowdhury, ABCD-L: approximating continuous linear systems using Boolean models, in *IEEE Design Automation Conference (DAC)*, 2013, pp. 1–9

28. L. Lin, W. Burleson, C. Paar, MOLES: malicious off-chip leakage enabled by side-channels, in *IEEE International Conference on Computer-Aided Design (ICCAD)*, 2009, pp. 117–122

29. Y. Liu, K. Huang, Y. Makris, Hardware Trojan detection through golden chip-free statistical

side-channel fingerprinting, in *IEEE Design Automation Conference (DAC)*, 2014, pp. 155:1–155:6

30. Y. Liu, Y. Jin, Y. Makris, Hardware Trojans in wireless cryptographic ICs: silicon demonstration & detection method evaluation, in *International Conference on Computer-Aided Design (ICCAD)*, 2013, pp. 399–404

31. Y. Liu, Y. Jin, A. Nosratinia, Y. Makris, Silicon demonstration of hardware Trojan design and detection in wireless cryptographic ICs. IEEE Trans. Very Large Scale Integr. Syst. **PP**(99), 1–14 (2016)

32. Y. Liu, G. Volanis, K. Huang, Y. Makris, Concurrent hardware Trojan detection in wireless cryptographic ICs, in *IEEE International Test Conference (ITC)*, 2015, pp. 1–8

33. Z. Liu, Y. Li, Y. Duan, R.L. Geiger, D. Chen, Identification and break of positive feedback loops in Trojan States Vulnerable Circuits, in *IEEE International Symposium on Circuits and Systems (ISCAS)*, 2014, pp. 289–292

34. Z. Liu, Y. Li, R.L. Geiger, D. Chen, Auto-identification of positive feedback loops in multistate vulnerable circuits, in *IEEE VLSI Test Symposium (VTS)*, 2014, pp. 1–5

35. J. Markoff, Dell warns of hardware Trojan (2010)

36. R.D. Newbould, D.L. Irby, J.D. Carothers, J.J. Rodriguez, W.T. Holman, Mixed signal design watermarking for IP protection, in *Southwest Symposium on Mixed-Signal Design*, 2001, pp. 110–115

37. R.O. Nielsen, A.N.Willson, A fundamental result concerning the topology of transistor circuits with multiple equilibria. Proc. IEEE **68**(2), 196–208 (1980)

38. I. Polian, Security aspects of analog and mixed-signal circuits, in *IEEE International Mixed-Signal Testing Workshop (IMSTW)*, 2016, pp. 1–6

39. S.E. Quadir, J. Chen, D. Forte, N. Asadizanjani, S. Shahbazmohamadi, L. Wang, J. Chandy, M. Tehranipoor, A survey on chip to system reverse engineering. J. Emerg. Technol. Comput. Syst. **13**(1), 6:1–6:34 (2016)

40. J. Rajendran, M. Sam, O. Sinanoglu, R. Karri, Security analysis of integrated circuit camouflaging, in *ACM SIGSAC Conference on Computer & Communications Security*, 2013, pp. 709–720

41. J. Rajendran, H. Zhang, C. Zhang, G.S. Rose, Y. Pino, O. Sinanoglu, R. Karri, Fault analysisbased logic encryption. IEEE Trans. comput. **64**(2), 410–424 (2015)

42. M. Rostami, F. Koushanfar, R. Karri, A primer on hardware security: models, methods, and metrics. Proc. IEEE **102**(8), 1283–1295 (2014)

43. J. Roychowdhury, R. Melville, Delivering global DC convergence for large mixed-signal circuits via homotopy/continuation methods. IEEE Trans. Comput.-Aided Design Integr. Circuits Syst. **25**(1), 66–78 (2006)

44. K.S. Subrmani, A. Antonopoulos, A.A. Abotabl, A. Nosratinia, Y. Makris, INFECT: INconsicuous FEC-based Trojan: a hardware attack on an 802.11a/g wireless network, in *IEEE Hardware Oriented Security and Trust Conference (HOST)*, 2017

45. M. Tehranipoor, F. Koushanfar, A survey of hardware Trojan taxonomy and detection. IEEE Des. Test Comput. **27**(1), 10–25 (2010)

46. M.M. Tehranipoor, U. Guin, D. Forte, Hardware IP watermarking, in *Counterfeit Integrated Circuits: Detection and Avoidance* (Springer International Publishing, Cham, 2015), pp. 203–222.

doi:10.1007/978-3-319-11824-6_10, ISBN:978-3-319-11824-6

47. Q. Wang, R.L. Geiger, Temperature signatures for performance assessment of circuits with undesired equilibrium states. Electron. Lett. **51**(22), 1756–1758 (2015)

48. Q. Wang, R.L. Geiger, D. Chen, Hardware Trojans embedded in the dynamic operation of analog and mixed-signal circuits, in *National Aerospace and Electronics Conference (NAECON)*, 2015, pp. 155–158

49. Q. Wang, R.L. Geiger, D.J. Chen, Challenges and opportunities for determining presence of multiple equilibrium points with circuit simulators, in *IEEE International Midwest Symposium on Circuits and Systems (MWSCAS)*, 2014, pp. 406–409

50. Y.T. Wang, D. Chen, R.L. Geiger, Practical methods for verifying removal of Trojan stable operating points, in *IEEE International Symposium on Circuits and Systems (ISCAS)*, 2013, pp. 2658–2661

51. Y.T. Wang, D.J. Chen, R.L. Geiger, Effectiveness of circuit-level continuation methods for Trojan State Elimination verification, in *IEEE International Midwest Symposium on Circuits and Systems (MWSCAS)*, 2013, pp. 1043–1046

52. Y.T.Wang, Q.Wang, D. Chen, R.L. Geiger, Hardware Trojan state detection for analog circuits and systems, in *IEEE National Aerospace and Electronics Conference*, 2014, pp. 364–367

53. K. Xiao, D. Forte, Y. Jin, R. Karri, S. Bhunia, M. Tehranipoor, Hardware Trojans: lessons learned after one decade of research. ACM Trans. Des. Autom. Electron. Syst. **22**(1), 6:1–6:23(2016)

54. K. Xiao, D. Forte, M. Tehranipoor, Circuit timing signature (CTS) for detection of counterfeit integrated circuits, in *Secure System Design and Trustable Computing*, ed. by C.H. Chang, M. Potkonjak (Springer International Publishing, Cham, 2016), pp. 211–239

55. K. Yang, M. Hicks, Q. Dong, T. Austin, D. Sylvester, A2: analog malicious hardware, in *IEEE Symposium on Security and Privacy (SP)*, 2016, pp. 18–37

56. M.H. Zaki, O. Hasan, S. Tahar, G. Al-Sammane, Framework for formally verifying analog and mixed-signal designs, in *Computational Intelligence in Analog and Mixed-Signal (AMS) and Radio-Frequency (RF) Circuit Design*, ed. by M. Fakhfakh, E. Tlelo-Cuautle, P. Siarry (Springer International Publishing, Cham, 2015), pp. 115–145

第6章　PCB 硬件木马与盗版

Anirudh Iyengar 和 Swaroop Ghosh[①]

6.1　引言

近年来，人们对集成电路(IC)级的硬件木马和伪造所带来的真品验证和安全性问题进行了广泛的研究[1]。然而，更高系统抽象层次中，如印制电路板(PCB)层，关于硬件木马和非法克隆的漏洞却尚未得到充分的研究。PCB 广泛用于每个电子系统，用以实现组件之间的电气互连和机械支撑。新兴的 PCB 设计和制造商业模式在 PCB 生命周期中，大量地将设计外包至不可信实体，并大量集成了不可信实体组件，以降低生产成本。这使得对 PCB 的恶意修改以及非法克隆有了可乘之机[2]。仔细观察几种常见的电子产品(例如，移动设备和可穿戴设备)及其 PCB 制造商后发现，PCB 设计的不同部分(例如，原理图和布局)通常由世界各地的不同团队完成。因此，PCB 极易受到逆向工程、伪造、过量生产、木马植入和回收使用的影响。在集成电路(IC)中，研究人员已经分析了各种各样的硬件安全原语[3,4]。与之不同的是，PCB 的安全原语仍处于发展阶段。现有的研究已覆盖由 PCB 剽窃和多种制造后篡改攻击造成的安全性问题。JTAG(联合测试工作组)和其他现场可编程功能，例如探针引脚，未使用的插座和 USB 接口，都已被黑客广泛利用，以获取设计的内部功能[5]、窃听密钥、收集测试响应，以及操纵 JTAG 测试引脚[6]。其中一个实例显示，可以通过 JTAG 接口禁用数字版权管理(DRM)策略对 Xbox 实施攻击[5~7]。我们注意到，现代 PCB 在不可信设计方进行设计时，或在不可信制造方进行生产时，越来越容易受到恶意修改。该趋势与已经大量报道的现场篡改攻击不同[3~9]，这种漏洞给 PCB 带来了新的威胁。

对第三方制造商的依赖使得 PCB 制造过程并不可靠，因此易受到恶意修改，如木马植入和剽窃，又如伪造。此外，设计公司内部也可能存在攻击者，PCB 设计可能被木马篡改。图 6.1(a)显示了 PCB 攻击的多种类型，包括可能的木马攻击。

在本章中，我们将对多种 PCB 安全性挑战[10]进行概述，描述一些 PCB 攻击实例，并回顾部分最近的缓解技术/对策。本章的结构如下：6.2.1 节介绍安全性挑战；6.2.2 节描述一些难以检测的木马攻击实例；6.2.3 节详细介绍潜在的对策；6.3.1 节描述认证挑战，而 6.3.2 节描述 PUF 结构。最后，6.3.3 节提供 PUF 的定量和定性分析。

6.2　PCB 安全性挑战、攻击和对策

6.2.1　安全性挑战

6.2.1.1　安全性分析

攻击者可以利用 PCB 板上的漏洞、设计/测试特征以及测试板上的可用测试挂钩进行

---

① 宾夕法尼亚州立大学电气工程与计算机科学学院
Email：asi7@psu.edu; szg212@engr.psu.edu

攻击。攻击者可利用一些常见的 PCB 特征来了解设计意图，并以最少的设计修改有效地加载木马攻击，如下所述：

(a) JTAG 接口。JTAG 是一种支持板级测试和调试的行业标准。黑客可以通过它获得隐藏的测试功能，或获得隐藏的控制以访问芯片内的数据总线和地址总线[5~7]。例如，黑客可以通过反复试验，通过 JTAG 推断出有关指令寄存器长度和属性的信息。接下来，可通过执行特定指令来获得篡改/馈送内部数据总线的授权。还可以通过 JTAG 推断组件之间的连接和执行外部连接指令，用于对电路板设计进行逆向工程（RE）。除此之外，JTAG 还可用于其他攻击。

(b) 测试引脚或探针焊盘。典型的 IC 包含多个探针焊盘和测试引脚，用于观察/控制重要信号，以便进行测试/调试。黑客可以窃听这些引脚并监控有用的信号，以获取有关设计功能的敏感信息或向设计馈送恶意数据。测试引脚同样也可以用于 RE，其中测试输入可触发特定的数据以及地址和控制信号，可帮助识别电路板功能。

(c) 通过 ModChips 进行的现场修改。包括各种修改，如通过安装集成电路、焊线、重新布线来回避或替换现有电路模块、添加或更换组件及以直接利用迹线、端口或测试接口[7,11]。ModChips 就是这样一类设备，可以改变系统（如计算机或游戏主机）的功能或禁用某些限制[12]。例如，Xbox ModChips 可以修改或禁用集成在 Xbox 主机中的内置限制，允许在篡改后的主机中运行盗版游戏。

(d) PCB 设计中的漏洞。图 6.1(d)～(f) 中展示了几个额外的漏洞，如下所述：

(1) 特殊信号的独特属性：时钟和数据总线的厚度为黑客提供了有关这些引脚功能的线索。类似地，和相同上拉/下拉电阻连接的引脚表明它们属于总线。

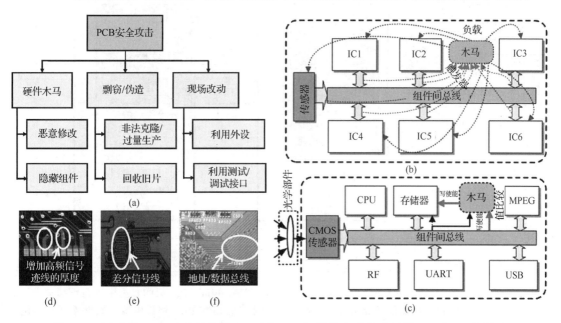

图 6.1　(a) 多种 PCB 攻击的分类法；(b) PCB 级硬件木马的通用模型；(c) 一个影响外部存储器访问的 PCB 木马实例，木马攻击导致的 PCB 漏洞；(d) 增加高频信号迹线的厚度；(e) 成对的差分信号线；(f) 成组的迹线表明为一条总线[12]

(2) 测试/调试留下的残余特征信息：当通过端口访问(用于测试/调试的)引脚时，焊接的残余物为黑客提供了有关这些引脚功能的线索。类似地，空的插座也可以被黑客利用。

(3) 其他提示：图 6.2(a)列出了一些额外的漏洞。除了上述的组件级漏洞，PCB 设计本身也为制造商中的攻击者提供了大量信息，使其更容易发起有力的木马攻击。

(a)

PCB的安全漏洞	可能用于木马攻击
JTAG	入侵扫描链/通过数据总线 非法访问存储器/逻辑
RS232、USB、 火线、以太网	入侵IC的内部存储器，泄露机密信息
测试引脚	访问内部扫描链以泄露IC中的数据
未使用引脚， 多层电路， 隐藏过孔	使用内部电路层以改变连接/隐藏过孔

(b)

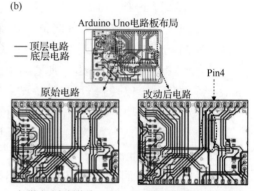

细微改动包括修改Arduino Uno电路板4根布线的宽度、
迹线间距，并微调这4根线的布线方式。
对Pin 4迹线的影响最大。

(c)

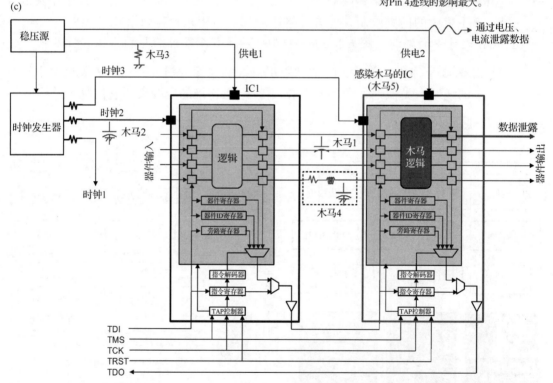

图 6.2(见彩图)　(a)木马攻击相关的 PCB 级漏洞；(b)在 Arduino Uno 板的布局中进行细微修改，以便在不添加任何新组件的情况下植入木马；(c)在 PCB 组件中植入硬件木马的示例[10]

6.2.1.2　攻击模型

PCB 中的木马攻击可分为两大类，描述如下：

情况 1：电路板设计是可信的。在此模型中，攻击植入发生在 PCB 制造厂。攻击者可能会巧妙地改变原设计以避开制造后测试，同时在某些稀有条件下会导致功能性偏差，但这种情况在测试期间不太可能触发。

情况 2：电路板设计不可信（例如设计被外包）。在此模型中，攻击者可能出现在电路板设计或制造厂中。此时只有电路板的功能和参数指标是可信的。攻击者具有更高的灵活性，可以恶意改变设计，并/或选择虚假或不可靠的（和潜在的恶意）组件。同样，攻击者会尝试隐藏修改以避免在功能和参数测试过程中被检测出来。

在以上两种情况下，攻击者有两个可能的目标：（1）故障；（2）信息泄露。接下来，描述 PCB 中可能存在的不同形式的木马攻击。

1. PCB 内层的信号迹线修改：在层数较少的电路板中隐藏额外的元件很困难，但攻击者可以改变信号迹线的电阻、电容或电感（自电感、互电感）。例如，可以降低内层中信号迹线的厚度以增加电阻，使其在长时间运行后由于过热而失效。类似地，也可增加两根迹线，包括电源层中的迹线，之间的金属耦合电容（通过改变迹线尺寸、细微地重新布线来改变迹线间距，以及选择性修改介电特性来实现）来触发一条线路中的耦合感应电压和延迟故障。也可以在内部层迹线中引入泄漏电阻路径来故意降低电压。还可以在互连迹线之间引入阻抗不匹配，在某些情况下也可能引起故障。

    图 6.2(b)中给出了商业版 Arduino Uno 电路板布局中 4-迹线场景的修改，会对电路参数（耦合电压、延迟失效和电压下降）造成的恶意影响。该修改包括将厚度和迹线间距增加 2 倍并重新规划每条迹线。即使在像 Uno 这样的小型双层电路板设计中，这些改动也很小，并且在测试期间难以被发觉，但在某些情况下会导致非期望功能的发生。在四层以上的复杂 PCB 设计中，电路的改动将被限制在内层的小区域中。因此，使用光学或基于 X 光成像来检测出这些改动的概率非常低。功能测试通常并不全面，因此这些变化也很容易绕过检测。但是，在现场运行的某些稀有条件下，它们可能对电路参数产生较大的影响，从而导致系统失效。

2. 隐藏组件：对于具有两层以上的电路板，对手可以在内层插入额外的组件，来泄露信息或有目的地导致故障。另一种可能性是用感染木马的 IC 替换合法的 IC[图 6.2(c)]。被篡改的 IC 在功能上等同于合法的 IC；但是，它可能具有窃取机密信息的功能。泄露的方式可以是直接的（通过未使用的引脚）也可以是间接的（调制电源电压或电流）。图 6.1(a)总结了不同类别的 PCB 攻击。

6.2.2　攻击实例

6.2.2.1　设计公司是可信的

在该场景中，PCB 由可信的设计人员设计后外包制造。在制造过程中，攻击者可灵活地进行恶意修改，使得最终设计结构与原始设计匹配（没有附加组件、逻辑、迹线），但在某些条件下会产生非期望功能。这些细微的改变可能仅局限于在多层 PCB 的内部层中。因此，使用视觉检查、光学成像和 X 光成像技术检测出此类微小变化的概率很低。

此外，通常不可能对大量测试节点进行全面的功能测试。因此，在线测试和基于边界扫描的功能测试期间很可能不会触发恶意功能[13]。通常可对现有迹线进行修改，通过改变内层布线和插入小的漏电路径，增加互耦电容、特征阻抗或环路电感。除此之外，也可以将具有超低面积和功率的附加组件插入内部层。这里给出了两个此类木马的示例。第一个场景考虑一个可应用于高速通信和视频流系统的多层 PCB（10 厘米长）。在它的内部层中，两条高频（HF）PCB 迹线彼此平行。通常，内部层的 HF 迹线由电源面和接地面屏蔽，以避免干扰[图 6.3（a）]。但是，这使内部层的测试和调试过程变得非常复杂，为攻击者提供了机会。为了能更好地传输正常的 HF 信号，迹线的最佳尺寸优化设计为宽度分别为 6 mil 和 1.4 mil 的 1oz 铜迹线[14]。电介质是 FR-4，相对介电常数为 4.5。迹线间距离设计为 30～40 mil，以避免互感和电容耦合带来的负面影响。这些 HF 迹线采用集总参数形式进行建模[14]。功能仿真显示，当使用频率为 10～500 MHz、占空比为 50%、脉冲电压为 3 Vp-p 的脉冲扫描其中一条迹线后，另一条迹线从近端到远端的最大耦合电压为 300 mVp-p。脉冲在工作迹线上最大传播延迟为 0.4 ns 左右。

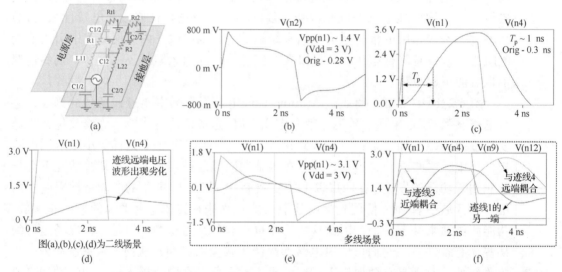

图 6.3（见彩图）　通过选择性修改迹线属性植入的木马，在没有添加任何新组件（设计公司可信场景）的情况下对 PCB 的影响。（a）由电容、电感和电阻表示的迹线 2 PCB 集总参数模型；（b）迹线 2 近端和远端电压；（c）迹线 1（n1 和 n4 节点）在 220 MHz 和 3 Vp-p 输入下的传播延迟；（d）在迹线 1 到地之间插入泄漏电阻路径后，对迹线 1 远端电压的影响；（e）和（f）显示在四线情景中改变迹线属性带来的影响；（e）中显示当所有干扰源在 220 MHz 和 3 Vp-p 处同相切换时，受影响迹线的近端和远端耦合电压；（f）中显示迹线 3 的近端（n9）和迹线 4 的远端（n12）的电压特性[10]

在上述的仿真设置下，我们观察了在制造过程中对迹线进行各种修改的影响。首先将内部层的迹线间距减小一半，两根迹线的宽度增加 1 倍，厚度增加 1.5 倍。这些改动均在内部层的小目标区域中实施，因此它们在结构测试期间大多不可检测。此外，为了模拟某些绝缘区域受潮、环氧基板添加杂质[15]以及老化效应，将迹线之间绝缘体的介电常数增加到 5.5。通过加速老化测试检测出这种情况的可能性很小，因为攻击者只在小区域内选择性地修改介电常数。然而，上述这些对电路参数的修改造成的影响可能非常大。

在迹线 1 中输入 220 MHz、3 Vp-p 脉冲电压，迹线 2 中近端峰峰值电压为 1.4 V[图 6.3(b)]。这是一种外来干扰，并且可能导致非预期行为，如电路错误激活和反馈。传播延迟增加 1 倍，超过了 1 ns[图 6.3(c)]，这可能导致在较高翻转频率下和较长迹线中出现功能故障。从攻击者的角度来看，插入一条较小的漏电路径（导致迹线电阻增加 1 倍）到地就可以衰减信号，导致迹线 1 远端的波形劣化、失真[图 6.3(d)]，从而导致电路故障。这很容易逃避传统 PCB 测试的检测，因为出于成本和上市时间的限制，传统 PCB 测试也不可能做到详尽全面。

当不同平面的多条 HF 迹线被有意地布线以增加相互耦合时，耦合的影响会更加明显。可以通过以下方式实现：(a)使面内相邻迹线更接近或(b)增加导线的宽度和厚度。这些灵活多变的细微改变很可能会通过结构测试和功能测试。但是这些改动对电路性能的影响则可能很大，如图 6.3(e)～(f)所示。修改后迹线 1 的近端和远端耦合电压分别为3.1V p-p 和 1.3V p-p[图 6.3(e)]，并在相邻的三条迹线（一条在平面内，一条在上方，一条在下方）上产生同相上升/下降转换。此时的干扰比各条工作迹线向相反方向翻转时增加了 34 倍。这种干扰一定会导致错误激活、反馈和性能等方面的故障发生。其他迹线处于非工作状态时，迹线 1 远端的电压特性出现了一些失真，平均传播延迟为 1 ns[图 6.3(f)]。更多的相邻迹线和更长的迹线长度都会极大地影响传播延迟，并会导致高翻转率下的延迟失效。迹线 3 和迹线 4 的外部耦合电压也如图 6.3(f)所示。从上述结果可以看出，检测这些硬件木马非常困难，因其只在非常稀有的特定条件下才会激活。在多线场景中，相邻三条迹线的 8 种可能转换极性（均是上升/下降脉冲）组合中，只有两种观察到显著的性能劣化。此类木马将运行频率和输入向量模式作为两个条件触发器，在 PCB制造期间通过选择性改变迹线属性和布线进行植入。

6.2.2.2　设计公司是不可信的

在该攻击模型中，PCB 的设计和制造都是在不可行场所中完成，因此增加了木马攻击的可能性。电路板参数由系统设计人员生成，是可信的。制造后的测试也由系统设计人员完成，以确保电路板的性能和功能。因此，除了迹线级别的改动，攻击者还可以趁机修改设计结构，并/或插入在某些触发条件下激活的额外组件。设计上的改动将被巧妙地隐藏（如物理上隐藏或仅在稀有输入条件下激活），以逃避制造后的结构和功能测试。图 6.4 给出了一个此类攻击的简单示例，其中风扇控制器根据温度传感器的输入来调整 12 V直流无刷风扇的转速。传感器提供 0～5 V 的输出电压（取决于当前温度），由 ADC 数字化后发送至微控制器，微控制器通过调整线性稳压器送出的风扇输入电压来控制风扇转速。

通过对电路结构进行细微修改，攻击者就可以恶意篡改电路的功能[图 6.4(a)]。在这种情况下，硬件木马会阻止微控制器获得准确的温度。木马由一个电阻、一个电容和一支 PMOS晶体管组成。电容通过稳压器(LM317)送到风扇的输出电压进行充电。通过改变电阻值和电容值可以调整激活硬件木马所需的时间（即触发条件）。木马触发后，会禁用插入在温度传感器和 ADC 之间的 PMOS 晶体管，从而在实际上断开了电路连接。因此，微控制器会接收到空输入，该空输入会被解读为非常低的温度，并由此显著降低风扇的转速。当使用较大的时间常数值后，这种对设计的篡改很有可能逃过功能测试。风扇控制器（预制）的双层 PCB 原理图如图 6.4(b)所示。图 6.4(c)给出了用于展示硬件木马触发和有效载荷的成品 PCB 板。

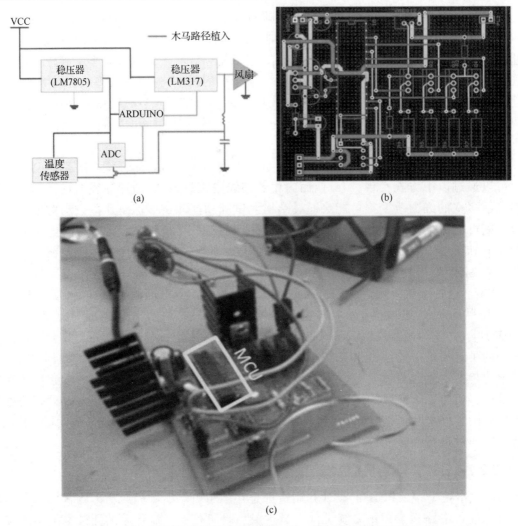

图 6.4 (a)植入木马的风扇控制器电路；(b)原电路的双层 PCB
布局；(c)带有硬件木马触发和有效载荷的成品 PCB 板[10]

从上述讨论可以明显看出，由于 PCB 设计和制造过程的外包，要实现这些微小的结构修改是非常容易的。由于系统集成商仅拥有主要 PCB 组件(各个 IC)和功能规格的信息，因此这种小的更改可能无法被检测。从攻击者的角度来看，多层 PCB 更具吸引力，因为它提供了更多隐藏设计更改的机会。除了结构修改外，代工厂中的攻击者可以通过布局修改，故意插入迹线级的木马，而这些木马很难通过功能测试来加以识别。

6.2.3 可能的对策

6.2.3.1 PCB 中的硬件木马检测

文献[10]中提出了一种非侵入式 RE 和多参数边信道分析方法，用于检测嵌入式硬件木马。首先，根据性质对木马进行分类，例如，引起(a)参数故障的硬件木马(Trpar)(如不可接受的延迟和泄漏)，(b)大静态功率木马(Trpwr)，以及(c)功能性失效木马(Trfn)。不同类别的硬件木马其检测方式也不相同。接下来，执行危害性分析来隔离易受攻击的节点。此步骤是为了识别设计指标中的关键信号，例如时钟、控制信号、数据和地址总线。在分析过程中通过捕获 PCB 布局信息来识别潜在的硬件木马(如与受害信号平行的最长迹线)。出于分析的目的，我们假设(a)验证工程师可获得原 PCB 设计，(b)一次只植入一个硬件木马，且(c)硬件木马注入仅限于相邻的迹线中，同时(d)篡改并不涉及信号传播过程中的改变。

在木马检测的测试模式生成中，可以利用传统测试的原理。通过 PCB 布局和危害性分析，可得潜在的触发器/有效负载及其位置列表。然后产生测试模式以激活每个硬件木马的触发条件并观察其效果。此过程一直持续到列表中的所有硬件木马都被测试完毕为止。还可以通过施加边信道分析，如延迟、频率、静态泄漏电流和动态电流等，以激活其他类型的硬件木马。然而，边信道分析需要一套黄金 PCB。该方法的输出是硬件木马覆盖率和生成的测试模式[图 6.5(a)]。通过将上面获得的测试模式应用于提取出的寄生模型和实际 PCB，并比较它们的响应来检测硬件木马。图 6.5(b)给出了一个使用该方法检测电容性硬件木马的例子，图中网络 n3 在节点危害性分析中被标识为目标信号。因此，硬件木马列表将包含 {c1, c5, c6}。在此例中，测试模式的目标是翻转与 n3 相关联的 n1，n3 和 n5，以激活硬件木马进行检测。注意，因为 n2 与 n3 并行的迹线部分较短，所以 c2 被排除在列表之外。

6.2.3.2　使用硬化的预防对策

文献[10]中提出了以下主动技术来防范硬件木马对 PCB 的攻击：

1. 安全接口：传统 JTAG 无法阻止未经授权的访问，并因此可能受到篡改。JTAG 内部的安全功能被更新以限制对指令和数据寄存器的访问，直到输入一个码字/密码来解锁 TAP 控制器。图 6.5(c)显示了包含 TAP 控制器的 JTAG 结构，该控制器基于 TMS 和 TCK 提供对指令和数据寄存器(器件寄存器、ID 寄存器和旁路寄存器)的访问。修改后的 TAP 控制器[图 6.5(d)]中包括几个用于查询特定安全密钥的新增状态(S0-S3)。为了允许合法访问(用于安装升级和补丁)，可通过提供正确的关键字(在此例为 0011111)来解锁安全 JTAG。但是，如果关键字错误，控制器将进入锁定状态(S4)，该状态将通过向 TDO 提供固定值来断开 TDI 和 TDO。需注意，一旦 TAP 进入锁定状态就无法复位至出厂状态，以防止黑客使用试错法。

2. 安全 PCB：传统设计的 PCB 迹线可以进行逆向工程，以了解电路板设计。在文献[10]中提出了一种方法，通过互连混淆来应对这一挑战。图 6.5(e)显示了一种可能方法，通过引入伪 IC 混淆互连，可以实现三个目的：

    (a) 基于伪逻辑中的加扰函数对迹线进行加扰。由于安全 JTAG 的存在，无法在没有正确认证的情况下访问内部设计，伪器件是 RE 电阻。

    (b) 提供伪输出，并与真实迹线相混合，以混淆黑客。伪迹线由随机逻辑和计数器驱动，以混淆数据、地址和时钟信号。此外，伪迹线布线的方式与真实数据和时钟信号的相同，以混淆真实信号。

    (c) 实现了安全 JTAG，因此，保证了对实际芯片访问的安全性，即使攻击者使用了不安全的 JTAG。为了 RE 实际芯片，黑客需要解锁两个伪芯片(D0 和 D1)的 JTAG，每个都可能具有不同的安全关键字。同时在实际芯片的 TAP 控制器中集成安全状态，可以进一步阻遏通过 JTAG 的 RE。

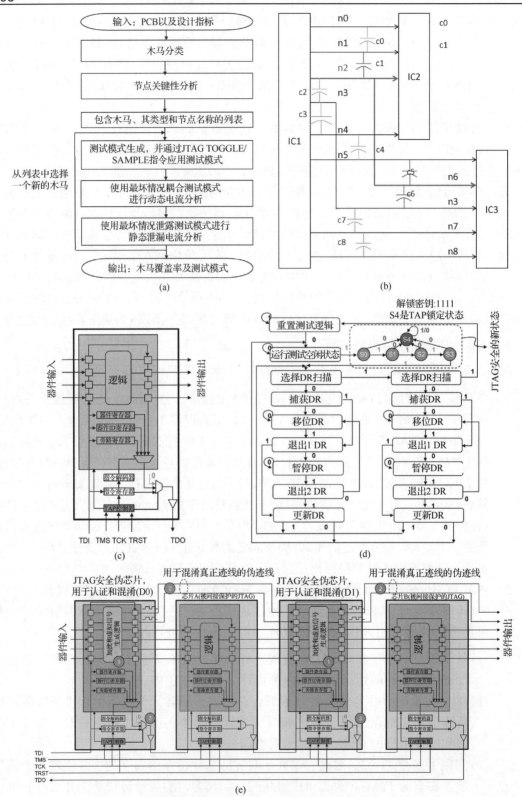

图 6.5　(a) 木马检测方法的流程图[10]；(b) 用于展示电容性木马检测的例子；(c) 使用 TAP 控制器的改进型防篡改 JTAG 接口；(d) TAP 控制器的状态图；(e) 加入伪 IC 以混淆 PCB 互连

6.2.3.3 篡改检测和预防

该方法通过实施实时系统监控来预防篡改[11]。首先识别出关键迹线,然后将其值与预期值进行比较。通过识别观测值与期望值的偏差,防止黑客攻击。图 6.6 描述了识别敏感组件及其关键迹线的通用方法。在攻击中,关键迹线的电阻将会发生变化,相应地会由篡改检测电路进行识别。随后检测结果将传至 eFuse 并关闭设备。

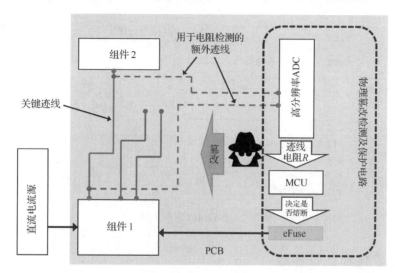

图 6.6 PCB 篡改检测和预防的原型电路功能框图[11]

6.3 PCB 认证挑战和前瞻性解决方案

除了木马攻击外,PCB 还极易被非法克隆。而高度分散的制造过程进一步加剧了这种情况。为了解决类似问题,IC 通常使用物理不可克隆函数(PUF)[16],利用器件的特定参数来生成唯一且可信的签名。然而,在 PCB 中类似的特征仍然在发展中。其中的一项工作是 BoardPUF[17],它利用嵌入式梳状结构的电容差,在认证过程中为给定的质询产生响应。图 6.7 给出了 BoardPUF 的结构,其变化源是电容,由一组精心设计的梳状图案组成。梳状结构放置在 PCB 层之间,用以反映 PCB 制造过程中所观察到的变化。同时使用一个计数器记录在给定时间间隔内感测电路所得的信号。随后将此计数值与来自不同比较单元(比较单元在比较对中指定)的计数值进行比较,并由此生成最终的 ID。虽然很有吸引力,但大多数认证过程都是通过板载芯片完成的,芯片可能会被损坏并可导致拒绝服务。

文献[18]提出了另一种基于 PCB 的 PUF 认证方法,该方法利用 PCB 迹线的阻抗生成唯一签名,无须额外的面积开销。每个 PCB 都具有独特的迹线阻抗,可作为很好的身份验证来源。然而,这项技术的一个主要缺点是完全没有可以用于直接探测的合格迹线。由于大多数 PCB 互连都在内部层中,因此难以从顶层/底层访问大量的互连。这就限制了可从 PCB 获得的响应数量。除此之外,Andrew 等人所做的工作[7]利用 JTAG 上的边界扫描架构(BSA)设计,为每个 PCB 创建一个独特的签名用来进行认证。该技术利用 BSA

的固有延迟进行认证。由于制造中引入的工艺波动，BSA 的延迟值也相应地变化。因此，最终延迟对于每个设备是唯一的。通过正确地确定延迟，可对一个设备的延迟与另一个设备的延迟区进行区分。因此，可以确定性地验证手头上的设备。为了实现"强大的 PUF"，Anirudh 等人[19]提出了一种基于 PCB 的独特 PUF 设计，可捕获高度的工艺波动，并且还有利于产生大量基于质询的响应。在探究具体设计之前，我们首先需要了解 PCB 面临的各种认证挑战。

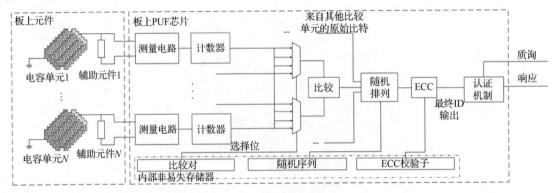

图 6.7　BoardPUF 架构[17]

6.3.1　PCB 变化和认证挑战

6.3.1.1　变化来源

PCB 制造过程中可能引入各种物理、电气和化学波动变化。这些变化大致分类如下[19]：

(a) 迹线物理尺寸的波动：这种波动改变了迹线的电气特性，如电阻、电感和电容，导致偏离了预期行为。

(b) 过孔尺寸的波动：这将导致过孔阻抗总体发生变化。单个信号的过孔数越多，阻抗变化越大。

(c) 密度波动：沉积密度的波动也会导致阻抗变化。在长迹线中观察到的空腔(鼠啮)会导致迹线的电特性发生偏移[20]。

(d) 层间对齐：制造过程中掩模未对齐也会导致迹线沉积出现变化。

(e) 压层：各层的厚层不均匀会引起某些过孔比其他过孔高，并会影响埋入电容，这也会影响其固有阻抗。

上述变化源对每个 PCB 的影响不同，使其成为 PCB 认证的理想选择(图 6.7)。

6.3.1.2　认证问题和评估指标的定性分析

使用 PUF 进行 PCB 认证的主要问题之一是质询数量有限。每个 PUF 结构，如嵌入式梳状结构[17]和 PCB 迹线[18]，都可作为单一质询，并提供单一响应。这与 IC 的 PUF 不同，在 IC 的 PUF 中可以生成线性数量和指数数量的质询响应对(CRP)。如何使用较低的面积开销生成指数的 CRP 是一项挑战。如何设计无源结构，将 PCB 的变化性(如 6.3.1.1 节所述)转换为响应是另一个关键问题。

用来确定 PUF 质量的一项关键指标是 Haminng 距离(HD)。HD 是一个 PUF 签名与另一个 PUF 签名之间的变化量。对于一个好的(强的)PUF,HD 理想情况为 50%。简单的 HD 可以分为片间 HD 和片内 HD。其中,片间 HD 是不同设备中两个 PUF 响应之间的 HD,而片内 HD 则是一个设备的 PUF 签名变化,如当温度、湿度等环境发生变化后。

对片间 Hamming 距离(HD)度量指标的概念进行扩展后,可以得到 PCB 间 HD。该度量指标的目的是确保两个不同的 PCB 对同一质询(在此情况下为 PUF 结构)的响应有足够的差异。然而,用于 IC 认证的片内 HD 概念可能不直接适用于 PCB。这是因为认证期间的温度和电压取决于使用场景。当暴露在外的 PCB 由供应商验证时,它们可以在认证期间遵循 PCB 制造商指定的确切电压和温度条件。因此,PCB 内 HD 将为 0%。然而,当 PCB 组装并部署在产品中后,它可以由诸如银行之类的安全机构进行质询。在这种情况下,环境温度可能不同。电压可能仍然保持相同;然而环境湿度可能会不同。因此,内部 PCB 的 HD 应考虑温度和湿度变化,以确定其稳定性。

6.3.2 前瞻性 PUF 结构

文献[19]已提出了一种无源结构,可以捕获各种变化源以提供唯一的设备签名[20]。图 6.8 显示了使用 Allegro[21]PCB 编辑器所设计的线圈型结构。与典型的直立线圈相比,该结构具有额外的电阻(线网电阻)变化,电容(由梳形多层设计而增强) 变化和由于大量尖角引起的电感变化(由线圈形状而增强)。因此,该结构适合捕获许多生产中的工艺波动变化源,包括边角圆化变化、密度变化和对齐变化。

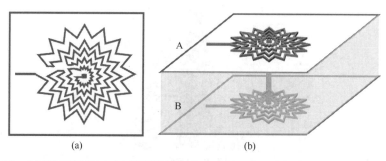

(a)　　　　　　　　　(b)

图 6.8　PUF 特征。(a)线圈顶视图和(b)线圈结构由电介质隔开的对称锯齿形线圈组成。锯齿的尖角将捕获由电阻和电感反映的边角圆化变化,而两层中的两个线圈将捕获由于未对齐所导致的电容变化[20]

6.3.2.1 星形线圈 PUF

该 PUF 利用星形线圈的谐振频率(RF)进行认证。谐振频率对每个线圈都是唯一的(由于每个线圈有一组独特的工艺波动),是很好的认证来源。用电压源激励星形线圈,让电压频率从给定的最小值扫描到最大值。当通过线圈的电流最大,也即阻抗最小时,就是其谐振频率。RLC 电路的谐振频率由下式给出:

$$f_{\text{res}} = 1/2\pi\sqrt{LC} \tag{6.1}$$

其中 f_{res} 是以 Hz 为单位的谐振频率,L 是以亨利(H)为单位的电感,C 是以法拉(F)为单位的电容。由于阻抗(忽略电阻)和谐振频率之间的反比关系,阻抗的微小变化会导致谐振频率发生较大变化。为了观察工艺波动对线圈电阻(R)、电感(L)和电容(C)的影响,在迹线长度、宽度和电介质厚度上引入 10%的变化(假设该变化为 3σ 波动)。从文献[19]中可知,R,L 和 C 与迹线长度、宽度和厚度之间存在线性关系。该观察结果用于确定由于每种变化所引起的 R,L 和 C 的平均值和标准差:

$$\Delta_1 = \text{迹线长度的高斯分布}$$

$$\Delta_2 = \text{迹线宽度的高斯分布}$$

$$\Delta_3 = \text{介电宽度的高斯分布}$$

$$\text{总电感}(L) = \text{电感}(\Delta_1) + \text{电感}(\Delta_2) + \text{电感}(\Delta_3) + \mu_L \qquad (6.2)$$

$$\text{总电容}(C) = \text{电容}(\Delta_1) + \text{电容}(\Delta_2) + \text{电容}(\Delta_3) + \mu_C \qquad (6.3)$$

$$\text{总电阻}(R) = \text{电阻}(\Delta_1) + \text{电阻}(\Delta_2) + \text{电阻}(\Delta_3) + \mu_R \qquad (6.4)$$

其中,μ_L,μ_C 和 μ_R 分别是电感、电容和电阻的平均值。

通过整合迹线长度、宽度和电介质厚度对整体 R、L 和 C 的影响[式(6.2)~式(6.4)],可获得星形线圈 PUF 的累积平均值和标准差。在对迹线长度、宽度和电介质厚度上执行 10000 点的蒙特卡罗分析后,可得相应的谐振频率分布,如图 6.9 所示。可以观察到,谐振频率的变化范围为 10 MHz。

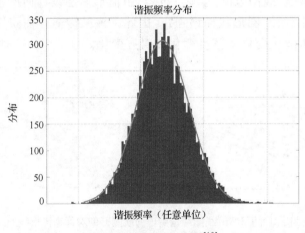

图 6.9　谐振频率分布[19]

该设计可以通过使用多个串联或并联的上述线圈进行扩展,以包含更多波动变化[如图 6.10(a)~(d)所示]。这使我们能够开发利用多层电路(厚度发生波动,将导致阻抗产生变化),这进一步增加了电路的变化。测量此类线圈叠层的谐振频率,将提供真正唯一的 PCB 签名。

6.3.2.2　仲裁器-线圈 PUF

线圈 PUF 的一个主要限制是,它只有一种可能的结果(一个签名)用于认证。这并不足以为我们提供可靠认证所需的线性或指数数量的响应。为了改进 CRP,文献[17]提出了一种无源仲裁器-PUF,其中数级星形线圈以多种可能的组合方式连接,并经由外部跳线端子形成一条路径(跳线在认证期间手动连接)(如图 6.11 所示)。通过根据某个“质询”

改变跳线子连接，即可获得对应该路径的唯一响应。该过程可针对不同的质询(路径)重复多次，以获得额外的谐振频率值。通过将这些值与存储在数据库中的值进行比较，可以高度可靠地验证 PCB。由于随着线圈 PUF 的行数和/或级数的增加，CRP 呈指数增加，因此该 PUF 被认为是强 PUF。需注意，其他类型的无源结构(例如直线迹线、梳状迹线)也可以代替星形线圈，作为独立的 PUF 级。

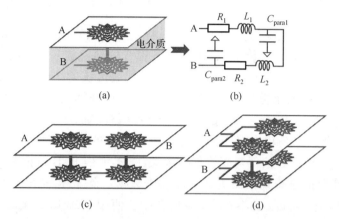

图 6.10　星形线圈结构。(a)基本配置；(b)等效 RLC 电路；(c)串联线圈；(d)并联线圈组合[19]

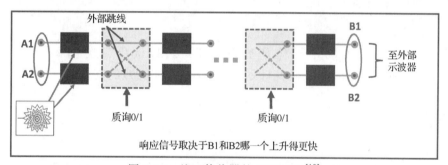

图 6.11　基于仲裁器的 PCB PUF[19]

除上述谐振频率测定法外，仲裁器-线圈 PUF 也可用于测量两条路径之间的延迟差(具有级联级)。由于信号的上升/下降直接与每个单独线圈的电容和电感成正比，因此累积效应将提供另一种认证方式。为了证明这个概念，Anirudh 等人在文献[19]中展示了一种 1 级 128 拷贝的基于仲裁器-线圈的延迟 PUF。首先从 Allegro PCB 编辑器获得 R，L 和 C 的高斯分布，然后结合 HSPICE 进行延迟分析。可利用两条路径之间的延迟差异，实现 PUF 签名。通过复制 128 份该电路的拷贝，能够获得 128 位的签名。必须注意的是，此例中的响应是静态的，并不会像质询-响应法中那样发生变化。此外，必须注意确保测试的正确终止，以便实现准确度合理的测试。

6.3.3　定性和定量分析

为了进行 PCB 间和 PCB 内的 HD，首先必须确定认证信号扫频时的最小频率和最大频率。这是基于计算出的共振频率而确定的。最大频率和最小频率之间的频率范围由 2^N 进行数字化，其中 N 是响应的比特数。每个 PUF 的谐振频率与其数字等效值相互关联，即最小频率均为全 0，最大频率均为全 1。数字化过程需要使用嵌入式硬件或外部数字转换器。通过比较各种 PCB 产生的响应，可得到 PCB 间的 Hamming 距离。接下来，对基于仲裁器-线圈的延迟 PUF 进行**片间 HD** 分析。除此之外，通过让 PCB 经受温度和湿度变化，可获得 PCB 内的 HD。

6.4 小结

PCB 已经成为众多新型攻击载体的潜在目标，如非法克隆、木马植入、Modchips 以及逆向工程。PCB 认证带来了传统 IC 认证中不曾有的新挑战。我们已经展示了，在设计或制造过程中，对 PCB 进行巧妙的局部修改可以规避传统的结构和功能测试。在现场运行期间，它们可能导致灾难性后果。我们还通过正确性可信性验证和低成本设计方法，提出了两种可能的对策。随着多层 PCB 的复杂性日益增加，包括隐藏过孔以及更加依赖第三方资源，更复杂的木马攻击将成为可能。由于 PCB 的广泛使用，它们对木马攻击的脆弱性引起了人们对电子产品信任与安全的极大关注。不可信 PCB 可招致高度复杂并且强力的攻击，如未经授权的系统访问或无线泄露秘密数据。除了木马植入外，通过伪造 PCB 进行盗版也构成了重大威胁。在本章中，我们介绍了使用 PCB PUF 验证 PCB 的系统方法。

致谢

这项工作得到了美国半导体研究联盟（＃2727.001），美国国家科学基金会(CNS-1441757)和美国国防高级研究计划局（＃D15AP00089)的支持。

参考文献

1. R.S. Chakraborty, S. Narasimhan, S. Bhunia, Hardware Trojan: Threats and Emerging Solutions. in *Proceedings of the IEEE International HLDVT Workshop*, pp. 166–171, 2009

2. PCB manufacturers look forward to Ultrabook and Wintel

3. Y. Alkabani, F. Koushanfar, Consistency-based characterization for IC Trojan detection, International Conference on Computer-Aided Design, 2009

4. H. Salmani, M. Tehranipoor, J. Plusquellic, A layout-aware approach for improving localized switching to detect hardware Trojans in Integrated Circuits, IEEE International Workshop on Information Forensics and Security（WIFS），2010

5. F. Domke, Blackbox JTAG Reverse Engineering, 2009

6. K. Rosenfeld, R. Karri, Attacks and defenses for JTAG. IEEE Des Test Comput **27**(1), 36–47(2010)

7. A. Hennessy, Y. Zheng, S. Bhunia, JTAG-based robust PCB authentication for protection against counterfeiting attacks. In Design Automation Conference （ASP-DAC），2016 21st Asia and South Pacific (pp. 56–61). IEEE, January 2016

8. K. Rosenfeld, R. Karri, *Security and Testing, Introduction to Hardware Security and Trust*（Springer, 2012)

9. N. Asadizanjani, A new methodology to protect PCBs from non-destructive reverse engineering, in *42nd*

International Symposium for Testing and Failure Analysis（6–10 November 2016）. Asm

10. S. Ghosh, A. Basak, S. Bhunia, How secure are printed circuit boards against trojan attacks? IEEE Des Test **32**(2), 7–16 (2015)

11. S. Paley, T. Hoque, S. Bhunia, Active protection against PCB physical tampering, in *Quality Electronic Design (ISQED)*, 2016 *17th International Symposium on*, pp. 356–361. IEEE, March 2016

12. Modchips: Wikipedia. [Online]

13. Printed Circuit Board TestMethodologies

14. J. Carlsson, *Crosstalk on Printed Circuit Boards*, 2nd edn., 1994

15. B. Sood, M. Pecht, Controlling Moisture in Printed Circuit Boards, IPC Apex EXPO Proceedings, 2010

16. G.E. Suh, S. Devadas, Physical unclonable functions for device authentication and secret key generation, in *Proceedings of the 44th annual Design Automation Conference*（ACM, 2007）pp. 9–14

17. L. Wei, C. Song, Y. Liu, J. Zhang, F. Yuan, X. Qiang, BoardPUF: Physical Unclonable Functions for printed circuit board authentication, in *Computer-Aided Design (ICCAD), 2015 IEEE/ACM International Conference on*, pp. 152–158.　IEEE, 2015

18. F. Zhang, A. Hennessy, S. Bhunia, Robust counterfeit PCB detection exploiting intrinsic trace impedance variations, in *2015 IEEE 33rd VLSI Test Symposium (VTS)*, pp. 1–6.　IEEE, 2015

19. A.S. Iyengar, Authentication of Printed Circuit Boards. In 42nd International Symposium for Testing and Failure Analysis（November 6–10, 2016）. Asm

20. H. Rau, C.-H. Wu, Automatic optical inspection for detecting defects on printed circuit board inner layers. Int. J. Adv. Manuf. Technol. **25**(9–10), 940–946（2005）

第三部分　检测：逻辑测试

第7章 面向硬件木马检测的逻辑测试技术

Vidya Govindan 和 Rajat Subhra Chakraborty[①]

7.1 引言

可信度保证问题已成为半导体集成电路(IC)行业面临的最大挑战之一[1,2,9]。许多公司为了降低成本将 IC 制造过程广泛外包给不可信晶圆厂，导致这个问题在近期变得尤为突出。据估计，目前世界上正在使用和流通中的 IC，有相当一部分实际上是伪造品[15]。而更大的威胁是来自攻击者，他们通过植入被称为硬件木马的恶意电路来篡改由这些生产厂家代工的设计。一个狡猾的攻击者会试图隐藏其恶意篡改，通过谨慎地修改 IC 功能行为，使得传统的制造后测试难于检测到此类篡改[9]。直观地说，这意味着攻击者将确保对内部节点的篡改只会在非常稀有的条件下显现其作用或是被触发。篡改的后果在测试期间不太可能出现，但可能在长时间的现场运行期间凸显出来[30]。

图 7.1 显示了硬件木马的一般模型和示例。如图 7.1(a)所示，组合型木马不包含任何时序元素，仅依赖于一组同时发生的稀有节点条件(例如，节点 T_1 至节点 T_n)触发并导致故障。另一方面，如图 7.1(b)所示，时序木马在触发故障之前会经历一系列状态转换(从 S_1 到 S_n)。我们将插入的硬件木马的激活条件称为触发条件，将受硬件木马影响的节点称为其有效负载。

为了使用逻辑测试来检测硬件木马是否存在，不仅需要在一组内部节点上触发稀有条件，而且还需要将有效负载上该事件的效果传播到输出节点并进行观察。因此，使用传统旨在检测制造缺陷的测试生成和应用技术来解决木马检测问题非常具有挑战性。大多数关于硬件木马的现有研究主要集中在硬件木马的建模和检测上[7,20,26,27,29,32]。到目前为止，所提出的绝大多数检测机制都利用带硬件木马电路的边信道签名(例如，延迟、瞬态和泄漏功率)异常进行检测[5,17,29]。然而，边信道分析方法易受到实验变差和工艺波动噪声的影响。因此，使用这些方法检测小型硬件木马(少于 10 个 NAND-2 门)，特别是组合木马，变得极具挑战性。另一种方法是采用设计修改技术来防止木马植入或使植入的木马更容易被检测到[6,27,31]。

通常会假设，攻击者将使用电路中转换概率非常低的一系列内部网络，将其组合用以生成触发信号。攻击者可能会尝试将它们同时激活至稀有值作为触发条件，从而实现极低的触发概率。基于此假设，目前已经提出了几种木马检测技术[8,27]，它们试图通过触发稀有节点来完全或部分地激活木马，从而在输出逻辑值或某些边信道信号中产生异常(如瞬态功率)。在文献[27,32]中，作者提出了一种可测试设计(design-for-testability，DFT)技术，该技术通过插入伪扫描触发器，以便在特殊的"认证模式"下提升低转换网络的转换概率。但是现在已经发现，细心的攻击者可以轻易地规避这个测试[28]。另一种强大的 DFT 技术是通过在其中插入一些额外的门来混淆或加密设计[6,10]，以隐藏电路的实际功能，从而使攻击者很难估计内部节点的实际转换概率。然而，这种"逻辑加密"方案也已被攻破了[23]。

① 印度理工学院坎普尔分校计算机科学与工程学院

Email：vidya.govindan@iitkgp.ac.in; rschakraborty@cse.iitkgp.ernet.in

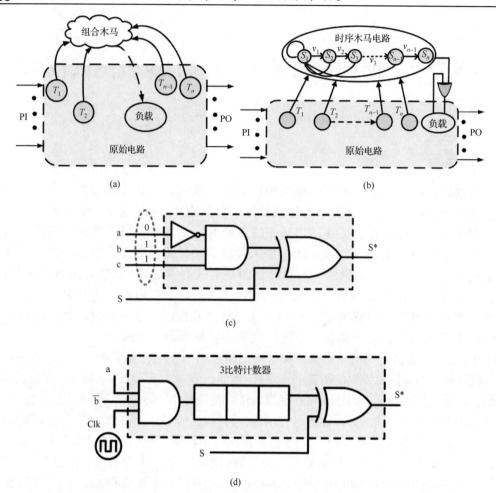

图 7.1　组合和时序木马电路的一般模型和相应例子。(a)一般组合型木马；
(b)一般时序型木马；(c)组合型木马实例；(d)时序型木马实例

　　在接下来的部分中，我们首先提出一种称为 MERO(多次激发稀有事件)的方法，用于硬件木马的统计测试生成和覆盖确定。其基本概念是检测内部节点处的低概率条件，选择可由这些稀有条件的子集触发的候选硬件木马，然后导出一组最佳测试向量，这些向量可以将每个选定的低概率节点独立多次触发至其稀有逻辑值(例如，至少 N 次，其中 N 是给定参数)。所提出的方法在概念上类似于固定型 ATPG(automatic test pattern generation，自动测试模式生成)中使用的 N 次检测测试[3,21]。其中，生成的测试集至少在 N 种不同的测试向量中，对电路中所有的单个固定型故障进行检测。此过程提高了测试质量和缺陷覆盖率[21]。本章主要关注数字木马[30]，它可以在设计公司(例如，通过不受信任的 CAD 工具或 IP)或在代工厂中植入设计。这里不考虑硬件木马的触发机制或其效果是模拟量的情况(例如热量)。

　　由于提出的检测方法基于使用逻辑值的功能性验证，因此当参数变化后也是稳定的，并且能可靠地检测非常小型的木马，例如逻辑门较少的木马。由于边信道硬件木马检测方法通常在检测大型木马(例如，面积>总电路面积 0.1%的木马)时更有效，因此该技术可作为边信道方法[2,4,22]的补充。

虽然 MERO 提出了一种相对简单的测试生成启发式算法，但它也有一些缺点，如文献[25]中所讨论的。为了克服这些缺点，在本章后面，我们提出了一种改进的 ATPG 方案来检测小型组合和时序硬件木马，这些木马通常很难通过边信道分析进行检测，或者可以避开基于设计修改的检测方案。我们注意到，为了提高效率，用于木马检测的测试生成算法必须同时考虑触发覆盖和木马覆盖。首先，我们介绍了一种基于遗传算法（Genetic Algorithm，GA）和布尔满足性（Boolean Satisfiability，SAT）的组合测试模式生成方法。GA 过去曾被用于基于故障仿真的测试生成[24]。GA 非常有吸引力，因其可以快速地在故障列表上获得较好的测试覆盖率。由于其具有固有的并行性，可以相对快速地探索搜索空间。但是，GA 不能保证检测到所有可能的故障，特别是那些难以检测的故障。另一方面，基于 SAT 的测试生成对于难以检测的故障非常有用。然而它会逐个检测故障，因此导致检测易检故障的执行时间更长，实际上大多数的故障通常都是易检故障[11]。基于 SAT 的测试生成还有一个有趣的特征，它可以判断某个故障是否是不可测试的。

对于硬件木马，候选触发条件组合的数量与所考虑的稀有节点数量之间呈指数关系。即使我们将木马输入的数量限制为 4（由于 VLSI 设计和边信道信息泄露等考虑），数量也相当大。因此，我们有一个较长的候选触发条件列表，并且不可能按顺序处理该列表中的每个故障。然而，这些触发条件中有许多条件实际上是无法满足的，因此不能构成可行的触发器。所以，我们将基于 GA 和 SAT 的测试生成"两全其美"地结合起来。其中的依据是，大多数易于激发的触发条件以及大量难以激发的触发条件将由 GA 在合理的执行时间内进行检测。其余未解决的触发模式将被送入 SAT 工具；如果其中有可行的触发条件，则 SAT 返回相应的测试向量。否则，SAT 工具将声明该测试模式不可解。稍后会展示，这种组合策略的性能明显优于 MERO。在该方案的第二阶段，我们通过被触发木马的效力评估其有效性，从而进一步精炼 GA 和 SAT 生成的测试集。对于上一步中获得的每种可行的触发组合，我们使用故障模拟器找出绝大多数的可能有效负载。为此，我们将每个硬件木马实例（由可行触发条件和有效负载节点的组合定义）建模为固定型故障，并测试该故障是否可以通过触发硬件木马的相同测试向量传播到输出。此步骤有助于找到一个更紧凑的测试集，可显著改善木马覆盖率。

7.2　硬件木马的 MERO 检测法

如 7.1 节所述，我们的测试生成方法其主要概念是生成可以将候选触发节点独立多次激励到其稀有逻辑值（至少 N 次）的测试向量。实际上，通过在触发节点同时触发稀有条件，可以增加激活硬件木马的概率。例如，图 7.1(c) 中所示的硬件木马。假设 $a = 0$，$b = 1$ 和 $c = 1$ 是稀有情况。因此，如果我们可以生成一组测试向量，在这些节点上独立 N 次引发这些稀有条件。只要 N 足够大，则由这些节点联合组成触发条件的硬件木马，很可能被此测试集激活。此概念可以扩展到时序硬件木马中，如图 7.1(d) 所示，其中插入的 3 位计数器在条件 $ab' = 1$ 时进行计数。如果测试向量可以使这些节点变得更加敏感，使得条件 $ab' = 1$ 至少被满足 8 次（3 位计数器的最大状态数），则该木马将被激活。接下来，我们提出一个数学分析来证明此概念的合理性。

7.2.1 数学分析

不失一般性，假设硬件木马被两个节点 A 和 B 的稀有逻辑值触发，相应发生概率分别为 p_1 和 p_2。假设 T 是应用于被测电路的向量总数，且使得 A 和 B 都被独立激励至其稀有值至少 N 次。然后，节点 A 和 B 的稀有逻辑值出现期望次数由 $E_A = T \cdot p_1 \geqslant N$ 和 $E_B = T \cdot p_2 \geqslant N$ 给出，可得：

$$T \geqslant \frac{N}{p_1} \quad \text{和} \quad T \geqslant \frac{N}{p_2} \tag{7.1}$$

接下来，设 p_j 是节点 A 和 B 同时达到稀有逻辑值的概率，且该事件作为木马的触发条件。然后，当应用测试向量 T 时，此事件的期望次数为

$$E_{AB} = p_j \cdot T \tag{7.2}$$

在此问题中，我们可以假设 $p_j > 0$，因为攻击者不太可能植入永远不会被触发的木马。然后，为了确保在应用向量 T 时至少触发一次木马，必须满足以下条件：

$$p_j \cdot T \geqslant 1 \tag{7.3}$$

基于不等式(7.1)，我们假设 $T = c \cdot \dfrac{N}{p_1}$。其中 $c \geqslant 1$ 是一个常数，取决于所应用的实际测试集。不等式(7.3)可概括为

$$S = c \cdot \frac{p_j}{p_1} \cdot N \tag{7.4}$$

其中 S 表示测试过程中，满足触发条件的次数。根据该等式，可以对 S 和 N 的相互依赖性进行以下观察：

1. 对于给定的参数 c，p_1 和 p_j，S 与 N 成比例，即满足木马触发条件的期望次数随着触发节点被独立激励到其稀有值次数的增加而增加。这一观察结果构成了 MERO 测试生成法木马检测背后的主要动机。

2. 如果有 q 个触发节点并且假设它们相互独立，则 $p_j = p_1 \cdot p_2 \cdot p_3 \cdots p_q$，可得

$$S = c \cdot N \cdot \prod_{i=2}^{q} p_i \tag{7.5}$$

   因为 $p_i < 1$，$\forall i = 1, 2, \cdots, q$，所以随着 q 的增加，对于给定的 c 和 N，S 会减小。换句话说，随着触发节点的增加，对于给定的 N，想要满足植入木马的触发条件变得更加困难。即使各个节点不相互独立，S 对 q 也有类似的依赖性。

3. 可以选择触发节点，使得 $p_i \leqslant \theta$，$\forall i = 1, 2, \cdots, q$，此 θ 被定义为触发阈值概率。然后随着 θ 增加，相应所选的稀有节点概率也可能增加。对于给定的 T 和 N，这将导致 S 增加，即如果各个节点更可能被触发到其稀有值，则木马激活的概率将增加。

所有上述预测趋势都可以在我们的仿真中观察到，如 7.2.7 节所示。

7.2.2 测试生成

算法 7.1 给出了前述精简测试集生成过程的主要步骤。我们从黄金电路网表(无任何

木马)、随机模式集(V)、稀有节点列表(L)以及将每个节点激活到其稀有值的次数(N)开始。首先，读取电路网表并将其映射为一个超图。对于 L 中的每个节点，我们将节点遇到稀有值(A_R)的次数初始化为 0。接下来，对于 V 中的每种随机模式 v_i，我们数出 L 中满足稀有值的节点数(C_R)。我们按 C_R 的降序对随机模式进行排序。在下一步中，我们修改排序列表中的每个向量，一次只改动一位。如果修改后的测试模式增加了其满足稀有值的节点数，则我们将其添加至精简模式列表中。在此步骤中，我们仅考虑 $A_R < N$ 的那些稀有节点。该过程一直重复，直到 L 中的每个节点满足其稀有值至少 N 次。测试生成过程的输出是一个最小测试集，与随机模式相比，可以提高组合和时序木马的覆盖范围。

算法 7.1　MERO 流程

产生木马检测所用的精简测试模式集

输入：电路网表，稀有节点列表(L)及对应的稀有值，随机模式列表(V)，应该满足的稀有条件次数(N)

输出：简化模式集(R_v)

1：读电路并生成超图
2：**for** 所有 L 中的节点 **do**
3：　　**set** 满足稀有值的节点次数(A_R)为 0
4：**end for**
5：**set** $R_v = \Phi$
6：**for** 所有 V 中的随机模式 **do**
7：　　传播该随机测试模式
8：　　数出 L 中满足稀有值的节点数(C_R)
9：**end for**
10：以 C_R 中递减的顺序对 V 中的向量排序
11：**for** 所有在 C_R 中按递减顺序的向量 v_i **do**
12：　　**for** v_i 中所有比特 **do**
13：　　　　修改此比特并重计算满足稀有值的节点数(C_R')
14：　　　　**if** $(C_R' > C_R)$ **then**
15：　　　　　接受此修改，并由 v_i 构建 v_i'
16：　　　　**end if**
17：　　**end for**
18：　　根据向量 v_i 对 L 中所有节点更新 A_R
19：　　**If** v_i' 至少增加了一个稀有节点 A_R **then**
20：　　　　将修正的向量 v_i' 加到 R_v 中
21：　　**end if**
22：　　**if** L 中所有节点都有 $(A_R \geqslant N)$ **then**
23：　　　　break
24：　　**end if**
25：**end for**

7.2.3　覆盖率估算

一旦获得了精简测试向量集，就可以针对给定的触发阈值(θ)（在 7.2.1 节中定义）和给定的触发节点数量(q），使用进行随机抽样法计算触发覆盖率和木马覆盖率。我们从木马种群中随机选择多个 q-触发的木马，其中每个触发节点的信号概率 $\leq \theta$。我们假设，如果木马包含信号概率高于 θ 的触发节点，它将通过传统测试被检出。在被抽样的这组木马中，无法被任何输入测试模式触发的木马将被剔除掉。然后，针对给定向量集中的每个向量进行电路仿真，并检查是否满足触发条件。对于已激活的木马，如果可以在主输出或扫描触发器输入处观察到其效果，则认为该木马被"覆盖了"（即检测到了）。激活木马和检测木马的百分比，分别为触发覆盖率和木马覆盖率。

7.2.4　木马样本大小选择

在任何随机抽样过程中，选择能够合理代表样本总体的样本大小是一项重要的决定。在木马检测中，这意味着进一步增加抽样木马数目，只会导致估计的覆盖范围发生很小的变化。图 7.2 显示了两个基准电路中，不同木马样本大小对应的触发覆盖率和木马覆盖率($q=4$)离其渐近值的百分比偏差图。从图中可以看出，随着样本数接近 100 000，覆盖率也达到饱和。为了平衡估计覆盖率的准确度以及仿真时间，我们在仿真中选择样本大小为 100 000。

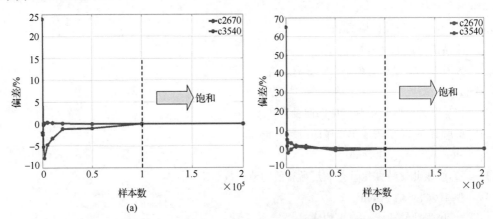

图 7.2　基准电路 c2670 和 c3540，$N=1000$ 和 $q=4$ 情况下，样本大小对触发覆盖率和木马覆盖率的影响。(a)触发覆盖率的偏差；(b)木马覆盖率的偏差

7.2.5　N 的选择

图 7.3 显示了两个 ISCAS'85 基准电路的触发覆盖率和木马覆盖范围，其中 N 值逐渐增加，相应测试集的长度也越来越长。从图中可以清楚地看出，类似于固定型故障的 N-检测测试（其缺陷覆盖率通常随着 N 的增加而提升），使用 MERO 方法获得的触发覆盖率和木马覆盖率也随着 N 而稳定地提升，但两者都在 $N=200$ 附近饱和。对于更大的 N 值，几乎恒定不变。正如预期的那样，测试大小也随着 N 的增加而增加。我们的大多数实验都选择 $N=1000$ 的值来达到覆盖率和测试向量集大小之间的平衡。

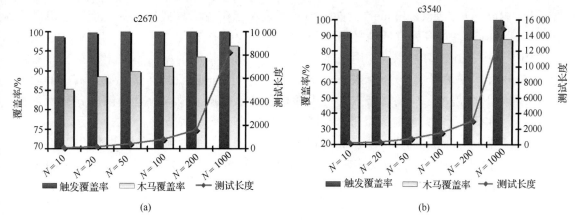

图 7.3　(a) N 值(稀有点满足其稀有值的次数)对基准电路 c2670 的触发/木马覆盖率和测试长度的影响；(b) N 值(稀有点满足其稀有值的次数)对基准电路 c3540 的触发/木马覆盖率和测试长度的影响

7.2.6　提升木马检测覆盖率

如前几节所述，使用逻辑测试进行木马检测需要同时进行木马的触发以及将其影响传播至输出节点。尽管所提出的测试生成算法增加了木马激活的可能性，但它没有显式地提升有效负载上恶意影响的观测概率。然而，与随机模式相比，MERO 测试模式在木马覆盖范围方面有显著改善，如 7.2.7 节所述。这是因为木马覆盖率与触发覆盖率有很强的相关性。为了进一步增加木马覆盖率，可以使用以下一些低开销方法。

1. 测试质量的改进：在测试生成期间，我们可以考虑观察到的节点数及每个向量的触发节点数。这意味着，在算法 7.1 的步骤 13～14 中，如果被触发的节点数和观察到的节点数之和比先前有所增加，则接受此改动。这需要额外的计算代价来确定每个向量的可观察节点数。我们注意到，对于小型 ISCAS 基准电路 c432(中断控制器)，使用这种方法可以将木马覆盖率提高 6.5%，同时触发覆盖率的减小微乎其微。

2. 插入可观察的测试点：我们注意到插入极少量的可观察测试点后，可以以非常小的设计成本显著地改进木马覆盖率。这里可使用现成的固定型故障测试可观察测试点选择算法[13]。我们使用 c432 进行仿真，结果显示增加 5 个谨慎插入的可观察节点后，可以将木马覆盖率提高约 4%。

3. 增加 N 值和/或增加内部节点的可控性：可通过审慎地插入少量可控测试点或增加 N 值来增加内部节点的可控性。众所周知，在固定型 ATPG 中，插入扫描电路会改善内部节点的可控性和可观察性。因此，所提出的方法可以利用低开销设计修改来增加硬件木马检测的有效性。

7.2.7　结果

7.2.7.1　仿真设置

我们在三个独立的 C 程序中实现了测试生成和木马覆盖率确定。这三个程序都可以读取 Verilog 网表，并从网表描述中创建超图。第一个程序名为 RO-Finder(稀有发生事件搜寻器，Rare Occurence Finder），能够仿真网表在指定输入模式集下的功能，计算每个节点的信号概率，并将具有低信号概率的节点识别为稀有节点。第二个程序 MERO 实现了 7.2.2 节中描述的算法 7.1，用来生成用于硬件木马检测的精简模式集。第三个程序 TrojanSim（木马仿真器，Trojan Simulator）针对木马实例的随机样本集，确定其中的触发覆盖率和木马覆盖率。从稀有节点列表中随机选择 q 个触发节点，可以创建 q-触发随机木马实例。在此，我们只考虑为每个木马随机选择一个有效负载节点。图 7.4 显示了 MERO 方法的流程图。我们使用 Synopsys TetraMAX 来验证每个木马的触发条件并消除虚假木马。所有仿真和测试生成都在具有 2 GHz 双核 Intel 处理器和 2 GB RAM 的 Hewlett-Packard Linux 工作站上进行。

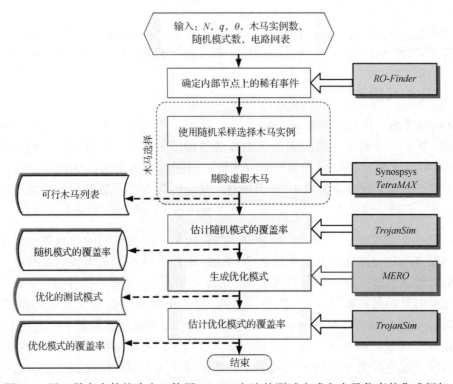

图 7.4   用于稀有事件的确定、使用 MERO 方法的测试生成和木马仿真的集成框架

7.2.7.2   比较随机模式和 ATPG 模式

表 7.1 列出了分别使用固定型 ATPG 模式（用文献[19]中的算法生成）、加权随机模式和 MERO 测试模式的一组组合（ISCAS'85）和时序（ISCAS'89）基准测试电路的触发覆盖率和木马覆盖率结果。表中还列出了电路中的总节点数以及通过 RO-Finder 工具根据信号概率识别出的稀有节点数。信号概率通过对一组 100 000 个随机向量的仿真进行估算。对于时序电路，我们假设全扫描实现。我们根据 7.2.4 节中所描述的抽样策略，设定 100 000 个随机的木马实例，每个木马随机选择一个有效负载节点。给出两种不同的触发点计数 $q = 2$ 和 $q = 4$ 下的覆盖率结果，其中 $N = 1000$ 和 $\theta = 0.2$。

表 7.2 对比了 MERO 测试生成方法相对于 100 000 个随机模式，对测试集长度的缩减，同时也对比了测试生成算法相应的运行时间。这里的运行时间包括 Tetramax 验证

100 000 个随机木马实例的执行时间，以及通过逻辑仿真确定覆盖率的时间。我们可以从这两个表中做出观察，得出以下重要结论：

1. 与 MERO 模式相比，固定 ATPG 模式的触发覆盖率和木马覆盖率较差。在触发节点数量较多的情况下，MERO 模型相对于 ATPG 模式覆盖率的增加更为明显。

2. 从表 7.2 可以看出，$N = 1000$ 和 $\theta = 0.2$ 时，精简模式在保持类似的触发覆盖率的情况下，大大减小了测试长度。电路中测试长度平均改善约为 85%。

表 7.1　对比 ATPG 模式[19]、随机（100K，输入权重 0.5）及 MERO 模式，当 $q=2$ 和 $q=4$、$N=1000$、$\theta=0.2$ 时的触发覆盖率和木马覆盖率

测试电路	节点数(稀有/总数)	ATPG 模式				随机(100K 个随机模式)				MERO 模式			
		$q=2$		$q=4$		$q=2$		$q=4$		$q=2$		$q=4$	
		触发覆盖率(%)	木马覆盖率(%)	触发覆盖率(%)	木马覆盖率(%)	触发覆盖率(%)	木马覆盖率(%)	触发覆盖率(%)	木马覆盖率(%)	触发覆盖率(%)	木马覆盖率(%)	触发覆盖率(%)	木马覆盖率(%)
c2670	297/1010	93.99	58.38	30.7	10.48	98.66	53.81	92.56	30.32	100.00	96.33	99.90	90.17
c3540	580/1184	77.87	52.09	16.07	8.78	99.61	86.5	90.46	69.48	99.81	86.14	87.34	64.88
c5315	817/2485	92.06	63.42	19.82	8.75	99.97	93.58	98.08	79.24	99.99	93.83	99.06	78.83
c6288	199/2448	55.16	50.32	3.28	2.92	100.00	98.95	99.91	97.81	100.00	98.94	92.50	89.88
c7552	1101/3720	82.92	66.59	20.14	11.72	98.25	94.69	91.83	83.45	99.38	96.01	95.01	84.47
s13207[a]	865/2504	82.41	73.84	27.78	27.78	100	95.37	88.89	83.33	100.00	94.68	94.44	88.89
s15850[a]	959/3004	25.06	20.46	3.80	2.53	94.20	88.75	48.10	37.98	95.91	92.41	79.75	68.35
s35932[a]	970/6500	87.06	79.99	35.9	33.97	100.00	93.56	100.00	96.80	100.00	93.56	100.00	96.80
平均	724/2857	74.56	58.14	19.69	13.37	98.84	88.15	88.73	72.30	99.39	93.99	93.50	82.78

[a] 这些时序基准只运行了 10 000 个随机木马实例，以减少 Tetramax 的运行时间

表 7.2　当 $q = 2$、$N = 1000$、$\theta = 0.2$ 时，MERO 方法相比于 100 K 随机模式，减少了测试长度以及运行时间

测试电路	MERO 测试长度	% 缩减	运行时间/s
c2670	8254	91.75	30 051.53
c3540	14 947	85.05	9403.11
c5315	10 276	89.72	80 241.52
c6288	5014	94.99	15 716.42
c7552	12 603	87.40	160 783.37
s13207[a]	26 926	73.07	23 432.04
s15850[a]	32 775	67.23	39 689.63
s35932[a]	5480	94.52	29 810.49
平均	14 534	85.47	48 641.01

[a] 这些时序基准只运行了 10 000 个随机木马实例，以减少 Tetramax 的运行时间

3. 木马覆盖率始终小于触发覆盖率。这是因为要通过应用某个输入模式来检测木马，除了满足触发条件外，还需要将有效负载节点处的逻辑错误传播到一个或多个主输出。在许多情况下，虽然满足了触发条件，但恶意影响并不会传播到输出。因此，硬件木马虽然被触发，但却未被检测到。

7.2.7.3　触发点数量(q)的影响

图 7.5 中可以明显看出 q 值对覆盖率的影响，图中显示，随着两个基准电路(组合电路)中触发节点数的增加，触发覆盖率和木马覆盖率均出现下降。这一趋势已在 7.2.1 节的分析中进行了解释。我们使用 TetraMAX 来识别并消除虚假触发，这有助于改善木马覆盖率。

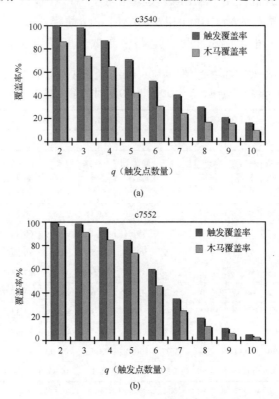

图 7.5　$N = 1000$、$\theta = 0.2$ 时，不同触发点数量下的触发覆盖率
和木马覆盖率。(a)基准电路 c3540；(b)基准电路 c7552

7.2.7.4　触发阈值(θ)的影响

图 7.6 绘制了 $N = 1000$ 和 $q = 4$ 时，两个 ISCAS'85 基准测试电路的触发覆盖率和木马覆盖率随 θ 增加的变化关系。我们可以观察到，两种情况下的覆盖率稳步随 θ 的增加而增加，当 θ 高于 0.20 时覆盖率趋于饱和。覆盖率的改善与 θ 之间的关系，再次与 7.2.1 节中分析的结论一致。

7.2.7.5　时序木马检测

为了研究 MERO 测试生成方法检测时序木马时的有效性，我们按图 7.1(d) 中的建模方式，设计并植入了时序木马，状态数分别为 0，2，4，8，16 和 32 个[其中 0 个状态的情况指图 7.1(c) 所建模的组合木马]。通过我们的仿真器 TrojanSim 进行周期精准的仿真，只有当黄金电路和被感染电路的输出不匹配时，才认为木马是可检测的。表 7.3 分别列出了触发覆盖率和木马覆盖率，该结果通过对三个大型 ISCAS'89 基准电路应用 100 000 个随机生成的测试向量和 MERO 方法获得。从该表中可以看出，在检测时序木马时，MERO 法明显优于测试向量随机生成法。

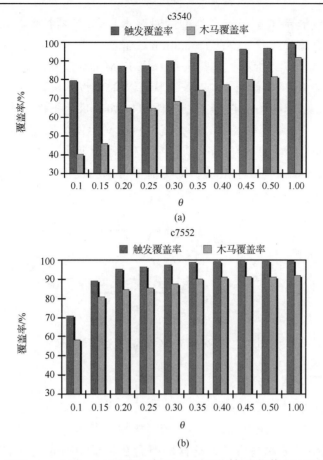

图 7.6　在 $N = 1000$，$q = 4$ 时，(a)基准电路 c3540 在不同触发阈值（θ）下的触发覆盖率和木马覆盖率；(b)基准电路 c7552 在不同触发阈值（θ）下的触发覆盖率和木马覆盖率

表 7.3　对比随机（100 K）与 MERO 模式，在 N=1000，θ=0.2，q=2 时的序列木马覆盖率

测试电路	100K 随机向量的触发覆盖率（%）						MERO 向量的触发覆盖率（%）					
	木马状态数						木马状态数					
	0	2	4	8	16	32	0	2	4	8	16	32
s13207	100.00	100.00	99.77	99.31	99.07	98.38	100.00	100.00	99.54	99.54	98.84	97.92
s15850	94.20	91.99	86.79	76.64	61.13	48.59	95.91	95.31	94.03	91.90	87.72	79.80
s35932	100.00	100.00	100.00	100.00	100.00	100.00	100.00	100.00	100.00	100.00	100.00	100.00
平均	**98.07**	**97.33**	**95.52**	**91.98**	**86.73**	**82.32**	**98.64**	**98.44**	**97.86**	**97.15**	**95.52**	**92.57**

测试电路	100K 随机向量的木马覆盖率（%）						MERO 向量的木马覆盖率（%）					
	木马状态数						木马状态数					
	0	2	4	8	16	32	Ckt. 0	2	4	8	16	32
s13207	95.37	95.37	95.14	94.91	94.68	93.98	94.68	94.68	94.21	94.21	93.52	92.82
s15850	88.75	86.53	81.67	72.89	58.4	46.97	92.41	91.99	90.62	88.75	84.23	76.73
s35932	93.56	93.56	93.56	93.56	93.56	93.56	93.56	93.56	93.56	93.56	93.56	93.56
平均	**92.56**	**91.82**	**90.12**	**87.12**	**82.21**	**78.17**	**93.55**	**93.41**	**92.80**	**92.17**	**90.44**	**87.70**

尽管这些结果仅展示了一种特定类型的时序木马(计数器按条件增加其计数值),但它们也反映了其他状态转换图(State Transition Graph,STG)中没有"循环"的时序木马。此类 FSM 的 STG 如图 7.7 所示。这是一个八态 FSM,其仅在状态 S_i 时满足特定内部节点条件 C_i 才会改变状态,并且当 FSM 到达状态 S_8 时触发木马。图 7.1(d)中所示的示例木马是该模型的特例,其中条件 C_1 至 C_8 是相同的。如果每个条件 C_i 与图 7.1(d)中所示木马所需的条件 $a=1$;$b=0$ 一样稀有,那么就两种木马触发的稀有性而言,它们是没有区别的。因此,对于此类型的其他时序木马,我们可以预期具有类似的覆盖率和测试长度结果。但是,如果 FSM 结构发生改动,则覆盖率可能会发生变化(如虚线所示)。在此情况下,可以通过改变 N 来控制覆盖率。

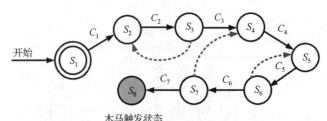

图 7.7 无循环 FSM 模型的状态转换图

7.2.7.6 应用于边信道分析

从本节呈现的结果可以看出,MERO 方法可以实现更高的组合木马和时序木马触发覆盖率。这实质上意味着 MERO 模式将以较高概率引起木马触发电路的活动。一组最小模式可以以较高概率导致木马活动,这样的概念在基于功率或电流的边信道分析检测木马方法中也非常具有吸引力[2,4,22]。此类方法中的检测灵敏度取决于所采用的测试向量在木马电路中引发的活动。增强木马的灵敏度尤其重要,因为木马电路导致的泄漏功耗很容易被工艺噪声或测量噪声所掩盖。因此,可以对 MERO 方法进行扩展,来生成用于边信道分析的测试向量,这需要放大木马对边信道参数(例如功率或电流)的影响。有关用于边信道分析的测试向量生成的详细工作可以在文献[16]中找到,其中重点讨论了用以增加边信道分析硬件木马检测灵敏度的统计测试生成。

7.2.8 MERO 的缺点

虽然 MERO 提出了一个相对简单的启发式测试生成法,但它还是有以下缺点:

1. 当在一组"不易触发"的木马上进行测试时(触发概率为 10^{-6} 或更小),发现 MERO 生成的测试向量集对触发组合和时序木马的覆盖率很差。图 7.8(b)给出了在 ISCAS'85 电路 c7552 中,不同稀有度阈值(θ)下的触发覆盖率和木马覆盖率变化,其中木马触发概率是所有节点中有效木马的触发概率。这与文献[8]不同,文献[8]只考虑了单个节点的触发概率[见图 7.8(a)]。结果发现,θ 在 0.08~0.12 范围内达到了最佳覆盖率,并且该趋势在实验中所有的基准电路都是一致的。然而,即使对于 c7552 这样中等大小的电路,达到的最佳覆盖率仍然低于 50%。

2. 尽管平均来看,对每个稀有节点独立激活至少 N 次增加了稀有节点组合的激活概率，但对于给定的 N 值，激活概率极低的组合不会被触发的概率总是有限的。因此，即使对于像 c432 这样的小型 ISCAS'85 电路，在多次独立运行 MERO 测试生成方法后，还会错过一些稀有节点模式。这个情况就可能被狡猾的攻击者利用。

3. MERO 只探索了数量相对较少的测试向量，因为启发式算法一次只改动当前测试向量中的一位，来生成新的测试向量。

4. MERO 算法的另一个问题是，在生成测试向量时，只考虑了触发条件的激活，而忽略了被触发的木马是否实际地在被测电路的主输出端引起任何逻辑故障。

为了纠正上述缺点，我们开发了一种用于硬件木马检测的改进型测试模式生成方法，其中使用了遗传算法和布尔可满足性，这将在下一节中讨论。

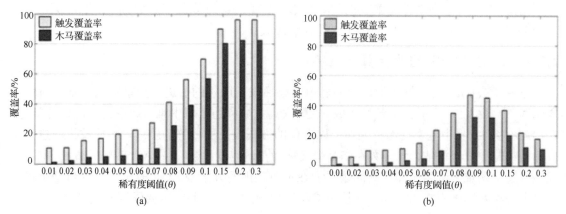

图 7.8　动机示例：利用 MERO[8]技术对 c7552 处理得到的触发覆盖率和木马覆盖率，随稀有度门限（θ）的变化：(a) 文献[8]中所用的硬件木马集；(b) 一组不易触发的木马集（有效触发概率低于 10^{-6}）

7.3　基于 GA 和 SAT 的硬件木马检测方法

7.3.1　硬件木马模型

我们这里考虑简单的组合和时序硬件木马，其中硬件木马实例由在电路中一个或多个内部节点同时发生的稀有逻辑值触发。我们通过概率分析找到电路的稀有节点（$\mathcal{R}$）。关于该分析的细节，可以在文献[27,32]中找到。一旦被激活，硬件木马会翻转内部有效负载节点的逻辑值。图 7.9 显示了我们所用的硬件木马类型。

需注意，通常枚举给定电路中的所有硬件木马并不可行。因此，我们不得不从硬件木马中随机选取一个子集进行分析并得出结果。所选木马子集的势取决于所分析电路的大小。由于我们只对小型木马感兴趣，因此考虑最多包含四个稀有节点组合的随机样本 $\mathcal{S}$。用 $\mathcal{R}$ 表示稀有节点集合，对于特定的稀有度阈值（θ）有 $|\mathcal{R}| = r$。然后，所有可能的稀有节点组合的集合是 $\mathcal{R}$ 的幂集，用 $2^{\mathcal{R}}$ 表示。所以，硬件木马种群为集合 $\mathcal{K}$，其中 $\mathcal{K} \subseteq 2^{\mathcal{R}}$，且 $|\mathcal{K}|$ 是 $\binom{r}{1} + \binom{r}{2} + \binom{r}{3} + \binom{r}{4}$。因此，$\mathcal{S} \subseteq \mathcal{K}$。

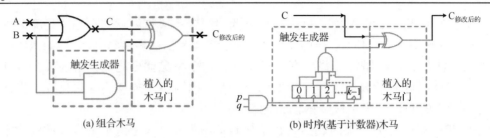

图 7.9　(a)组合木马的例子；(b)时序(计数器型)木马的例子。组合木马由两个内部节点同时
出现逻辑−1进行触发。时序(计数器型)木马由触发器输入端的 2^k 次 $(0 \to 1)$ 转换进行触发

我们有意在实验中选择 $\theta = 0.1$，该值低于文献[8]中 MERO 法 $(\theta = 0.2)$ 的值。 其选择依据是基于在 7.1 节"不易触发的"木马实验中观察到的覆盖率趋势，对于大多数 ISCAS 基准电路， θ 在 0.08～0.12 范围内，覆盖率最大化。

7.3.2　针对 ATPG 的遗传算法(GA)

遗传算法(GA)是一种人们熟知的、由生物启发、随机的、进化搜索算法，基于自然选择原理[14]。GA 已被广泛用于各种领域，以解决离散域和连续域中难以解决的非凸优化问题。GA 模仿生物世界中基本的遗传操作，以迭代的方式提高可行解的质量。解的质量通过计算目标函数的数值来评估，该函数在 GA 中又称为"适应度函数"。在 VLSI 测试领域，GA 已成功应用于困难测试生成和诊断问题[24]。在本节提出的方案中，GA 被用作一种自动生成高质量木马触发测试模式的工具。在使用 GA 进行测试生成期间，需要强调两点：

- 致力于生成可激活最多采样触发组合的测试向量；
- 致力于为难以触发的组合生成测试向量。

但是正如上一节所述，GA 的主要工作是致力于实现第一个目标。

为了实现这两个目标，我们采用了一种特殊的数据结构以及适当的适应度函数。数据结构是哈希表，包含了触发组合及其对应的激活测试向量。设 S 表示触发条件的一组采样集。哈希表 $(\mathcal{D})$ 中的每个输入是一个元组 $(s, \{t_i\})$，其中 $s \in S$ 是采样集 (S) 中的触发组合，而 $\{t_i\}$ 是能激活触发器组合 s 的不同测试向量的集合。注意，单个测试向量 t_i 可能激活多个触发组合，因此可以在数据结构中的不同触发组合多次出现。数据结构使用触发组合 s 作为关键字。初始状态下， $\mathcal{D}$ 为空；在 GA 运行期间，只要发现 S 中新的触发组合能被满足，则动态更新 $\mathcal{D}$。适应度函数表示为

$$f(t) = R_{\text{count}}(t) + w \cdot I(t) \tag{7.6}$$

其中 $f(t)$ 是测试向量 t 的适应度值， $R_{\text{count}}(t)$ 是测试向量 t 触发的稀有节点数， $w(>1)$ 是一个常数比例因子， $I(t)$ 是一个函数，返回测试向量 t 对数据库 $\mathcal{D}$ 的相对改进。术语"数据库的相对改进" $[I(t)]$ 可以解释如下。我们将数据结构 $\mathcal{D}$ 解读为直方图，图中每个柱型由唯一的触发组合 $s \in S$ 所定义，并且每个柱形包含其对应的激活测试向量 $\{t_i\}$。在每次更新数据库之前，我们为每个待更新柱形计算测试模式的数量。相对改进定义为

$$I(t) = \frac{n_2(s) - n_1(s)}{n_2(s)} \tag{7.7}$$

其中 $n_1(s)$ 是更新前柱形 s 的测试模式数量，$n_2(s)$ 是更新后柱形 s 的测试模式数量。

需注意，对于刚加入数据库 D 的每个测试模式 t，对于任意触发组合 s，上式的分子将是 0 或 1。而分母值较大，最小为 1。因此对于任意柱形 s，当它获得第一组测试向量时，上述比值达到最大值 1，而当柱形获得第 n 组测试向量时，该分数值是 $1/n$。随着 s 中测试向量数量的增加，该值逐渐减小。这意味着，当生成一个新的测试向量时，如果它能够触发尚未激活的触发条件 s，则认为其贡献比已经被其他测试向量激活的触发条件更重要。需注意，对于在更新之前和之后都为零测试向量的柱形（如在首次尝试时不能被激活的触发条件），为了数值一致性，我们为其分配非常小的值 10^{-7}。比例因子 w 与数据库 D 相对改进项的相对重要性成正比；我们的实验中将 w 设为 10。

适应度函数中两项背后的理论依据如下。适应度函数中的第一项优先选择那些能够同时激活尽可能多触发节点的测试模式，从而记录有可能覆盖更多触发组合的测试向量。而加入第二项后产生了两个影响。首先，通过为难以触发条件对应的测试模式提供更高的适应值，让 GA 的选择压力向此类模式倾斜。其次，还有助于 GA 均匀地探索所采样的触发组合空间。为了说明这一点，让我们考虑下面这个例子。

假设有 5 个稀有节点 r_1，r_2，r_3，r_4，r_5。我们用长度为 5 的二进制向量 r 表示这 5 个节点的激活，其中 $r_i = 1$ 表示第 i 个稀有节点已被激活至其稀有值，否则 $r_i = 0$。因此，模式 11110 表示同时激活前 4 个稀有节点。现在，有一个测试向量 t 能够产生上述稀有节点触发模式，同时它还能够触发模式 10000，01000，00100，00010，11000，…，11100，即被触发稀有节点的所有子集。在数学上，如果共有 r 个稀有节点，且有 r' 个稀有节点在某个模式中（$r'<r$）被某个测试向量 t 同时触发，则被触发稀有节点的 $2^{r'}$ 子集也可由相同的测试向量触发。因此，最大化 r' 增加了触发组合样本集的覆盖率。

测试生成问题被建模为一个最大化问题，并且使用一种遗传算法的变体，二进制遗传算法（BGA），进行求解[14]。种群中每一个个体都是一种位模式，称为"染色体"，代表一个独立的测试向量。通过在这些染色体上执行交叉和变异操作，可产生新的个体。交叉指两条染色体的部分交换，以产生新的染色体；而变异指染色体的某些位随机地（以一定概率）发生翻转以产生新的个体。图 7.10 给出了 BGA 中双点交叉和二进制突变的例子。我们使用了交叉概率为 0.9 的双点交叉，以及变异概率为 0.05 的二进制突变。每次迭代的个体集合称为种群。组合电路的种群大小为 200，时序电路的种群大小为 500。使用两种终止条件：(i) 当数据库中，不同测试向量总数超过某一阈值 #T，或（Ⅱ）已进化 1000 代。种群的初始化通过选择满足样本集中部分稀有节点组合的测试向量来完成。上述稀有节点组合均为随机选择，并使用 SAT 工具找出测试向量（详细信息在下节中给出）。算法 7.2 显示了使用 GA 的完整测试生成方案。需注意，初始测试向量种群是通过使用 SAT 求解少量触发条件来生成的。

在采样的触发实例中，可能有许多都无法被满足，因为我们没有关于它们的任何先验信息。此外，尽管 GA 可以相对快速地搜索给定的触发组合样本空间，但它并不能保证一定能生成可以激活所有难以触发模式的测试向量。因此，即使在 GA 测试生成步骤之后，我们还需面对一些触发组合，其中一些无法被满足，而另一些则非常难以检测。但是，由于剩余的此类组合数量非常少（通常为所选样本的 5%～10%），我们可以应用 SAT 工具来解决它们。接下来将描述 SAT 在我们 ATPG 方案中的应用。

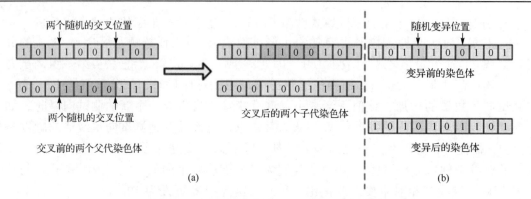

图 7.10（见彩图）　二进制遗传算法中双点交叉和变异的例子

算法 7.2　TESTGEN_GA

/*使用遗传算法产生触发测试向量*/

输入：电路网表，稀有节点集（$\mathcal{R}$），采样触发组合集（$\mathcal{S}$），$G_{\max}$，$T_{\max}$，交叉概率，变异概率，（空）触发数据库（$\mathcal{D}$）

输出：填充了触发测试向量的数据结构（$\mathcal{D}$），不可满足的触发组合集（$\mathcal{S}' \subset \mathcal{S}$）

1：用元组 (s, ϕ) 填充 $\mathcal{D}$，$\forall s \in \mathcal{S}$

2：选择一个任意子集 $\mathcal{S}_{\text{init}} \subset \mathcal{S}$，使 $|\mathcal{S}_{\text{init}}| \subset k * |\mathcal{S}|$

3：/*对于组合式电路 k 取 0.025，时序电路 k 取 0.055*/

4：用 SAT 工具求解所有触发组合 $s \in \mathcal{S}_{\text{init}}$，产生出相应的测试向量集（$T_{\text{init}}$）

5：用数组 (s, t) 更新 $\mathcal{D}$，其中 $s \in \mathcal{S}_{\text{init}}$ 且 $t \in T_{\text{init}}$

6：设置 vectcount $\leftarrow |T_{\text{init}}|$

7：设置 gencount $\leftarrow$ 0

8：设置 $\mathcal{S}' \leftarrow \phi$

9：用 T_{init} 作为 GA 初始化种群（P）

10：**repeat**

11：　**for all** $t \in P$ **do**

12：　　用测试向量 t 仿真电路并找出对应稀有节点激活模式（**r**）

13：　　在 $\mathcal{D}$ 中搜索 **r** 所覆盖的所有触发模式

14：　　用公式 (7.6) 计算适应度

15：　　用所有元组 (s, t) 更新 $\mathcal{D}$，其中 s 是被 **r** 覆盖的触发模式

16：　　设置 vectcount $\leftarrow$ vectcount+1

17：　**end for**

18：　进行 P 的交叉

19：　进行 P 的变异

20：　用最好的个体更新 P

21：　设置 gencount $\leftarrow$ gencount+1

22：**until** (gencount$\leqslant G_{\max}$||vectcount$\leqslant T_{\max}$)

23：**for all** $(s, \{t_i\}) \in \mathcal{D}$ **do**

24：　　**if** $(\{t_i\}=\phi)$ **then**

25：　　　向 $\mathcal{S}'$ 中添加 s

26：　　**end if**

27：**end for**

7.3.3　用于难以激活触发条件的 SAT

自过去的十年以来，布尔可满足性(SAT)工具被用于解决 ATPG 问题[11]。它们很可靠，通常能够在大型和病理性 ATPG 问题中找到测试模式，而这正是传统 ATPG 算法中所需要的。与传统 ATPG 算法不同，基于 SAT 求解器方案并不直接着手于电路的表示(例如，逻辑门的网表)。相反，它们将测试模式生成问题表示为一个或多个 SAT 问题。对一个 n 变量合取范式形的布尔函数 $f(x_1, x_2, \cdots, x_n)$，如果存在 n 变量的取值使得 $f=1$，则称 f 是可满足的。不存在这样的取值，则称 f 不可满足。布尔可满足性是一种 NP 完成问题。多种复杂的启发式算法已用于求解 SAT 问题，并且最近出现了功能强大的 SAT 求解器软件(其中许多是免费的)。首先将 ATPG 问题实例转换为 CNF，然后输入到 SAT 求解器。如果求解器在指定时间内返回可满足的取值，则认为问题实例是可满足的，否则为不可满足的。

如前所述，我们仅对那些 GA 无法生成任何测试向量的触发组合使用 SAT 工具。将此类触发组合表示为 $\mathcal{S}' \subseteq \mathcal{S}$。考察每个触发组合 $s \in \mathcal{S}'$，将其输入到 SAT。该 SAT 问题公式由图 7.11 中的示例说明。考虑图 7.11(a) 中所示的 3 个稀有节点及其稀有值。为了创建可满足性公式，同时将这 3 个节点激活至其稀有值，我们构造出了如图 7.11(b) 所示的电路。由此形成了 SAT 实例，它尝试在线网(节点) d 处达到逻辑值 1。

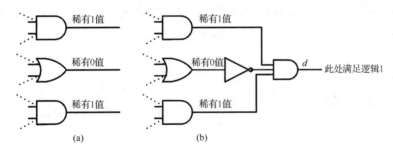

图 7.11　同时激活 3 个稀有节点的 SAT 实例表述

在完成此步骤之后，SAT 工具将会发现集合 $\mathcal{S}'$ 中的大多数触发组合是可满足的，SAT 工具也会返回相应的测试向量。然而一些触发器组合仍未解决，它们被标注为不可满足。因此，集合 $\mathcal{S}'$ 被划分为两个不相交的子集 $\mathcal{S}_{sat}$ 和 $\mathcal{S}_{unsat}$。随后接受前一个子集，并且用该子集中的模式更新数据结构 $\mathcal{D}$，并丢弃后一个子集。算法 7.3 总结了这部分流程。

算法 7.3　TESTGEN_SAT

/* 使用 SAT 工具求解 GA($\mathcal{S}'$) 中尚未解决的触发模式 */

输入： GA($\mathcal{S}'$) 中尚未解决的触发模式集合，数据结构 $\mathcal{D}$

输出： 使用 SAT 工具生成的触发模式更新 $\mathcal{D}$

1: **for all** $s \in \mathcal{S}'$, **do**

2:          输入触发组合至 SAT 工具。

3:          **if**(SAT(s) = 已解决)**then**

4:              取回对应的测试向量 t。

5:              用元组(s, t)更新 $\mathcal{D}$

6:              $\mathcal{S}_{sat} \leftarrow \{s\}$

7:          **else**

8:              $\mathcal{S}_{unsat} \leftarrow \{s\}$

9:          **end if**

10: **end for**

在有了基本 ATPG 机制后，我们接下来描述方案的改进方法，将考虑有效负载的影响，并在该过程中实现测试压缩。

7.3.4   有效负载感知测试集的选择和测试压缩

7.3.4.1   有效负载感知测试集的选择

找出适当的"触发-有效负载"对来枚举可行的硬件木马实例是一项计算复杂度较高的问题。在组合电路中，节点成为有效负载的一个必要条件就是其拓扑秩必须高于触发组合中拓扑最高节点，否则有可能形成"组合环路"；但是，这不是一个充分条件。通常，成功的硬件木马触发事件并不保证能传播到主输出以导致电路功能故障。作为一个例子，让我们考虑图 7.12(a) 的电路。此木马由输入向量 1111 触发。图 7.12(b)、(c) 展示了两个潜在的有效负载位置。可以很容易地看出，与在电路输入端所应用的测试向量无关，对于位置 1 来说，木马的影响被屏蔽因而无法被检测到。另一方面，可以检测到位置 2 处的木马效应。

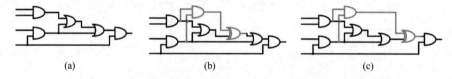

(a)   (b)   (c)

图 7.12   木马有效负载选择的影响。(a) 黄金电路；(b) 有效负载 1 对输出没有影响；(c) 有效负载 2 对输出有影响

识别每种触发组合的受约束主输出值非常重要。为此，我们每次考虑一种触发组合及其对应的触发测试向量集。更准确地说，我们一次只考虑数据库 $\mathcal{D}$ 中的一个条目(s, $\{t_i\}$)。将 s 对应的测试向量集表示为 $\{t_i^s\}$。接下来，对每个测试向量 $t \in \{t_i^s\}$，我们找出哪些主输入（如果有的话），一直保持为特定值（逻辑 0 或逻辑 1）。这些输入位置就是需要被约束以激活触发组合的位置。我们向其余的输入位置填充无关(X)值，从而创建包含 0、1 和 X 值的单个测试向量。我们称这样的三值向量为伪测试向量(PTV)。图 7.13 通过一个简单的例子说明了 PTV 生成的过程，其中这些向量的最左侧和最右侧位置处于逻辑 1。

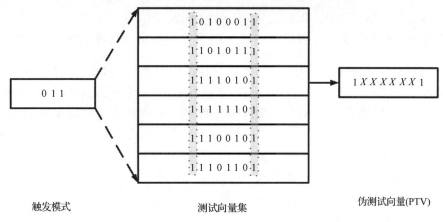

图 7.13　PTV 生成示例：触发模式（左）；相应的一组测试向量（中）；生成的 PTV（右）

算法 7.4　SELECT_TEST_VECT

/* 选择负载感知测试向量 */

输入：数据结构 $\mathcal{D}$，电路网表

输出：最终测试集（T_{final}）

1: **set** $T_{\text{final}} \leftarrow \phi$

2: **for all** $(s, \{t_i\}) \in \mathcal{D}$ **do**

3:　　取出测试向量集 $\{t_i\}$

4:　　计算对应的 PTV

5:　　**do** 三值逻辑仿真并创建初始故障列表 $\mathcal{F}_s$

6:　　**if** $|\{t_i^s\}| > 5$ **then**

7:　　　　**set** Testset $\leftarrow \{t_i^s\}$

8:　　**else**

9:　　　　通过随机填充 PTV 的 X 位置创建额外的测试向量 $\{t_{\text{ext}}^s\}$

10:　　　　使用 $\{t_{\text{ext}}^s\}$ 仿真电路并保留满足 s 的向量

11:　　**set** Testset $\leftarrow \{t_i^s\} \bigcup \{t_{ext}^s\}$

12:　　**end if**

13:　　**do** 使用 $\mathcal{F}_s$ 和 Testset 在 HOPE 下进行故障仿真

14:　　获得 $\mathcal{F}_{\text{detected}}^s \subseteq \mathcal{F}_s$ 和 Testset$_{\text{detected}} \subseteq$ Testset

15:　　保留 Testset$_{\text{detected}}$ 的子集 Testset$_{\text{comp}}$，其完全覆盖 $\mathcal{F}_{\text{detected}}^s$

16:　　**set** $T_{\text{final}} \leftarrow$ Testset$_{\text{comp}}$

17: **end for**

18: **return** T_{final}

　　下一步，我们使用 PTV 进行电路的三值逻辑仿真，并记下触发组合中位于拓扑较高位置的所有内部线网（节点）处所获得的值。然后对于每个节点，我们根据以下规则考虑固定型故障：

1. 如果该节点的值为 1，我们认为该处存在固定 0 故障。

2．如果该节点的值为 0，我们认为该处存在固定 1 故障。

3．如果该节点的值为 X，我们认为该处同时存在固定 0 故障和固定 1 故障。

在下一步中，该故障列表（$\mathcal{F}_s$）和所考虑的测试向量集（$\{t_i^s\}$）作为故障模拟器的输入。为此，我们使用了 HOPE[18]故障模拟器的诊断模式。输出则是被检测到的故障集（$\mathcal{F}_{\text{detected}}^s \subseteq \mathcal{F}_s$）以及检测它们的相应测试向量。检出的故障构成了触发组合的潜在有效负载位置列表。因此，在检测到可行的有效负载后，我们贪婪式地选择测试向量集的一个子集 $\mathcal{T}_s \subseteq \{t_i^s\}$，该子集能实现对整个故障列表的完全覆盖。$\{t_i^s\}$ 中剩余的测试向量，即 $\{t_i^s\} - \mathcal{T}_s$，是冗余的，可被丢弃。虽然使用了贪婪式选择，但我们发现此步骤还是显著降低了整体测试集的大小。通过使用专门的测试压缩方案，付出额外计算成本的代价，可以实现进一步地测试压缩(图 7.14)。

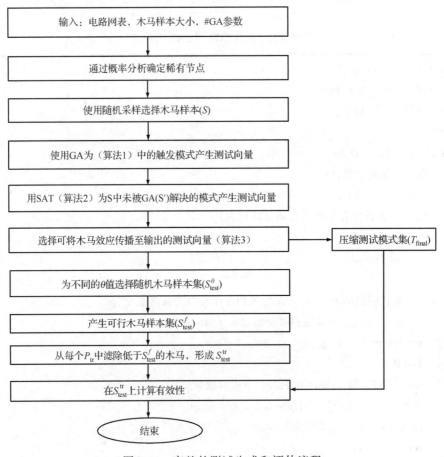

图 7.14　完整的测试生成和评估流程

值得注意的一点是，所提出的测试生成方案无法保证能够生成触发某一触发组合的所有可能测试向量。由于故障列表（$\mathcal{F}_s$）仅根据 $\{t_i^s\}$ 中的测试向量进行计算，因此它可能没有覆盖触发组合 s 中所有可能的有效负载。然而，对于每个测试向量 $t \in \{t_i^s\}$，则可以保证找出其所有可行的有效负载。此外，还可以准确地判断某个测试向量 $t \in \{t_i^s\}$ 是否具有任何有效负载。实际上，对于大多数触发组合，我们会得到冗余的有效负载，或得不

到任何有效负载。同时还观察到，难以激活的触发组合的测试向量数确实非常少(通常为
1～5 个向量)。对于这些情况，故障覆盖率可能很差，并且触发组合的许多有效负载仍
然未被发掘出来。为了解决这一问题，我们添加了一些额外的测试向量，这些测试向量
通过填充 PTV 的无关位(如果有的话)而得到。该操作仅用于触发向量数小于 5 的触发组
合。新生成的向量需要通过仿真，检查其是否能触发对应的触发组合之后，才会被加入
测试集 $\{t_i^s\}$。我们发现该步骤可以改善测试覆盖率。算法 7.4 中描述了压缩测试向量选择
方案。此步骤结束后，我们获得了一组具有较高的触发覆盖率和木马覆盖率的紧凑测试
向量集。

7.3.4.2　有效性评估

我们认为攻击者只对具有低有效触发概率的硬件木马感兴趣，而不会考虑稀有节点
的单个稀有值，这是一个合理的假设。因此，攻击者的一种自然方法是根据木马的触发
概率对木马进行排序，并选择低于某个特定触发阈值(P_{tr})的木马。直观地说，攻击者可
能会选择其中最稀有的木马，但这可能导致木马很容易被检测出来，因为极稀有木马的
数量通常很少，因此会很容易被测试人员跟踪到。所以，明智的攻击者会选择可以很好
地隐藏在木马池中的木马，同时又具有极低的触发概率。为了模拟攻击者的上述行为，
我们首先从不同 θ 值的木马空间中，选择新的候选木马样本。我们将每个这样的样本集
表示为 $\{\mathcal{S}_{test}^{\theta}\}$，并保证 $|\mathcal{S}_{test}^{\theta}| = |\mathcal{S}|$。随后，再使用 SAT 工具对上述样本集进行精简，只保
留可行木马。这里的可行木马指可触发的木马，且其影响在输出处可见。我们将在不同 θ
值下获得的可行木马集表示为 $\{\mathcal{S}_{test}^{f}\}$。接下来，我们从这些集合中找出低于指定触发阈值
P_{tr} 的木马。最后，将所有这些子集组合在一起，形成木马集 $\mathcal{S}_{test}^{tr}$。该集合包含触发概率
低于 P_{tr} 的硬件木马，并用于评估所提出方法的有效性。P_{tr} 的值设置为 10^{-6}，对大多数基
准电路观察后发现，大约有 30% 的木马触发率低于 10^{-6}。此外，低于该范围(10^{-7}～10^{-8})
的木马数量极低，这可能使得攻击者的选择较少。

7.3.5　结果与讨论

7.3.5.1　实验设置

测试生成方案，包括 GA 和评估框架，均由 C++实现。我们使用了 zchaff SAT 求解器[12]
和 HOPE 故障仿真器[18]。我们限制触发组合的随机样本为 100 000 个[8]，每个组合最多有四
个稀有节点作为触发节点。我们还实现了 MERO 方法作为比较。我们在 ISCAS'85 和
ISCAS'89 基准电路的子集上评估了所提机制的有效性，其中所有 ISCAS'89 时序电路都转换
为全扫描模式。方案的实现运行在具有 3 GHz 处理器和 8 GB 主内存的 Linux 工作站上。

7.3.5.2　测试集评估结果

表 7.4 比较了所提方案生成的测试集长度与 MERO 生成的测试集长度。该表还通过
比较算法 7.3 前(TC_{GASAT})和算法 7.3 后(TC_f)的测试向量数，展示了算法 7.3 的效果。很
明显，对于相似数量的测试模式，所提方案实现了比 MERO 更好的触发覆盖率及木马覆
盖率。表中还给出了电路的门数和生成相应测试集所需的时间，以展示 ATPG 启发式算
法的可扩展性。

表 7.4 所提方案与 MERO 在测试集长度上的对比

测试电路	门数	测试集(算法 7.3 之前)	测试集(算法 7.3 之后)	测试集(MERO)	运行时间/s
c880	451	6674	5340	6284	9798.84
c2670	776	10 420	8895	9340	11 299.74
c3540	1134	17 284	16 278	15 900	15 720.19
c5315	1743	17 022	14 536	15 850	15 877.53
c7552	2126	17 400	15 989	16 358	16 203.02
s15850	9772	37 384	37 052	36 992	17 822.67
s35932	16 065	7849	7078	7343	14 273.09
s38417	22 179	53 700	50 235	52 735	19 635.22

表 7.5 显示了在所提方案的每个步骤结束时,触发覆盖率和木马覆盖率的提升,由此可以确定每个步骤的重要性。从表中可见,前两个步骤在不断提升触发覆盖率和木马覆盖率。但是,在应用有效负载感知测试集选择(算法 7.3)之后,某些电路的触发覆盖率略有下降,而木马覆盖率则略有增加。触发覆盖率的减少可解释为:某些触发组合没有任何相应的有效负载,因此它们被去掉了。相反,算法 7.3 加了一些"额外的测试向量",有助于改善木马覆盖率。

表 7.5 在 $\theta = 0.1$ 和木马随机样本最多包含 4 个稀有节点触发情况下,各阶段所提方案的触发覆盖率和木马覆盖率(组合电路的样本大小为 100 000,时序电路的样本大小为 10 000)

测试电路	仅 GA		GA + SAT		GA + SAT + Algo. 3	
	触发覆盖率	木马覆盖率	触发覆盖率	木马覆盖率	触发覆盖率	木马覆盖率
c880	92.12	83.59	96.19	85.70	96.19	85.70
c2670	81.63	69.27	87.31	75.17	87.15	75.82
c3540	80.58	57.21	82.79	59.07	81.55	60.00
c5315	83.79	64.45	85.11	65.04	85.91	71.13
c7552	73.73	64.05	78.16	68.95	77.94	69.88
s15850	64.91	51.95	70.36	57.30	68.18	57.30
s35932	81.15	71.77	81.90	73.52	81.79	73.52
s38417	55.03	29.33	61.76	36.50	56.95	38.10

表 7.6 列出了 8 个基准电路的触发覆盖率和木马覆盖率,并与 $N = 1000$ 和 $\theta = 0.1$ 的 MERO 测试模式进行了对比。为了进行公平的对比,我们首先使用上述设置计算由 MERO(TC_{MERO})生成的不同测试向量的数量,再运行 GA,直到数据库中不同测试向量的数量变得高于 TC_{MERO}。将 GA 运行后不同测试向量的数量记作 TC_{GA}。需注意,SAT 步骤在 GA 运行之后执行,因此 SAT 步骤(TC_{GASAT})之后的测试向量总数会略高于 TC_{MERO}。算法 7.3 运行后,测试向量数目进一步减少。我们将最终测试向量数目记为 TC_f。

表 7.6　在 θ=0.1，N=1000（对于 MERO）及触发组合最多包含 4 个稀有节点时，
MERO 模式与所提方案生成的模式，其触发覆盖率和木马覆盖率比较

测试电路	MERO		所提方案	
	触发覆盖率	木马覆盖率	触发覆盖率	木马覆盖率
c880	75.92	69.96	96.19	85.70
c2670	62.66	49.51	87.15	75.82
c3540	55.02	23.95	81.55	60.00
c5315	43.50	39.01	85.91	71.13
c7552	45.07	31.90	77.94	69.88
s15850	36.00	18.91	68.18	57.30
s35932	62.49	34.65	81.79	73.52
s38417	21.07	14.41	56.95	38.10

为了进一步说明所提方案的有效性，在图 7.15 中，我们通过改变 c7552 基准电路的稀有性阈值（θ），将由 MERO 获得的触发覆盖率和木马覆盖率与所提方案进行比较。可以观察到，所提方案在很大程度上优于 MERO。此外，值得注意的是，在 $\theta = 0.09$ 时 MERO 和所提方案都达到了最佳覆盖率。此后覆盖率随 θ 的增加和减少均逐渐减小。原因是对于较高的 θ 值（例如 0.2，0.3），用于启发式算法的初始候选木马样本集（S）包含了大量"易触发"组合。因此，生成的测试集仍然偏向于"易触发"木马，因此无法对实验所使用的"难触发"评估集进行良好覆盖。而在 θ 值较低时，所创建的测试向量集的势变得非常小，因为在这个 θ 范围内有效木马的数量是很少的，只零星分散在候选木马集 S 中。结果是，这种小型测试集就很难实现对木马空间的完全覆盖。通过将一些易于触发的节点与一些极稀有节点相结合而构建的木马，其覆盖率也遵循类似的趋势（如图 7.16 所示）。因此可以指出，测试者应该选择一个 θ 值，使得初始集合 S 既包含较大比例的具有低触发概率硬件木马，同时又能覆盖大多数中等稀有度的节点。

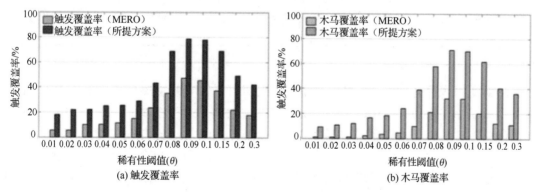

图 7.15　不同的触发阈值（θ）下，所提方案与 MERO 法的触发覆盖率和硬件木马覆盖率对比

最后，测试了我们的方案对时序木马的覆盖率。其中时序木马采用了文献[8]中描述的基于计数器的木马模型。我们所用的木马最多包含四个状态，因为大型木马可以较容易通过边信道分析技术进行检测[27]。从表 7.7 可以看出，在组合电路中，所提出的方案也优于 MERO。

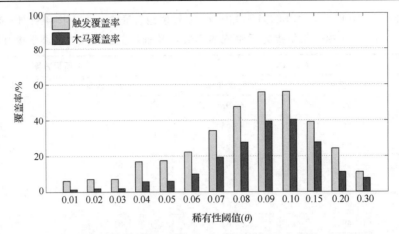

图 7.16　在一组特殊木马上所提方案的触发覆盖率和木马覆盖率，
其将一些易于触发的节点与一些非常稀有的节点组合在一起

表 7.7　在时序木马上 MERO 与所提方案之间的覆盖率比
较。所考虑的时序硬件木马模型与文献[8]中的相同

测试电路	所提出方案的触发覆盖率		MERO 的触发覆盖率	
	木马状态数		木马状态数	
	2	4	2	4
s15850	64.91	45.55	31.70	26.00
s35932	78.97	70.38	58.84	49.59
s38417	48.00	42.17	16.11	8.01
测试电路	所提出方案的木马覆盖率		MERO 的木马覆盖率	
	木马状态数		木马状态数	
	2	4	2	4
s15850	46.01	32.59	13.59	8.95
s35932	65.22	59.29	25.07	15.11
s38417	30.52	19.92	9.06	2.58

7.3.5.3　木马诊断应用

在检测到木马后进行木马诊断，对增强系统级可靠性非常重要。在文献[29]中，作者提出了一种基于门级特征(GLC)的木马诊断方法。本章提出的方案也可用于测试诊断方法。数据结构 $\mathcal{D}$ 可扩展为完整的木马数据库，将包含四元组 (s, V, P, O)，其中 s 是触发组合，V 是相应的触发测试向量集合，P 是可能的有效负载集合，O 是 V 中测试模式对应的一组错误输出，由某些激活的木马实例导致。基于这些信息，可以使用简单的因果分析或其他更复杂的技术来设计诊断方案。诊断方案的完整描述超出了本章的范围，这里就不再赘述了。

7.4　小结

由于可能的木马实例数量过大，传统的逻辑测试生成技术无法轻易扩展来检测硬件木马。我们提出了一种使用逻辑测试的统计木马检测法，用多重激励内部节点的稀有逻辑值的概念来生成测试模式。仿真结果表明，所提出的测试生成方法与随机模式相比，在相同或更好的木马检测覆盖率下，使测试长度减少了约 85%。所提出的检测方法对于具有少量触发点的小型组合木马以及时序木马非常有效，因为边信道分析方法无法可靠地工作。因此，所提出的检测方法可补充基于边信道分析的检测方案。

随后，进一步扩展了该研究工作以提高测试质量，结合遗传算法和布尔可满足性的双重优势，设计了一种 ATPG 方案，以检测依赖于稀有输入触发条件的硬件木马。该项技术实现了良好的测试覆盖和紧凑性，并且在检测基准电路硬件木马检测中，性能优于先前提出的 ATPG 启发式算法。未来的研究方向将使用基于当前技术创建的数据库，研发更全面的木马诊断方法。

参考文献

1. S. Adee, The hunt for the kill switch. IEEE Spectr. **45**(5), 34–39 (2008)

2. D. Agrawal, S. Baktir, D. Karakoyunlu, P. Rohatgi, B. Sunar, Trojan detection using IC fingerprinting, in *SP'07: Proceedings of the IEEE Symposium on Security and Privacy* (2007), pp. 296–310

3. M.E. Amyeen, S. Venkataraman, A. Ojha, S. Lee, Evaluation of the quality of N-detect scan ATPG patterns on a processor, in *ITC'04: Proceedings of the International Test Conference* (2004), pp. 669–678

4. M. Banga, M. Hsiao, A region based approach for the identification of hardware Trojans, in *Proceedings of International Symposium on HOST* (2008), pp. 40–47

5. M. Banga, M. Chandrasekar, L. Fang, M.S. Hsiao, Guided test generation for isolation and detection of embedded Trojans in ICs, in *Proceedings of the 18th ACM Great Lakes symposium on VLSI* (2008), pp. 363–366

6. R.S. Chakraborty, S. Bhunia, Security against hardware Trojan through a novel application of design obfuscation, in *Proceedings of the 2009 International Conference on Computer-Aided Design* (2009), pp. 113–116

7. R.S. Chakraborty, S. Narasimhan, S. Bhunia, Hardware Trojan: threats and emerging solutions, in *Proceedings of IEEE International Workshop on HLDVT* (2009), pp. 166–171

8. R.S. Chakraborty, F. Wolff, S. Paul, C. Papachristou, S. Bhunia, MERO: a statistical approach for hardware Trojan detection, in *Cryptographic Hardware and Embedded Systems-CHES 2009* (2009), pp. 396–410

9. DARPA, TRUST in Integrated Circuits (TIC)–Proposer Information Pamphlet (2007)

10. S. Dupuis, P.S. Ba, G. Di Natale, M.L. Flottes, B. Rouzeyre, A novel hardware logic encryption technique for thwarting illegal overproduction and Hardware Trojans, in *2014 IEEE 20th International On-Line Testing Symposium (IOLTS)* (2014), pp. 49–54

11. S. Eggersglüß, R. Drechsler, *High Quality Test Pattern Generation and Boolean Satisfiability* (Springer, New York, 2012)

12. Z. Fu, Y. Marhajan, S. Malik, Zchaff sat solver (2004)

13. M.J. Geuzebroek, J.T. van der Linden, A.J. van de Goor, Test point insertion that facilitates atpg in reducing test time and data volume, in *Proceedings International Test Conference* (2002), pp. 138–147

14. D.E. Goldberg, *Genetic Algorithms in Search, Optimization and Machine Learning* (Addison Wesley, Boston, 2006)

15. U. Guin, K. Huang, D. DiMase, J.M. Carulli, M. Tehranipoor, Y.Makris, Counterfeit integrated circuits: a rising threat in the global semiconductor supply chain. Proc. IEEE **102**(8), 1207–1228 (2014)

16. Y. Huang, S. Bhunia, P. Mishra, Mers: statistical test generation for side-channel analysis based trojan detection, in *Proceedings of the 2016 ACM SIGSAC Conference on Computer and Communications Security* (2016), pp. 130–141

17. Y. Jin, Y. Makris, Hardware Trojan detection using path delay fingerprint, in *IEEE International Workshop on Hardware-Oriented Security and Trust, HOST 2008* (2008), pp. 51–57

18. H.K. Lee, D.S. Ha, HOPE: an efficient parallel fault simulator for synchronous sequential circuits. IEEE Trans. Comput.-Aided Des. Integr. Circuits Syst. **15**(9), 1048–1058 (1996)

19. B. Mathew, D.G. Saab, Combining multiple DFT schemes with test generation. IEEE Trans. Comput.-Aided Des. Integr. Circuits Syst. **18**, 685–696 (2006)

20. X. Mingfu, H. Aiqun, L. Guyue, Detecting hardware Trojan through heuristic partition and activity driven test pattern generation, in *Communications Security Conference (CSC)*, (2014), pp. 1–6

21. I. Pomeranz, S.M. Reddy, A measure of quality for n-detection test sets. IEEE Trans. Comput. **53**(11), 1497–1503 (2004)

22. R.M. Rad, X.Wang, M. Tehranipoor, J. Plusquellic, Power supply signal calibration techniques for improving detection resolution to hardware trojans, in 2008 *IEEE/ACM International Conference on Computer-Aided Design* (2008), pp. 632–639

23. J. Rajendran, Y. Pino, O. Sinanoglu, R. Karri, Security analysis of logic obfuscation, in *Proceedings of the 49th Annual Design Automation Conference* (2012), pp. 83–89

24. E.M. Rudnick, J.H. Patel, G.S. Greenstein, T.M. Niermann, A genetic algorithm framework for test generation. IEEE Trans. Comput.-Aided Des. Integr. Circuits Syst. **16**(9), 1034–1044(1997)

25. S. Saha, R.S. Chakraborty, S.S. Nuthakki, Anshul, D. Mukhopadhyay, Improved test pattern generation for hardware Trojan detection using genetic algorithm and boolean satisfiability, in *Proceedings of the 17th International Workshop on Cryptographic Hardware and Embedded Systems – CHES 2015*, Saint-Malo, 13–16 Sept 2015, (2015), pp. 577–596

26. H. Salmani, M. Tehranipoor, J. Plusquellic, A layout-aware approach for improving localized switching to detect hardware Trojans in integrated circuits, in *2010 IEEE International Workshop on Information Forensics and Security (WIFS)* (2010), pp. 1–6

27. H. Salmani, M. Tehranipoor, J. Plusquellic, A novel technique for improving hardware Trojan detection and reducing Trojan activation time. IEEE Trans. Very Large Scale Integr. (VLSI) Syst. **20**(1), 112–125 (2012)

28. S.M.H. Shekarian,M.S. Zamani, S. Alami, Neutralizing a design-for-hardware-trust technique, in *2013 17th CSI International Symposium on Computer Architecture and Digital Systems (CADS)* (2013), pp. 73–78

29. S. Wei, M. Potkonjak, Scalable hardware Trojan diagnosis. IEEE Trans. Very Large Scale Integr. (VLSI) Syst. **20**(6), 1049–1057 (2012)

30. F. Wolff, C. Papachristou, S. Bhunia, R.S. Chakraborty, Towards Trojan-free trusted ICs: problem analysis and detection scheme, in *DATE'08: Proceedings of the Conference on Design, Automation and Test in Europe* (2008), pp. 1362–1365

31. X. Zhang, M. Tehranipoor, RON: an on-chip ring oscillator network for hardware Trojan detection, in *Design, Automation & Test in Europe Conference & Exhibition (DATE)* (2011), pp. 1–6

32. B. Zhou, W. Zhang, S. Thambipillai, J. Teo, A low cost acceleration method for hardware Trojan detection based on fan-out cone analysis, in *Proceedings of the 2014 International Conference on Hardware/Software Codesign and System Synthesis* (2014), p. 28

第 8 章　硬件可信性验证的形式化方法

Farimah Farahmandi，Yuanwen Huang 和 Prabhat Mishra[①]

8.1　引言

随着 IC 产业的全球化，第三方硬件 IP(知识产权)的外包和整合已成为片上系统(SoC)设计的普遍做法[4,16]。但是，攻击者可以在第三方 IP 中插入恶意组件并篡改我们的系统，这引起了重大的安全问题。在整个 IC 设计和制造过程中遍布各种安全威胁。在硅前阶段，我们会面临：(1)在设计集成阶段，设计师的错误、无良雇员以及不可信第三方IP；(2)在综合阶段，不可信 EDA 工具的威胁；(3)增加可信设计(DFT)、调试设计(DFD)和动态电源管理(DPM)功能时，受到不可信 EDA 工具及不可信供应商的威胁。在硅后阶段，我们还将面临的安全威胁有：(1)制造过程中的不可信代工厂；(2)芯片运输后的物理攻击或边信道攻击。因此，验证硬件 IP 的可信度至关重要。

区别可信和不可信第三方 IP 的关键是检测出任何指标外的恶意植入(俗称为硬件木马)。硬件木马包括两个主要部分：触发器和有效负载。触发器是激活木马电路的条件，有效负载是被激活木马影响的那部分电路(功能)。木马识别的主要挑战是木马的隐蔽性[4]。因此，传统的验证技术[39,40]无法检测到它们。激活一个木马很困难，检测或定位木马则更加困难。除了硬件木马外，还有其他一些关于硬件 IP 可信度和可靠性方面的问题，例如扫描链[45]、跟踪缓冲区[25,26]等测试和调试电路的漏洞、由软件错误导致的缓存漏洞[23]以及类似电源病毒或温度病毒产生的恶意参数波动[24]。

在芯片的硅前木马检测方面已有大量研究，这些研究的两个重点方向如图 8.1 所示：基于仿真的方法和边信道分析。基于仿真的方法旨在生成测试来激活木马，并将木马的有效负载传播到主输出，以和黄金电路进行比较。逻辑测试的难点在于生成有效的测试来激活木马并传播木马的效果，通常这些木马具有很强的隐蔽性，可逃避传统的制造测试检测。由 Chakraborty 等人提出的 MERO(多次激发稀有事件)方法[9]可以生成高质量的测试，能够实现较高的木马激活率和覆盖率。Saha 等人[41]随后利用遗传算法对这一方法进行扩展，进一步提高了测试质量。基于边信道分析方法侧重于分析边信道特征(如电流[27]、泄漏电压[1]、路径延迟[29]、电磁波[34]等)。如果芯片的边信道签名与黄金芯片(不包含木马)的差异超过某个特定阈值，则认为检测到一个木马。边信道分析方法的问题是存在工艺波动和测量噪声。同时也很难检测到对边信道信号影响不大的超小型木马。MERS(多次激发稀有翻转)方法[27]通过生成高质量的测试，可以大大提高检测翻转时的边信道灵敏度。芯片硅后木马检测的一个主要问题是我们通常无法处置木马(如果检测到)，只能丢弃该芯片。因此，急需一种设计时方法，能够在设计过程中检测、定位和消除木马，以制造无木马电路。而形式化方法就适合在(芯片投产前)设计阶段检测和定位木马。

---

① 佛罗里达大学计算机和信息科学与工程学院
　Email：ffarahmandi@ufl.edu; yuanwenhuang@ufl.edu; prabhat@ufl.edu

在本章中，我们重点介绍不同的形式化方法，以验证设计并检测非设计功能（可能为木马）。正如图 8.1 所示，主要的形式化可信性验证方法包括基于 SAT 的等价性检查、属性检查、定理证明和基于符号代数的等价性检查。

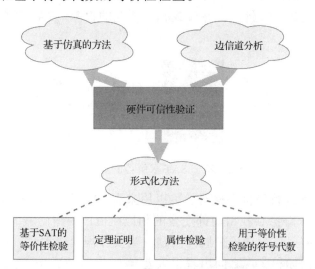

图 8.1　硬件可信性验证可以分为三个主要方向：（1）基于仿真的方法；（2）边信道分析；（3）形式化方法

基于 SAT 的等价性检查：等价性检查用于验证所实现的设计是否与设计指标等价[19]。设计指标和所实现的设计都需要被形式化为一个抽象模型，在基于可满足性问题（SAT）的等价性检查中为布尔公式。关于该专题的更多细节将在 8.2 节中介绍。

属性检查：模型检查器对设计的有限转换表示进行操作，并检查某项属性是否在此模型中成立[38]。如果检测到与木马相关的恶意属性，就可以识别出木马。关于这一专题的更多细节将在 8.3 节中介绍。

定理证明：给定一组公理和假设，可使用定理证明来证明或证伪某个猜想（逻辑陈述）。可将携带证明代码（Proof-carrying code）[30]作为可信度量，它提供形式化证明以确保来自第三方供应商的代码是完整可信的。关于这一专题的更多细节将在 8.4 节中介绍。

用于等价性检查的符号代数：此方法利用 Gröbner 基理论[16]将等价性检验问题映射为理想归属测试（ideal membership testing）问题。首先将设计指标和实现分别转换为多项式 $\{f_{spec}\}$ 和 $\{f_{impl}\}$，并利用符号代数来检查两个子集之间的等价性。关于这一专题的更多细节将在 8.5 节中介绍。

8.2　使用可满足性问题进行可信性验证

给定一个布尔公式，可满足性问题在于找到公式变量的一组布尔值，使公式的计算结果为真。如果这样的赋值不存在，这个公式就称为不可满足的。这意味着对公式变量的任何可能赋值，都会使公式计算值为假。布尔公式由多个真-假二值变量之间的与、或、非运算构成。许多验证和调试问题都可以映射为可满足性问题。其中一个应用是使用 SAT 求解器检查电路的指标与其实现是否等价。图 8.2 展示了基于 SAT 求解器的等价性检查。如果指标和实现有相同的功能，则异或门的输出应该始终为假。如果存在任意一个输入模式，使得异或门的输出为真，这意味着指标和实现在相同输入下的功能不同。换句话说，若将图 8.2 中的电路转换为合取范式 (CNF)，则可以使用 SAT 求解器来检查指标和实现之间的等价性。如果 SAT 求解器报告为不可满足，我们就可以断定指标和实现是等价的，否则，它们就是不等价的，并应找到不匹配的根源。SAT 求解器被大量用于设计验证[2,3,32]。

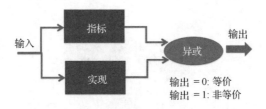

图 8.2　基于 SAT 求解器的等价性检查

通过 SAT 求解器进行等价性检查，可以用来识别硬件木马[20]。如果设计实现中存在硬件木马，则 SAT 求解器会找出内部变量的相应赋值以揭露隐藏的木马。然而，这种方法需要一个黄金模型并且存在可扩展性问题。当设计规模较大时，SAT 求解器可能会出现状态爆增，导致指标和实现之间出现很大差异。

一些研究还探讨了在未指定功能中存在的木马[17,18]。此时，木马并没改变设计指标，因此现有的统计方法或基于仿真的方法无法识别已植入木马的设计[19]。Fern 等人提出了一种基于 SAT 的技术来检测木马，这些木马利用未指定功能中的信号来引起故障。图 8.3 展示了一个存在于 FIFO 未指定功能中的硬件木马。设计者没有指定当 FIFO 的"读使能"未被明确赋值时 FIFO 的功能。攻击者可以利用这个指标的不完整性，插入恶意电路，在 FIFO 的读使能信号未被明确赋值时泄露机密信息。此类木马可以插入到设计的 RTL 代码或任何高层描述中。

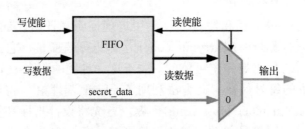

图 8.3　FIFO 未指定功能中的木马[19]

Fern 等人试图解决会造成信息泄露的未指定木马检测。假设当内部信号 "s" 在条件 "C" 下时，函数 "func" 的功能是未指定的。假设信号 s 有两个可能取值：v_0 和 v_1。在条件 C 下，如果设计中无木马则公式 (8.1) 应该是不成立的。因此，任何使公式 (8.1) 成立的赋值都表示检测到了隐藏的木马。例如在图 8.3 所示的 FIFO 中，当读使能信号为 0 时输出应保持不变（C = read_enable = 0 and s = output）。

$$C \wedge (\mathrm{func}(s = v_0) \oplus \mathrm{func}(s = v_1)) \qquad (8.1)$$

为了检测出设计未指定功能中的木马，应该确定 C 和 s 对。对于设计中的任何功能，都可以找到多个 s 和 C 对，但标记潜在关系对的过程不能自动完成。为每一对 (s, C) 构造一个合取范式(CNF)，随后可以利用 SAT 求解器(用于布尔值)或者可满足性模理论求解器(SMT 求解器)找出潜在威胁。

8.3　使用属性检查的安全验证

模型检查是一种常用的设计验证技术，用于检查设计是否满足一组给定属性。为了解决模型检查问题，需将设计与给定属性转换成一种数学模型/语言，并检查所有的设计状态以判断是否满足给定的属性。文献[11]设计了一种基于时序逻辑公式的模型检查器。各个属性使用线性时序逻辑(LTL)公式进行描述，它们描述了设计的预期行为。这些属性由模型检查器进行验证。模型检查器要么证明属性在设计所有可能行为下的正确性，要么找出属性不成立时的一个反例。

模型检查器使用二元决策图(BDD)，尝试设计中的所有状态来证明给定的属性。然而，由于每一位都会在设计中引入两个状态，因此状态的数量可能非常巨大。例如，一个 32 位的寄存器就可能向设计的状态空间中增加 2^{32} 个状态。虽然针对状态空间的爆炸问题已经有一些技术，例如切片、抽象等[10,44]，但该问题仍然是使用模型检查进行属性验证的最大限制。通过引入有界模型检查(BMC)后，可以减少模型检查器用于构造和存储设计中的不同状态所需的存储器空间[5]。BMC 尝试在执行期间的前 K 周期找到一个反例。如果在 K 周期内发现了一个反例，则该属性不成立；否则，可以在其上限内继续增加 K，寻找反例。因为 BMC 只在特定数量的时钟周期内展开电路，所以它无法真正证明一条属性。然而，当模型检查器失败时，BMC 可以为给定的属性提供一种统计指标(例如，在 K 时钟周期内找不到反例)。BMC 问题可映射为可满足性问题，并且可利用 SAT 求解器来求解。因此，BMC 解决了一些模型检查中与 BDD 相关的状态空间爆炸问题。图 8.4 和图 8.5 分别展示了模型检查法和有界模型检查法。显然，有界模型检查不能为属性 P 提供证明，但是，它却能揭示属性 P 是否在 K 个时钟周期内被违反。

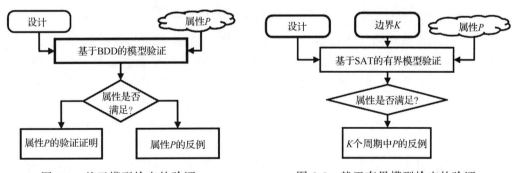

图 8.4　基于模型检查的验证　　　　　　图 8.5　基于有界模型检查的验证

安全属性描述了可信设计需遵循的预期行为。模型检查器可用于确认安全属性。SoC 设计者和第三方供应商可就设计上一些必需的安全特性达成共识。当设计被送至芯片集成商处，芯片集成商会将这个设计转换为形式化描述，并用模型检查器来检验其安全属性。如果所有的安全属性都通过验证，则预期的安全行为被满足。Rajendran 等人已经提出了一种基于有界模型检查的木马检测技术[36]。他们针对试图破坏关键数据的这一威胁模型，例如加密设计的密钥、大多数加密算法所需要的随机数，或者处理器的堆栈指针等关键数据。假设这些关键数据存储于某些特定的寄存器中，需要对这些寄存器的访问进行保护。换句话说，应该用合法的方式访问这些写入了关键数据的寄存器，而且任何未预先定义的访问都应该被视为威胁。将这些寄存器的安全访问条件公式化为属性（声明），然后使用有界模型检查器寻找安全属性被违反时的反例。

例 1 假设程序计数器（PC）的内容被视作关键数据。更改 PC 寄存器的合法方法包括使用复位信号（V_1）、通过 CALL 指令将 PC 寄存器的值增加 V_2，或使用 RET 指令将 PC 寄存器的值减少 V_3。除此之外的其他任何情况下，PC 寄存器的值应保持不变。PC 寄存器的安全属性可公式化为：

Safe_PC_change:assert always $PC_{access} \notin \mathbb{V} = \{V_1, V_2, V_3\} \rightarrow PC_t = PC_{t-1}$

将此属性与处理器的设计一起送入有界模型检查器后，只要未授权访问并更改 PC 寄存器或其部分内容，检查器就会发现一个反例。

使用模型检查有助于发现对设计中加密数据和关键数据的非法访问，因为这种方法无须设计黄金模型。然而，此方法的成功与否取决于 SAT 引擎（对于大型和复杂设计有可能会失败）和安全属性的精确定义，后者需要事先知晓访问关键寄存器的所有安全方式。通过使用自动测试模式生成（ATPG）工具，花费较多的时钟周期来确保大型设计的可信性，可以进一步提高现有方法的性能。将属性综合为一个电路监控器，并添加到原设计中。ATPG 工具可用于生成一套检测监控电路输出端固定 1 型故障的测试。如果可以生成此测试，就能找到一个反例。此方法的成功与否取决于 ATPG 工具和电路监控器的完整定义。

可以使用一种类似的基于模型检查的方法来检测信息泄露[37]。安全属性检查是否存在一个输入赋值（或输入赋值序列）I，会引发加密数据 S 泄露到设计的输出端口或可观测点（O）。

$$\exists i \in I \rightarrow (S == O)$$

安全属性和设计的形式化描述将被送至有界模型检查器来发现可能的数据泄露。但是上述方法面临着很多挑战。如果加密信息 S 包含 n 位，则模型检查器需要检验 2^n 种不同值。当 n 的数量级大约为 100 时（加密算法的通常情况），想要检查所有可能的值根本不可行。作者提出了一些改进措施以限制木马搜索，使信息泄露检测变得可行。但是，此类假设和改进措施的规则限制了该方法在发现不同的信息泄露威胁方面的适用性。此外，因为随着每个周期的展开，问题的复杂度相应增加，可能导致 BMC 失败。因此，BMC 只能工作在特定时钟周期数下，具体的时钟周期数取决于设计的大小。如果攻击者植入了一个木马，而该木马是在大量的时钟周期之后才被触发，此时该方法就无法检测到这种木马。

安全属性检查可以通过两种通用方式实现：（1）检查被禁止的行为；（2）检查预期的安全属性。文献[38]对设计中的恶意行为进行形式化表示，并使用模型检查器对其进行检查。该方法仅适用于已知的木马类型。Hasan 等人提出了一种硬件木马检测技术，使用 LTL 和计算树逻辑（CTL）安全属性来生成硬件木马监视器，以提高硬件设计对恶意功能的抵抗力[22]。在此类攻击中，攻击者为不可信第三方设计者，他可以在 IP 中植入木马，而防御者是 SoC 集成商。SoC 集成商需要将危险行为形式化为安全属性，以便使用模型检查器进行漏洞验证。随后再将生成的反例以及所涉及的信号提供给内部设计人员，以便为安全监控器的高效运行提供指南。

文献[35]中考虑了由第三方电子设计自动化(EDA)工具引入的潜在威胁。攻击者可能利用不透明的 EDA 工具(比如综合工具)修改设计。综合工具可能对某些寄存器进行优化，并且不安全地修改有限状态机(FSM)。作者提出了一种基于属性覆盖率分析的硬件木马检测技术，以确保门级网表免受综合工具植入硬件木马的影响。此木马检测方法基于安全属性检查和状态覆盖来标记可疑的未使用电路状态。图 8.6 展示了在 FSM 中植入木马的不同方式。

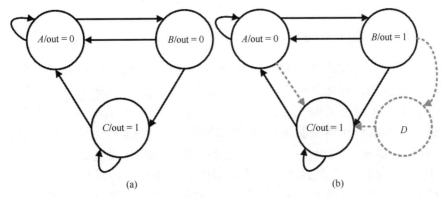

图 8.6　FSM 中的木马。(a)不含木马的 FSM；(b)可用不同方式将木马植入 FSM。植入方式有(1)改变状态输出(比如状态 B)，(2)修改状态转换(比如增加从状态 A 到状态 C 的转换)，(3)在 FSM 中增加额外的状态(比如状态 D)以及额外的状态转换(比如状态转换：B→D→C)

例 2　考虑图 8.6(a)中所示的 FSM。只要当前状态为 A，则下一状态只可能为 A 或 B。该属性可以用如下的 LTL 公式表示：

assert always (cur_state==A)→X(next_state=A||next_state=B)

注：X 符号表示下一个循环，→表示转移过程。

使用基于模型检查的方法检测硬件木马，其成功与否高度依赖于设计的大小、SAT 工具以及所提供属性的质量。模型检查器并不能保证硬件木马不存在。但是，它可以提供一个可信度水平的度量标准。

8.4　用于木马检测的定理证明器

定理证明尝试从一组公理和假说中证明一个猜想(逻辑声明)。很多不同领域的问题，比如数学、硬件以及软件验证都可以映射为定理证明。自动定理证明器(ATP)是一种尝试对给定问题进行证明的计算机程序。ATP 需要用逻辑语言(比如一阶逻辑或高阶逻辑)对猜想、公理及假设进行适当且精确的表述。逻辑语言提供了一种上述问题的形式化描述，因此，利用 ATP 进行数学运算。换句话说，ATP 可以展示如何通过遵循一组相关的事实和声明，从逻辑上证明猜想。图 8.7 所示为定理证明流程概述。

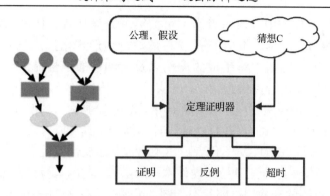

图 8.7　基于定理证明器的验证

8.4.1　使用携带证明代码的机密数据保护

　　定理证明器被广泛应用于可信性验证领域。文献[33]提出使用携带证明代码（PCC）来对不可信供应商的代码提供可信度量。其基本思想是：当代码开发者交付代码时，代码使用者能够对一组预定义属性进行确认。使用 PCC 后，要求供应商必须提供安全属性的形式化证明，同时使用者要验证该证明以确保代码的完整性。证明是使用定理证明器生成的。Jin 和 Makris[30]提出了一种基于携带证明概念的 IP 信息跟踪方法。该方法用来为不可信 IP 供应商和 SoC 制造商之间建立信任。IP 供应商创建与 SoC 制造商一致认可的安全属性证明。该设计带有保密标签，并被转换为形式化描述。将设计、保密标签以及它们的形式化描述一同打包发送给使用者。使用者将双方认同的安全属性进行形式化，并重新生成 HDL 代码的形式化模型，以使用形式化属性检查器来验证由生产商提供的证明。假设攻击者在设计中插入了一个硬件木马违反了安全属性，那么证明验证就会失败。图 8.8 展示了该方法的总体流程。验证结果为"通过"，表明了所交付的 IP 具有安全性行为；而结果为"失败"，则揭示了可能存在泄露保密信息的恶意代码。Jin 和 Makris[30]开发了一套规则，将 HDL 代码转换成 Coq 形式化语言，从而实现形式化模型生成过程的自动化。

　　例 3　设要求 IP 供应商提供 DES 算法（一种数据加密算法）[6]的实现。我们的目标是确保所有机密数据都不会通过主输出泄露。这个需求可以被形式化为定理 "Safe_DES"。在 DES 算法实现中，密钥输入 "KEY"、明文 "Des_In" 和内部密钥轮 "KEY_Rounds"被视作应受保护的保密信息。因此，它们将会被贴上安全标签。向定理证明器使用的形式化逻辑中添加三条公理，分别表征 KEY、Des_In 和 KEY_Rounds 在所有时钟周期中的保密特性。下一步，上述三个公理、DES 实现以及 safe_DES 定理都被转换成 Coq 形式化模型。定理证明器将试图通过 DES 算法和公理的形式化行为来证明该定理。如果能够生成证明，则该 DES 算法就是安全的。然后，该设计和证明就可以交付给使用者了。用户再用属性检查器验证该证明。

　　文献[31]中提出了一种动态信息追踪方法。与统计方法类似，设计和安全属性被形式化并进行验证，以检测敏感数据的非法泄露。与统计方案不同，所有变量都被分配到一个值列表中，这些值表示了它们在不同时钟周期的敏感度水平。同时设计了一些更新规则，旨在随时间推移改变变量的敏感度值。为了保护数据，设计了两个敏感度表：（1）初始化列表；（2）稳定值列表，该表中的数值表示电路信号的稳定敏感度水平。SoC 集成商首先检查两个列表的内容，以确保经由此电路中机密数据的分布是安全分布的。接下来，再验证其证明。

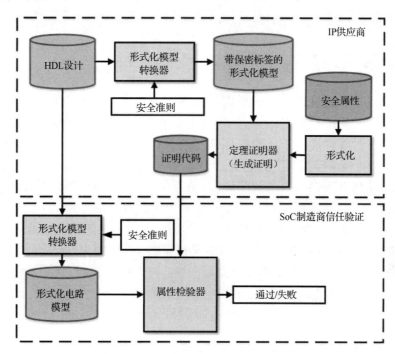

图 8.8　基于携带证明代码的信息流追踪

　　一种类似的方法也应用于对 EDA 工具的可信性验证[28]。其基本思想是认为可信的 RTL 设计并不能确保 IP 核的安全性。门级网表可能受到恶意植入或不可信 EDA 工具的污染。Jin[20]提出了一种框架来检查综合工具生成的门级网表的可信等级。该框架包括三个主要步骤：(1)根据可信 RTL 代码的安全属性生成携带证明代码；(2)在相应的综合"后门"级网表上验证证明；(3)根据第二步的结果测量 EDA 工具的可信等级。上述方法要求进行展平化设计以检查整个系统的完整性。但是，展平化设计增加了形式化步骤和证明生成阶段的复杂性，并由于扩展性问题而限制了这些方法的适用性。与 8.3 节中讨论的属性检查方法类似，该方法对木马的检测也取决于安全属性的质量。

8.4.2　定理证明器和模型验证器的结合

　　使用携带证明代码方法的主要挑战是测量 RTL 的可信度，或者对于门级代码来说是其可扩展性。SoC 设计通常规模较大且复杂，随着设计规模的增加，证明的构造也越困难。对于大型设计来说，证明验证也非常耗时。为解决上述问题，文献[21]中提出了一种综合方法。其主要思想是将交互式定理证明器与模型检查器结合起来，以检查安全属性。使用 SoC 设计的层次化结构进行设计分割，用于减少验证工作量及解决可扩展性问题。安全属性被形式化为定理，定理又被分解为多个引理，每个引理都与设计中的一个分割相关。然后再将引理转换成声明，并使用模型检查器来验证声明。每个声明称作一个子规范，子规范通过一种彼此依赖的方式被选择。如果所有分割都满足安全引理，我们需要使用定理证明器借助已检验的引理来验证整个设计的安全性。如果安全定理能够得到证明，则可以认为整个系统就是安全的。

该方法通过分散证明结构来克服可扩展性问题。然而，这种方法是否成功取决于模型检查引擎。在某些情况下，由于模型检查器的限制可能无法验证引理。

8.5   基于符号代数的木马检测

等价性检查用于形式化地证明一个设计的两种表现形式展现出相同的行为，可在设计抽象的不同层次之间进行等价性检查。传统上通常使用 SAT 求解器和诸如 Formality[43] 之类的工业工具进行等价性检查。当指标和实现结构相似时，比如一个是 RTL 模型(综合前)另一个是门级网表模型(综合后)，上述方法具有广泛的应用前景。但是，当 SoC 设计复杂并且涉及显著不同的规范和实现时(缺乏结构相似性或 FSM 级相似性)，现有的方法可能导致会状态空间爆炸问题。

针对硬件设计等价性检查中的状态空间爆炸问题，一个有效解决途径是基于符号计算机代数的方法。符号代数计算是指应用数学表达式和算法处理来解决不同的问题。符号代数由于其在硬件设计等价性检查中的适用性而受到关注。一些基于符号代数的等价性检查方法已经可以成功地检测出组合电路，尤其是算术电路与其指标的偏差[13,15,20,42]。该方法将等价性检查问题映射为理想归属测试，并使用 Gröbner 基理论来解决该问题。

8.5.1   基于 Gröbner 基理论的等价性检查：背景介绍

在一个域上定义的一组多项式 $\mathbb{F} = \{F_1, F_2, \cdots, F_n\}$ 生成一个理想 $I = \langle F_1, F_2, \cdots, F_n \rangle$。$\mathbb{F}$ 集被称为理想 I 的基，或生成器。通常，理想 I 可以有多个基。其中一个基称为 Gröbner 基 G，其可从 Buchberger 算法中得出[8]。Gröbner 基的主要特点是具有解决理想归属问题的能力[7]。换句话说，如果我们要检查多项式 f 是否属于理想 I，f 可通过设置 G 进行约简(可以使用考虑特定顺序的多项式划分来进行约简)。如果约简的结果等于零多项式，则 f 就属于理想 I，否则 f 不属于理想 I[12]。

等价性验证问题可有效地映射为算术电路的理想归属测试。为了应用 Gröbner 基理论，先将指标建模为多项式 f_{spec}，将实现转换成一组多项式 $\mathbb{I} = \{f_1, f_2, \cdots, f_3\}$，将理想 I 集构造为 $I = \langle \mathbb{I} \rangle = \{f_1, f_2, \cdots, f_s\}$。集合 $\mathbb{I}$ 由互素首项单项式对 (f_i, f_j) 构成。因此，$\mathbb{I}$ 集也是理想 I 集的 Gröbner 基(G)。为了检查指标和实现之间的等价性，f_{spec} 可在 G 集上进行约简。如果余项为零，则表明已正确实现指标。换句话说，指标和实现是等价的。

算术电路等价性检查问题首先将设计指标转换成多项式 f_{spec}，该多项式使用算术电路的主输入和主输出作为变量，表示电路功能的字级抽象。例如，一个带有主输入 $A = \{a_0, a_1, \cdots, a_{n-1}\}$ 和 $B = \{b_0, b_1, \cdots, b_{n-1}\}$ 以及主输出 $Z = \{z_0, z_1, \cdots, z_n\}$ 的 n 位加法器，其指标可表示为 $Z = A + B$ 或写成 $(2^n \cdot z_n + \cdots + 2 \cdot z_1 + z_0) - ((2^{n-1} \cdot a_{n-1} + \cdots + 2 \cdot a_1 + a_0) + (2^{n-1} \cdot b_{n-1} + \cdots + 2 \cdot b_1 + b_0)) = 0$，其中 $\{a_i, b_i, z_i\} \subset \{0,1\}$。

逻辑门的功能(如与门、或门、异或门、非门和缓存)可以用多项式表示，而逻辑门的输入和输出信号可以作为相应多项式的变量。出现在电路多项式中的每个变量 x_i 都属

于 $\mathbb{Z}_2(x_i^2 = x_i)$。图 8.9 中显示了使用多项式描述的一些基本逻辑门。换句话说，通过把每个逻辑门建模成一个多项式，可将电路的门级网表建模为一组多项式 $\mathbb{F}$。假设我们的目标是要确保一个算法电路正确地实现了其指标。换言之，我们想要验证算术电路中没有功能错误。等价性检查会在电路实现多项式 $\mathbb{F}_{\text{imp}}$ 上连续约简 f_{spec}，直到余项为零或余项中只包含主输入变量为止。如果余项为零，则表明算术电路精确地执行了指标。而非零余项就表明电路实现不可信且存在一些故障。图 8.9 给出了等价性验证方法的概述。

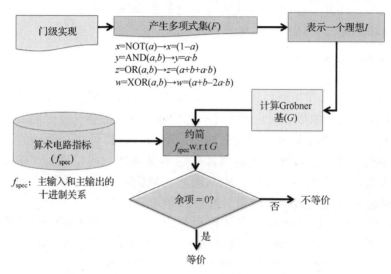

图 8.9　基于 Gröbner 基理论的算术电路验证概述

例 4　设我们想要验证如图 8.10 所示的全加器电路实现的功能正确性。全加器的指标可表示为 $2(2 \cdot C_{\text{out}} + S - (A + B + C_{\text{in}}))$，电路中的每个逻辑门都可以表示成如图 8.9 中所示的多项式。接下来按照电路的拓扑次序（因为电路是非环状的）进行约简：$C_{\text{out}} > \{S, n_3\} > \{n_2, n_1\} > \{A, B, C_{\text{in}}\}$。约简从拓扑排序最高的主输出开始，到主输入结束。大括号中的变量具有相同的拓扑排序，可以在一次迭代中约简。式(8.2)显示了约简过程。可以看出，最终结果(余项)是非零多项式，表明该电路不可信。

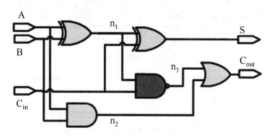

图 8.10　带故障的全加器门级网表

$$\text{step}_0 : 2 \cdot C_{\text{out}} + S - A - B - C_{\text{in}}$$
$$\text{step}_1 : S - 2 \cdot n_3 \cdot n_2 + 2 \cdot n_3 + 2 \cdot n_2 - A - B - C_{\text{in}}$$
$$\text{step}_2 : 2 \cdot n_2 \cdot n_1 \cdot C_{\text{in}} - 4 \cdot n_1 \cdot C_{\text{in}} + n_1 - A - B + 2$$
$$\text{step}_3(\text{余项}) : 8 \cdot A \cdot B \cdot C_{\text{in}} - 4 \cdot A \cdot C_{\text{in}} - 4 \cdot B \cdot C_{\text{in}} - 2 \cdot A \cdot B + 2$$

$$(8.2)$$

8.5.2　基于符号代数的算术电路中木马的激活与检测

从安全的角度来看，确保设计不偏不倚地完全符合预期指标是极其重要的。每个多余的、错误的或缺失的组件都可能威胁到设计的安全性。余项（如例 4 所示）表明了等价性检查的结果。事实表明，余项有益于发现造成威胁的根源[14]。与预期功能的任何偏差都被视作威胁。余项可用于生成激活木马的测试。如果在电路中存在不止一个恶意功能，它们都将影响余项。因此，使余项非零的每个赋值都会导致至少一个现有的故障情形。生成的测试和余项的模式可用于找出恶意情况。

8.5.3　第三方 IP 中的木马定位

8.5.2 节中的方法可以在扩展后用于查找组合算术电路中是否植入了可以改变功能的硬件木马。但是由于若干原因，对一般的 IP 应用同样的方法会受到限制。首先，一般电路的指标可能无法用一个简单的多项式来描述。第二，电路可能是循环的，环的时序性可能会导致其存在。第三，展开可能会增加问题的复杂性，所以对实现多项式的 f_{spec} 约简可能会面临多项式的项爆增。最后，木马激活可能需要大量的展开步骤，这也许是不切实际的，同时也无法确定多少个周期后能够激活木马。

为了应对这些挑战，Farahmandi 等人已经提出了一种基于 Gröbner 基方法来定位和检测第三方 IP 中的木马[16]。该方法利用设计的两个版本来进行木马的定位和激活。假设有设计的黄金模型（指标）和它的修正版本（实现），其中修正版是指在黄金模板上执行了一些非功能性改变如综合、添加时钟树、扫描链插入等。一旦第三方 IP 在经过综合或其他不改变功能的转换后，确保这些 IP 的可信度是至关重要的。该方法从指标和实现网表中提取的两组不同多项式，并使用 Gröbner 基约简来检验两个集之间的等价性。图 8.11 给出了该方法的概述。

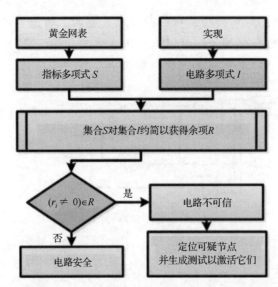

图 8.11　使用 Gröbner 基约简进行第三方 IP 木马定位的概述

算术电路可以由一个通用指标多项式来定义，与之不同的是，一般 IP 可由从黄金 IP

中提取的一组多项式 $\mathbb{S}$ 来表示。黄金网表(指标)被划分为多个区域,将每个区域都转换为一个多项式。每个区域的输出要么是某个触发器的输入(时钟、使能、复位信号等),要么是主输出之一。区域的输入可以来自主输入,也可以来自触发器的输入/输出。然后,将区域内逻辑门的对应方程(基于图 8.9)结合起来,构造一个表示该区域功能的多项式。类似地,实现多项式 $\mathbb{I}$ 通过建模每个逻辑门为多项式来进行驱动,其中不包括来自不可信设计的触发器。

为了检测木马,集合 $\mathbb{S}$ 中的每个多项式 f_{spec_i} 将由来自集合 $\mathbb{I}$ 的一组多项式进行约简,以检验多项式 f_{spec_i} 在理想 I 的归属,理想 I 由来自集合 $\mathbb{I}$ 的多项式构建($I = \langle \mathbb{I} \rangle$)。这个过程一直持续到 f_{spec_i} 被约简到零多项式或包含了主输入以及触发器输入/输出的余项多项式。非零余项表示电路未正确实现 f_{spec_i} 的功能,表明该电路部分功能是可疑的。注意,根据 Gröbner 基理论,当某个特定区域的余项为零时,该区域是安全的。换句话说,攻击者不可能以余项为零的方式插入恶意逻辑门。通过使用这种方法,就可以识别恶意区域。假设攻击者插入了一些多余的触发器作为木马的一部分,这些有问题的触发器在指标中没有任何对应关系,即没有描述这些多余触发器输入功能的多项式 f_{spec_i}。所以电路中的相应区域也被认为是可疑区域。由于其结构,扫描链触发器可以很容易地被检测出来,并从可疑候选对象中剔除。为了识别最有可能导致恶意活动的逻辑门,将从可疑区域中移除有助于构建安全区域 (余项为零的区域)的逻辑门。这项技术减少了可疑逻辑门的数量。图 8.12 显示了可疑逻辑门的裁剪过程。

在本章中,我们介绍了多种用于硬件安全和可信性验证的形式化方法。考虑到设计可信 SoC 的重要性和复杂性不断增加,预计在不久的将来会产生更多的可信分析和验证方法。

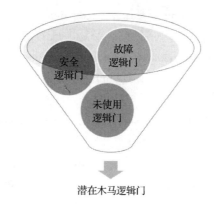

潜在木马逻辑门

图 8.12 潜在的木马逻辑门:可疑逻辑门=(故障逻辑门-安全逻辑门)∪未使用逻辑门

8.6 小结

在 SoC 设计的不同阶段,可能会引入一些安全问题,包括有意或无意的设计错误。因此,硬件可信度的建立变得至关重要。形式化方法在硬件验证方面大有可为,因为它们通过评估数学模型的功能和结构,验证设计是否包含指标中所描述的功能。此外,形式化方法可以为安全属性提供证明。安全验证的形式化方法大致可分为四类:(1)基于可满足性问题的方法;(2)属性检查方法;(3)定理证明策略及(4)等价性检查方法。在本章中，我们讨论了基于上述四类形式化方法的安全验证法，以改进在设计生命周期中不同阶段的安全验证工作。

参考文献

1. J. Aarestad, D. Acharyya, R. Rad, J. Plusquellic, Detecting trojans through leakage current analysis using multiple supply pads. IEEE Trans. Inf. Forensics Secur. **5**(4),893–904（2010）. doi:10.1109/TIFS.2010.2061228, ISSN:1556-6013

2. P. Behnam, B. Alizadeh, In-circuit mutation-based automatic correction of certain design errors using sat mechanisms, in *2015 IEEE 24th Asian Test Symposium（ATS）*（IEEE, 2015）, pp. 199–204

3. P. Behnam, B. Alizadeh, Z. Navabi, Automatic correction of certain design errors using mutation technique, in *2014 19th IEEE European Test Symposium（ETS）*（IEEE, 2014）, pp. 1–2

4. S. Bhunia, M.S. Hsiao, M. Banga, S. Narasimhan, Hardware trojan attacks: threat analysis and countermeasures. Proc. IEEE **102**(8), 1229–1247（2014）

5. A. Biere, A. Cimatti, E.M. Clarke, O. Strichman, Y. Zhu, Bounded model checking. Adv. comput. **58**, 117–148（2003）

6. E. Biham, A. Shamir, Differential cryptanalysis of des-like cryptosystems. J. Cryptol. **4**(1), 3–72（1991）

7. B. Buchberger, Some properties of gröbner-bases for polynomial ideals. ACM SIGSAM Bull. **10**(4), 19–24（1976）

8. B. Buchberger, A criterion for detecting unnecessary reductions in the construction of a groebner bases, in *EUROSAM*, 1979

9. R.S. Chakraborty, F. Wolf, C. Papachristou, S. Bhunia, Mero: a statistical approach for hardware Trojan detection, in *International Workshop on Cryptographic Hardware and Embedded Systems（CHES'09）*, 2009, pp. 369–410

10. A. Cimatti, E. Clarke, F. Giunchiglia, M. Roveri, Nusmv: a new symbolic model checker. Int. J. Softw. Tools Technol. Transfer **2**(4), 410–425（2000）

11. E.M. Clarke, E.A. Emerson, A.P. Sistla, Automatic verification of finite-state concurrent systems using temporal logic specifications. ACM Trans. Program. Lang. Syst.（TOPLAS）**8**(2), 244–263（1986）

12. D. Cox, J. Little, D. O'Shea, *Ideals, Varieties, and Algorithms*（Springer, New York, 1997）

13. F. Farahmandi, B. Alizadeh, Grobner basis based formal verification of large arithmetic circuits using gaussian elimination and cone-based polynomial extraction, in *Microprocessor and Microsystems – Embedded Hardware Design*, 2015, pp. 83–96

14. F. Farahmandi, P. Mishra, Automated test generation for debugging arithmetic circuits, in *2016 Design, Automation & Test in Europe Conference & Exhibition（DATE）*（IEEE, 2016）, pp. 1351–1356

15. F. Farahmandi, B. Alizadeh, Z. Navabi, Effective combination of algebraic techniques and decision diagrams to formally verify large arithmetic circuits, in *2014 IEEE Computer Society Annual Symposium on VLSI*（IEEE, 2014）, pp. 338–343

16. F. Farahmandi, Y. Huang, P. Mishra, Trojan localization using symbolic algebra, in *2017 22nd Asia and*

South Pacific Design Automation Conference (ASP-DAC) (IEEE, 2017), pp. 591–597

17. N. Fern, S. Kulkarni, K.-T.T. Cheng, Hardware Trojans hidden in RTL don't cares – automated insertion and prevention methodologies, in *2015 IEEE International Test Conference (ITC)* (IEEE, 2015), pp. 1–8

18. N. Fern, I. San, C.K. Koç, K.-T.T. Cheng, Hardware Trojans in incompletely specified on-chip bus systems, in *Proceedings of the 2016 Conference on Design, Automation & Test in Europe* (EDA Consortium, 2016), pp. 527–530

19. N. Fern, I. San, K.-T.T. Cheng, Detecting hardware trojans in unspecified functionality through solving satisfiability problems, in *2017 22nd Asia and South Pacific Design Automation Conference (ASP-DAC)* (IEEE, 2017), pp. 598–504

20. X. Guo, R.G. Dutta, Y. Jin, F. Farahmandi, P. Mishra, Pre-silicon security verification and validation: a formal perspective, in *ACM/IEEE Design Automation Conference (DAC)*, 2015

21. X. Guo, R.G. Dutta, P. Mishra, Y. Jin, Scalable SoC trust verification using integrated theorem proving and model checking, in *2016 IEEE International Symposium on Hardware Oriented Security and Trust (HOST)* (IEEE, 2016), pp. 124–129

22. S.R. Hasan, C.A. Kamhoua, K.A. Kwiat, L. Njilla, Translating circuit behavior manifestations of hardware Trojans using model checkers into run-time trojan detection monitors, in *IEEE Asian Hardware-Oriented Security and Trust (AsianHOST)* (IEEE, 2016), pp. 1–6

23. Y. Huang, P. Mishra, Reliability and energy-aware cache reconfiguration for embedded systems, in *2016 17th International Symposium on Quality Electronic Design (ISQED)* (IEEE, 2016) pp. 313–318

24. Y. Huang, P. Mishra, Test generation for detection of malicious parametric variations, in *Hardware IP Security and Trust* (Springer International Publishing, Cham, 2017), pp. 325–340

25. Y. Huang, P. Mishra, Trace buffer attack on the AES cipher. J. Hardw. Syst. Secur. (HaSS) **1**(1), 68–84 (2017). Springer

26. Y. Huang, A. Chattopadhyay, P. Mishra, Trace buffer attack: security versus observability study in post-silicon debug, in *2015 IFIP/IEEE International Conference on Very Large Scale Integration (VLSI-SoC)*, 2015, pp. 355–360

27. Y. Huang, S. Bhunia, P. Mishra, MERS: statistical test generation for side-channel analysis based Trojan detection, in *Proceedings of the 2016 ACM SIGSAC Conference on Computer and Communications Security (CCS'16)* (ACM, New York, 2016), pp. 130–141

28. Y. Jin, EDA tools trust evaluation through security property proofs, in *Design, Automation and Test in Europe Conference and Exhibition (DATE)*, 2014, pp. 1–4

29. Y. Jin, Y. Makris, Hardware Trojan detection using path delay fingerprint, in *IEEE International Workshop on Hardware-Oriented Security and Trust*, 2008, pp. 51–57

30. Y. Jin, Y. Makris, Proof carrying-based information flow tracking for data secrecy protection and hardware trust, in *VLSI Test Symposium (VTS)*, 2012, pp. 252–257

31. Y. Jin, B. Yang, Y. Makris, Cycle-accurate information assurance by proof-carrying based signal sensitivity tracing, in *IEEE International Symposium on Hardware-Oriented Security and Trust (HOST)*, 2013, pp. 99–106

32. H.-M. Koo, P. Mishra, Test generation using sat-based bounded model checking for validation of pipelined processors, in *Proceedings of the 16th ACM Great Lakes Symposium on VLSI*（ACM, 2006）, pp. 362–365

33. G.C. Necula, Proof-carrying code, in *Proceedings of the 24th ACM SIGPLAN-SIGACT Symposium on Principles of Programming Languages*（ACM, 1997）, pp. 106–119

34. X.T. Ngo, I. Exurville, S. Bhasin, J.L. Danger, S. Guilley, Z. Najm, J.B. Rigaud, B. Robisson, Hardware trojan detection by delay and electromagnetic measurements, in *2015 Design, Automation Test in Europe Conference Exhibition (DATE)*, 2015, pp. 782–787

35. Y. Qiu, H. Li, T.Wang, B. Liu, Y. Gao, X. Li, Property coverage analysis based trustworthiness verification for potential threats from EDA tools, in *2016 IEEE 25th Asian Test Symposium (ATS)* (IEEE, 2016), pp. 43–48

36. J. Rajendran, V. Vedula, R. Karri, Detecting malicious modifications of data in third-party intellectual property cores, in *ACM/IEEE Design Automation Conference (DAC)*, 2015, pp. 112–118

37. J. Rajendran, A.M. Dhandayuthapany, V. Vedula, R. Karri, Formal security verification of third party intellectual property cores for information leakage, in *2016 29th International Conference on VLSI Design and 2016 15th International Conference on Embedded Systems (VLSID)* (IEEE, 2016), pp. 547–552

38. M. Rathmair, F. Schupfer, Hardware Trojan detection by specifying malicious circuit properties, in *2013 IEEE 4th International Conference on Electronics Information and Emergency Communication (ICEIEC)* (IEEE, 2013), pp. 317–320

39. E. Sadredini, M. Najafi, M. Fathy, Z. Navabi, BILBO-friendly hybrid BIST architecture with asymmetric polynomial reseeding, in *2012 16th CSI International Symposium on Computer Architecture and Digital Systems (CADS)* (IEEE, 2012), pp. 145–149

40. E. Sadredini, R. Rahimi, P. Foroutan, M. Fathy, Z. Navabi, An improved scheme for precomputed patterns in core-based SoC architecture, in *2016 IEEE East-West Design & Test Symposium (EWDTS)* (IEEE, 2016), pp. 1–6

41. S. Saha, R. Chakraborty, S. Nuthakki, Anshul, D. Mukhopadhyay, Improved test pattern generation for hardware Trojan detection using genetic algorithm and boolean satisfiability, in *Cryptographic Hardware and Embedded Systems (CHES)*, 2015, pp. 577–596

42. A. Sayed-Ahmed, D. Große, U. Kühne, M. Soeken, R. Drechsler, Formal verification of integer multipliers by combining gröbner basis with logic reduction, in *Design Automation and Test in Europe Conference (DATE)*, 2016, pp. 1–6

43. *Synopsys, Formality*, 2015

44. S. Vasudevan, E.A. Emerson, J.A. Abraham, Efficient model checking of hardware using conditioned slicing. *Electron. Notes Theor. Comput. Sci.* **128**(6), 279–294（2005）

45. B. Yang, K. Wu, R. Karri, Scan based side channel attack on dedicated hardware implementations of data encryption standard, in *ITC*, 2004, pp. 339–344

第9章 无黄金模型木马检测

Azadeh Davoodi[①]

9.1 引言

大量现存的木马检测技术在 IC 认证阶段依赖黄金 IC（GIC）。GIC 是设计的一个制作实例，并且确定不含木马。在认证阶段，GIC 用于提供参考信号，反映芯片在一组输入模式下的正确行为。此类信号，可以是瞬态时序或功率模式的形式。然后，它们将用于评估待认证 IC。通过比较应用相同的输入模式后待验证 IC 和 GIC 产生的信号进行评估。

然而，上述检测方法的一个基本限制是：有可能根本不存在 GIC。例如在以下情形中，GIC 可能不存在：(1)设计团队中的恶意成员在设计阶段植入了木马，而在验证过程中又未检测到该木马；(2)不含木马的设计被送至不可信晶圆厂进行制造，在制造阶段攻击者通过改变其中的一个掩模植入了木马。上述两种情形中，芯片的制造成品都将被木马感染，因此不会有 GIC 存在。

即使没有理由怀疑 GIC 也许不存在，也需要首先鉴别 GIC，然后才能用之与待认证 IC 进行比较。例如，这种鉴别可以通过在可能的 GIC 候选品上运行严苛的测试过程来实现。所使用的测试远比普通 IC 认证测试更为严格，例如，可应用数量极多的输入模式在各种环境变化下验证功能的正确性。然而，严苛测试程序仍然无法涵盖所有可能的工作负载和环境条件；木马可能被设计为仅由稀有事件触发，就算经过测试的候选 GIC 可能是一个更可靠的芯片，上述测试也可能并不包括触发木马的稀有事件。

上述问题从根本上限制了绝大多数木马检测技术，因为多数检测框架均依赖于 GIC。

9.2 无黄金模型木马检测及其挑战

无黄金模型木马检测技术的目标与其他木马检测方案相似：需要确定待认证 IC 是否包含木马。该技术还需要指出木马在布局中的位置以及触发木马的条件(工作负载、工艺和环境因素)。

木马的检测是一项具有挑战性的任务，源于以下因素的综合作用：(1)制成芯片中可观测性和可控性的不足；(2)数十亿的纳米级组件以及集成在系统中大量的软核、固件、硬件 IP 核所导致的复杂性；(3)逆向工程中，检视纳米特征尺寸的高成本和挑战，因为此类检测还可能是侵入性的，所以只能用于检测木马感染芯片总体中的一小部分；(4)木马可能只能由稀有事件触发，所以很难于激活；(5)纳米技术中不断增加的工艺波动和环境变化导致 IC 的预期特性出现偏差。

无黄金模型检测同样会受到上述挑战的影响。此外，缺少 GIC 意味着检测方案不能假定

---

① 威斯康星大学电气与计算机工程

Email：adavoodi@wisc.edu

存在一组可以保证木马存在的参考模式。这极大地限制了采用无黄金模型检测中，能使用的方法类型。接下来，我们会给出无黄金模型检测技术的例子，这些技术旨在克服上述障碍。

9.3　一些可能的解决方案

在本节中，我们对已有的几种用于无黄金模型木马检测技术的方案做了综述。与依赖黄金模型的木马检测技术类似，一些技术也利用了片上传感器或边信道信息，只是它们无须黄金 IC。

使用机器学习和成像技术进行检测：文献[1]中提出了一些基于机器学习的技术，使用布局图像对芯片进行逆向工程以鉴别 GIC。虽然这项工作旨在鉴别 GIC，但提出的技术自然也适用于无黄金模型木马检测。该研究结合了多种机器学习技术，以区分 IC 中的"可疑的"和"符合预期的"结构。为了开发和训练用于识别这些结构的模型，需要电路板图各层的细节图像。

使用自参照分析进行检测：另一种方法是利用芯片在不同时间的多次测量结果来检测木马。其中一种自参照法通过记录不同时间的电流边信道信息进行检测[7]。它专门用于识别时序木马，这些木马可能会出现在多个时间窗口中。该方案一个更广泛的变体同样也使用了电流测量结果，但是测量在芯片内的模块级进行，同时模块之间较为相似而且最好相互邻接[12]。虽然这种方法要求已知芯片内部相似性的信息，但它极有可能消除工艺波动对电流测量结果的影响，因为相似的块将受到类似的变化影响，尤其是当这些块在物理上接近或彼此相邻的时候。除了电流测量结果，还可以使用相似结构的设计路径上的延迟测量结果来实现自参照，这也有助于消除工艺引入的延迟变化影响[11]。

使用边信道信息的黄金 PCM 认证：文献[6]中提出使用黄金工艺控制监视器（PCM），而不是黄金 IC 进行芯片认证。PCM 是诸如环形振荡器（通常放置在晶圆上）之类的简单结构。在认证过程中，使用 PCM 的测量结果来了解同一晶圆上不同裸片之间的工艺波动，从而更准确地了解其制造后的预期特性。PCM 通常无法区分同一晶圆上的不同裸片。然而它们都是标准结构，可以较为准确地测量不同晶圆片间的工艺特性。该认证验证方案将统计技术应用于收集到的边信道信息，能够消除由制造工艺波动（从 PCM 测量结果中获得）带来的影响。黄金 PCM 的识别和存在性判断，与黄金 IC 相比较容易。这是因为对于工艺工程师来说，检测 PCM 的行为是否正确（以防其被木马感染）的难度较小。

基于片上传感器的传感器辅助自认证：这种检测方案依赖于片上检测传感器对每个 IC 进行自认证，从而减轻了对 GIC 的需求。延迟和功率传感器已由前期工作提出[3,4]。在文献[4]中，检测传感器与设计相关，没有采用如环形振荡器之类的通用片上结构。因此，它们可以覆盖多种设计的特征，例如网表的特征和布局对物理实现的依赖性等。具体而言，检测传感器旨在为设计网表中尽可能多的路径提供定制信息。此外，它们可以捕捉裸片间的工艺波动，同时可放置在芯片上的不同区域以捕捉裸片内的工艺波动。传感器的测量结果应该针对单个芯片，但也允许进行面向芯片的延迟校准，以更有效地检测植入木马对设计的延迟影响。接下来我们将详细讨论传感器辅助的自认证方案。

9.4　案例研究：传感器辅助的自认证

9.4.1　概述

图 9.1 和图 9.2 给出了用于可疑 IC 自认证的传感器辅助框架概述。该框架有两个阶段：(1)在设计阶段(以及使用 CAD 工具的设计实现期间)，进行所谓的检测传感器设计及其布局集成；(2)在制造后阶段，利用传感器辅助分析对可疑 IC 进行自认证。

自认证使用来自检测传感器和任意设计路径的片上测量结果，通过两次测量之间的相关性分析来确定可疑 IC 中是否存在木马。

首先，在设计阶段确定一组检测传感器，并将其集成于布局中。每个传感器都作为一种新的逻辑结构来实现，并添加到布局中。若传感器读数以延迟的形式出现，那么应该在每个传感器上添加专门的延迟测量电路，以在制造后阶段读取传感器延迟[①]。

图 9.1　在传感器辅助自认证中，检测传感器的创建以及布局集成在设计阶段完成。这些定制生成的传感器将捕获设计中最常用的逻辑结构，以及捕获布局中每个区域的裸片内工艺波动，并帮助创建 IC 的独有指纹

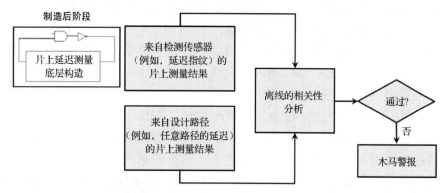

图 9.2　在制造后阶段，相关性分析框架将结合检测传感器的测量结果与一些设计路径的测量结果，以进行木马警报

---

① 文献[8]已提出片上延迟测量电路设计的建议解决方案。

　　设计延迟传感器的方法有多种。自认证期间的期望目标是捕捉某设计在该芯片上的独特特征，因此来自延迟传感器的读数可以用作表示该芯片延迟"指纹"的来源。在文献[4]中，通过寻找芯片中不同区域最常用的逻辑结构来设计延迟传感器。例如，如图 9.1 所示，芯片被划分为不同的区域。每个区域都有其独有的裸片内工艺波动。然后对布局的每个区域进行设计分析，以识别在该区域中重复出现的逻辑结构(即相连各个门的子集)。

　　在多数简单场景中，该结构是一个逻辑门序列。然后，通过在该特定区域中插入此常用逻辑结构来实现传感器。这种方法可以预测包含在该区域中那部分设计的延迟，同时可用于判断特定的裸片间和芯片间波动，以及不同区域中出现的片内波动。传感器应该尽可能多地集成到现有布局中可用的空白区域，如此原始布局不会有太大变化。这是传感器生成过程中的一个特殊考虑因素。

　　其次，在制造后阶段，木马检测框架利用了从检测传感器获得的延迟指纹。对于进行自认证的 IC，这些延迟指纹有助于评估设计中各种路径延迟的预期范围，因为设计路径包含和传感器相同的公共逻辑门结构，并与传感器受到相同的裸片间和裸片内工艺波动影响。

　　这种基于传感器面向芯片的路径延迟估计依赖于逻辑和布局模型，该模型需被证实是精确的而且不含木马。例如，该模型从可信的设计环境中得到，但可能受到不可信制造工艺的影响。除了获得对某些路径延迟的估计外，在制造后阶段，还将直接测量这些路径的延迟[①]。如果其中一条路径包含木马，则测量得到的路径延迟与基于检测传感器的估计延迟将会不匹配，这种不匹配就警示了木马的存在。

　　上面给出了传感器辅助自认证过程的概述，在本章其余部分，我们将更详细地讨论如何设计延迟传感器。此外，上述示例讨论了一种可能的木马检测情形，我们将讨论所有可能的情形以了解更详细的检测方案。我们还会讨论如何使用上述框架对木马进行定位。最后我们再讨论一些限制以及需要改进的地方。

9.4.2　用于捕捉与设计相关延迟特性的传感器

　　文献[5]中给出了一个能够产生定制传感器的数学描述。此类传感器既依赖于设计的逻辑综合，也依赖于其布局实现[②]。(布局实现会影响制造出设计的延迟，因为每块芯片都有自己独特的裸片间以及裸片内工艺波动。)任意给定一个设计，优化目标是将相似的结构聚合为组群，以便最大化设计路径的覆盖率。该优化受限于传感器的面积限制。最大化设计覆盖率有助于增加木马检测的可能性，同时无须对网表中可能植入木马的一些潜在位置做出任何假设。

　　更具体地说，考虑一个设计模型，该模型描述了布局布线"后门"和互联的网表。首先，从该网表中提取时序图，由 $G = (\mathcal{V}, \mathcal{E})$ 的有向无环图(DAG)表示。每个节点对应于一个逻辑门的输出引脚。两个节点之间的边表示两个逻辑门之间的路径延迟，因此它包含了诸如此路径上的负载电容和互连延迟等因素。设一个序列为此 DAG 中两个任意节点

---

① 测量任意路径延迟的一种方法是使用自动测试设备(ATE)，通过生成激发所需路径的测试模式(假设它们是可测试的)，然后以类似方式扫描时钟周期，直到发生故障。

② 在文献[5]中，这些传感器是在定制测试结构的背景下提出的，用于隔离在硅后验证期间未通过延迟约束的路径。但是，它们也可以用于所描述的自认证过程中。

之间的有向路径，则一个序列对应一组连续连接的门和互连线。

　　设 X 表示为受工艺波动影响的参数组成的列向量。X 中的每个元素均为发生裸片间波动、裸片内波动及随机变化的物理参数。假设 X 中的所有元素彼此独立。这种工艺波动模型与统计静态时序分析中的许多研究相同，如文献[2,9,10]中所述。使用以下线性模型定义边缘 e_i 的变化感知延迟：

$$D_{e_i} = \mu_{e_i} + a_{e_i}^{\mathrm{T}} X \tag{9.1}$$

其中 u_{e_i} 是 e_i 的标称延迟，a_{e_i} 是与 X 相对应的灵敏度向量。这些灵敏度值取决于制造设施和生产工艺，可以预先进行表征并告知设计者。上述模型还包括互连延迟变化。

　　序列 s_i 为 G 中一组连续的边。通过添加包含在 s_i 中的边所对应的延迟表达式，可得到 s_i 的变化感知延迟表达式，由 $D_{s_i} = \sum_{\forall j|e_j \in s_i} D_{e_j}$ 给出，并可以套用上式的形式进一步重新表达如下：$D_{s_j} = \mu_{s_j} + a_{s_j}^{\mathrm{T}} X$。

　　使用上述的变化感知延迟模型，文献[5]定义了一个数学优化流程，它将自动生成一组非重叠序列，使得"相似的"序列被组合在一起，以便用一个传感器来检测它们。如果两个序列 s_i 和 s_j 对参数变化向量 X 的灵敏度小于误差容限（由 ϵ 表示），则说明这两个序列相似。该条件可以用下列不等式表示：

$$\left\| a_{s_i}^{\mathrm{T}} - a_{s_j}^{\mathrm{T}} \right\|_1 \le \epsilon \tag{9.2}$$

然后传感器将被实现为待测路径相邻区域中面积最小的一个序列，同时传感器应尽量靠近待测路径，以便满足上述相似性约束。如果有可用的空白区域，则添加传感器不会导致任何额外的区域开销。否则，要求生成的序列不得超过传感器区域开销的指定门限。

　　优化的目标是最大化边缘 $e_i \in \mathcal{E}$ 的覆盖范围。文献[5]通过将数学优化框架描述为一个整数线性规划，很好地解决了上述最优化问题。相关的技术细节读者可以参考文献[5]。

9.4.3　制造后自认证的场景

　　传感器添加到裸片之后，将在制造后阶段的自认证过程中进行木马检测。对于每块芯片，选取任意一组路径，并使用传感器测量它们的延迟以检测是否存在木马。该检测过程还可以兼容片上延迟测量结果（包括路径延迟和片内传感器延迟）的不准确性。自认证的持续时间取决于所选路径的数量；如果选择了较多的路径，由于分析是一条接一条路径进行的，显然认证会花费更长的时间。但是，在这种情况下，更有可能发现木马。具体来说，如果所选择的路径和传感器都没有受到木马的影响，则自认证过程将无法给出肯定或否定的结果。

　　我们将讨论三种不同情况：仅在设计路径中植入了木马、仅在传感器中植入了木马以及设计路径和传感器中均植入了木马。接下来，我们将进行详细讨论。

9.4.3.1　设计路径中植入木马

　　考虑如下情况，在表示设计的逻辑电路中，某个位置被植入木马（注意：这种情况不包括在现有布局的空白处添加木马的情况，因为此时设计的逻辑功能保持不变）。因此，一条或多条路径的延迟将会受到植入木马的影响。如果被木马影响的路径包含在已选择的设计路径中，那么传感器有可能会检测到木马。

　　图 9.3 用一个非常简单的例子来说明了这种思路。受影响的路径用一条带箭头的虚线表示，木马是一个额外的反相器。传感器在右上角，网表中与传感器匹配的序列被圈了出来。注意：根据式(9.2)可知，这些序列只是相似的，也就是说它们可能不一定完全相同。

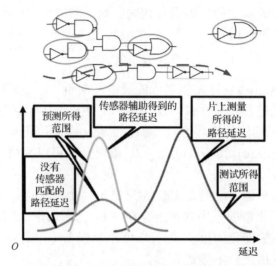

图 9.3（见彩图）　当一条或多条设计路径中被植入木马且传感器未受影响时的木马检测

　　为了检测木马，必须为每条路径计算实际的延迟范围和预测的延迟范围。首先，通过片上延迟测量结构来计算路径 p 的实际延迟范围。测量结果是一个范围而不是精确值，这是因为所使用的测量结构有一定的测量误差。

　　接下来，使用传感器找出路径 p 的传感器辅助预测延迟范围。特别地，为和待测路径具有部分相似性的传感器计算片上延迟。回想一下，在形成传感器时，已经使得其片上延迟与它所表示的序列具有相同的变化。因此，通过对比传感器的制造前延迟模型，可以计算出在制造后阶段传感器的延迟变化，从而预测与其匹配路径序列的片上延迟。用 $\mu_{\text{match}} \pm \gamma$ 来表示路径上匹配序列的累积总延迟，其中 γ 是与片上测量结构相关的误差。

　　这些传感器延迟将用于预测其余的路径延迟。对于路径 p，考虑其与任意传感器都不匹配的剩余部分，用 p_{rmn} 表示，并由 p 上的一组边标识，而这些边在传感器生成过程中不与任何传感器匹配。

　　用 D_{rmn} 表示与 p_{rmn} 对应的延迟，通过添加包含于其中的边延迟表达式，可得 D_{rmn} 的变化感知延迟表达式，类似于公式(9.1)。因此，路径的延迟表达式为

$$D_{\text{rmn}} = \sum_{\forall i | e_i \in p_{\text{rmn}}} (u_{e_i} + \boldsymbol{a}_{e_i}^{\text{T}} \boldsymbol{X}) = u_{\text{rmn}} + \boldsymbol{a}_{\text{rmn}}^{\text{T}} \boldsymbol{X} \tag{9.3}$$

接下来，用 $D_{\text{rmn}}^{(WC)}$ 和 $D_{\text{rmn}}^{(BC)}$ 分别表示 D_{rmn} 在最坏情况和最佳情况下的计算值，这两个值可以通过假设在 D_{rmn} 表达式中，变量 $x \in \boldsymbol{X}$ 同时处于其极值的条件下进行计算。然后通过以下表达式给出路径 p 的预测延迟范围：

$$u_{\text{match}} + \mu_{\text{rmn}} \pm (\gamma + D_{\text{rmn}}^{(WC)} - D_{\text{rmn}}^{(BC)}) \tag{9.4}$$

图 9.3 显示了在第一种情况下（木马植入一条或多条设计路径）的木马检测分析。图左侧绘制了两条预测的延迟范围曲线，分别对应和传感器匹配的路径和不匹配的路径。实际

延迟范围始终位于预测延迟范围的右侧，这是由于路径中植入木马后会导致测量的延迟范围偏高。可以做出如下分析：

- 如果预测的延迟范围与实际延迟范围没有重叠，则表明检测到木马。此外，某条路径的实际延迟范围较高，则说明有木马存在于该路径，这也有助于定位木马。
- 试回想，与无传感器匹配的预测相比，传感器辅助预测的延迟范围较小。这种延迟范围的缩小也增加了木马存在时，预测的延迟范围和实际的延迟范围不重叠的可能性。
- 木马延迟的降低将导致预测和实际的延迟范围更加接近，使得木马检测变得更加困难。

请注意，在待测路径与任何传感器都没有相似性的情况下，路径延迟范围只能根据工艺波动的最坏情况和最佳情况，以及制造前延迟模型来确定。换句话说，即 $D_p = D_{rmn}$。在此情况下，预测的路径延迟范围表示为 $\mu_p \pm (D_p^{(WC)} - D_p^{(BC)})$。该延迟范围大于有传感器辅助的路径延迟范围，因为路径与传感器的部分匹配有助于缩小路径延迟范围。

对于此类路径，仍然可以进行同样的分析。但若无传感器的帮助，（现在）更大的路径延迟范围更可能与其实际延迟范围相互重叠，因此可能无法检测到木马。但是请注意，传感器生成过程的目标就是最大限度地覆盖尽可能多的设计路径，这将减少此类情况的数量。

或者，可以根据传感器生成过程所提供的信息来限制可被选择的路径。如果绝大多数设计路径与所生成的传感器匹配，则可以通过提供与传感器不匹配的路径来传递信息，从而将这些路径排除在传感器辅助分析之外。

9.4.3.2　检测传感器中植入木马

图 9.4 显示了在检测传感器中植入木马后的情况。植入的木马增加了测量到的片上传感器延迟。由于木马不影响路径，因此路径的实际延迟范围和无传感器匹配的路径预测延迟范围都是准确的，且计算方法与前一种情况类似，这两个范围将会相互重叠。所以，仅仅比较这两个范围，无法确定木马的存在。

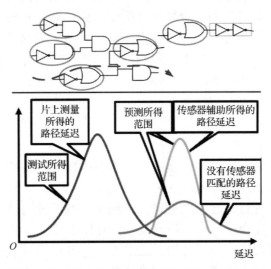

图 9.4（见彩图）　传感器中植入木马且设计路径未植入时的木马检测

但是，传感器辅助路径预测延迟范围将会不准确，并且位于实际延迟范围的右侧。此范围很可能不会与检测木马的实际范围（从片上测量值获得）重叠。如果预测延迟范围完全落在实际延迟范围的右侧，则我们可以得出结论，传感器中植入了木马。

对于木马定位而言，受木马影响的传感器为一个或多个与路径序列相匹配的传感器。

9.4.3.3　路径与传感器中均植入木马

如图 9.5 所示，在路径与传感器中均植入了木马的情况下，传感器辅助预测的延迟范围与实际的延迟范围更有可能相互重叠，因为植入的木马会使两个区间都向右侧移动。没有传感器的预测延迟由于其具有较大区间则仍有可能重叠。回想一下，只有在不存在重叠时才能检测到木马。因此在这种情况下，检测到木马的可能性较小。

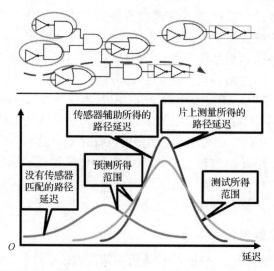

图 9.5（见彩图）　设计路径与传感器中均植入木马时的木马检测

我们还注意到，在所述的三种情况中，如果一条路径与传感器不匹配，则传感器辅助验证对其没有帮助。当上述情况发生时，唯一能检测木马的方式是判断使用制造前模型预测的路径延迟范围与后期制造阶段测量的实际路径延迟有没有相互重叠。当木马显著影响了路径延迟时，上述方法仍有可能实现；此时植入木马的路径延迟高于考虑工艺波动以及利用制造前模型所得到的最坏预测路径延迟。尽管在这种情况下，可以不借助传感器进行自认证，但是该种情况（木马显著影响路径延迟）的发生概率非常小。

9.5　小结

在本章中，我们讨论了依赖黄金模型木马检测所面临的挑战，正是这些挑战启发了人们转向无黄金模型的 IC 认证，以便从认证环路中去掉黄金 IC。我们首先对现有的无黄金模型木马检测技术进行综述，然后详细介绍了一种芯片自认证技术作为案例研究，该技术使用了定制化的设计相关片上传感器作为辅助手段。

对于传感器辅助自认证框架，我们讨论了在传感器辅助自认证过程中可能发生的三种情况：仅在设计路径中植入了木马、仅在传感器中植入了木马以及在设计路径和传感器中均植入了木马。至于该框架的准确性：如果它警告存在木马，则其检测是准确的；其他情况下，该框架将不会产生结果，表明它无法确定是否存在木马。该框架还依赖于对任意一组设计路径进行测试。这些路径可以随机选择，也根据设计的先验信息进行选择，还可根据芯片有关区域上的木马线索来选择。通常来说，路径的数量越多，检测出木马的可能性就越大（如果存在木马），但需要更长的测试时间。传感器辅助认证的主要思想是利用传感器提供的片内延迟信息，对期望路径延迟进行更准确的预测。

参考文献

1. C. Bao, D. Forte, A. Srivastava, On reverse engineering-based hardware Trojan detection. IEEE Trans. Comput. Aided Des. Integr. Circuits Syst. **35**(1), 49–57 (2016)

2. D. Blaauw, K. Chopra, A. Srivastava, L. Scheffer, Statistical timing analysis: from basic principles to state of the art. IEEE Trans. Comput. Aided Des. Integr. Circuits Syst. **27**(4), 589–607 (2008)

3. S. Kelly, X. Zhang, M. Tehranipoor, A. Ferraiuolo, Detecting hardware trojans using on-chip sensors in an ASIC design. J. Electron. Test. **31**(1), 11–26 (2015)

4. M. Li, A. Davoodi, M. Tehranipoor, A sensor-assisted self-authentication framework for hardware Trojan detection, in *Design, Automation & Test in Europe Conference* (2012), pp. 1331–1336

5. M. Li, A. Davoodi, L. Xie, Custom on-chip sensors for post-silicon failing path isolation in the presence of process variations, in *Design, Automation & Test in Europe Conference* (2012), pp. 1591–1596

6. Y. Liu, K. Huang, Y. Makris, Hardware Trojan detection through golden chip-free statistical side-channel fingerprinting, in *Design Automation Conference* (2014), pp. 155:1–155:6

7. S. Narasimhan, X. Wang, D. Du, R.S. Chakraborty, S. Bhunia, TeSR: a robust temporal selfreferencing approach for hardware Trojan detection, in *IEEE International Symposium on Hardware-Oriented Security and Trust* (2011), pp. 71–74

8. X. Wang, M. Tehranipoor, R. Datta, Path-RO: a novel on-chip critical path delay measurement under process variations, in *International Conference on Computer-Aided Design* (2008), pp. 640–646

9. L. Xie, A. Davoodi, Bound-based statistically-critical path extraction under process variations. IEEE Trans. Comput. Aided Des. Integr. Circuits Syst. **30**(1), 59–71 (2011)

10. L. Xie, A. Davoodi, J. Zhang, T.-H.Wu, Adjustment-based modeling for timing analysis under variability. IEEE Trans. Comput. Aided Des. Integr. Circuits Syst. **28**(7), 1085–1095 (2009)

11. N. Yoshimizu, Hardware trojan detection by symmetry breaking in path delays, in *IEEE International Symposium on Hardware-Oriented Security and Trust* (2014), pp. 107–111

12. Y. Zheng, S. Yang, S. Bhunia, SeMIA: self-similarity-based IC integrity analysis. IEEE Trans. Comput. Aided Des. Integr. Circuits Syst. **35**(1), 37–48 (2016)

第四部分　检测：边信道分析

第 10 章　利用延迟分析检测硬件木马

Jim Plusquellic[①]和 Fareena Saqib[②]

10.1　引言

硬件木马(HT)是对 IC 蓄意且恶意的更改，它可添加或删除 IC 的功能、降低 IC 或系统的可靠性[1~8]。这些更改可导致保密信息的泄露，例如，加密密钥或其他类型的私有内部信息，或者当 IC 处于任务模式时导致系统在某个特定或预定的时间失效。攻击者设计的硬件木马很难通过制造测试或刻意采用专门用于激活硬件木马的测试来发现。复杂的 HT 植入策略还考虑了对先进 HT 检测方法的耐受力，这些方法利用了旁路信号的高分辨率测量结果，例如电磁(EM)辐射、功耗(稳态 I_{DDQ} 和瞬态 I_{DDT})、延迟测试和温度分析。

除了这些测试挑战，HT 检测方法还需进一步应对其他几个基本的 HT 属性。首先，鉴别一个 HT 类似于大海捞针，攻击者有巨大的优势因其可以选择将 HT 植入任何地方，而可信的权威机构则负责判断 IC 是否已被修改，如果确实已被修改，则需要在逻辑门的"海洋"中发现未知的恶意功能。其次，无论是硬件还是软件的 HT 和"漏洞"(bug)都具有相同的特性，而且普遍认为，发现一个复杂的程序中所有的漏洞是不可行的[9]。事实上，可将 HT 设计为以漏洞的形式巧妙进行植入，这使得即使发现了该恶意功能后，也很难判断它到底是无心之过还是有意为之。第三，攻击者可觉察到可信权威机构尝试增进木马检测的各种手段，即攻击者可对 IC 进行逆向工程并避开由可信权威机构所添加的各种反制措施。第四，攻击者可以"选择性地"将 HT 植入到部分成品 IC 中，这使得必须对所有成品 IC 进行验证。最后，旨在泄露信息的 HT 可能不会导致 IC 的功能行为发生变化，因此，可信权威机构可能需要应用非标准测试，例如针对异常 EM 辐射的测试。此外，针对不同的"植入点"假设，其适用的检测策略也会有很大不同，比如设计阶段植入的 HT 所需的检测技术与植入到设计布局描述中的检测技术就截然不同。

可信权威机构的唯一优势是其检测策略可以"并行化"，原因是 HT 只需被检出一次，并且在大多数情况下由于掩模成本问题，HT 都被以相同的方式植入目标 IC 群体中。因此，可以对制造后应用的测试进行划分，由多个独立的 IC 测试器(称为自动测试设备或 ATE)进行并行测试。遗憾的是，如果考虑全部的搜索空间，包括组合电路和时序电路，即使是高水平的并行性也会黔驴技穷。

本章重点介绍并调查了基于精准模拟量测试的 HT 检测方法。此类方法的基础可以用 Heisenberg 原理或观察者效应描述，即任何测量或监视系统的尝试都会改变其行为。这里描述的测试方法试图确定攻击者是否植入了"正在观察"IC 演变状态的 HT，这被攻击者用作激活 HT 的机制。特别地，我们调查了基于路径延迟的测试方法，这些方法

---

① J. Plusquellic，新墨西哥大学，Email：jimp@ece.unm.edu

② F. Saqib，北卡罗来纳大学夏洛特分校，Email：fsaqib@uncc.edu

旨在检测由植入 HT 的连接线和逻辑门，分别称为 HT 的触发器和有效负载，引入的细微延迟变化。如图 10.1 所示，文献[10]的作者提出了上述概念的通用特征。

本章其余部分安排如下。10.2 节从较高的层面审视 HT 的植入策略，并讨论各种检测方法的约束。10.3 节介绍用于检测布局或 GDSⅡ木马的 HT 检测策略（其他 HT 植入点在本书的其余章节中已详述），其中部分小节研究分析"边信道"信号（例如，功率和延迟）的检测方法。10.4 节介绍与实现基于路径延迟的 HT 检测方法相关的一些重要基本概念。10.5 节介绍基于延迟的 HT 检测技术，10.6 节介绍首次提出的多参数边信道方法，10.7 节给出了结论。

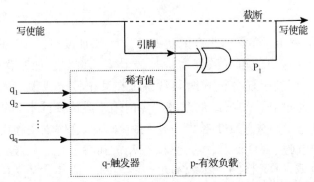

图 10.1　文献[10]中硬件木马触发器和有效负载的一般特征。触发信号 q_1 至 q_q 通常连接到现有设计中的节点，并因此增加了这些信号的容性负载，从而产生观察者效应。触发信号和有效负载都会增加现有设计中路径的延迟

10.2　硬件木马植入点

将 IC 设计、制造和测试流程横向传播到世界各地的许多不同公司，这大大增加了恶意活动的可能性。知识产权(IP)模块的复用，通过将设计空间在多个第三方供应商中进行划分，更加剧了这一威胁。标准化活动使多个独立设计的 IP 模块能够无缝集成到 CAD 工具流中。但是电子设计自动化(EDA)社区在开发该多方协同设计系统时，所使用的模型中假设了所有各方都是可信的。遗憾的是，软件社区所遭受的同类型恶意活动，现在又出现在硬件设计社区中了。

与设计、制造和测试相关的所有主要过程都容易受到恶意活动的攻击，其中攻击者可以添加、删除或更改 IC 的功能。我们将这些机会称为植入点。图 10.2 提供了主要植入点的图形化说明，下面的列表对其进行进一步区分：

- 设计第三方 IP 模块
- 开发 CAD 工具脚本
- 将 IP 模块和胶连逻辑组装到片上系统(SoC)IC 的集成行为
- 由 CAD 工具进行的行为综合及布局布线(PnR)
- 布局掩模数据生成和掩模准备
- 用在多工序加工中的工艺参数控制机制
- 与晶圆在工厂间转移相关的供应链交易
- 利用自动测试模式生成(ATPG)产生测试向量

- 与测量测试结构和检测缺陷相关的晶圆探测活动
- 与创建和转移裸片相关的供应链交易
- IC 的封装工艺
- 用 ATE 将 ATPG 向量应用于已封装好的 IC
- 与转移已封装部件相关的供应链交易
- 印制电路板(PCB)的设计与制造
- 安装 PCB 组件的工艺(填充 PCB)
- 与转移电路板相关的供应链交易
- 系统集成与部署活动

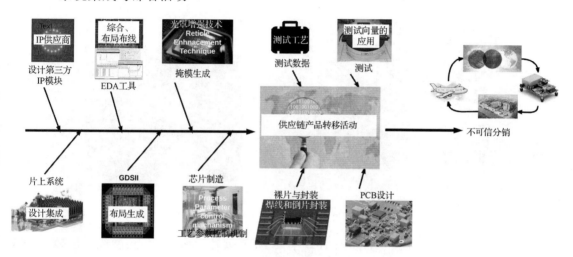

图 10.2　硬件木马植入点

这些活动涉及面广且分布广泛,为破坏行为提供了大量的机会。此外,不同任务间的多样性也需要一个非常复杂的系统来自始至终地管理整个可信漏洞集。研究界正在逐步解决可信性的各个挑战,并将重点放在那些对攻击者最有吸引力的植入点上。例如,对 IP 模块的破坏是一个严重的问题,因为恶意功能很容易被隐蔽地植入,并且没有可与 IP 模块进行比较的替代表示和模型[11]。布局修改和 IC 制造植入点是另一个重要的关注领域,特别是考虑到在设计抽象的最底层来分析成品 IC 所带来的巨大复杂性,以及攻击者在设计具有复杂的触发和有效负载机制的 HT 时各种可利用的机会。

注意,即使仅考虑上述两个植入点,在 HT 的反制措施和检测策略上也存在着显著差异。比如,IP 模块植入点无法使用黄金模型,因而可采用混淆了设计的架构更改作为对策。另一方面,布局植入点允许使用布局设计数据来验证 IC 的功能和模拟行为,但混淆操作只限于设计的"伪过孔"插入和其他纳米级操作。另外,边信道信息不可用或不够精确,因此无法用于 IP 模块,但可以作为布局级验证中的一种非常强大 HT 检测方法。本章的重点在于适用于布局级的 HT 检测方法与适当的对策。本书的其他章节研究了针对其他植入点的技术。

10.3　用于检测布局中植入硬件木马的方法

布局是设计的一种物理表示,即一组表示 IC 物理模型的几何形状。这些形状表示了晶体管、线网(wire)、过孔以及触点。布局是设计过程中最底层的抽象层，包含了实现功能的所有逻辑门以及逻辑门和电源之间的所有电气连接。随着技术特征尺寸缩小到纳米级别以及额外布线层的添加，布局的复杂性也随之增加。图 10.3 在左侧显示了几个标准(std.)单元的布局，右侧则给出一个相对较小的功能单元，高级加密标准(AES)的工具综合布局。AES IP 模块的布局包含大约 12 000 个标准单元和 50 000 条线网，代表了现代 SoC 上数百个典型的 IP 块之一。该例中使用了 IBM 的 90nm 工艺，其为线网提供了9 个垂直堆叠的层。该图像是在 Cadence Virtuoso 软件中对设计师的布局视图进行屏幕截图所得。大多数布局设计工具都提供了此类自顶向下的视图，上面的金属层掩盖了最底层的晶体管，所以 AES 布局图中显示的几乎都是线网。

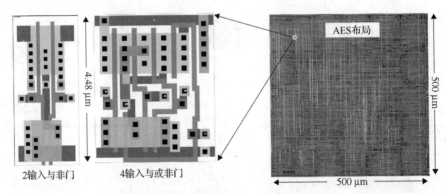

图 10.3　标准单元布局(左)和 AES 布局(右)

　　一旦完成布局的物理模型，如图 10.3 中的 AES 布局所示，随后会生成一组掩模。这些掩模将布局分解为一组 (x, y) 平面，可以垂直对齐来定义晶体管和布线层。植入布局的HT 其特点是用光刻过程中一个或多个掩模的变化来创建 IC 的物理实例。大量重叠的线网和密集排放的晶体管定义了一个复杂的结构，在其中搜寻 HT 就如同大海捞针般。攻击者可以在掩模中自由添加或更改非常小的区域，这可能会影响一小组现有标准单元之间的连接关系或添加新的标准单元。后者可以利用"空白空间"实现，即布局最底层中包含无功能填充单元或实现去耦电容单元的区域。

10.3.1　面向布局的 HT 检测方法

用于检测 IC 布局恶意修改的 HT 检测方法可分为三个基本类别[1]：

- 基于逻辑的非破坏性测试方法
- 基于边信道的非破坏性测试方法
- 破坏性物理检测技术

10.3.1.1　基于逻辑的非破坏性 HT 检测方法

基于逻辑的方法生成尝试激活 HT 的测试向量[12~18]。制造测试对生产的 IC 内部每个节点进行独立地激活与故障传播，与之不同的是HT 激活更类似于多故障激活。由于 ATPG的高时间复杂度以及应用大量测试向量导致的高成本，因此在制造测试中很少被采用。而且制造缺陷在电路节点上趋于随机分布，与此相对的是攻击者会为 HT 选择一个隐蔽的位置，即将 HT 植入到难于控制或观察的电路节点上。遗憾的是，为这些节点生成覆盖所有可能状态的测试向量相比制造缺陷检测要困难很多个数量级。因此，鉴于有限的资源以及现有的制造测试成本的限制，是难以或根本不可能实现较高的 HT 覆盖率。文献[12～18]的作者提出了一些替代的测试向量生成策略，这些策略经过优化以应对上述挑战，可以单独使用，也可以与设计修改和基于边信道的测试方法相结合，详见本文其他章节。

10.3.1.2　边信道分析方法

边信道是指绕过设计者预期的输入输出机制（例如 IC 的数字 I/O 引脚）的访问和测量技术。边信道，顾名思义，指的是辅助的电气和/或电磁（EM）访问机制，例如 VDD 和 GND（电源）引脚或 IC 物理布局中的顶层金属连接。边信道攻击利用这些辅助电气通路引入信号，从而尝试导致 IC 运行时故障[19]；或测量信号，从而尝试提取私有内部信息[20]。

可信权威机构也可以利用边信道来获取有关 IC 完整性的信息。例如，漏极电流（I_{DDQ}）和瞬态漏极电流（I_{DDT}）的测量结果已被广泛用于检测制造缺陷[21~23]。此外，可信权威机构还可以引入片上可测试性设计（DFT）[24]和其他类型的专用工具[25,26]，以访问 IC 辅助信道无法直接访问的一些额外的边信道。DFT 组件旨在提高 IC 内部和局部行为的可视性，包括测量路径延迟、局部瞬态电流和温度曲线等机制。可信权威机构所添加的 DFT 也可以被攻击者用作访问内部机密（例如加密密钥）的"后门"机制，因此必须添加诸如熔丝之类的安全特征，以便在 IC 制造完成之后禁用 DFT。

边信道信号通常是模拟信号，可提供关于 IC 内部时序和局部信号行为详细且高分辨率的信息。例如，当逻辑信号沿着电路中的一条或多条路径传播时，I_{DDT} 的测量结果反映了路径中各个逻辑门的性能特性。可对此类时序信息进行逆向工程，并与仿真生成的数据进行比较，以验证所制造布局的结构特征，即确保芯片与设计数据所描述的黄金模型是一致的。

高分辨率的路径延迟测量结果也可以起到这种作用。I_{DDx} 测量结果提供了一种大面积的区域观测，而路径延迟仅与敏化路径（定义为传播逻辑信号转换的路径）上线网和逻辑门相互作用的那些组件的影响。因此，路径延迟测量结果可用于实现一种高分辨率的HT 检测方法。遗憾的是，路径延迟也会受到制造工艺条件变化的影响，通常称为工艺波动。工艺波动效应所引起的路径延迟变化是不可避免的，必须与 HT 引入的延迟变化区分开来。如果不这样做，则在验证虚假警报时所花费的时间和精力都相当昂贵。更糟的是，若未能检出 HT，将使得现场运行的系统更容易受到攻击。本章的后续部分将研究使用路径延迟作为 HT 检测方法的优势和挑战。

10.3.1.3　破坏性物理检测方法

用于确定芯片是否存在恶意修改的第三种策略是使用破坏性的芯片去层和成像技术。如 Tech Insights[27]和 Analytical Solutions[28]等公司提供的服务可以对芯片的物理特性进行逆向工程，以得到设计原理图等数据，然后再对其进行检查以识别 IP 侵权行为或HT 电路。在逆向工程过程中，可根据需要使用失效分析技术，包括扫描光学显微镜（SOM）、扫描电子显微镜（SEM）、皮秒成像电路分析（PICA）、电压对比成像（VCI）、光致电压变化（LIVA）、电荷感应电压变化（CIVA）[1,29]。这些方法的主要缺点是成本高、处理时间长。此外，许多方法会破坏芯片，因此不能用于验证现场使用的芯片。

10.4 基于延迟的 HT 检测方法的基本原理

本节介绍基于路径延迟方法需要考虑的三项基本技术领域：(1)测试向量生成策略；(2)用于测量路径延迟的技术；(3)用于区分工艺波动效应和 HT 异常的统计检测方法。商业上可行的 HT 检测方法必须以符合成本效益的方式来实施上述技术。我们将研究与上述技术领域相关的挑战，并在本节中介绍已提出的一些解决方案。10.5 节中介绍的许多方法只解决了上述技术领域的一部分，因此必须与其他技术相结合才能在实践中完美运行。

10.4.1 路径延迟测量方案及其他概念

在 2000 年左右，当 IC 工艺尺寸进入深亚微米时代后，更高频率的运行、裸片内波动、耦合、建模挑战和电源噪声促使 IC 的设计和测试团队采用更复杂的统计建模方法来进行 IC 开发与测试[30,31]。这个时代也重新燃起了对延迟故障模型的兴趣[32]，即转换故障、门延迟故障和路径延迟故障模型等这些在先前文献中已经引入的模型[33-36]。尽管很显然需要延迟故障测试来降低缺陷水平，但也有一些变通方案用以应用定义延迟故障测试(如下所述)的双向量序列。此类变通方案被称为 LOS(launch-on-shift)和 LOC(launch-on-capture)。LOS 和 LOC 可以在应用双向量延迟测试的同时，最小化支持这种制造测试所需的额外片内逻辑数量。

遗憾的是，LOS 和 LOC 延迟测试机制也会对双向量序列的形式产生约束，即它们不允许独立地指定定义序列的这两个向量。这些约束降低了延迟缺陷所能达到的故障覆盖水平。更复杂的可测性设计(DFT)结构确实允许序列的两个向量被独立地指定[24]，但是，由于它们对面积和性能的负面影响以及它们只在制造测试中使用，因此很难证明其合理性。这些制约因素对当代 SoC 仍然存在。然而，随着人们对硬件可信问题的认识不断提高，可能会推动范式的转移，从而有理由提供额外的片上支持，特别是考虑到路径延迟测试所带来显著的安全和可信好处，正如我们将在下文所讨论的那样。

10.4.1.1 路径延迟测试定义

路径延迟测试定义为一个双向量序列 $\langle V_1, V_2 \rangle$，初始向量 V_1 在时刻 t_0 被施加到电路的输入端。电路在 V_1 下达到稳定。在时刻 t_1，施加向量 V_2，并且在时刻 t_2 对输出进行采样。Clk 信号用于驱动启动触发器(flip flop，简称 FF)和捕获 FF，其中前者将 V_1 和 V_2 施加到组合模块的输入，后者对 V_2 产生的新功能值进行采样。时间间隔 $(t_2 - t_1)$ 被称为启动捕获间隔(LCI)，并且通常被设置为芯片的运行时钟周期。图 10.4 显示了路径延迟测试的标准形式。请注意，标准形式并不对 V_1 和 V_2 所使用的值有任何约束。

遗憾的是，无法从外部或片外访问连接到 IC 内部组合模块的启动和捕获 FF。图 10.5 显示了一种典型配置，该配置带有两个级联的组合模块 B₁ 和 B₂，具有交错的 FF。制造测试团队引入了一种被称为扫描的可测试性设计(DFT)功能，以解决将制造测试应用于嵌入式组合模块的困难[24]。扫描提供了通过 IC 中所有(或大多数)FF 的第二条串行路径。第二路径通常是通过在每个 FF 的输入端前添加 2 选 1 复用器来实现的(如图所示)。将扫描使能(SE)控制信号作为 I/O 引脚添加到芯片上，以便测试工程师能够使能串行路径，并使用称为扫描输入(SI)的第二 I/O 引脚以 0 和 1 序列形式进行移位。扫描路径可将内部 FF 配置为最大化故障覆盖率的测试数据。一旦测试向量扫描入芯片后，则使用 Clk 启动捕获测试，该测试将捕获模块 B_i 的功能输出并保存在捕获 FF 中。随后第二次扫描操作将这些值从称为扫描输出(SO)的第三个 I/O 引脚读出。

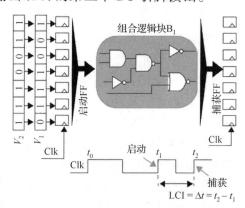

图 10.4　路径延迟测试的标准形式

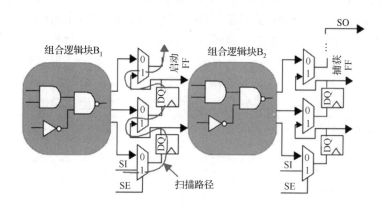

LOS: V_2 定义为 V_1 的 1 比特移位
LOC: V_2 定义为 B_1 模块的输出

图 10.5　使用扫描触发器的实际形式

图 10.5 中所示的扫描架构仅允许应用单个向量 V_1。针对阻碍电路节点翻转的缺陷(称为固定型故障)，制造测试可以直接使用扫描技术，因为该过程涉及将一组固定的值应用于组合逻辑块输入端（由 V_1 表示），并确定输出是否具有正确的功能值。固定型故障测试被称为 DC 测试，因为不存在计时要求，即延迟无关紧要。正如本节开头所讨论的那样，深亚微米时代带来了更多与时序相关的故障，并需要应用延迟测试。如前所述，可以通过两种方式来解决延迟测试的双向量需求。LOS(Launch-on-shift)通过使用扫描链将已扫描的向量 V_1 移位 1 比特得到 V_2。LOC(Launch-on-capture)从前一个组合逻辑块的输出中导出 V_2，如图 10.5 中的 B_1 所示，用于测试 B_2 中的路径延迟。在这两种情况下，都不可能任意选择 V_2，如图 10.4 中的标准形式所示。重要的是必须认识到这些约束的存在(它们常常被忽略)，以及它们对 HT 检测延迟测试带来的负面影响。

　　另一个经常被忽略的问题涉及如何获取路径延迟的准确计时信息。图 10.4 所示的时序图表明，应该能设置启动-捕获间隔（LCI），即在 t_1 处施加 V_2 与在 t_2 处捕获事件之间的时间间隔，为任意值。遗憾的是，事实并非如此。驱动芯片上时钟引脚的外部测试器（ATE）受限于 Clk 的连续沿能够靠得多近。此外，用于制造缺陷的延迟测试其大多数应用仅需要确定芯片是否能在运行时钟频率下工作。因此，LCI 通常对所有测试都是固定的，并且只能获得芯片内路径延迟的上限。因此，对于各个路径延迟需要皮秒级分辨率的 HT 检测方法来说，需要另一种时钟策略并/或在 IC 上集成额外的 DFT 组件，这将在下面叙述。

　　关于路径延迟测试的最后一个重要问题与电路冒险有关。组合逻辑块通常具有扇出重汇聚的实例。图 10.6(a) 中显示了一个用与非门实现异或功能的简单例子。与非门内的整数表示逻辑门可能的延迟时间。测试序列 AB = {01,11} 被用于测试红色线条所示的目标路径，但实际上沿着扇出点 C 的两个分支传播逻辑转换。图 10.6(b) 右侧所示的时序图标识了输出 F 上的"毛刺"，它是由这两条路径的相对延迟造成的。

　　尽管制造测试团队根据测试结果判定该电路是稳健的，但是在需要目标路径精确延迟的情况下，这种毛刺会给安全团队带来不确定性。在 F 上发生的三次转换，每一次都表示了电路中子路径的延迟，在这种情况下，第一个最左沿对应目标路径。虽然子路径信息可能对于提供额外的 HT 覆盖率方面是有用的，但是工艺波动使得该信息难以利用起来，因为很难确定哪个沿对应于哪条子路径。换句话说，同样的测试应用于具有不同延迟与非门的不同芯片上，可能会导致沿的顺序发生变化或可能导致仅出现单次跳变，即毛刺完全消失。所有主流的综合工具都没有专门处理冒险，使得它们在功能单元的综合实现中非常常见。无冒险电路则需要特殊的逻辑综合算法来构造，通常还会带来较大的面积开销，因此很少被使用。遗憾的是，许多已有的测试生成策略忽略了电路冒险，这将导致测试失效并引发错误警报。

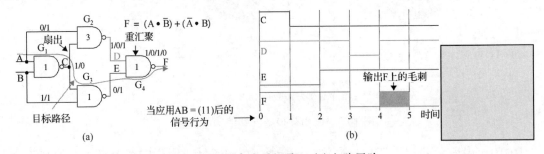

图 10.6 (a) 扇出重汇聚；(b) 电路冒险

10.4.1.2 用于制造缺陷和 HT 的延迟测试的相似点和不同点

　　与基于逻辑的测试不同，使用路径延迟测试的缺陷测试和 HT 测试的目标都非常相似。缺陷检测的路径延迟测试用以确定在制造过程中引入的缺陷是否会导致信号沿着路径传播的时间比设计的要晚。同样，HT 的路径延迟测试被设计来确定攻击者是否在逻辑门输入和输出端口添加了扇出，如额外的线网用以监测 IC 的状态（触发器），或与原设计串联插入额外的逻辑门以此作为修改其功能（有效负载）的一种手段。这两种情况都会导致路径延迟增加。

　　制造缺陷与 HT 之间的主要区别特征与误报（假阳性）有关。误报是指测试结果表明存在 HT, 但实际却并无 HT 的情况。此问题在缺陷检测中不太严重, 可以使用现代 ATPG 工具流将其最小化。当 HT 检测方法未能充分考虑工艺波动带来的正常延迟变化时, 就会出现误报。对于制造缺陷和 HT 来说, 误报检测的代价差别很大。制造测试中的误报会导致无缺陷的芯片被错误地丢弃, 而 HT 检测中的误报则可能导致进行非常昂贵且耗时的 IC 逆向工程。

缺陷和 HT 测试团队也都需要面对并处理漏报(假阴性)。漏报是指制造缺陷或 HT 的确存在, 却没有被所使用的测试检测出来。测量技术不能提供足够的分辨率或所施加的测试没有提供足够的覆盖范围都有可能导致漏报。在这两种情况下, 与漏报相关的成本都可能很高, 一旦 IC 安装到客户应用中, 就会导致系统故障。

10.4.1.3　高分辨率路径延迟测量技术

延迟锁相环(DLL)、锁相环(PLL)和数字时钟管理器(DCM)都是片上 IP 块, 它们负责维持与外部振荡器的相位对齐, 并产生指定相移下的多个不同频率的内部时钟[①]。它们可以产生图 10.4 中用于路径延迟测试的 Clk 信号。虽然自动测试设备(ATE)可用于路径延迟测试, 但片内时钟和相移机制通常能提供更高的精度和分辨率, 这是由于消除了片外寄生的电阻-电感-电容(RLC)元件并降低了噪声源。后续章节中介绍的许多 HT 检测技术均依赖于高分辨率的计时测量, 因此使用片上测量技术更加适合。

图 10.7 显示了三个可用于提供高精度计时分辨率的测量技术示例。第一种称为单时钟方案(或时钟扫描), 需要重复应用双向量序列[图 10.7(a)]。在每一次迭代中, C_1 的频率都会增加, 使得 Clk 信号的启动和捕获的边沿(即 LCI)的间隔更小。一旦满足或违反了条件, 测量过程就立即中止, 此条件通常与捕获 FF 是否成功地捕获向量 V_2 产生的函数值有关(见图 10.4)。由 $1/\text{frequency}_{\text{final}}$ 计算出路径延迟的估计值, 其中 $\text{frequency}_{\text{final}}$ 为停止点频率。尽管这种方法需要的资源最少, 即芯片上只需包含一个时钟树, 但它降低了可测量路径的长度下限。例如, 短路径将需要非常高频的时钟, 这会产生不必要的次生效应, 例如电源噪声, 这使得难以获得精确的计时测量。采用外部生成(ATE)时钟的单时钟方案将进一步限制最小路径长度。

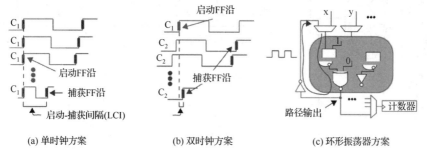

(a) 单时钟方案　　　　(b) 双时钟方案　　　　(c) 环形振荡器方案

图 10.7(见彩图)　路径延迟测量技术

第二种方案称为双时钟方案(或时钟选通), 同样也需要多次应用双向量序列[37,38]。如图 10.7(b)所示, 每一次迭代中, 捕获时钟 C_2 的相位都会相对于 C_1 减少一个小 Δt。虽然第二时钟树引入了额外的开销, 但该方案的优点是能够对任意长度的路径计时。能够

---

① FPGA 供应商通常将时钟控制的 IP 块称为 DCM。

做到这点的原因是两个时钟网络相互独立,且现代的时钟管理器 IP 设计能够允许 C_2 的时基非常精确地移位。此外,上述电源噪声问题也得到了缓解,因为仅需要两个时钟沿,而不是三个沿,即可实施启动-捕获延迟测试。

第三种计时机制,称为 RO 方案,如图 10.7(c)所示[44]①。该方案将图中右上角所示的组件添加到设计中,通过创建环形振荡器(RO)配置来对电路中的路径延迟计时,其中路径的输出使用 MUX(以及图中所示的一个可选非门)连接回到路径的输入端。通过启用MUX 连接然后让路径在特定时间间隔中进行"振铃"来实现计时测量。计数器(Cnter)用于记录振荡次数。这是通过将来自路径的输出信号连接到计数器的时钟输入来实现的。通过将时间间隔除以计数器值来获得实际路径延迟(注意,非门和 MUX 增加了两个门延迟到实际的路径延迟中)。此方案中无须启动捕获事件。因此消除了单时钟方案中与高频时钟相关的时钟噪声。其主要缺点是能以这种方式计时的路径数量有限。例如,参考图10.6 所讨论的具有冒险的路径会在计数值中产生伪迹。而如前所述,冒险在组合逻辑电路中非常常见,因此,它们会对 HT 覆盖率产生负面影响。

第四种可替代方案,称为时间-数字转换器(TDC),如图 10.8 所示[25,26,59]。与 RO 方案类似,它消除了时钟选通,因此能够更好地表示任务模式下的路径延迟测量结果。TDC是一种"飞速"转换器,此类转换器可快速地将路径延迟进行数字化。左侧所示的路径选择单元负责选择一对路径,其中一条路径可以是时钟信号。右侧所示的延迟链单元负责为两个输入路径(即 P_{Ax} 和 P_{Bx})延迟之间的相对差异创建一个数字表示。当一条路径上出现了一个上升或下降电平转换时,在延迟链中创建第一沿(在图中标记为"第一"),而当第二条路径上发生转换后产生后沿(标记为"第二")。红色初始脉冲(最左边)的宽度表示正在计时的两个信号之间的延迟差。脉冲沿着延迟链传播,如图中顶部的注释所示。

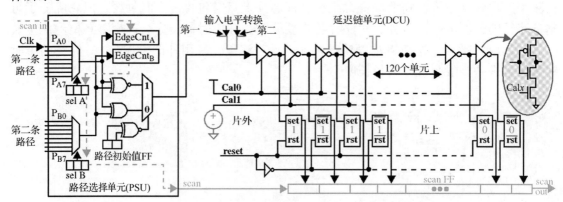

图 10.8(见彩图)　时间-数字转换器(TDC)

延迟链中的反相器包括一个额外的串联插入的 NFET 晶体管,如最右侧的插图所示。模拟控制信号 Calx 用于控制反相器的下拉强度,栅极电压越高,运行速度越快。反相器链由 Cal0 和 Cal1 这两个控制信号进行配置。两信号的组合可以独立控制第一和第二沿的传播速度。在执行延迟测量之前应进行校准,以确定 Cal0 和 Cal1 的最佳值。这些模拟控

---

① 文献[39]的作者早些时候提出了一种类似的方案,称为 Path RO,但用于可制造性设计。

制信号需设置为在最坏情况下（最宽）的脉冲在"消失"之前能传播通过大多数反相器。当第二沿赶上第一沿时，脉冲消失。校准过程将在 5.11 节中描述。

延迟链中反相器的输出也分别连接到"置位-复位"锁存器。负脉冲的出现（对于奇数反相器）或正脉冲的出现（对于偶数反相器）会将锁存器的值从 0 更改为 1。在测试完成之后，在序列锁存器中产生数字温度码（TC），即多个 1 后接 1 个或多个 0。利用校准过程中所施加的脉冲宽度信息，可将 TC 转换为离散化的延迟值（如果需要的话）。除了测量速度非常快外（每次测量不到 100 ns），TDC 还可以抵御某些类型的电路冒险。例如，电路冒险会引入一串脉冲，但只有最宽的脉冲才能决定 TC 值（较短的脉冲在延迟链中消失得更早）。路径选择单元中的 EdgeCnt 组件可用于确定何时存在冒险。

第五种方案，在文献[26]中称为 REBEL，也使用延迟链来获得计时信息。REBEL 是一种轻量级嵌入式测试结构，它将 TDC 的延迟链组件（不含脉冲收缩特性）与图 10.7 中提到的时钟选通技术相结合。REBEL 相对于 TDC 的明显优势是对电路冒险有完全的抵抗能力。实际上，REBEL 能够在单次启动-捕获测试中提供与每个沿冒险相关的计时信息。正如之前所指出的，电路冒险所产生的各个沿均代表了功能单元中的一些内部电路的延迟。尽管工艺波动增加了不确定性并降低了这些沿的有用性，但如上所述，能够即时知晓它们的存在仍然增加了延迟测量过程的稳健性，并有助于减少 HT 检测决策漏报的可能性。

10.4.2 处理工艺波动

设计用于成品芯片 HT 检测技术的一个重要优点是可以得到该 IC 的黄金模型。10.5 节所述的大多数技术均做出假设：HT 是通过改变布局、掩模操作或通过其他与制造工艺相关的步骤引入的。因此，在掩模和芯片制造步骤之前的所有设计数据，例如 HDL、原理图、甚至几何布局数据，都被认为是可信的。黄金模型以及从中导出的仿真数据，为那些可比较的硬件数据提供了可信参考。路径延迟方法尝试识别硬件数据中无法用黄金模型解释的异常。

使用路径延迟测试来检测 HT 中，最重要的挑战就是区分由 HT 引入的延迟变化和由制造工艺波动效应引入的延迟变化。如果不能区分这两种类型的延迟变化，将会导致 HT 检测决策的误报与漏报。前者在 HT 存在的情况下声明其不存在，而后者未能检测到实际 HT 的存在。最小化误报率和漏报率是 HT 检测技术的一项关键设计参数。

在 HT 检测法中，有三种基本方法来应对工艺波动效应。第一种方法称为基于黄金仿真和黄金芯片的方法，分别创建仿真模型或使用无 HT 芯片来表征无 HT 空间。第二种方法称为基于 PCM 的方法，使用来自工艺控制监视器（PCM）的数据来"调整"无 HT 空间的边界，该空间由使用芯片测量测试结构数据从黄金模型导出得到。第三种方法称为芯片对中（Chip-Centric）方法，创建一个标称仿真模型，然后校准并平均化标称模型（即来自无 HT 芯片的数据）的路径延迟。所有方法都创建了一个有界的无 HT 空间，表示由工艺波动以及测量噪声引入路径延迟的正常变化。将从测试芯片收集到的数据与该有界无 HT 空间进行比较。落在边界之外的数据点称为离群点，例如，超过由无 HT 空间定义的路径延迟极限值。产生离群数据点的芯片被视为 HT 候选芯片。

图 10.9 以图形方式描述了这三种方法，并根据需要在 10.5 节中进行了更详细的描述。标注为"带工艺波动建模的仿真"和"芯片总体延迟变化"的二维形状，实际上可以是

多维的,每个维度表示一个路径延迟或使用统计技术[例如主成分分析(PCA)]从路径延迟集合中提取的多个特征之一。

　　基于黄金芯片和基于黄金仿真的技术分别使用来自芯片或仿真的无 HT 数据训练分类器。用基于黄金芯片的方法测量无 HT 芯片的延迟,然后使用 10.3.1.3 节所述的破坏性技术验证其不包含木马。基于黄金仿真的方法通常使用来自黄金设计的电阻-电容-晶体管(阻容-晶体管)模型的 SPICE 级仿真数据。考虑到逆向工程工作量、模型开发以及仿真时间等方面,这两种技术的代价都很高。基于黄金芯片的方法中所进行的芯片去层技术可能需要数周或数月。对于基于黄金仿真的方法,必须先采用诸如 Mentor Graphics Calibre 等 CAD 工具创建布局的阻容-晶体管模型,其间还需用到从制造芯片的晶圆厂所获得的复杂工艺模型。建模文件可能非常大,比如数百 MB。即使对于 20 000 个门左右的相对较小的设计,在仅使用数百个输入向量执行瞬态仿真时,仿真时间也很容易长达数周甚至数月。使用上述任一技术构建和/或确认无 HT 边界所需的工作量非常大,且往往被低估。

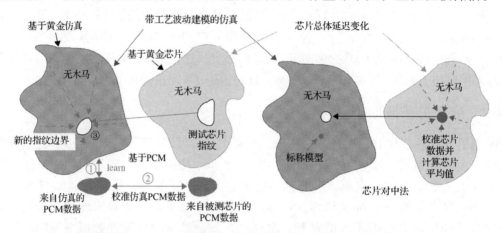

图 10.9(见彩图)　在 HT 检测中使用黄金模型方法考虑工艺波动的多种机制

　　基于黄金仿真的技术更需要考虑的是仿真结果与硬件之间可能存在的不匹配程度。先进工艺中的晶圆模型已经变得非常复杂,为用户提供了各种统计评估方法,包括固定工艺角和蒙特卡罗法。固定工艺角模型通过建模不同时间发生的全局工艺偏移,使用户能够对芯片在最坏情况和最佳情况下的性能进行预测。遗憾的是,这通常会扩展无 HT 空间,使其超出所表示的被测芯片行为所需的空间。这种扩展会导致 HT 方法的灵敏度降低并且增加了仿真和硬件数据之间的不匹配程度。此外,晶圆模型通常在建模裸片内工艺波动效应时的能力有限,难以预测与特定硬件路径延迟相关的不确定性。芯片测试过程中的测量噪声以及测试仪在高频时钟的生成和传送过程中引入的非零抖动和漂移误差加剧了这些建模和仿真挑战。总之,这些问题增加了 HT 检测决策的误报和漏报可能性。

10.4.3　测试向量生成策略

　　最后一个问题涉及制造测试中使用的故障模型与检测 HT 所需的故障模型之间存在的重要区别。制造测试团队开发了几种故障模型,包括转换延迟故障(transition delay faults,TDF)和路径延迟故障(path delay faults),用于处理由各种缺陷机制引起的时序问题。例如,转换延迟故障模型假设缺陷发生在电路中的各个节点上,并且在这些节点处表现为缓慢上升和缓慢下降的信号行为。另一方面，路径延迟故障(PDF)模型没有做出这样的假设，它用于解释了可能分布在所定义路径的一个或多个逻辑门和线网上的缺陷。因此，PDF 模型提供了有关被测芯片完整性的更详尽信息。

遗憾的是，要获得 100%的 PDF 覆盖率，需要对芯片中的所有(或大部分)路径进行测试。即使对于中等规模的电路，完整 PDF 测试集的生成和应用其成本也是令人望而却步的。事实的确如此，因为路径的数量可与芯片(或功能单元)的输入端口数量呈指数级关系。因此，大多数芯片公司会生成并应用 TDF 向量，因为此类测试的数量与设计中电路节点的数量成线性关系。幸运的是，对于安全和可信团队，TDF 模型能够更好地匹配攻击者可能对布局进行的各种恶意修改类型。10.5 节中所描述的大部分 HT 检测技术均利用了面向节点 TDF 模型的缺陷检测。

关于 HT 检测的测试向量生成，有两个需要考虑的要点。第一个问题涉及使用 TDF 模型时的可用选项。尽管在 TDF 模型下获得较高的 HT 覆盖率(与 PDF 模型相比)所需的测试要少得多，但通过每个节点的敏化路径通常有很多选择。现已有多种技术被提出，包括随机向量、由迄今生成的向量序列所驱动的增量覆盖策略、传统的 TDF 向量，以及在某些文献中未特别说明的测试生成策略。另一些作者利用 TDF 模型来引导 ATPG 针对通过节点的最短路径，因为这样的话由 HT(通过扇出负载或逻辑门插入)增加的额外延迟对路径延迟影响的百分比较大。而另一方面，传统针对缺陷的 TDF 模型通常以最长路径为目标，以确保至少这一部分测试路径满足时序约束。

测试生成的第二个要点与路径的长度有关。自动测试设备专门配置用于制造测试，其重点在于测试最长路径。出于测试成本的考虑，通常只使用一个时钟频率将 TDF 测试应用于芯片，因为制造测试的主要目标是确保所有测试路径的延迟小于时钟周期定义的上限。因此，针对缺陷的最敏感测试就是那些对最长路径的测试。这是事实，因为最长的路径最小化了时间裕量，即时钟周期和被测试路径延迟之间的差值。

许多人认为，这些针对缺陷的制造测试约束条件并不足以提供较高的 HT 覆盖率。由此提出使用时钟扫描、时钟选通和其他芯片内嵌测试结构，以获得精确的路径延迟测量。换句话说，缺陷测试固有的时间裕量为攻击者提供了太多的机会来"隐藏"HT 引入的额外延迟。因此，在测试台上进行的延迟测试方式需要一个范式转变。时钟扫描和时钟选通在测试时间方面代价高昂，而采用这些时钟策略的 HT 检测技术需要考虑与高频时钟相关的高时钟噪声以及电路冒险所带来的失效问题。如何在基于延迟的 HT 检测方案中实现经济权衡还有待观察。

10.5　基于路径延迟分析的 HT 检测方法

本节专门选择并描述了一部分过去十年中提出的 HT 检测策略。我们的目标是描述那些提供了某些独特视角的方法，因此本节的描述并未对每篇该主题下的论文进行详尽地调查。对已发表论文进行选录的原则是：它是否促进了前述三个技术领域中至少一个领域的最新发展，包括路径延迟测量技术、用于区分 HT 异常和工艺波动效应的统计方法以及测试向量生成策略。后文将按时间顺序而不是按技术领域介绍这些技术。本节的后半部分提出了一些挑战，因为许多技术所提出的解决方案都不止针对单个领域。

10.5.1　早期的 HT 检测技术与片上测量方法

在文献[40]和[41]中首次描述了如何使用路径延迟进行 HT 检测。两篇论文的焦点均在单一个技术领域，文献[40]中主要关注用于区分工艺波动效应和 HT 的统计方法，文献[41]中主要关注高分辨率片上测量技术。

文献[40]中的 HT 检测方法假定可获得高分辨率的路径延迟测量结果，即并未提出测量策略。虽无明确说明，但测试向量生成策略似乎是基于标准转换延迟故障模型的。文献[40]的检测方法基于 4.2 节中描述的基于黄金芯片模型。使用多元统计技术从完整的路径延迟集中提取可辨识的特征。无 HT 芯片用于构建无 HT 边界，文献[40]称其为指纹。这些指纹定义了图 10.9 所示标注为"芯片总体延迟变化"的形状边界。通过将测量不可信测试芯片得到的延迟指纹与由无 HT 指纹定义的边界进行对比来检测 HT。

文献[40]利用仿真来验证其技术，在仿真中将 ATPG 导出的双向量序列应用于 DES 功能单元。使用主成分分析（PCA）从 10 432 个的一组仿真路径延迟中提取特征，以此将无 HT 空间归约为三维结构。一种基于 HT 空间凸包特征的统计技术用于定义 DES 64 个输出中每个输出的边界。将四个 HT 植入另一组模型中，其中三个表示显式有效负载 HT，一个表示隐式有效负载 HT。前者在无 HT 设计的路径中串联插入一个或多个附加门，而后者实现为一个不能改变 DES 功能特性的简单计数器。数据表明，显式有效负载 HT 很容易被检测到（见图 10.10），而隐式有效负载 HT 的检测率只有大约 36%。

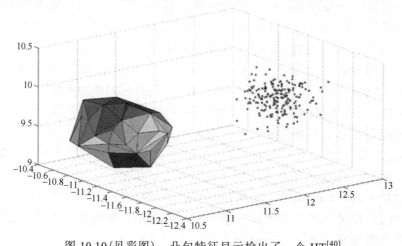

图 10.10（见彩图）　凸包特征显示检出了一个 HT[40]

文献[41]提出了一种高分辨率片上路径延迟测量技术，并由文献[42]进行扩展后，添加了一种基于黄金仿真的 HT 检测策略。该测量技术基于图 10.7 中描述的双时钟方案。添加一组影子寄存器到设计中组合组件的每个输出端，并放置在捕获 FF 或目标寄存器旁，如图 10.11（a）所示。双时钟方案的第二个时钟 CLK2 作为驱动影子寄存器的时钟输入。利用 FPGA 上的 DCM 对 CLK1 做"精密相移"后生成 CLK2。

在测量图 10.11 中组合路径的路径延迟时，首先将 CLK2 的相移设置为一个小的负值，大约为 10～100 ps（参见图 10.7）。利用启动-捕获测试将双向量序列施加于源寄存器。比较器也被添加到设计中，用于确定目标寄存器和影子寄存器中捕获的值是否相同。如果它们是相同的，这也是时钟选通操作的开始条件，则增加 CLK1 和 CLK2 之间的负相移差，并继续施加相同的双向量序列。该过程一直重复至比较器的指示值变为不同。通过将相移数 n_p 乘以每个相移增量所提供的 Δt_p 来计算路径的实际延迟。从 CLK1 周期中减去该值即可得到路径延迟 t_{pach} 的估计值，如图 10.11(b) 中的等式所给出的。

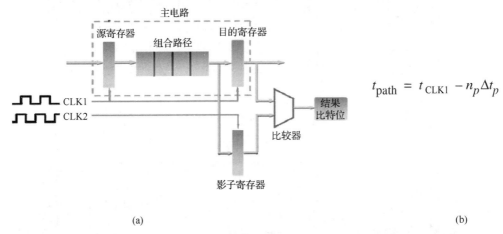

$$t_{path} = t_{CLK1} - n_p \Delta t_p$$

(a)　　　　　　　　　　　　　　　　　　(b)

图 10.11　(a) 文献[41]中提出的片上路径时序架构；(b) 计算实际路径延迟的等式

文献[42]中的扩展工作研究了在 8 位 Braun 乘法器功能单元上使用基于黄金仿真技术的检测能力。HT 建模为串联插入的双反相器链。所提出的方法利用仿真数据得到路径延迟分布，但受计时技术所提供测量分辨率的约束。在包含和不包含 HT 的仿真中，通过改变晶体管阈值电压 V_{ch} 和晶体管沟道长度 L_{eff} 来建模工艺波动。这些仿真数据用来定义图 10.9 左侧所示标注为"带工艺波动建模的仿真"的形状边界。分布均值的偏移量用作检测标准。结果表明，所植入的 4 个 HT 可以检测出 3 个，最后一个可以在某些输出上检测到，但无法在其他输出上进行检测。

10.5.2　基于环形振荡器的 HT 检测方法

文献[43]中提出了一种使用一组分布式环形振荡器(RO)的检测 HT 手段。RO 阵列均匀分布在功能单元的 (x, y) 空间上，如图 10.12 所示。检测标准基于 HT 的功耗。如果存在 HT，则施加到功能单元的测试激励可能导致 HT 内至少部分逻辑门状态发生翻转(在文献[1]中称为部分激活)，则 HT 将必然消耗功率。额外的 HT 功耗会在电源线(V_{DD})上产生局部压降,这些压降可通过将近邻 RO 的延迟与无 HT 芯片或仿真的延迟进行比较来检测。RO 中因为 HT 翻转活动所引起的压降而引入的延迟变化，由 RO 随时间进行积分并且反映在计数器值中。计数器通过多路选择器 MUX2 连接到 RO，如图 10.12 的底部所示。当一个随机的基于 LFSR 的测试向量序列被施加至功能单元的输入后，使用 MUX1 每次选择并激活一个 RO。对 n 个 RO(图中为 12 个)重复该过程，得到一组计数值表示芯片的签名。

通过从大量无 HT 芯片(基于黄金芯片模型)收集的数据来考虑工艺参数波动，并使用主成分分析(PCA)和相关性分析对签名进行统计分析。其中一种技术称为高级离群点分析，它分析了从 RO 对中获得的数据，将其作为检测区域功耗异常下降的一种手段。

图 10.13 中所示的结果绘制了对六种植入设计的 HT 检测能力最佳的一些 RO 对。图中每个点都表示从 FPGA 实验中得到的工艺波动实验结果。浅灰色的 HT 植入点和黑灰色的无 HT 点之间的分离表明，几乎所有 FPGA 中的 HT 都被检测到了。

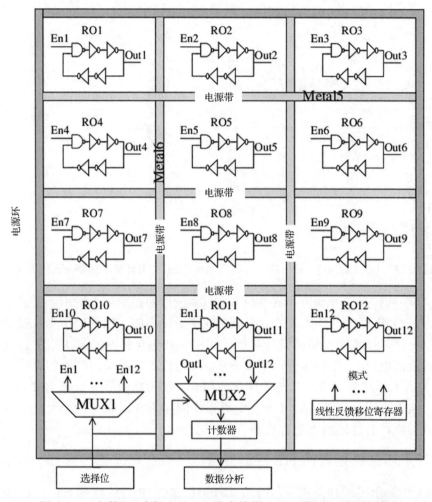

图 10.12　文献[43]中提出的 RO 分布结构，用于检测 HT 翻转活动

　　文献[44]的作者提出了一种可信设计(DFTr)技术，旨在从设计的功能路径中创建 RO 来检测 HT[①]。文献[44]提出了一种算法，该算法选择具有最大数量"不安全逻辑门"的路径，即逻辑门尚未包括在其他 RO 中，此方法以增量覆盖驱动策略为特征。对于每个选定的路径，将 MUX、控制信号和可选的反相器添加到设计中以形成环路。然后使用自动测试模式生成(ATPG)来产生输入模式，该输入模式将非主导值放置在环路敏化逻辑门的路径外输入上。非主导值指逻辑门的该输入值本身不决定逻辑门的输出值，例如逻辑值"1"是与门的非主导值。路径外输入指 RO 中不在 RO 敏化路径上的逻辑门旁路输入。这些条件确保 RO 在被控制信号使能后能够"振铃"。图 10.14 显示了配置有一组 RO 的 ISCAS'85 基准电路 c17。

----

① 文献[39]早前提出了一个相关的可制造性设计方案，用于测量临界温度路径延迟。

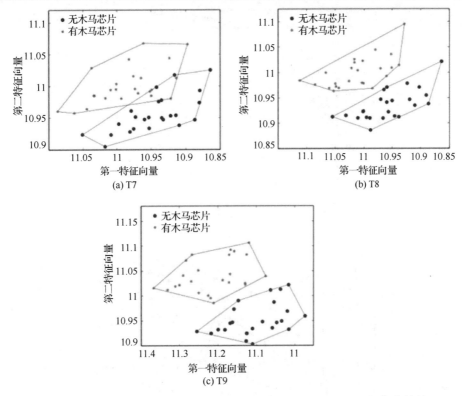

(a) T7

(b) T8

(c) T9

图 10.13 文献[43]中提出的高级离群点分析方法在 FPGA 上的部分结果

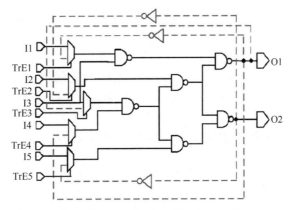

图 10.14 使用文献[44]中提出的 DFTr 方法配置一组 RO 的 ISCAS'85 基准电路 c17

使用带有工艺波动效应模型的仿真实验来确定黄金频率 F_{golden}（基于黄金仿真模型）。通过对比从每个不可信测试芯片获得的频率 $F_{measured}$ 与黄金频率 F_{golden} 来进行 HT 检测。作者在 Xilinx 公司 Spartan 3 系列的 FPGA 上使用 6 种 ISCAS'85 基准电路实现了该技术。图 10.15(a)给出了达到指定的 HT 覆盖率水平所需的 RO 数量。与制造缺陷测试生成的典型情况一样，覆盖目标超过 90%时每个 RO 的覆盖率急剧下降。图 10.15(b)所示的测试时间显示了类似的趋势。尽管所提的技术非常有应用前景，但作者并未解决具有扇出重汇聚的电路中发生的冒险问题。

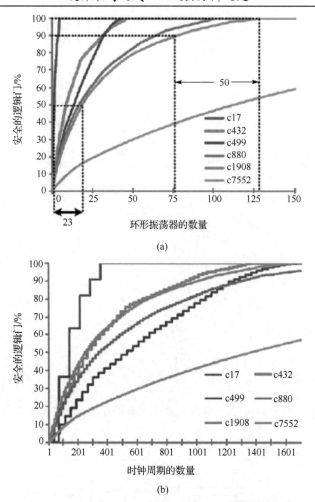

图 10.15(见彩图)　(a)6 种 ISCAS'85 基准电路的覆盖率与所需 RO 数量之间
的函数关系；(b)获得每个芯片的 $F_{measured}$ 所需的测试时间[44]

10.5.3　用于 HT 检测的轻量级片上路径计时技术

　　文献[26]中提出了两种片上延迟测量技术，分别为 TDC 和 REBEL。下面先介绍一种采用 REBEL[45]的 HT 检测方法。在 5.11 节中将介绍使用 TDC[59]的第二种 HT 检测方法。

　　REBEL 被设计为嵌入式测试结构(ETS)。ETS 是一种直接集成到功能单元中的仪器，是一种获取有关其运行特性的区域性、高精度信息的机制。ETS 的设计必须具有微创性和较低的开销，以避免违反与功能单元相关的功耗、面积和性能限制。REBEL 通过利用现有扫描链结构中的组件来满足上述 ETS 属性。

　　REBEL 旨在提供路径延迟的区域性、高分辨率测量结果。它还解决了 10.4.1 节中讨论的使用单时钟方案获取短路径定时信息相关的时钟噪声问题。REBEL 的结构允许功能单元内的路径沿着一条延迟链扩展，从而有效地消除了对高频时钟的需求。该延迟链使用附着在功能单元输出端现有的捕获 FF 进行创建。图 10.16(a)显示了将 REBEL 集成到流水线功能单元中的配置示例。图中虚线所示的路径为功能单元内的测试路径(PUT)以及通过捕获 FF 创建的延迟链。在设计中添加行控制逻辑，以便选择某个路径输出作为计时测量过程的目标。

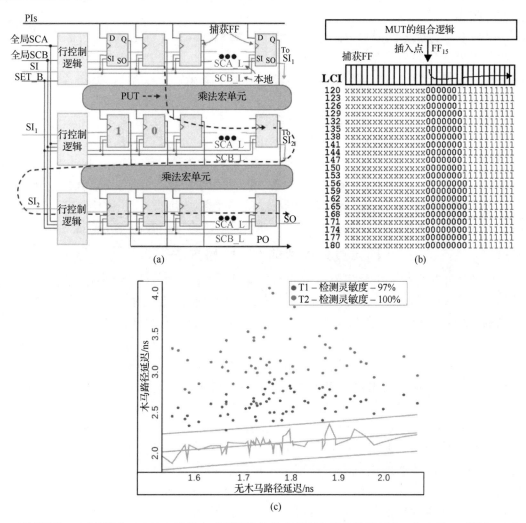

(a)

(b)

(c)

图 10.16（见彩图）　(a)将称为 REBEL 的嵌入式测试结构集成到流水线功能单元中，如文献[45]所述；(b)存储在 REBEL 延迟链中的数字"快照"序列，其中连续的行显示了不断增加的启动捕获间隔(LCI)；(c)对路径延迟进行回归分析，图中的路径延迟测量源自 62 个芯片，每个芯片测量无 HT 的路径延迟(横轴)和可配置为有或无 HT 的第二路径延迟(纵轴)

通过将双向量序列应用于功能单元的输入来对路径计时，沿 PUT 的转换出现在输出端并继续沿延迟链传播。在时钟的捕获沿上创建一个转换的数字快照，该数字快照是存储在捕获 FF 中的一串数字序列，表示了其随时间变化的行为。每张快照都会立即显示传播信号是否有多次转换，即是否存在冒险。

图 10.16(b)中标记为 120 到 180 的行就是一组数字快照，表示在先前图 10.7 中所示的单时钟方案下所描述的 LCI 时钟扫描序列。对于每个连续的 LCI，驱动捕获 FF_{15} 输入端的传播下降转换被给予更多时间沿延迟链传播。本例中的测试路径不会产生任何类型

的冒险(无冒险); 否则, 一个或多个快照将会显示在"0"序列中交织着"1"。实际上, LCI 测试序列是反向应用的, 从 180 开始, 因为较大的 LCI 增加了存储在捕获 FF 中关于传播转换的时间信息量。较大的时间窗口提供了更好的机会来检测可能使 HT 测试无效的冒险问题。

作为概念验证, 文献[45]设计并测试了一块 90 nm 工艺的芯片, 允许其在有和无 HT 的情况下重新配置功能单元(此时为 8 功能的浮点单元或 FPU)中的路径。虽然文献[45]的实验结果使用硬件数据来定义无 HT 空间(基于黄金芯片模型), 但作者承认基于黄金仿真的方法也是可行的。

文献[45]中提出了基于线性回归分析的统计方法。图 10.16 显示了部分结果, 其中比较了来自一条无 HT 的路径延迟(横轴)和可以配置为有或无 HT 的第二路径延迟(纵轴)。无 HT 空间以绿色高亮显示, 并由三个标准差回归带描绘。该空间由来自 62 个测试芯片副本的数据导出, 其中测试芯片配置为第二路径不包含 HT。红色和蓝色的点分别表示包含两种不同 HT 的第二路径延迟检测结果。除一个数据点外, 其余均不在回归范围之内, 因此均被归类为检测到 HT 的数据点。文献[45]中还给出了在更多 HT 集下的测试结果。

10.5.4 自认证: 一种无黄金模型的 HT 检测方法

文献[46]描述了一种无黄金模型的 HT 检测方法, 其将 HT 检测传感器框架插入到设计的布局表示中[①]。传感器设计为已存在于设计中逻辑门常见序列(路径序列)的复制品。定制的 CAD 工具用于分解设计的时序图, 以识别一组常见的延迟特性。延迟特性对应于特定布局的逻辑门和连通线的模式, 这些模式具有共同的几何形状和对工艺波动的灵敏度。通过评估路径序列在相似的工艺条件下发生的延迟变化来确定特征之间的相似性。如果两个序列的延迟变化轨迹包含在一个小的容错范围内, 则认为它们是相似的。

一旦在设计中确定了一组目标路径序列, 则将一组匹配的传感器集成到布局中, 紧邻目标路径序列。在制造之后, 测量传感器和相应的全长路径(包含路径序列)的延迟指纹。每个传感器的数据用于构建无 HT 延迟范围, 其中包含了传感器的测量噪声特性。对每条路径均以类似的流程进行处理。使用变化感知表达式来说明包含了路径序列的全长路径中其他组件相关的延迟。标称仿真或静态时序分析估计则用于确定传感器的标称延迟, 其与测量的延迟相结合, 可以预测全长路径的延迟。接下来使用相关性分析比较传感器和路径的预测及测量延迟范围。离群点则被认为是由 HT 在传感器中、在路径中或在两者中引入的异常。图 10.17 给出了自认证过程的流程图, 以及文献[46]中所考虑的 HT 植入和检测的场景示例。

作者假设如图 10.7 所述的片上或片外延迟测量方案是可用的。传感器充当用于校准的硅锚定点, 因此提出的 HT 检测技术与 4.2 节中描述的工艺控制监视器方法(称为基于 PCM 的检测技术)具有许多相似之处。

作者将这一技术应用于 ISCAS'89 基准电路中, 使用 TSMC 的 90 nm 技术综合为布局。并通过使用蒙特卡罗选择过程在标称指标的10%范围内改变主要设备参数, 对工艺波动进行建模。同时将布局的多级分层模型作为一种设计区域划分的手段进行处理, 其中假设所划分区域之间的工艺波动有较高的相关性。在不使用超过布局15%额外面积的

[①] 参考文献[47]前面也提出了自参考技术, 但该技术基于功能单元副本产生的瞬态电源电流的相关性。

约束下确定和设计传感器。随机选择一组路径作为 HT 植入点,对该方法进行评估。在每个路径中植入一组 30 个不同延迟量的 HT,用以确定方法的灵敏度,创建并仿真了 10K 种工艺模型(每条路径 300K 次仿真)。与没有利用传感器作为灵敏度增强技术的类似方法相比,HT 检测率从 2% 提高到 16%。

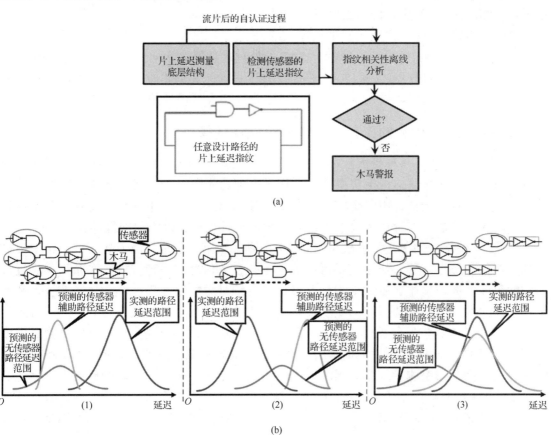

图 10.17(见彩图)　(a)文献[46]中提出的自认证过程的流程图;(b)三种 HT 攻击模型下,(仿真的和实测的)传感器延迟范围及测量的全长路径延迟范围。传感器分布的重叠不匹配或传感器和路径分布之间的低相关性将作为检测到 HT 的标志

10.5.5　用于 HT 检测的线性规划方法和测试点插入

文献[48-50]提出了一种线性规划方法,使用基于求解系统方程组的方法来得到各个门的泄漏电流、功率和延迟特性,称为门级特性(GLC)。方程组中使用了功率和延迟的芯片测量结果以及测量误差的估计值,以得出与设计中逻辑门相关联的参数缩放因子。

GLC 与文献[49]中的测试点插入技术相结合,可作为提高 HT 覆盖率的一种手段。作者建议将 FF(测试点)添加到出现扇出重汇聚的设计组件中。图 10.18 显示了文献[49]中扇出重汇聚的电路示例,并标注了扇出点与收敛点。为包含复杂扇出重汇聚网络的电路生成路径延迟测试的任务是一个 NP 完全问题。即使存在此类测试,自动测试模式生成(ATPG)算法也无法确定能测试扇出重汇聚块内各路径的双向量序列,如图中的“路径 1”和“路径 2”。虽然在该示例中,得到能单独测试这两个路径的测试模式是非常简单的(图

中标注的节点赋值可单独测试路径 1），但是对
于其他更复杂的路径配置需要穷举搜索来寻
找合适的双向量序列，搜索次数与 2^n 成正比。

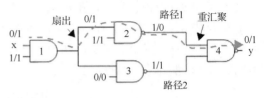

图 10.18　扇出重汇聚的电路示例[49]

文献[49]提出了一种算法，该算法首先确
定所有易测的路径，然后在扇出重汇聚逻辑结
构中确定一组路径，这些路径是测试点插入的
最佳候选点。文献[49]提出了一种基于 SAT 的处理来选择输入向量，以最大化使用 GLC
时的独立线性方程组数量。文献[50]中提出了基于最大化无扇出锥面的另一种电路划分方
案，通过增加电路内延迟接入点的数量，进一步提高大型设计的覆盖范围。

10.5.6　增强 HT 检测的工艺校准和测试向量选择

文献[51]中描述了一种延迟校准技术，在先进技术下的工艺参数波动效应所引入的异
常范围内，利用从测试结构中获得的信息作为一种检测微小 HT 延迟异常的手段。测试
结构的测量结果用于估计由每个芯片工艺参数波动引入的全局平均延迟变化。基于该估
计，对嵌入式测试结构所在区域中路径的平均值进行校准，以消除均值偏移。

文献[51]中提出的工艺流程模型如图 10.19 所示。第一步是从嵌入式测试结构中提取
信息，例如环形振荡器，作为获得每个芯片工艺参数信息的一种方式。在布局中靠近待
测功能单元的区域里添加测试结构。这确保了在测量中能够准确捕获全局工艺波动和系
统性裸片内波动。路径选择和向量生成将以最小化测试成本的方式进行。ATPG 必须为
通过每个可能 HT 位置的关键（最长）路径生成可靠的测试（如果有的话），因此测试生成
是基于传统的 TDF 模型。使用如图 10.7 所示的双时钟方案测量路径延迟，以最小化时钟
噪声并获得高分辨率测量结果。因为使用并集成了用于校准工艺波动的硅锚点，因此文
献[51]的技术应归类为基于 PCM 的技术。利用测试结构数据和最小均方（MMSE）估计器
计算芯片各区域中平均偏移的估计值。MMSE 可寻找使得公式（10.1）所示的测试结构数
据与平均值之间差的平方之和最小化的平均值。然后该估计器可用于校准给定芯片的所
有路径延迟，只需从每次测量结果中减去此平均值即可。本文还提出了一种基于似然比
检验的非参数假设检验新方法，该方法利用整数线性规划（ILP）来确定需要测试的芯片数
量，以达到 HT 检测决策的特定误报和漏报置信水平：

$$\sum_{i=1}^{M}(d_i - \hat{\mu})^2 \tag{10.1}$$

文献[51]使用一组长度为 2 到 12 的反相器链（有些包含 HT 植入，有些不包含）对该
技术进行评估。所植入的木马建模为一个连接到反相器链中第一个反相器输出端的最小
尺寸反相器。随后使用电路模型进行蒙特卡罗仿真，仿真过程中采用不同类型的全局和
裸片内工艺波动，分别为案例 I（仅考虑全局变化）、案例 II（仅考虑片内随机波动和系统
性裸片内波动）和案例 III（仅考虑局部随机波动和系统性裸片内波动）。图 10.19（b）显示，
对于采用仅包含局部工艺波动的仿真模型案例 III，所提方法获得了最好的结果。这是因
为在此案例中，所提出的校准方法通过测试结构的测量结果消除了案例 I 和案例 II，最
大限度地减少了 σ/μ 的统计变化以及所需的芯片数量。

(a)

不同反相器链下的延迟测量结果
(*L*：反相器链长度，*σ*：延迟标准差，*Δ*：木马引起
的额外延迟，*μ*：延迟均值，*N*：被测芯片的数量)

案例 I				案例 II				案例 III			
L	*σ/μ*	*Δ/μ*	*N*	*L*	*σ/μ*	*Δ/μ*	*N*	*L*	*σ/μ*	*Δ/μ*	*N*
2	0.269	0.207	14	2	0.246	0.207	13	2	0.244	0.206	11
4	0.185	0.163	14	4	0.164	0.162	13	4	0.162	0.161	11
6	0.143	0.126	14	6	0.125	0.125	13	6	0.122	0.125	11
8	0.124	0.101	17	8	0.105	0.100	13	8	0.103	0.099	12
10	0.113	0.088	20	10	0.092	0.087	13	10	0.088	0.086	12
12	0.107	0.076	20	12	0.084	0.075	14	12	0.081	0.074	12

(b)

图 10.19　(a)文献[51]中提出的工艺流程模型；(b)通过在不同类型(全局和
裸片内)工艺波动下应用所提出方法，获得的仿真导出延迟统计

　　该技术在文献[52]中得到了扩展，以解决 HT 检测的最佳目标路径选择问题。与作者的早期工作相反，文献[52]认为选择通过每个 HT 位置的最短路径在最大程度上提高了检测灵敏度(参见 10.4.3 节中的最短路径 TDF 讨论)。图 10.19(b)中标记为 $Δ/μ$ 的列，表示 HT 对路径延迟的影响，也是本文关注的重点。鉴于攻击者的目标是最大限度地减小 HT 对路径延迟的影响，因此较短的路径更适合于揭示这些微小的延迟变化，因为由 HT 所增加的(恒定)延迟将在短路径的总延迟中占比较大。类似的结论在工艺波动的影响中也成立。特别是，波动的标准差 $σ$ 是一个近似值，与路径的标称延迟成比例，即较短的路径具有较小的 $σ$。该特性在图 10.20 中示出，该图展示了有 HT 和无 HT 的长路径(上图)和短路径(下图)的路径延迟分布。HT 被标注为"额外扇出"，当归一化分布总宽度的比例时，HT 在短路径分布中产生了更明显的偏移。在这两种情况下，HT 仅增加了 8 ps 的路径延迟，但短路径延迟所对应的较小 $σ$，在检测异常时提供了更高的置信度。

　　文献[52]还认为较短的路径延迟更可能成为 HT 植入的目标，因为较长的路径延迟，特别是关键路径延迟，增加了 HT 被意外发现的可能性。此外，ATPG 工具更容易为短路径生成向量，因为敏化从 PI 到 PO 的路径需要"调整"(即强行置为特定值)更少的旁路输入。然而作者认为，短路径的主要好处是减少了需要测试的芯片数量[参见图 10.19(b)中标记为 *N* 的列]。缺点是短路径更难以计时，特别是当使用图 10.7 中的单时钟方案时，因为为了获得精确的延迟测量结果芯片需要以更快的速度进行测试。双时钟方案是一种解决办法，但它还需要添加如文献[41]中所述的第二时钟树。

文献[52]提出了一种算法，既选择通过每个电路节点(每个 HT 位置)的最短路径，又强制对测试的鲁棒性施加约束，以确保目标路径确实是由双向量序列所测试的路径。作者使用 ISCAS'89 基准电路展示了仿真结果，结果表明测试成本比传统 TDF 策略改善了2.1 倍。文献[52]进一步指出，与文献[51]中提出的校准技术相结合，成本可以改善 4.51 倍。

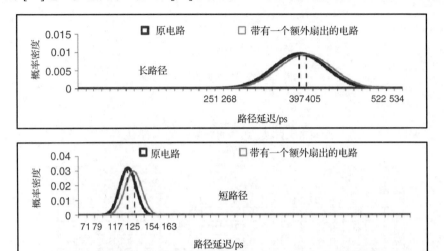

图 10.20　对长路径和短路径的路径延迟分布的影响，短路径的变化百分比更大[52]

10.5.7　用于 HT 检测的时钟扫描

文献[53]提出了一种时钟扫描方法，用于解决传统 TDF 模型和路径延迟故障(PDF)模型检测 HT 中的灵敏度问题。时钟扫描是指前面图 10.7 中所述的单时钟方案，其中时钟频率逐渐增加(增加固定步长)，并且重复施加双向量序列，直到在一个或多个测试路径的捕获触发器中检测到延迟故障为止。

文献[53]建议使用前面提到的 TDF 模型来生成测试，并确认由于 ATE 和时钟噪声的限制，其延迟小于最大频率的短路径无法测试。文献[53]提出的算法如图 10.21(a)所示。算法将 TDF 测试分为两组，一组敏化所提出 HT 延迟技术中的待测长路径，另一组敏化使用基于功率的 HT 方法的待测短路径。他们认为长路径上的翻转活动较少，因为需要满足更多条件才能使其敏化。因此，使用基于功率的方法检测这些路径上的 HT 效果较差。

图 10.21(b)的表中给出了长路径的故障频率。每个芯片为一行，各个列表示已测路径的模式 P_x 和捕获触发器 FF_x。文献[53]提出了一种多维缩放(MDS)统计方法，用于区分由工艺波动效应引入的延迟变化和由 HT 引入的延迟变化。MDS 利用 PCA 从较高维空间映射到较低维空间。但是，与文献[40]中提出的技术不同，文献[53]配置 MDS 以在低维空间中保留由 HT 延迟异常引入差异的签名成分。随后使用来自无 HT 芯片的签名构造三维凸包，并且将来自不可信芯片的离群数据点归类为 HT 候选者。因此，该技术是基于图 10.9 所示的基于黄金仿真或黄金芯片模型的检测技术。

在仿真实验中使用了 ISCAS'89 基准电路 s38417 来验证该技术。表征工艺波动的仿真模型通过对阈值电压、氧化层厚度和沟道长度，在全局和局部标称值的 5%以上进行改动，以建模裸片内波动。在基准电路的布局表示中引入总共六个 HT，每个 HT 具有不同的触发器和有效负载配置。用于时钟扫描的时钟频率范围和步长分别设置为 700 MHz 至 1.5 GHz 以及 10 ps。应用 MDS 并构造凸包的结果如图 10.21(c)所示。1 号 HT 的检出率为 64%，而 2 号 HT 的检出率为 100%(没有给出其余 4 个 HT 的检测结果)。在使用一组 44 个 FPGA 进行硬件实验后，获得了类似的结果。

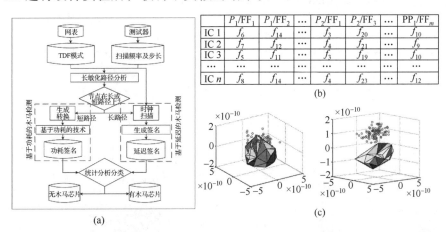

图 10.21　(a)文献[53]中提出的 HT 检测算法；(b)记录了模式(P_x)和捕获触发器(FF_x)首次故障频率的芯片签名；(c)应用 MDS 和凸包的 HT 的结果

10.5.8　一种无黄金芯片的 HT 检测方法

文献[54]提出使用工艺控制监视器(PCM)，旨在消除对无 HT 黄金芯片组的需求。PCM 传统上是由工艺工程师插入的在线测试结构，用于跟踪晶体管参数(如阈值电压)的晶圆级波动变化。作者对特定路径的延迟使用 PCM，作为一种硅校准方法。随后测量测试芯片上该 PCM 的路径延迟，并用于改善先前从仿真数据所获得分类边界的精度。因此，该策略是 10.4.2 节中讨论的基于 PCM 的方法。

文献[54]使用非线性回归和核均值匹配(kernel mean matching)技术来学习 PCM 数据和边信道指纹之间的关系，在文献[54]，边信道指纹是来自于一组 40 个带 HT/不带 HT 的 AES 无线加密芯片输出功率测量结果。将五种统计变换逐一应用到从 PCM 和 AES 工艺模型中所获得的仿真数据、从 PCM 和测试芯片功率测量中获得的仿真数据，逐步调整一系列"习得"的边界；图 10.22(a)显示了由仿真数据得到的第一组变换，展示了无 HT 空间的形状和边界所发生的变换。文献[54]还给出了余下的几种变换，由一组无 HT 芯片测量的 PCM 和路径延迟数据所得。图 10.22(b)显示了实验结果，其中所有 80 个 HT 均被正确归类为 HT 感染，而只有三个无 HT 的芯片被错误归类，即发生了虚警。

10.5.9　通过比较具有结构对称性的路径来进行 HT 检测

在文献[55]中提出了一种 HT 检测方法，该方法通过在具有相同拓扑结构的不同晶体管级路径的实例中验证延迟的一致性进行 HT 检测。对称性定义考虑了逻辑门的结构特性，以及在施加双向量序列的每个向量后，其输入的状态赋值。例如，与非门就显示出了延迟对称性，因其两个 PMOS 晶体管具有相同上拉路径，并且在延时测试期间输入的转换每次只触发其中一条路径。文献还提出了一种 HT 检测算法，首先在网表或布局中确定晶体管级的对称性，然后向 ATPG 算法添加约束以测试表现出这种对称性的晶体管对。同时提出了一种自参考检测算法，该算法比较了对称路径的延迟，当两个路径延迟不同且超过某个阈值时，就将该芯片归类为具有 HT。

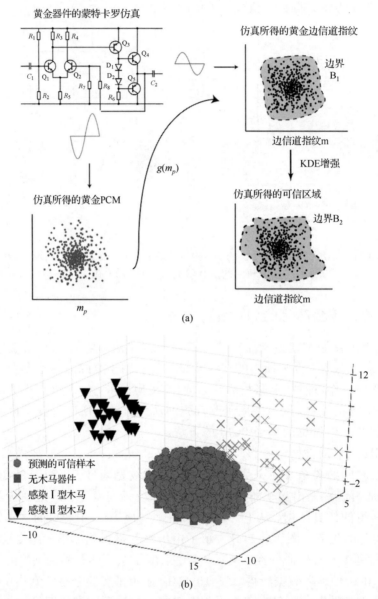

图 10.22　(a)基于仿真的初始统计变换，旨在迭代学习文献[54]中无线加密 IC 的无 HT 指纹空间的最佳边界；(b)应用了所提出的统计学习过程后，从 PCA 分析中得出的前三个主成分。所有 80 个 HT 均能被检测到，除了三个无 HT 芯片外(共 40 个)，其余都被正确归类

　　作者用 ISCAS'85 c17 基准电路给出了一个晶体管级对称的案例，图 10.23 再现并增强了此案例。c17 的门级网表显示在最左侧，该网表的部分晶体管级网表显示为图 10.23(a)至(d)。晶体管级网表图中用数字进行了标注，以便能与 c17 原理图中的 NAND 门相对

应。顶部和底部两行的晶体管级原理图所给出的两条路径呈现了对称性。第一组对称晶体管对的两个向量序列标记为 α_1 和 α_2，而第二个双向量序列标记为 β_1 和 β_2。因此用作测试的双向量序列可表示为 (α_1, α_2) 和 (β_1, β_2)。

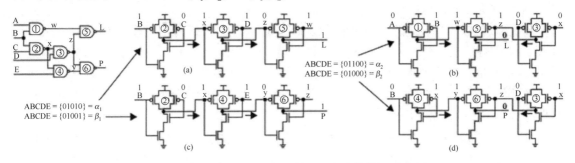

图 10.23（见彩图）　摘自文献[55]的晶体管级对称图

　　红色所示的组件显示了将每个与非门的输出连接到其中一条电源线的上拉和下拉路径，这是由四个向量所施加的逻辑状态决定的。例如，图 10.23（a）中三个与非门 2、3 和 5 的输出分别连至 V_{DD}，GND 及 V_{DD}。重要的是，需观察到图 10.23（a）～（c）之间和图 10.23（b）～（d）之间红色部分的一致性，以及除了其中一个逻辑门外，这些晶体管对中的实际逻辑门是不同的。换句话说，在 c17 中施加了两个双向量序列后，测试了 NAND 门中相同的上拉和下拉路径，但却是沿不同的路径进行测试的。考虑到与非门具有相同的布局结构，路径延迟也将几乎相同。因此，如果攻击者将一个或多个有效负载门串联在这些路径中的任何一条上，则延迟将有所不同，并可被标记为恶意修改。仿真和 FPGA 结果也证实了这一理念。

　　由于比较是在同一芯片上的路径之间进行的，而且通常（最好是）比较的位置也较为接近，因此消除了工艺波动中的全局偏移（以及在某种程度上的裸片内波动）所引起的延迟变化。所以并不需要 10.4.2 节中所提到的黄金模型技术来处理工艺波动。但是，需要留出余量来应对测量噪声和两条路径中的布线差异；否则，误报率会很高。作者指出在布局中找到结构对称性并由此得到合格的测试模式是很有挑战性的，因为要确保测试路径中上拉部件和下拉部件的行为一致，必须满足大量的约束。该特性可以被视为一个优点，因为它使得攻击者很难植入使得对称路径对的延迟保持一致的 HT，从而导致该技术失效。

10.5.10　利用脉冲传播进行 HT 检测

　　文献[56]中提出了一种高分辨率 HT 检测方法。该方法基于沿着数字逻辑路径传播的脉冲，通过检测脉冲是否还存在，即在到达检测脉冲的捕获 FF 之前脉冲是否消失，来进行 HT 检测。能通过路径上各个逻辑门传播的最小脉冲宽度，仅受路径上单个门的约束，具体来说即具有最大上升+下降时间的那个逻辑门。作者认为，这种特性极大地提高了该方法对容性负载效应的 HT 检测灵敏度，优于其他延迟测试方法，特别是对于长路径和考虑到工艺波动效应时。

　　由工艺波动效应引入的延迟变化是累积的，因此标准延迟方法在检测长路径时，必须增加无 HT 边界或余量，这就降低了它们对由 HT 引入的微小、固定延迟变化的敏感性。另一方面，当脉冲遇到 HT 的容性负载时会缩小，并在用于确定路径最小脉宽的逻辑门处消失(注意:此处假设在用于确定最小脉冲的逻辑门之前发生了 HT 植入)。因此作者认为,HT 检测灵敏度保持不变,并与路径长度无关。脉冲生成和脉冲检测所需的嵌入式组件可以分别设计如图 10.24(a)、(b)所示,且这些组件可以在多个 FF 之间共享,如图 10.24(c)所示的流水线结构。

该文献还提出了一种使用 n 个随机测试模式的算法,每种测试模式都使用 k 个不同宽度脉冲进行仿真评估。对路径进行测试,能将脉冲从启动 FF 传播到捕获 FF 的测试被认为是合法的。作者称这些路径为可敏化单路径[①]。随后使用最坏情况工艺模型,再次用仿真来确定每条路径的最小脉宽。在每个通路的每个节点上使用不同的容性负载模拟HT,以确定能成功地"消灭"传播脉冲的最小电容。

文献在与非门(NAND)链、行波进位加法器(ripple carry adder)和 4×4 乘法器上进行了仿真实验,验证了所提出方法的有效性。通过在全局和局部范围内将阈值电压 (V_c) 改变 $\pm 10\%$ 来对工艺波动进行建模。NAND 门链的仿真结果如图 10.24(d)所示,"脉冲测试"结果对应于文献[56]中所提出的技术,"延迟测试"则表示使用标准延迟测试策略所确定的结果。标有"可检测的最小电容"(Min Cap Detected)列表示在各行不同长度的路径中能检测到的最小 HT 容性负载。最后一列表示,与标准延迟测试方法相比,该方法提高了灵敏度,并支持了作者关于脉冲法在长路径情况下仍对小型 HT 敏感的说法。文献[56]中在其他功能单元上也得到了类似的结果。

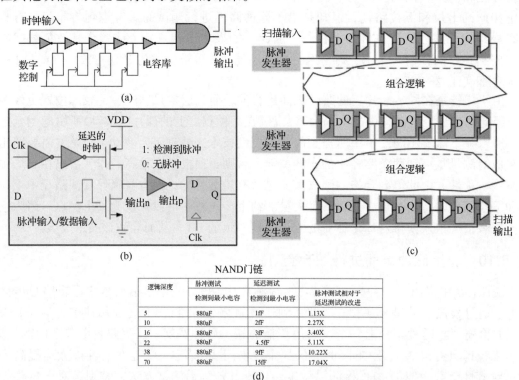

图 10.24　(a)所提出的脉冲生成器;(b)脉冲检测器;(c)流水线结构内共享组件的示例;(d)比较所提出技术(标记为脉冲测试)和标准延迟测试(标记为延迟测试)的仿真结果[56]

---

① 单路径可敏化指的是无危险、稳健、可测试的路径,表明在两个应用向量下,沿路径的所有侧面输入必须保持恒定。

10.5.11　用于 HT 检测的芯片对中校准技术

文献[57,59]提出的 HT 检测方法使用了路径延迟的实际测量结果作为一种全局偏移和裸片内工艺波动效应的校准机制，这与 PCM 和其他类型的片上测试结构不同[①]。此类方法是 10.4.2 节中所描述芯片对中技术的变体。芯片对中技术有潜力为 HT 检测提供更高的灵敏度，因为检测方法中使用的路径延迟也可以作为校准的基础。此外，通过使用在芯片上测量的路径延迟来缩小无 HT 空间，如图 10.9 右侧所示，这些方法还可以简化基于仿真的黄金模型开发，如文献[59]中所述。

文献[57]的作者从一组芯片计算平均路径延迟，以减少芯片间和裸片内工艺波动效应对 HT 探测灵敏度的不利影响。所提出的黄金模型基于来自无 HT 芯片延迟的硬件测量结果，即不使用设计和仿真数据得到无 HT 空间。从芯片收集得到的数据是多维的。作者用#来表示芯片号，P 表示模式（双向量序列）号，N_P 表示模式数量，α 表示功能单元输出（捕获触发器），以及 N_α 表示输出的数量。使用对中操作对芯片间（全局）工艺波动对路径延迟影响进行校准，即计算所有模式 P 下到芯片#的某个输出 α 的延迟 D 平均值，并将其从每个原始延迟中减去，如式（10.2）所示。因此，该方法利用了到每个输出 α 的延迟分布来校准芯片#内发生路径延迟的全局平均偏移。然后执行第二次对中操作以进一步减少裸片内波动，该操作将芯片所有输出的全局校准延迟进行平均，如式（10.3）所示。然后从芯片的原始路径延迟中减去该芯片片内平均值，以提供一组局部校准的延迟。

$$D_P(\alpha,\#) = D(P,\alpha,\#) - \frac{\sum_P D(P,\alpha,\#)}{N_P} \tag{10.2}$$

$$D_{P,\alpha}(\#) = D_P(\alpha,\#) - \frac{\sum_\alpha D_P(\alpha,\#)}{N_\alpha} \tag{10.3}$$

$$\mathrm{RP}_{P,\alpha,\beta}(\#) = \frac{D_{P,\alpha}(\#)}{D_{P,\beta}(\#)} \tag{10.4}$$

$$Dg^{\#_{\text{test}}}_{P,\alpha,\beta} = \frac{\mathrm{RP}_{P,\alpha,\beta}(\#_{\text{test}}) - \overline{\mathrm{RP}}_{P,\alpha,\beta}(\#_{GM})}{\sigma_{P,\alpha,\beta}} \tag{10.5}$$

模式 P 的两个局部校准延迟之比用于构造黄金模型，每个比值被称为相对性能指标 $\mathrm{RP}_{P,\alpha,\beta}$，由式（10.4）给出。接下来为每个芯片#构建相对性能矩阵，并且计算所有值 N_{GM} 个无 HT 芯片 $\mathrm{RP}_{P,\alpha,\beta}$ 的平均值。该均值可用作从不可信芯片计算出的 $\mathrm{RP}_{P,\alpha,\beta}$ 进行对比的参考。为了处理 HT 检测的误报，文献[57]还提出了一种称为不相关系数的余量。其定义为使用 N_{GM} 个无 HT 芯片计算所得 $\mathrm{RP}_{P,\alpha,\beta}$ 的标准差 $\sigma_{P,\alpha,\beta}$。限定无 HT 空间的阈值由式（10.5）给出，并将此阈值称为区分器。

文献[57]中使用一组四个 Xilinx 公司的 Spartan 系列 FPGA 对该技术进行验证，这些 FPGA 被配置为 AES-128 功能单元，对该功能单元进行修改后得到了另一个设计，其中增加一个组合逻辑 HT 和一个时序逻辑 HT。使用无 HT 的 AES-128 延迟测量构建黄金模

---

① 文献[59]中描述的路径延迟技术基于前面文献[58]中提出的使用泄漏电流的相同概念。

型。使用单时钟方案(或 10.4.1.3 节的时钟扫描方案),其中步长为 35 ps,频率范围为 100 MHz 至 121.2 MHz。测试向量为随机选择,即文献[57]中未提出测试向量生成策略。一组 50 个模式(明文)被用作测试向量集,并且对 AES 所有 128 位的路径进行监视。忽略小于 8.25 ns[1/(121.2 MHz)]的路径延迟。作者给出了部分区分器的实验结果,这些区分器在使用无 HT 数据和来自两个 HT 的实验数据进行计算时,128 个输出中每个输出均产生最大值。结果显示在图 10.25 中,图中还标注了检测两个 HT 时置信水平最高的输出。

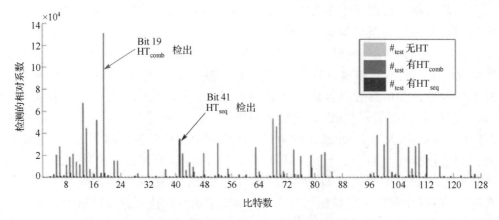

图 10.25(见彩图)　文献[57]中的 HT 检测结果

虽然文献[57]中提出的方法效果良好,但作者所采用的平均技术并不直接处理芯片内的工艺波动。而文献[59]中提出的方法(下面将讨论)则对芯片中每条路径在每个双向量序列下的延迟进行了平均,而不是对所有向量和输出的延迟进行平均。已证明裸片内工艺波动在每个芯片实例中具有显著的随机分量[60],因此逐条路径平均策略可能在减少有害的裸片内波动方面更有效。此外,文献[57]中提出的策略仅校准了由片间工艺波动效应引入的全局偏移(路径延迟平均值)。下面所描述的技术还考虑了缩放效应。

在文献[59]中提出了一种芯片平均 HT 检测方法,该方法采用了一种片上时间-数字转换器(TDC)来校准片内和片间工艺波动并测量路径延迟。先前在 10.4.1.3 节的图 10.8 中对 TDC 进行了描述。TDC 能提供大约 25 ps 的计时分辨率,速率非常快,也不需要时钟选通或时钟扫描操作,并且可以在大量功能单元的输出上多路复用和共享。该方法也被归类为芯片对中技术,但与文献[57]中的技术不同,它不依赖于一组黄金芯片。准确地说,黄金仿真模型用于表征无 HT 空间。黄金模型的开发仅需要对每个所施加的双向量序列进行单次标称仿真,因此与先前所提出的基于仿真的黄金模型方法相比,该方法显著降低了所需的工作量和时间。这之所以可行,是因为校准过程的目的是从硬件数据中得到每条路径的标称芯片平均延迟(CAD)值,因此在黄金模型中并不需要考虑工艺波动。

校准及芯片平均的目的是降低性能差异和工艺波动对延迟的不利影响,同时保留在所有(或大部分)测试芯片中出现任何类型的系统级波动变化。芯片平均利用了随机工艺波动和 HT 异常之间的关键差异;随机波动平均值为 0,而 HT 异常引入的系统误差则将保留在平均值中。

文献使用 90 纳米工艺制造的 44 份 ASIC 副本中收集到的数据验证了此方法,每个 ASIC 具有 AES 功能单元布局的两个精确副本,一个表示原始设计,另一个含有 5 个内嵌的 HT。图 10.26(a)中显示的芯片布局包含了 AES 的 2 个副本和 TDC 的 4 个实例。图 10.8 的 TDC 框图中所示的两个八选一多路复用器连接到 AES 128 个输出中的 15 个(第 16 个输入连接 Clk)。每个 AES 实例中的 2 个 TDC 副本可以对传播到 AES 的 30 个输出信号相对 Clk 进行计时。

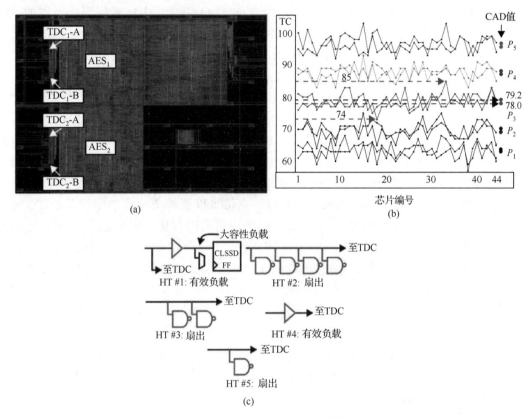

图 10.26(见彩图)　(a)有 2 份 AES 副本的芯片布局[26]；(b)来自 44 个芯片的 TC，
在最右侧显示其 CAD 值；(c)添加到 AES₂ 中的 HT 配置

　　用于减少芯片间工艺波动的校准过程，需在执行每个芯片的 HT 检测过程之前完成。与 HT 检测过程类似，校准涉及测量每个芯片上功能单元内各种长度的路径延迟。与 HT 检测不同的是，校准的目标是调整 TDC 的控制信号 Cal0 和 Cal1，这两个信号是将每个芯片的延迟分布移位(和缩放)到固定平均值的一种手段。从 10.4.1.3 节可知，TDC 的输出是一种温度码(TC)，即 0 到 120 之间的整数值，表示 Clk 和被测路径之间的相对延迟差。将固定平均值设定为中间点(60)。通过对所有芯片使用相同的固定平均值，该过程有效地标准化了 TC，从而消除了由芯片到芯片工艺波动效应引入的大多数延迟变化。

　　芯片平均技术旨在消除路径延迟中残存的芯片内波动。TDC 校准完成后，应用一组基于 TDF 的向量到芯片，该向量旨在以无电路冒险的方式测试每个可能的 HT 位置。在从全部或大量样本中(例如 50 个或更多)收集到芯片的数据后，就可采用该 HT 检测方法。通过对所有芯片的 TC 延迟进行平均，计算出每个测试路径的芯片平均延迟值(CAD)。CAD 值平均化，且理想情况下将消除随机的片内波动，因此可观察到芯片值中出现的微小系统误差，而此类误差并不存在于标称模型的 Spice 级仿真中。

如图 10.26(b)所示，绘制了 5 条不同长度无 HT 路径的原始 TC 值。x 轴列出了 1-44 号芯片，y 轴列出了每个芯片对应的 TC 值。这两条曲线给出了图 10.26(a)两个几乎相同的 AES 实例中所收集的数据。数据均经过校准，数据点在芯片之间和 AES 实例之间的变化由芯片内波动和测量噪声所导致。最右侧波形的最后一个点表示五条路径中每条路径的 CAD 值。芯片平均效应反映为每个 AES 实例在 44 个芯片中计算所得两个点的"接近程度"。两个 AES 实例的布局是相同的，因此理想情况下，CAD 值应该重叠。虽然情况并非如此，但对于任何给定的芯片，CAD 值都比大多数原始 TC 值更接近。这减少了无 HT 空间的边界，反过来又提高了所提出方法的 HT 检测灵敏度。

作者通过测量由五个布局中所插入 HT 引入的延迟异常来验证该方法的检测灵敏度。图 10.26(c)给出了原理图级的示意图，显示了 HT 结构和植入点，在图中以红色表示。如原理图所示，通过替换填充单元并连接 HT 的输入和输出，将四个扇出 HT 和一个串联插入的 HT 添加到 AES$_2$ 的布局中。使用 Mentor Graphics 公司的 Calibre XRC 提取器和晶圆厂提供的 90 nm 工艺模型(芯片也使用 90 nm 工艺生产)创建 AES 布局和 TDC 的标称仿真模型。使用 Cadence 公司的 Spectre 进行瞬态仿真以获得与标称模型相关的 TC 值。

图 10.27 中绘制了两组结果，图 10.27(a)中将仿真的标称模型数据与受 HT 感染的 AES$_2$ 数据进行对比，而图 10.27(b)中则将仿真数据与无 HT 的 AES$_1$ 数据进行对比，两组结果均绘制了 20 条相同路径。图 10.27 的 y 轴表示 DCAD 值，为仿真 TC 值和硬件得到的 CAD 值之间的差异。因此，引入较大异常的 HT 会产生更大的 DCAD 值。图中根据 HT 延迟异常的大小对路径从左到右排序，左侧的 DCAD 值最大。灰色曲线表示图 10.26(c)中所示包含 HT 之一的路径上收集的数据，而黑色曲线表示来自无 HT 路径的数据。图 10.27(a)中的灰色曲线位于黑色曲线的上方，表明了存在由 HT 引入的延迟异常。另一方面，图 10.27(b)中的曲线表明，来自 AES$_1$(不包括 HT)中这几条相同路径的 DCAD 值与无 HT(黑色)曲线交织在一起。

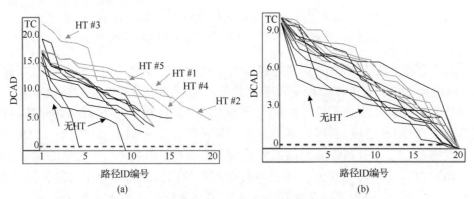

图 10.27 　(a)感染 HT 的 AES$_2$ 与黄金仿真模型的 DCAD 值对比；(b)文献[59]中无 HT 的 AES$_1$ 与黄金仿真模型的 DCAD 值对比

10.6　多参数检测方法

文献[61]利用最大工作频率 F_{max} 和瞬态电流 I_{DDT} 之间的相关性作为增强 HT 检测灵敏度的一种机制。多参数边信道分析是指对两个或多个电路参数(如功率和延迟)的联合分析，并作为应对工艺波动效应的一种手段，或通过来自多个信号源的确凿证据为 HT 存在与否提供的更高置信度。图 10.28(a)通过绘制 I_{DDT} 与 F_{max} 的关系曲线阐释了这一概念。这里，仿真实验显示了所嵌入 HT 产生的影响，I_{DDT} 因为额外的 HT 翻转活动而发生变化，但 F_{max} 没有受到影响。可由 I_{DDT} 和 F_{max} 相关性的不匹配识别出"被篡改的"I_{DDT} 曲线，从而检测出 HT，使用其他方法则不行。F_{max} 可用于有效地跟踪工艺波动效应。如图 10.28(b)所示，随着裸片内随机波动的增加，两种情况的区分度在某种程度上变得更模糊了，但图中仍然可见红色(HT)和蓝色(无 HT)数据点的偏移和分离，这正是 F_{max} 所提供的相关性和带来的益处。作者指出，任何路径或路径集都可用于相关性分析，使攻击者几乎无法击败该技术。

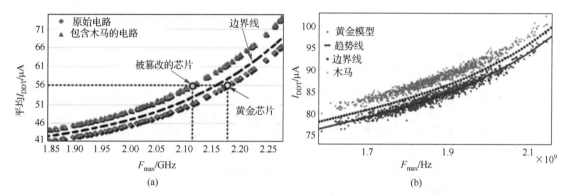

图 10.28(见彩图)　(a)在存在工艺噪声的情况下，利用 I_{DDT} 和 F_{max} 之间的相关性区分
无 HT 和受 HT 感染的芯片；(b)添加随机裸片内波动后的类似分析[61]

作者还提出了一种测试向量生成策略，该策略首先将多模块设计划分为非重叠的功能块，该机制可在正常 I_{DDT}(噪声)背景下放大 HT 对 I_{DDT} 的贡献(信号)。再选择针对目标 HT 节点优化的向量。并施加至其中一个模块进行测试，与此同时最大限度地减少其他功能块中的活动。在所提出的测试流程中使用一组测试向量测试 I_{DDT} 和另一组单独的向量测试 F_{max}，以此来优化相关性，如图 10.28 所示。文献[61]还通过仿真和 FPGA 验证了该方法。

10.7　小结

硬件木马(HT)是一项严重威胁和重大挑战。边信道技术，如功率和延迟分析，可以说是检测 HT 最敏感和最具成本效益的策略。本章研究了过去十年中提出的各种基于延迟的方法。表征各个 HT 检测方法的重要技术方面和区别可总结如下：

● 用于获得路径延迟精确测量结果的路径延迟测量策略

- 通过调整施加的时钟频率实现时钟扫描
- 用于调整启动和捕获时钟之间相位的双时钟方法(时钟选通)
- 可创建(可调整)延迟链的片上嵌入式测试结构

● 用于 HT 检测的测试激励策略

- 随机向量
- 使用传统转换故障延迟(TDF)模型生成向量
- 由针对最短敏化路径的伪 TDF 模型生成向量
- 基于脉冲激励的技术

- 解决片间和片内工艺波动效应的方法

  - 从工艺仿真模型创建的无 HT 空间
  - 从黄金(无 HT)芯片(经破坏性去层技术验证)收集的数据创建无 HT 空间
  - 使用来自工艺控制监视器(PCM)、环形振荡器(RO)、关键路径等的硬件数据对仿真得到无 HT 空间进行校准
  - 对(不可信)芯片测量的路径延迟进行平均,并与(标称)仿真模型或无 HT 黄金芯片进行比较的技术
  - 关联多个边信道信号的技术

- 面向可信设计的添加、修改和分析,以支持 HT 检测方法

  - 从功能单元路径创建环形振荡器(RO)的技术
  - 添加一组用于检测 HT 翻转活动的分布式 RO 技术
  - 设计用于在路径延迟中寻找结构对称性以进行比较的方法
  - 添加对称组件以使用芯片数据进行校准的技术

- 统计的 HT 检测方法

  - 简单的阈值处理和基于线性回归的方法
  - 采用非线性回归、核均值匹配、主成分分析、多维缩放和构造凸包的先进统计分析技术
  - 利用路径延迟差异、比率和其他数学变换的特殊统计技术

从总体上看,完全指定且有效的 HT 检测方法需要包含三个关键特征:

- 首先,传统的制造测试方法不能提供路径延迟的精确测量结果,几乎本章所有的 HT 检测方法均有此要求。因此,路径延迟测试方法需要进行范式转换,由自动测试设备和/或由包含于芯片上的可测试性设计支撑结构进行测试。本文介绍了几种低成本嵌入式测试结构,可支持高分辨率的路径延迟片上测量。
- 其次,裸片内和片间的工艺波动会极大地限制 HT 检测的灵敏度,必须以成本经济的方式加以处理。基于黄金模型的方法必须考虑一些现实假设,如是否有黄金芯片以及定义多维无 HT 空间边界所需的大量仿真时间和精力。无黄金模型方法必须具有验证技术来防止攻击者的破坏。
- 第三,必须开发一种低成本的测试向量生成策略,这种策略能够有效地检测出细微的 HT 负载效应,并且还能提供高水平的 HT 覆盖率,同时将测试成本降到最低。

实现所有这些目标非常具有挑战性,但要使得路径延迟测试作为主流 HT 检测策略被商业所接受,其关键还在于这三个技术领域的低成本解决方案。

参考文献

1. X. Wang, M. Tehranipoor, J. Plusquellic, Detecting malicious inclusions in secure hardware: Challenges and solutions, in *International Workshop on Hardware-Oriented Security and Trust*, 2008, pp. 15–19

2. R.S. Chakraborty, S. Narasimhan, S. Bhunia, Hardware Trojan: Threats and emerging solutions, in *International High Level Design Validation and Test Workshop*, 2009, pp. 166–171

3. M. Tehranipoor, F. Koushanfar, A survey of hardware Trojan taxonomy and detection. Des. Test Comput. **27**(1), 10–25 (2010)

4. R. Karri, J. Rajendran, K. Rosenfeld, M. Tehranipoor, Trustworthy hardware: Identifying and classifying hardware Trojans. Computer **43**(10), 39–46 (2010)

5. M. Beaumont, B. Hopkins, T. Newby, Hardware Trojans – prevention, detection, countermeasures, in *Department of Defense*, Australian Government, 2011

6. S. Bhunia, M. Abramovici, D. Agrawal, P. Bradley,M.S. Hsiao, J. Plusquellic,M. Tehranipoor, Protection against hardware Trojan attacks: Towards a comprehensive solution. Des. Test **30**(3), 6–17 (2013)

7. N. Jacob, D. Merli, J. Heyszl, G. Sigl, Hardware Trojans: Current challenges and approaches. IET Comput. Digit. Tech. **8**(6), 264–273 (2014)

8. S. Bhunia, M. Hsiao, M. Banga, S. Narasimhan, Hardware Trojan attacks: Threat analysis and countermeasures. Proc. IEEE **102**(8), 1229–1247 (2014)

10. F. Wolff, C. Papachristou, S. Bhunia, R.S. Chakraborty, Towards Trojan-free trusted ICs: Problem analysis and detection scheme, in *Design, Automation and Test in Europe*, 2008

11. E. Love, Y. Jin, Y. Makris, Proof-carrying hardware intellectual property: A pathway to trusted module acquisition. Trans. Inf. Forensics Secur. **7**(1), 25–40 (2012)

12. M. Banga, M. Chandrasekar, L. Fang, M. Hsiao, Guided test generation for isolation and detection of embedded Trojans in ICs, in *Great Lakes Symposium on VLSI*, 2008, pp. 363–366

13. M. Banga, M. Hsiao, A region based approach for the detection of hardware Trojans, in *Workshop on Hardware-Oriented Security and Trust*, 2008, pp. 40–47

14. R.S. Chakraborty, F. Wolff, S. Paul, C. Papachristou, S. Bhunia, MERO: A statistical approach for hardware Trojan detection, in *Workshop on Crytographic Hardware and Embedded Systems*, 2009, pp. 396–410

15. M. Banga, M. Hsiao, A novel sustained vector technique for the detection of hardware Trojans, in *International Conference on VLSI Design*, 2009, pp. 327–332

16. R.S. Chakraborty, S. Narasimhan, S. Bhunia, Hardware Trojan: Threats and emerging solutions, in *International High Level Design Validation Test Workshop*, 2009, pp. 166–171

17. H. Salmani, M. Tehranipoor, J. Plusquellic, A layout-aware approach for improving localized switching to detect hardware Trojans in integrated circuits, in *International Workshop on Information Forensics and Security*, 2010

18. H. Salmani, M. Tehranipoor, J. Plusquellic, A novel technique for improving hardware Trojan detection

and reducing Trojan activation time. Trans. VLSI Syst. **20**(1), 112–125 (2012)

19. D. Karaklajic, J.-M. Schmidt, I. Verbauwhede, Hardware designer's guide to fault attacks. Trans. VLSI Syst. **21**(12), 2295–2306 (2013)

20. P. Kocher, J. Jaffe, B. Jun, Differential power analysis, in *Advances in Cryptology*, 1999

21. D. Agrawal, S. Baktir, D. Karakoyunlu, P. Rohatgi, B. Sunar, Trojan detection using IC fingerprinting, in *Symposium on Security and Privacy*, 2007, pp. 296–310

22. R. Rad, J. Plusquellic, M. Tehranipoor, Sensitivity analysis to hardware Trojans using power supply transient signals, in *Workshop on Hardware-Oriented Security and Trust*, 2008, pp. 3–7

23. J. Aarestad, D. Acharyya, R. Rad, J. Plusquellic, Detecting Trojans though leakage current analysis using multiple supply pad IDDQs. Trans. Inf. Forensics Secur. **5**(4), 893–904 (2010)

24. M. Bushnell, V.D. Agrawal, Essentials of electronic testing for digital, memory, and mixedsignal VLSI circuits. Vol. 17 (Springer, 2000)

25. J. Kalisz, Review of methods for time interval measurements with picosecond resolution. Metrologia **41**(1) (2003)

26. C. Lamech, J. Aarestad, J. Plusquellic, R.M. Rad, K. Agarwal, REBEL and TDC: Embedded test structures for regional delay measurements, in *International Conference on Computer-Aided Design*, 2011, pp. 170–177

29. J. Soden, R. Anderson, C. Henderson, Failure analysis tools and techniques – magic, mystery, and science, in *International Test Conference, Lecture Series II "Practical Aspects of IC Diagnosis and Failure Analysis: A Walk through the Process"*, 1996, pp. 1–11

30. S.R. Nassif, Design for variability in DSM technologies, in *International Symposium on Quality Electronic Design*, 2000

31. J.-J. Liou, K.-T. Cheng, D.A. Mukherjee, Path Selection for delay testing of deep sub-micron devices using statistical performance sensitivity analysis, in *VLSI Test Symposium*, 2000

32. A.K. Majhi, V.D. Agrawal, Delay fault models and coverage, in *International Conference on VLSI Design*, 1998

33. Y.K. Malaiya, R. Narayanaswamy, Modeling and testing for timing faults in synchronous sequential circuits. Des. Test Comput. **1**(4), 62–74 (1984)

34. J.L. Carter, V.S. Iyengar, B.K. Rosen, Efficient test coverage determination for delay faults. in *International Test Conference*, 1987, pp. 418–427

35. G.L. Smith, Model for delay faults based upon paths, in *International Test Conference*, 1985, pp. 342–349

36. C.J. Lin, S.M. Reddy, On delay fault testing in logic circuits. Trans. Comput-Aid Des. **CAD-6**(5), 694–703 (1987)

37. D. Ernst, S. Das, S. Lee, D. Blaauw, T. Austin, T. Mudge, N.S. Kim, K. Flautneret, Razor: Circuit-level correction of timing errors for low-power operation. Micro **24**(6), 10–20 (2004)

38. J. Li, J. Lach, Negative-Skewed shadow registers for at-speed delay variation characterization, in *International Conference on Computer Design*, 2007, pp. 354–359

39. X.Wang, M. Tehranipoor, R. Datta, Path-RO: A novel on-chip critical path delay measurement under

process variations, in *International Conference on Computer-Aided Design*, 2008

40. Y. Jin, Y. Makris, Hardware Trojan detection using path delay fingerprint, in *Workshop on Hardware-Oriented Security and Trust*, 2008, pp. 51–57

41. J. Li, J. Lach, At-speed delay characterization for ic authentication and Trojan horse detection, in *Workshop on Hardware-Oriented Security and Trust*, 2008, pp. 8–14

42. D. Rai, J. Lach, Performance of delay-based Trojan detection techniques under parameter variations, in *International Workshop Hardware-Oriented Security and Trust*, 2009, pp. 58–65

43. X. Zhang, M. Tehranipoor, RON: An on-chip ring oscillator network for hardware Trojan detection, in *Design and Test in Europe*, 2011

44. J. Rajendran, V. Jyothi, O. Sinanoglu, R. Karri, Design and analysis of ring oscillator based design-for-trust technique, in *VLSI Test Symposium*, 2011, pp. 105–110

45. C. Lamech, J. Plusquellic, Trojan detection based on delay variations measured using a highprecision, low-overhead embedded test structure, in *Hardware-Oriented Security and Trust*, 2012, pp. 75–82

46. M. Li, A. Davoodi, M. Tehranipoor, A sensor-assisted self-authentication framework for hardware Trojan detection, in *Design, Automation & Test in Europe Conference*, 2012

47. D. Du, S. Narasimhan, R.S. Chakroborty, S. Bhunia, Self-referencing: a scalable side-channel approach for hardware Trojan detection, in *Cryptographic Hardware and Embedded Systems*, 2010, pp. 173–187

48. M. Potkonjak, A. Nahapetian, M. Nelson, T. Massey, Hardware Trojan horse detection using gate-level characterization, in *Design Automation Conference,* 2009, pp. 688–693

49. S.Wei, K. Li, F. Koushanfar, M. Potkonjak, Provably complete hardware trojan detection using test point insertion. in *International Conference on Computer-Aided Design*, 2012, pp. 569–576

50. S. Wei, M. Potkonjak, Malicious circuitry detection using fast timing characterization via test points, in *Symposium on Hardware-Oriented Security and Trust*, 2013

51. B. Cha, S.K. Gupta, Efficient Trojan detection via calibration of process variations, in *Asian Test Symposium*, 2012

52. B. Cha, S.K. Gupta, Trojan detection via delay measurements: A new approach to select paths and vectors to maximize effectiveness and minimize cost, in *Design, Automation & Test in Europe*, 2013

53. K. Xiao, X. Zhang, M. Tehranipoor, A clock sweeping technique for detecting hardware Trojans impacting circuits delay. Des. Test **30**(2), 26–34 (2013)

54. Y. Liu, K. Huang, Y. Makris, Hardware Trojan Detection through Golden Chip-Free Statistical Side-Channel Fingerprinting, in *Design Automation Conference*, 2014, pp. 1–6

55. N. Yoshimizu, Hardware Trojan detection by symmetry breaking in path delays, in *International Symposium on Hardware-Oriented Security and Trust*, 2014, pp. 107–111

56. S. Deyati, B. J. Muldrey, A. Singh, A. Chatterjee, High resolution pulse propagation driven trojan detection in digital logic: Optimization algorithms and infrastructure, in *Asian Test Symposium*, 2014, pp. 200–205

57. I. Exurville, L. Zussa, J.-B. Rigaud, B. Robisson, Resilient Hardware Trojans Detection based on Path DelayMeasurements, in *International Symposium on Hardware-Oriented Security and Trust*, 2015, pp. 151–156

58. I. Wilcox, F. Saqib, J. Plusquellic, GDS-Ⅱ Trojan detection using Multiple Supply Pad V_{DD} and GND IDDQs in ASIC Functional Units, in *International Symposium on Hardware-Oriented Security and Trust*, 2015

59. D. Ismari, C. Lamech, S. Bhunia, F. Saqib, J. Plusquellic, On detecting delay anomalies introduced by Hardware Trojans, in *International Conference on Computer-Aided Design*, 2016

60. W. Che, M. Martin, G. Pocklassery, V.K. Kajuluri, F. Saqib, J. Plusquellic, A privacypreserving, mutual PUF-based authentication protocol. Cryptography **1**(1)（2016）

61. S. Narasimhan, D. Du, R.S. Chakraborty, S. Paul, F.Wolff, C. Papachristou, K. Roy, S. Bhunia, Multiple-parameter side-channel analysis: A non-invasive hardware trojan detection approach, in *International Symposium on Hardware-Oriented Security and Trust*（IEEE, Anaheim, 2010）, pp. 13–18

第 11 章 基于逆向工程的硬件木马检测

Chongxi Bao，Yang Xie，Yuntao Liu 和 Ankur Srivastava[①]

11.1 引言

目前出于经济原因，大多数集成电路(IC)设计商都没有设立内部晶圆厂。相反，他们经常将自己的设计外包给外部晶圆厂(也许是不可信的)来制造。这就造成了这样一种可能性：在不可信晶圆厂中的攻击者可恶意篡改原始电路以达到其目的。因此，尽管设计外包有助于降低成本和减少上市时间压力，但也会导致上述安全问题。对原始电路的恶意篡改又称为硬件木马(HT)。硬件木马会对原始设计造成许多损害，包括改变功能、降低集成电路可靠性、从集成电路中泄露有价值的信息以及拒绝服务[1]。对于不同的应用方式，硬件木马可能造成从损失利润(用于消费电子产品)到威胁生命(用于军事设备)等后果。

为减少硬件木马可能带来的灾难性后果，研究人员提出了不同的方法对其进行检测。在所有的方法中，测试时间检测方法[2-5]获得研究人员较多的关注，因为它们是非侵入性的，同时与其他技术相比，它们通常需要更少的资源。在许多基于功能测试的方法中，会将可疑 IC 的功能和/或边信道行为与代表了无木马 IC 预期行为的"黄金模型"进行比较。若可疑 IC 的功能性与黄金模型相差太多，则会被归类为感染木马的电路。尽管其中一些方法已经非常成功，但是如何获得这样的黄金模型/数据仍然是一个待解决的问题。

本章动机。在早先的工作中，如文献[6]，逆向工程(RE)被用来验证某个 IC 未受木马感染，从而可以将该 IC 中提取的数据作为黄金模型。然而，逆向工程整个过程实际上非常复杂、耗时且容易出错。RE 过程通常包括五个步骤[7]：拆封、去层、成像、标注和生成原理图。在前三个步骤之后，会生成被测集成电路的物理布局图像。然后在后两个步骤中，会根据图像提取电路的网表。一种使用 RE 来检测硬件木马的方法(也是一种初级的方法)是实施所有这五个步骤，并将得到的网表与黄金网表进行比较。然而，由于以下原因，这种方法是有缺陷的：首先，若只比较网表，会遗漏一些木马。例如，参数型木马仅在某些电路参数(如线网长度)上与黄金 IC 不同[8]，仅在网表级进行比较并不能检测到它们；第二，上述初级方法需要大量不必要的人力投入，而且非常耗时，因为通过 RE 的最后两个步骤生成网表需要大量的人机交互。

本章结构。11.2 节解释集成电路逆向工程的基本原理。11.3 节介绍逆向工程在硬件木马检测中的应用。在 11.4 节中，我们提出一种新的基于逆向工程的硬件木马检测方法，其中用到了支持向量机(SVM)。11.5 节提出一种安全设计方法。本章在 11.6 节结束。

---

① 马里兰大学

Email：chongxi.bao@gmail.com；yxie.ece@gmail.com；ytliu@umd.edu；ankurs@umd.edu

11.2　集成电路的逆向工程

11.2.1　逆向工程简介

集成电路逆向工程(RE)是对芯片内部结构进行检测和分析，从中提取原理图或揭示有关制造过程的一些信息。这通常是通过去除芯片封装和一层一层剥离裸片来完成的。Torrance 和 James 介绍了一种最先进的 RE 流程[7]，包括以下步骤：

1. 拆封：打开裸片的封装，将裸片从封装中取出。
2. 去层：用化学方法一次剥离一层裸片。新表面经过抛光以保持平坦。
3. 成像：当每一层暴露后，使用扫描电子显微镜拍摄该层的超高分辨率图像，然后拼接成该层的完整图像。得到各层图像后，将图像对齐，使层间结构即接触点和过孔也都对齐。
4. 标注：手动或自动标注芯片中的晶体管和其他结构(连接线、过孔等)。
5. 生成原理图：根据最后一步得到的信息和其他信息生成芯片电路原理图。

虽然现在的 RE 过程已高度自动化，但上述所有步骤仍然容易出错。在前两个步骤中，对裸片的物理操作会影响所暴露层的结构，并在测量中引入额外的噪声。化学处理过程甚至可能影响到更低的层。标注结构和生成网表也很有挑战性。即使是先进的图像识别软件有时也会出错，所以往往需要经验丰富的分析人员进行校准[7]。

11.2.2　逆向工程的应用

集成电路供应链中的许多成员都对 RE 感兴趣。

- 电路设计师。电路设计师希望对晶圆厂生产的芯片进行逆向工程，以查看成品芯片是否遭受任何恶意篡改。
- 制造商。制造商希望对竞争对手生产的芯片进行逆向工程，以分析他们使用的制造工艺。
- IP 供应商。IP 供应商可对一些可疑芯片进行逆向工程，以查看是否存在对其 IP 核的未经授权使用。

11.3　使用逆向工程的硬件木马检测

11.3.1　通用信息

学术界和产业界的研究人员提出了不同的方法来检测硬件木马(HT)。这些方法可分为以下四类：

- 设计时方法有两种类型：(1)形式化验证；(2)安全性设计(DFS)。形式化验证[9]要求设计机构证明其设计中包含特定的安全属性。DFS 方法(参见文献[10])旨在提高集成电路的可控性和可观察性，以辅助测试时检测方法。

- **测试时方法**包含常规 IC 制造后测试之外的所有测试，这是硬件木马检测领域中最为广泛研究的方法，包括两种类型：(1)功能性测试；(2)边信道指纹[5]。功能性测试方法旨在检测改变 IC 功能(主输出)的硬件木马[2,4]。边信道指纹识别是另一种测试时方法，它通过测量边信道信号(时序、功耗、电磁等)并使用它们来区分真品 IC 和被木马感染的 IC [11,12]。

- **运行时方法**添加了额外的电路对芯片的性能/状态进行监控。如果检测到偏离了预期黄金行为，附加电路会在 HT 造成任何损害前禁用芯片或绕过恶意逻辑。大多数测试时和运行时方法都假定存在一个 TF 芯片(也称为黄金芯片，即具有预期功能和性能的芯片)可用于比较。这些方法均建议使用 RE 来获得这样一个黄金芯片[6]。

- **基于 RE 的方法**将前述的 RE 过程应用于 IC 以检测硬件木马。一种简单的方法是通过应用所有五个 RE 步骤提取设计/网表，并将其与预期(黄金)网表进行比较。然而，这种方法不仅费时，而且还具破坏性，所以它们很少被用于 HT 检测。使用 RE 的主要目的是验证用于开发黄金模型的 TF 芯片[6]。另一种基于逆向工程的方法则采用了更高效、更稳健的 RE 方法，无须提取网表[13-15]。它们只使用逆向工程的前三个步骤(拆封、去层和成像)来获得集成电路每一层(poly 层、metal1 层等)的内部图像。通过忽略逆向工程(RE)的步骤 4~5，节省了大量不必要的工作。所得到的图像表征了 IC 的物理结构和布局。然后利用这些图像和支持向量机对 IC 进行分类。与需要人工操作的初级 RE 方法相比，这些 SVM 的基于 RE 的方法是完全自动化的，在计算和存储资源方面更高效。

11.3.2　使用逆向工程检测硬件木马的优点

基于逆向工程的方法有以下几个优点：

1. 无需黄金芯片来进行对比。它还可以验证芯片是否为黄金芯片，这作为许多其他测试时方法的基础。

2. 它能够检测小型木马和参数型木马。这些木马使用其他技术很难、甚至不能检测到。

11.3.3　使用逆向工程检测硬件木马的挑战

对于初级的基于 RE 的硬件木马检测法，其挑战如下：首先，若只比较网表，一些木马(例如参数型木马)实际上很容易被忽略；第二，这种初级的方法需要过多的人力投入。RE 步骤 4~5 非常耗时，需要手工输入标注和原理图回读。此外，Plaza 和 Markov[16]指出，在 22 nm 等先进工艺下，无门级网表而进行 RE 是不可行的。这意味着从布局图像中提取门级网表(RE 步骤 4~5)，在 22 nm 及更先进工艺中是不可行的。

11.4　使用 SVM 的基于逆向工程的硬件木马检测

在 11.3 节中，回顾了几种基于逆向工程的硬件木马检测方法。在本节中，我们将更详细地介绍一种检测方法，即使用支持向量机(SVM)的基于逆向工程的硬件木马检测方法[13]。这种方法非常有效且健壮。它使用了一种机器学习方法，根据从 IC 图像中提取的特征将 IC 分为无木马型和感染木马型。该方法从本质上消除了逆向工程(RE)过程中的标注和原理图复原步骤，从而节省了大量不必要的工作。

11.4.1　问题陈述

假设现有由一个或多个不可信晶圆厂制造的一批 IC。问题是确定哪些 IC 是无木马(TF)的，哪些是感染木马(TI)的。考虑以下三类木马：

- **添加型木马(TA)**：在该类型木马中，晶体管、连接线和门电路被恶意植入到原始电路中。
- **删除型木马(TD)**：在该类型木马中，晶体管、连接线和门电路等组件被恶意删除，通常会导致功能错误或拒绝服务。
- **参数型木马(TP)**：在该类型木马中，攻击者会恶意篡改线网宽度等电路参数以改变线路特性，如时序性能。

TF、TA、TD 和 TP 的实例如图 11.1 所示。注意，上述问题可以看作下面这个分类问题的实例。有两类对象，分别用 C_0 和 C_1 表示。每个对象由一个特征向量 $\boldsymbol{x} = (x_1, \cdots, x_n)$ 表示，其中 x_i 表示第 i 个特征，$x_i \in \mathbb{R}$，n 表示特征的数量。给定一个未知对象 A，问题是要确定 A 的正确分类。在我们的例子中，对象是被测试的芯片，TF 表示 C_0 类，而 TI 实例(TA、TD 和 TP)表示 C_1 类。

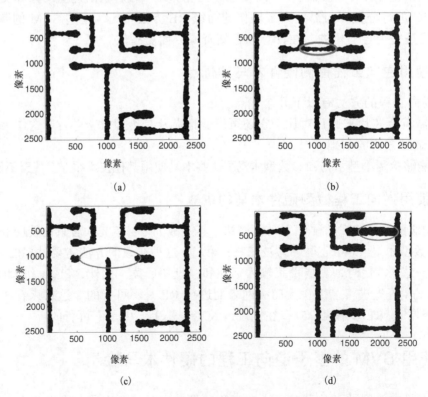

图 11.1　三种木马的实例。图示为 metal1 层的 SEM 图像。(a)无木马实例(TF)；
(b)添加型木马实例(TA)；(c)删除型木马实例(TD)；(d)参数型木马实例(TP)

之前的研究，如文献[6]，建议使用基于逆向工程(RE)的方法来识别无木马 IC，以便为其他 HT 检测方法开发黄金模型。然而，直到文献[13]之前并没有任何其他研究致力于实现这种分类。那时的人们只能假设存在一个黄金网表，并简单地应用逆向工程过程中的全部步骤从所有未知芯片中提取网表。这种初级的方法存在一些问题。首先，若只比较网表，一些木马(例如参数型木马)实际上会被忽略。第二，这种初级的方法需要过度的人力投入。RE 过程中的原理图复原步骤相当耗时，且需要手动输入标注和原理图回读。为了解决上述分类问题，文献[13]引入了一种更有效、更健壮的 RE 方法。该方法完全避免了网表的提取步骤。取而代之的是开发了一种基于单分类 SVM 的方法。单分类 SVM 根据 IC 图像中提取的特征进行分类决策。文献[13]的突出贡献是能够自动且有效地检测上述所有木马实例。接下来我们将介绍它的实现细节。

11.4.2　提出的方法

11.4.2.1　整体算法

该方法以黄金布局为输入，对 N 个芯片进行分类，并由一些学习参数控制学习精度。算法会为每个电路输出一个标签，即是否感染木马。这 N 个芯片只需进行 RE 过程中的拆封、去层和成像步骤，即可得到所有 N 个芯片每一层的图像。然后将这些芯片中位于同一层的所有图像划分为不重叠的网格，从每个网格中提取物理特征。接下来使用这些芯片中的一部分(甚至可能用一个芯片)为每一层训练一个单类 SVM 分类器。训练完成后，使用每层相应的分类器对同一层中的所有网格进行分类。每个网格要么标记为无木马(TF)，要么标记为感染木马(TI)。最后，根据芯片内所有网格的标签，确定整个芯片的标签。

上述方法的主要目的是解决 11.4.1 节中所定义的分类问题。许多机器学习方法都可以进行分类。选择支持向量机(SVM)是因为其具有精度高、易调试的特点[17]。SVM 分类一般分为两个阶段：

- **训练**：在训练阶段，SVM 以训练数据集 $DS_T = \{(\boldsymbol{x}_j, \boldsymbol{y}_j) \mid j = 1, \cdots, |DS_T|\}$ 作为输入，其中 $\boldsymbol{x}_j$ 和 $\boldsymbol{y}_j$ 为第 j 个特征向量及其分类标签(C_0 或 C_1)。随后它求解一个最优化问题，通过特征向量的点乘操作，找到一个将 C_0 类特征向量和 C_1 类特征向量分隔开的决策边界 ω，使得 DS_T 中的样本能够尽可能多地被正确分类。
- **分类**：在分类阶段，支持向量机使用一个未知样本的特征向量 $\boldsymbol{x}^*$ 作为输入，并根据 $\boldsymbol{x}^*$ 位于确定边界 ω 的哪一侧对其进行分类。

11.4.2.2　特性选择

如上所述，我们将图像(布局)分割成较小的非重叠网格，如图 11.2 所示。通过将被测集成电路(ICUT)的相应网格与黄金布局网格(可从设计中得到)进行比较，从每个网格中提取特性。

我们根据逆向工程和黄金布局之间的面积和形心点差异选择了几个特性。具体来说，我们计算了从黄金布局中添加/删除的布局百分比。我们还计算了实际布局和黄金布局之间的形心差异(在 X 和 Y 方向)。这些特性能够捕捉到实际布局和黄金布局之间的大部分差异。

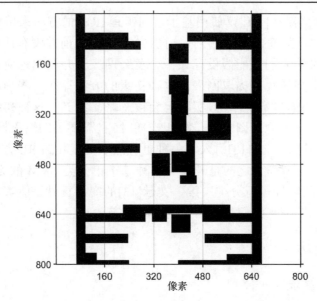

图 11.2　网格技术。图为网格尺寸为 160×160 像素的 s298 基准电路的部分 metal1 层图像

11.4.2.3　最终分类

一旦对每个网格进行了分类，我们就可以对整个芯片进行相应的分类。注意，如果我们仅仅因为一个芯片有几个零散的感染木马网格就将其分类为感染木马芯片，那么由于逆向工程过程中的缺陷，假阳性率将非常高。相反，应该观察分类为感染木马 (TI) 网格的数量和位置，然后再对整个芯片分类。更具体地说，我们假设要将芯片分类为 TI，该芯片中必须至少有 n 个相邻的 TI 分类网格。此时，水平相邻网格和垂直相邻网格都被认为是相邻网格。这样做的原理是，恶意篡改往往是连续的。为了发挥功能，这些篡改要么在同一层连接，要么通过相邻层连接到其他恶意篡改。被测芯片中存在的最大阴性网格连接数反映了其与黄金布局的偏差程度。

11.4.3　实验与结果

基准电路。使用六种公开的基准电路测试该方法的性能。这些基准电路来自 ISCAS'89 和 ITC'99，均使用 Cadence RTL 编译器和 Synopsys 90nm 类库综合。表 11.1 中列出了 Cadence 工具给出的每个基准电路的情况。

表 11.1　实验中使用的基准电路

基准电路	门数量	源基准	训练芯片数量	训练时间/s
b18	122 599	ITC'99	1	13 054
s27	57	ISCAS'89	20	121
s298	283	ISCAS'89	5	175
s5378	3455	ISCAS'89	1	351
s15850	10 984	ISCAS'89	1	1032
s38417	30 347	ISCAS'89	1	3055

结果。表 11.2 中列出了超过 500 次测试所得的平均芯片分类准确率。显然，该方法

可以检测出三种恶意篡改，包括添加型木马、删除型木马和参数型木马，具有较高的检测精度。值得注意的是，该方法能够可靠地识别无木马芯片(即假阳性率较低)。

表 11.2　超过 500 次测试的平均芯片分类准确率

基准电路	TF/%	TA/%	TD/%	TP/%
s27	100	100	100	99.8
s298	100	100	100	99.6
s280	100	100	100	100
s15850	100	100	100	100
s38417	100	100	100	99.8
b18	99.4	100	100	100

11.5　安全设计方法

在 11.3 节和 11.4 节中，我们回顾了几种基于逆向工程的硬件木马检测方法。在本节中，我们将探讨安全感知的设计策略。注意，尽管测试时和运行时硬件木马检测已经得到了很好的研究，但是设计策略仍然是保证硬件安全的一个重要环节[18]。这些策略要么有助于防止硬件木马植入，要么有助于在测试时和运行时检测出硬件木马。对抗硬件木马攻击不是一件容易的工作，因此设计时、测试时和运行时方法之间的协作总是首选方案。

许多基于逆向工程的硬件木马检测方法(包括 11.4 节中介绍的方法)都从布局中提取一些物理特征，并根据这些特征判断芯片是否存在木马。由于芯片布局的方法有很多，一种设计策略是选择对硬件木马植入更敏感的布局(我们将在本节随后部分对敏感性下定义)。由于数字电路均使用标准单元来进行构建(综合)，上述策略可转述为在给定的工艺库中找到对木马植入更敏感的最佳标准单元集。显然，在使用该标准单元集或其子集综合电路后，所得到的芯片对硬件木马植入更加敏感。我们将在本节中正式定义这个问题并给出一个解决方案。

11.5.1　问题定义和挑战

动机。我们将使用 11.4 节中介绍的方法作为制造后的硬件木马检测方法。我们感兴趣的是找到一种设计时的策略，以使该方法更容易检测到木马。

我们从 ISCAS'89[19]中选择基准电路 s298 作为解释该动机的例子。从 Synopsys 90nm 通用库中选择了两个标准单元子集，分别是{DFFX1, INVX4, NAND2X1, NOR2X0}和{DFFX1, INVX2, NAND2X4, NOR2X2}。我们分别使用这两个子集来综合该基准，并生成两个综合后的设计。对于每个设计，随机选择一个标准单元作为攻击目标，并在布局层对该目标进行结构删除和添加等恶意篡改。这些篡改后的设计将作为感染木马的设计。对每个设计，随机选择 10 个攻击目标，每次对其进行 10 种不同的修改，使每个综合后设计的木马总数为 100。然后将文献[13]中介绍的训练和分类技术应用到这两种设计中。训练在五个无木马芯片上完成。在对 IC 中的每个网格进行分类后，表 11.3 记录了这 100 个木马设计的平均木马漏报率(TMR)和误报率(FPR)，以及面积和漏电功耗。需要注意，在综合期间没有规定任何时序约束。

$$TMR= 带有恶意修改并未被检测到的网格数/带有恶意修改的网格数 \quad (11.1)$$

$$FPR = 不带恶意修改但被错标的网格/不带恶意修改的网格 \quad (11.2)$$

表 11.3　两种基准电路下的木马漏报率、误报率、面积和漏电功耗。括号内的值为两个设计的比值

	漏报率/%	误报率/%	面积/μm^2	功耗/nW
设计 1	33.14(1.41×)	0.35	1167	6622
设计 2	23.55	0.43(1.21×)	1403(1.20×)	9122(1.38×)

从表中可以看出，两种设计在木马漏报率上存在显著差异。总的来说，我们在设计 2 中检测到的恶意篡改比设计 1 多 41%。然而，这并非没有代价。设计 2 具有较高的误报率，并在面积和漏电功耗上多了 20% 的开销。从以上的例子中，我们总结如下：

- 对给定库中某些标准单元所做的恶意篡改可能比其他标准单元更容易被检测到。换句话说，一些标准单元对恶意篡改更敏感，因此在木马检测方面比其他单元更受欢迎。
- 虽然设计 2 的误报率(FPR)较高，为 0.43%，但仍可以忽略不计。此外，由于我们打算使用该技术来识别黄金芯片，更重要的是降低木马漏报率，也就是假阴性率。由于假阳性率和假阴性率不能同时降低，我们将忽视 FPR，只关注 TMR。
- 提高木马的检测精度通常会导致额外的面积/功耗开销。

这促使我们寻找标准单元的"最佳"子集，如果在其上综合电路，使用文献[13]所述的方法检测木马将是最准确的，而面积/功耗/时序开销也可以接受。但是，我们不希望编写自己的 EDA 工具，因为该项工作很烦琐且容易出错。相反，我们感兴趣的是修改现有的 EDA 工具流，使其具有安全感知性，这样该方法使用起来就更容易了。接下来我们将正式定义这个问题。

问题定义。给定一个由 n 个标准单元组成的工艺库 l，即 $l = \{C_1, C_2, \cdots, C_n\}$。一个由 RTL 代码或网表形式表示的电路 d，其面积上限为 A_{up}，漏电功耗上限为 P_{up}，以及一些时序约束为 $t_1, t_2, \cdots$。找出 l 的一个子集，即 $l_s = \{C_{s_1}, C_{s_2}, \cdots, C_{s_i}\}$，使得我们在 l_s 上综合 d 后，对其进行的恶意篡改将最容易被发现(在所有可能的子集 l_s 中)，且满足以下约束：

$$l_s 具有普适性，t_1, t_2, \cdots 均满足$$
$$面积 \leqslant A_{up}，漏电功耗 \leqslant P_{up} \quad (11.3)$$

挑战。注意上述问题实际上是一个最优化问题，其可能的解空间为 l 的幂集(所有子集的集合)，目标是使木马检测精度最大化，其约束由式(11.3)定义。我们认为，在解决上述问题之前，必须面对以下挑战：

- 目标功能是模糊的。我们必须在数学上定义木马检测精度。
- 为了找到标准单元的最佳子集，必须对每个标准单元进行特征描述。
- 可能的解空间是与工艺库的大小呈指数关系。例如，saed90nm 库有 340 个标准单元。因此，其幂集包含 $2^{340} = 2.23 \times 10^{102}$ 个子集。此外，对每一种可能的解决方案，我们都需要运行整个综合流程来估算其面积、功耗等，从而使该方法变得非常复杂。显然穷举搜索在计算上是行不通的，而需要启发式方法来解决这个问题。

11.5.2 推荐的方法

11.5.2.1 对每个标准单元的特征描述

在提出我们的标准单元选择方法之前，首先研究导致不同标准单元对恶意篡改的敏感度不同的原因。如文献[13]所述的基于逆向工程的木马检测方法，通常会从每个网格中提取形心差、面积差等特征。由于网格中不同的原始结构(如"T"形、"L"形、"F"形等)具有不同的形心模式，它们对恶意篡改的敏感性就可能不同。因此，为了表征每个标准单元的敏感度，我们必须首先表征其构建模块，即这些原始结构。

我们将网格中 16 种可能的结构(如图 11.3 所示)标记为基本结构。请注意，尽管这 16 个基本结构并不完善，但是我们的实验表明，90%以上的网格都完整包含其中的某个基本结构。因此它们能很好地表示基本结构。我们将综合多个基准，进行网格划分，并使用文献[13]所述的方法为每个基准训练一个分类器。如果一个网格只包含第 i 个基本结构，则标记它的类型为 $i(1 \leqslant i \leqslant 16)$，否则标记为类型 17。经过训练，我们对这些基准进行了一些恶意删除和添加，并使用分类器对每个网格进行分类。然后，再分别计算由式 (11.1) 定义的每种网格类型的木马漏报率(TMR)。设 $p_i(1 \leqslant i \leqslant 17)$ 为 i 型网格的 TMR。

在对每个基本结构进行描述之后，给定一个工艺库，就可以对每个标准单元应用相同的网格，并使用上述方法将每个网格标记为类型 1~17。假设标准单元中有 n_i 个$(1 \leqslant i \leqslant 17)$ i 型网格。则 CTMR (单元木马漏报率)定义如下，它度量了恶意篡改在一个随机单元网格中出现时未被检测到的平均概率，

$$CTMR = \frac{\sum_{i=1}^{17} n_i \times p_i}{\sum_{i=1}^{17} n_i} \tag{11.4}$$

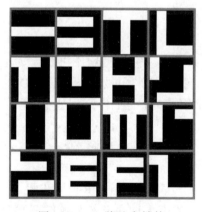

图 11.3 16 种基本结构

根据定义，一个单元的 CTMR 越小，就越容易检测到对其进行的恶意篡改。为此，我们分别使用这些标准单元综合一个 NAND2 门，对综合设计进行恶意篡改，计算由式 (11.1) 定义的 TMR，从而测量所有 NAND2 标准单元的实际木马漏报率。我们还计算了这些标准单元的 CTMR，并在表 11.4 中列出。结果表明，CTMR 是衡量单元对恶意篡改敏感度的重要指标。

表 11.4　一些标准单元的 CTMR 和实际木马漏报率

标准单元	CTMR/%	TMR/%
NAND2X0	36.08	27.32
NAND2X1	43.08	39.33
NAND2X2	38.31	32.83
NAND2X4	33.18	25.38

11.5.2.2　对目标函数的数学描述

现在我们已经有了衡量单元对恶意篡改敏感度的重要指标，接下来就可以相应地定义设计的敏感度。假设在工艺库上综合一个电路，综合设计包含 $k_i(1 \leq i \leq n)$ 个标准单元 C_i。设 $l = \{C_1, C_2, \cdots, C_n\}$。则该综合后的设计木马漏报率（DTMR）如下：

$$\text{CTMR}(l) = \frac{\sum_{i=1}^{n} k_i \times \text{CTMR}_i}{\sum_{i=1}^{n} k_i} \tag{11.5}$$

其中 CTMR_i 为单元 C_i 的木马漏报率［由式（11.4）定义］。我们使用 DTMR 作为衡量设计对恶意篡改敏感度的指标。某个设计的 DTMR 越小，就越容易检测对该设计进行的恶意篡改。注意当电路固定时，DTMR 仅由标准单元的子集决定，该子集用 l 表示，并在此基础上综合电路。因此，我们将 DTMR 写成 l 的函数。

我们可以将 11.5.1 节的问题重新表述为

$$\min_{l_i \in 2^l} = \text{DTMR}(l_i) \tag{11.6}$$

且受式（11.3）中定义的约束。这里 2^l 表示给定工艺库 l 的幂集（所有子集的集合）。我们需要求解的是标准单元的一个子集 l_{opt}，其为上述最优化问题的最优值。我们将 l_{opt} 称为上述问题的解。

11.5.2.3　最陡下降法

如 11.5.1 节所述，从计算量来说穷举搜索不可行。为了减少搜索空间，找到近似最优解，需要使用启发式方法。我们将采用最陡下降法（SDM）的思想来解决上述问题。为了求函数 f 的局部最小值，常用 SDM 的工作流程如下：

1. 找到一个初始解 x_0 并设 $x_{\text{old}} = x_0$。

2. 计算当前解下的梯度，并构建一个新解 $x_{\text{new}} = x_{\text{old}} - \lambda \nabla f(x_{\text{old}})$，其中 λ 是控制收敛速度的步长，应该保持相对较小。

3. 如果 $f(x_{\text{new}}) < f(x_{\text{old}})$，则设置 $x_{\text{new}} = x_{\text{old}}$ 并返回步骤 2。否则就找到了局部最小点 x_{old}。

注意，SDM 的性能在很大程度上取决于初始解。只要仔细选择初始解和步长，就可以得到非常好的解。因此，我们将采用它的思想来解决我们的问题。但是，将 SDM 应用到我们的问题中存在以下挑战，其中一些挑战来源于该方法的性质，而另一些则是我们的问题所特有的：

- SDM 的性能在很大程度上依赖于初始解的选择。应该仔细研究如何选择初始解。
- SDM 基于递归地更新当前解以获得更优解。如何有效地做到这一点还有待研究。

- SDM 只在待优化函数可微的情况下有效。然而，在我们的问题中，它是一个离散函数，必须相应地重新定义梯度。

我们将在下文中处理这些挑战。

11.5.2.4　我们所提出的算法

算法总体框图如图 11.4 所示。我们将解释每一个步骤及其背后的原理。

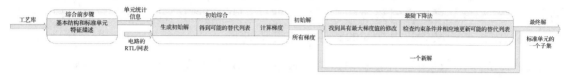

图 11.4　我们所提出的算法的总体框图

初始解的选择。我们可以构造一个任意的初始解，即选择标准单元的任意子集。然而，这不能保证在这个子集上综合电路 d 可满足面积/时序/功耗的约束，事实上能满足的可能性很小。但我们可以通过更好的方式得到初始解。我们在整个库上应用所有时序约束综合了设计。这会为我们提供一个清单，里面包括使用了哪些标准单元以及设计的面积和漏电功耗。这将作为一个基线设计，它的面积和漏电功耗是在满足所有时序约束条件下能得到的最小值。所以它肯定是一个可行解（如果这个设计不满足面积和功耗的约束，那么就没有设计会满足这些约束，也就不存在可行解），是一个很好的起点。我们将把综合过程中使用的标准单元列表设置为初始解。

如何修改当前解。在我们的问题的背景下，篡改是通过在当前解中添加/删除几个标准单元来完成的。这就是指数复杂度的由来，因为在旧的解中添加/删除标准单元的方法为指数数量级的。为了降低计算复杂度，我们在这里做了一个关键的考虑。

通常在一个库中，有多个具有不同驱动强度的标准单元，能实现完全相同的逻辑功能。例如，AND2X1、AND2X2 和 AND2X4 都实现了两个操作数的逻辑和函数：out = In1&In2，但是驱动强度随之增加。我们将所有实现相同逻辑功能但具有不同驱动强度的标准单元分到一个组中。对于每一个标准单元 C_i，我们称标准单元 C_i' 是 C_i 的一个可能替代，如果标准单元 C_i' 满足以下三个性质：（1）它与 C_i 在同一组；（2）驱动强度大于 C_i；（3）由式（11.4）定义的 CTMR 值低于 C_i。我们将 C_i 所有可能的替代称为其可能替代列表，同时限制修改旧解的方式，只能用可能替代列表中的另一个标准单元来替换旧解中的标准单元。如果该列表为空，则该标准单元将固定在解中，并且永远不能被从旧解中移出。这些限制有以下优点：

- 通过保证一个标准单元被另一个实现完全相同功能的单元替换，我们可以在 EDA 中执行增量综合，它可以比从头开始综合设计更快地获得功耗/面积/时序信息。新设计的正确功能也很容易得到保证。
- 由于可能替代列表中的所有标准单元都具有更大的驱动强度，因此保证了设计最初所需的足够驱动强度。
- 通过限制一个标准单元只能被替换为其可能替代列表中的另一个标准单元，可以显著减少搜索空间。由可能替代的第三个特性可知，这进一步减少了搜索空间，而不影响解的最优性。

- 它很容易实现，可以完全自动化，并 100%兼容当前的商业 CAD 工具流程。

请注意，当我们施加上述限制时，对当前解的修改可以附带完成。这意味着，与其一次性从设计中添加/删除多个标准单元，我们总是可以将每次修改限制为只能将一个标准单元如 C_i 替换为其可能替代列表中的另一个标准单元如 C_i^j。

梯度计算。由于每次对当前解的修改都是通过将一个标准单元替换为其可能替代列表中的另一个标准单元来完成的，所以只需要定义初始解的所有可能替代列表中的每个标准单元的梯度。梯度应对修改的质量进行评估。由于我们的问题是离散的，梯度必须用不同的方法来定义。获得梯度的具体步骤定义如下：

1. 设 $l_0 = \{C_1, C_2, \cdots, C_k\}$ 表示初始解。设 p_0, a_0, p_0 分别表示初始综合后得到的漏电功耗、面积、松弛时间。

2. 对于 l_0 中的每个标准单元，我们确定其可能替代列表。我们用一个可能替代 C_i^j 替代一个标准单元 C_i，并保持 l_p 中所有其他标准单元不变。我们称这个新的标准单元子集为 l_i^j。在 l_i^j 上对设计进行重新综合，得到了新的漏电功耗 p_i^j、面积 a_i^j 和松弛时间 t_i^j。设 $\mathrm{DTMR}(l_0)$ 和 $\mathrm{DTMR}(l_i^j)$，分别表示在 l_0 和 l_i^j 上综合电路时，设计的木马漏报率[由式(11.5)定义]。我们首先定义以下量：

$$\Delta\mathrm{DTMR}(l_i^j) = \mathrm{DTMR}(l_0) - \mathrm{DTMR}(l_i^j)$$

$$\Delta t(l_i^j) = \frac{t_0 - t_i^j}{t_0}, \Delta a(l_i^j) = \frac{a_i^j - a_0}{a_0}, \Delta p(l_i^j) = \frac{p_i^j - p_0}{p_0}$$

然后定义梯度如下：

$$\nabla\mathrm{DTMR}(l_i^j) = \frac{\nabla\mathrm{DTMR}(l_i^j)}{\Delta t(l_i^j) + \Delta a(l_i^j) + \Delta p(l_i^j)} \tag{11.7}$$

直观地说，这个值度量了我们使用 C_i^j 替换 l_0 中的 C_i 以形成新的库 l_i^j 后，在 1%的功耗、面积和松弛时间的开销下，DTMR 可以得到多大的改进。在开销保持不变的情况下，梯度越大，这种替换下 DTMR 的改进就越多。

整体算法。最陡下降法框架下将所有部分结合起来，我们对算法步骤的详细说明如下：

1. 对基本结构进行识别和特征描述，然后对给定工艺库中的每个标准单元进行特征描述。注意，对于给定的工艺库，此步骤只需执行一次。

2. 使用整个工艺库综合设计，得到的标准单元子集用 l_0 表示。这就是我们的初始解，设 $l_{\mathrm{old}} = l_0$。

3. 确定 l_0 中每个标准单元的可能替代列表。确定每个可能替代列表中每个标准单元的梯度由式(11.7)定义。

4. 找出所有可能替代列表中对应梯度最大的标准单元，比如 C_i^j，它是 C_i 的可替代值列表中的第 j 个标准单元。

5. 用 C_i^j 替换 l_{old} 中的 C_i，设 l_{new} 表示标准单元的新子集。在 l_{new} 上综合设计，检查是否满足面积/功耗/时序约束。如果满足，则令 $l_{\mathrm{old}} = l_{\mathrm{new}}$，并将 C_i 的可能替代列

表设置为空。如果不满足，则从 C_i 的可替代值列表中删除 C_i^j，并保持 l_{old} 不变。

6. 重复步骤 4～5，直到所有替代值列表都为空。l_{old} 即为所求。

11.5.3 实验和结果

11.5.3.1 实验设置

基准电路。我们在 8 个公开的基准电路上 (来自 ISCAS'89[19] 和 trustHub[20]) 测试了我们的方法，均使用 Cadence RTL 编译器和 Synopsys 90nm 通用库进行综合。Cadence 工具的报告显示，这些基准电路的门数量从 69 个 (s298) 到 175 456 个 (AES，见表 11.5)。

表 11.5　实验中使用的基准电路

基准电路	源基准	门数量	时钟频率
s298	ISCAS'89	69	25 MHz
s5378	ISCAS'89	728	25 MHz
s15850	ISCAS'89	1968	25 MHz
s38417	ISCAS'89	5066	25 MHz
AES	TrustHub	175 456	500 MHz
b19	TrustHub	45 150	25 MHz
MC8051	TrustHub	6927	50 MHz
XGE_MAC	TrustHub	60 222	156.25 MHz

施加约束。我们设置所有基准电路所有输出口上的负载电容为 100 pF，并将输入输出延迟设置为 200 ps，每个基准电路的时钟频率如表 11.5 所示。对于每个基准电路，我们都使用上述时序约束 (实验中不允许违反任何时序约束)，并使用 Synopsys 90nm 通用库综合设计。综合完成后，可得到面积和漏电功耗。然后将漏电功耗和面积的允许开销设置为 30%，这意味着漏电功耗和面积开销不应超过其原始值的 30%。

生成基线设计和安全感知设计。对于每一个基准电路，我们使用整个库在所有时序约束下对电路进行综合。我们称所得到的该设计为基准设计。它表示在面积上最优且满足所有时序约束的设计，但缺乏任何安全方面的考虑。然后应用我们的算法，获得一个标准单元列表。我们在这个标准单元列表上重新综合电路，并称之为安全感知设计。我们将使用 Cadence Encounter 工具来布置和路由这两种设计。

木马植入。对于每个基准，无论是基准设计还是安全感知设计，我们都随机选择一个标准单元作为攻击目标，并对其进行四次恶意篡改 (两次添加结构和两次删除结构)。随机选择 15 次攻击目标，共生成 60 个木马植入芯片。

进行实验并记录结果。对于每个基准，无论是基准设计还是安全感知设计，我们使用 s298 基准电路的 5 个无木马芯片和其余 7 种基准电路的 1 个无木马芯片训练 SVM，并使用分类器对 60 个木马植入芯片进行分类。详细的训练和分类步骤以及参数选择遵循了文献 [13] 中的工作，但有一点不同，我们并没有对整个 IC 进行分类，只为 IC 中的每个网格生成标签，然后计算两种设计在 60 个芯片上的平均木马漏报率公式 (11.1) 定义。接下来计算基准设计和安全感知设计之间的木马漏报率的差值，并用此差值除以基准设计的木马漏报率作为 TMR 提升度。我们还列出了与基准设计相比，安全感知设计的面积开销和漏电功耗开销，此外，还列出了初始综合时间以及算法的运行时间，结果见表 11.6。注意，算法运行时间不包括图 11.4 所示的综合前步骤。

表 11.6 所有基准电路的 TMR 改进、面积开销(AO)、漏电功
耗开销(LO)、初始综合时间(OT)和算法运行时间(AT)

基准电路	TMR 的提升度/%	AO/%	LO/%	OT/s	AT/s
s298	20.93	10.09	17.67	16.4	283.9
s5378	13.04	7.91	16.05	31.3	663.6
s15850	15.23	6.21	13.94	44.4	906.1
s38417	16.00	4.00	8.58	103.4	990.4
AES	23.45	16.68	28.21	2302	9941
b19	23.21	8.51	29.74	759.1	3841
MC8051	15.62	7.70	21.99	204.3	10 010
XGE_MAC	7.48	1.85	5.60	2031	9055

11.5.3.2 结果

从表 11.6 中可以看出，采用我们的方法平均可以多检出 16.87% 的恶意篡改，且只有 7.87% 的面积开销和 17.72% 的漏电功耗开销。注意，Cadence RTL 编译器总是在满足所有时序约束的情况下优化面积，这使得与泄漏开销相比，面积开销非常小。我们还注意到，我们算法的性能在很大程度上取决于设计的时序要求。如果设计的时序要求很容易满足，那么我们的算法可以显著提高 TMR。例如 AES 和 b19。然而，如果设计的时序要求很难满足，那么对 TMR 的改进就很有限。例如 XGE_MAC 基准，它实现了 10 Gbps 的 MAC 操作。其原因在于，当时序需求难以满足时，替换操作就很可能导致时序违规，造成每个标准单元只有很少的可能替代。因此算法的搜索空间小，对 TMR 的改进也有限。尽管如此，在该情况下，我们仍然可以多检测到 7.48% 的木马，而面积开销仅为 1.85%，漏电功耗仅为 5.60%。从而证明了我们算法的有效性。

11.6 小结

本章介绍了 IC 逆向工程和使用 RE 的硬件木马检测方法的基本原理。然后介绍了基于 RE 的硬件木马检测方法，该方法利用 SVM 来判断芯片是否被木马感染。实验结果表明，该方法在 99% 以上的实例中能够正确检测出无木马和感染木马的芯片。为了提高木马检测的准确性，提出了一种安全设计方法，即选择对硬件木马植入更敏感的标准单元来综合芯片的布局。使用这种设计方法，可以在合理的开销下显著提高检测到的木马比例。

参考文献

1. R. Karri, J. Rajendran, K. Rosenfeld, Trojan taxonomy, in *Introduction to Hardware Security and Trust*, ed. by M. Tehranipoor, C. Wang (Springer, New York, 2012), pp. 325–338

2. X. Zhang, M. Tehranipoor, Case study: detecting hardware trojans in third-party digital IP cores, in *2011 IEEE International Symposium on Hardware-Oriented Security and Trust (HOST)* (IEEE, 2011), pp. 67–70

3. F.Wolff, C. Papachristou, S. Bhunia, R. Chakraborty, Towards trojan-free trusted ICs: problem analysis and detection scheme, in *Proceedings of the Conference on Design, Automation and test in Europe* (ACM, 2008), pp. 1362–1365

4. R. Chakraborty, F. Wolff, S. Paul, C. Papachristou, S. Bhunia, MERO: a statistical approach for hardware trojan detection, in *Cryptographic Hardware and Embedded Systems – CHES 2009*, ed. by C. Clavier, K. Gaj. Lecture Notes in Computer Science, vol 5747 (Springer, Berlin/Heidelberg, 2009), pp. 396–410

5. Y. Jin, Y. Makris, Hardware trojans in wireless cryptographic integrated circuits. Des. Test IEEE (99), 1–1 (2013)

6. S. Narasimhan, S. Bhunia, Hardware trojan detection, in *Introduction to Hardware Security and Trust* (Springer, New York, 2012), pp. 339–364

7. R. Torrance, D. James, The state-of-the-art in semiconductor reverse engineering, in *Proceedings of the 48th Design Automation Conference* (ACM, 2011), pp. 333–338

8. Y. Shiyanovskii, F.Wolff, A. Rajendran, C. Papachristou, D.Weyer,W. Clay, Process reliability based Trojans through NBTI and HCI effects, in *2010 NASA/ESA Conference on Adaptive Hardware and Systems (AHS)* (IEEE, 2010), pp. 215–222

9. Y. Jin, Y. Makris, Proof carrying-based information flow tracking for data secrecy protection and hardware trust, in *2012 IEEE 30th VLSI Test Symposium (VTS)* (IEEE, 2012), pp. 252–257

10. H. Salmani, M. Tehranipoor, J. Plusquellic, A novel technique for improving hardware Trojan detection and reducing Trojan activation time. IEEE Trans. Very Large Scale Integr. VLSI Syst. **20**(1), 112–125 (2012)

11. S. Narasimhan, X. Wang, D. Du, R. Chakraborty, S. Bhunia, TeSR: a robust temporal selfreferencing approach for hardware Trojan detection, in *2011 IEEE International Symposium on Hardware-Oriented Security and Trust (HOST)* (June 2011), pp. 71–74

12. S. Narasimhan, D. Du, R. Chakraborty, S. Paul, F. Wolff, C. Papachristou, K. Roy, S. Bhunia, Multiple-parameter side-channel analysis: a non-invasive hardware Trojan detection approach, in *2010 IEEE International Symposium on Hardware-Oriented Security and Trust (HOST)*, (IEEE, 2010), pp. 13–18

13. C. Bao, D. Forte, A. Srivastava, On application of one-class SVM to reverse engineeringbased hardware Trojan detection, in *2014 15th International Symposium on Quality Electronic Design (ISQED)* (IEEE, 2014), pp. 47–54

14. C. Bao, D. Forte, A. Srivastava, On reverse engineering-based hardware Trojan detection. IEEE Trans. Comput. Aided Des. Integr. Circuits Syst. **35**(1), 49–57 (2016)

15. C. Bao, Y. Xie, A. Srivastava, A security-aware design scheme for better hardware Trojan detection sensitivity, in *2015 IEEE International Symposium on Hardware Oriented Security and Trust (HOST)* (IEEE, 2015), pp. 52–55

16. S.M. Plaza, I.L. Markov, Solving the third-shift problem in IC piracy with test-aware logic locking. IEEE Trans. Comput. Aided Des. Integr. Circuits Syst. **34**(6), 961–971 (2015)

17. V. Vapnik, *The Nature of Statistical Learning Theory* (Springer, New York, 2000)

18. M. Tehranipoor, F. Koushanfar, A survey of hardware trojan taxonomy and detection. IEEE Design Test Comput 27(1), 10–25 (2010)

19. F. Brglez, D. Bryan, K. Kozminski, Combinational profiles of sequential benchmark circuits, in *IEEE International Symposium on Circuits and Systems, 1989* (IEEE, 1989), pp. 1929–1934

20. trust HUB.org

第五部分　安　全　设　计

第12章 硬件木马预防和检测的硬件混淆方法

Qiaoyan Yu，Jaya Dofe，Zhiming Zhang 和 Sean Kramer[①]

12.1 引言

集成电路(IC)和系统越来越多地使用全球资源来降低硬件成本。遗憾的是，全球供应链中的不可信方可能会篡改原始设计或引入恶意组件，即硬件木马。在知晓设计中可能存在硬件木马后，研究人员开发了功能测试、光学分析和边信道分析方法。通过功能测试进行硬件木马检测非常具有挑战性，特别是如何寻找有效的输入向量以激活极难被触发的硬件木马。要成功地对电路布局图进行光学分析，很大程度上依赖于精确地去层、高分辨率成像和模式识别技术。硬件木马的尺寸与受攻击的电路相比相对较小，因此对于基于边信道分析的木马检测而言，边信道信号、延迟、功耗、面积和温度上出现的变化将不太明显。此外，由于缺乏可供参考的黄金模型，木马检测变得十分困难。

在本章中，我们介绍了另一类针对硬件木马预防和检测的对策，即硬件混淆。与功能测试、扫描电子显微镜(SEM)图像分析和边信道分析方法不同，硬件混淆方法适用于设计过程。因此，基于混淆的对策可以防止外包电路设计被篡改或被逆向工程，而不是简单地丢弃被破坏的芯片。此外，通过混淆技术进行的电路修改将有助于进行芯片制造后的硬件木马检测。

本章其余部分的组织如下：12.2 节介绍混淆原理。12.3 节在简要总结了硬件木马之后，回顾了不同抽象层次的混淆方法。在 12.4 节中，我们介绍器件级、电路级、门级和寄存器传输级硬件混淆方法的关键思想。12.5 节和 12.6 节简要讨论 FPGA 和印制电路板(PCB)中的混淆问题。由于硬件混淆方法没有任何可用的标准评估指标，我们在 12.7 节中收集现有文献中使用的各种指标。最后 12.8 节总结本章。

12.2 混淆

12.2.1 混淆的概念

混淆是使某个有价值的目标变得隐晦或不清晰的过程。混淆技术在软件领域非常常见。特别地，软件中的混淆通常指代码混淆技术。其目的是修改源代码、执行指令或元数据，但不改变程序的最终输出。混淆后的源代码被修改为黑客难以理解和难以进行逆向工程的方式。因此，混淆技术提供了一层防御，以防止源代码受到知识产权(IP)盗窃、未经许可的再利用和篡改。图 12.1 展示了一个简单的例子，该例中使用 ASCII(美国信息交换标准代码)替换软件编程中用到的字符串中的字符，字符串 "Save Secret Key" 被一

---

① 新罕布什尔大学电气与计算机工程学院

Email：qiaoyan.yu@unh.edu; jhs49@wildcats.unh.edu; zz1017@wildcats.unh.edu; sdq46@wildcats.unh.edu

系列 Chr（数值表达式）或十六进制码替换，这些代码对人类来说是不可读的。

　　Barak 等人首先提出了电路混淆（或一般称为硬件混淆）的原始定义 [3]。最早的电路混淆有两个苛刻的要求：（1）混淆电路以"多项式时间减慢"的代价执行与原始电路相同的功能；（2）混淆后的电路将只泄露输入和输出的名称信息。第二个要求意味着混淆后的电路应被视为黑盒。由于第二个请求过于苛刻，难以实现，所以一般所说的"混淆"通常又称为最可行混淆，它并不保证混淆电路将完全隐藏原始电路的功能。

%混淆前的源代码
$string = "Save Secret Key";

%混淆后的源代码
$string = chr(083)chr(097)chr(118)chr (101)chr(032)chr(083)chr(101)chr(099)chr(114)
... chr(101)chr(116)chr(032)chr(075)chr(101)chr(121);

%进一步混淆
$string = "\x53x\61x\76x\65x\20x\53x\65x\63x\72x\65x\74x\20x\4Bx\65x\79";

图 12.1　软件中的混淆示例

12.2.2　区分混淆和加密

　　混淆和加密有着根本上的不同。混淆后的源代码是可执行的，无须进行解混淆。混淆在保持原始设计功能的同时，增加了设计的理解难度。我们希望通过混淆来打消攻击者的念头。混淆过程并不总是需要密钥。一旦所采用的混淆处理原则被泄露，混淆所提供的防御层将失效。相反，任何加密的程序在解密之前都是不可执行的。如果没有正确的密钥，错误解密的设计将会因为雪崩效应而产生与原始设计完全不同的输出。只要密钥不被泄露，加密/解密算法的泄露就不会影响加密所提供的安全性。

12.2.3　软件中的混淆技术

　　在软件领域有很多方法可以混淆源代码。重命名是一种基本技巧，它可以使各种变量变得没有意义，或使用不可打印或不可见的字符替换可读的短语。.NET、iOS、Java和 Android 系统经常使用这种技术来重新编译源代码。表 12.1 总结了软件中常用的混淆技术综述。由于软、硬件在实现上的不同，表 12.1 中的技术并不适用于硬件。

表 12.1　软件中典型混淆技术综述

混淆技术	主要处理
重命名	使变量名无意义，不可读
字符串加密	在可执行文件中隐藏字符串，并在需要时还原该字符串
控制流混淆	合成条件、分支和迭代程序结构
指令模式转换	把常见的指令结构变成不规则的模式
插入虚设代码	在原始可执行代码中插入额外的虚设代码
删除未使用的代码和元数据	删除可提示黑客的未使用代码和信息
二进制链接/合并	将多个可执行文件/库合并为一个平面化的单个可执行文件/库
插入模糊谓词	插入死代码分支，该分支在执行中永远无法达到

续表

混淆技术	主要处理
防篡改	添加自我保护代码以验证是否存在篡改代码
反调试	删除调试接口

12.3　混淆技术在硬件木马预防和检测中的作用

12.3.1　硬件木马

硬件木马(HT)是指由攻击者实施的恶意硬件修改。硬件木马可能在设计过程或制造过程中引入。文献[57]对硬件木马分类进行了广泛研究。一种硬件木马表现为添加或删除逻辑门、晶体管或互连从而导致故障。这种硬件木马被称为功能型硬件木马，如图 12.2 所示，如果在半加器的输入信号 A 和与门之间加上一个反相器，则电路功能变为半减器。另一种硬件木马会更改电气参数，称为参数型硬件木马，如图 12.3 所示，如果反相器的 NMOS 晶体管被削弱，那么它将难以将输出下拉。图 12.4 给出了另一种参数型硬件木马的示例。图中左侧所示为标准布局，右侧的布局通过增加线网长度对电路进行修改，此布局的更改会导致延迟增加。一些硬件木马由外部激活，这意味着它们可以由连接到外部的天线或传感器触发。图 12.5 展示了通过天线远程触发硬件木马的示例。与此相反，硬件木马也可以由内部激活，其中还有一部分硬件木马始终处于运行状态。内部硬件木马可能会修改电路的几何结构或在一定条件下被激活。在这种情况下，硬件木马在满足触发条件时被激活。本章主要关注由内部状态或逻辑信号触发的功能型硬件木马。

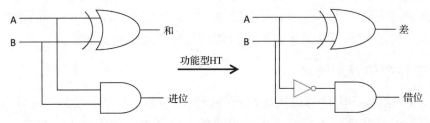

图 12.2　功能型硬件木马示例

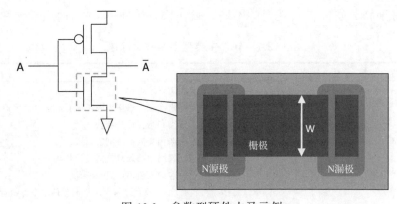

图 12.3　参数型硬件木马示例

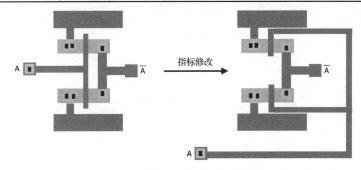

图 12.4　另一种(可引起延迟变化的)参数型硬件木马示例

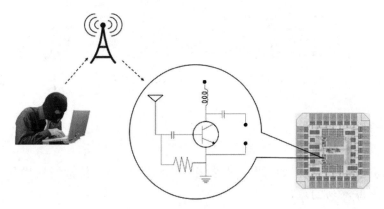

图 12.5　通过天线远程触发的硬件木马示例

12.3.2　硬件混淆概述

硬件混淆的原则是改变设计使其具有与原始设计相同的功能,但同时使攻击者难以理解和利用,如图 12.6 所示,混淆方法有助于创建相似逻辑、不确定逻辑(到制造后进行配置)和键控逻辑。攻击者如果对所应用的特定混淆处理过程没有足够的了解,可能会误解模块的逻辑功能。例如:将 NOR 门恢复为 NAND 门;将 XOR 函数识别为加法。因此,在这种误解之后插入硬件木马将导致其不会被触发或无法实现预期的攻击目的。硬件混淆在集成电路和系统中的应用已经在不同的抽象层次上有所示范,我们在图 12.7 中总结了这一内容。下面几节将详细介绍各个层次硬件混淆方法的关键思想。

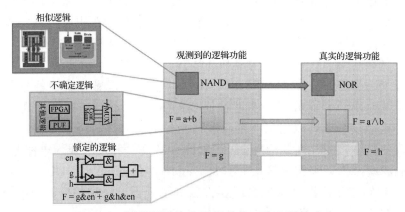

图 12.6　硬件混淆掩盖逻辑功能,防止硬件攻击

图 12.7　不同抽象层次的硬件混淆

12.4　芯片级混淆

芯片级混淆包括我们在器件级、电路级、门级和寄存器传输级所做的硬件修改，以迷惑准备植入硬件木马的攻击者。

12.4.1　器件级混淆

器件级混淆通过引入可控制的故障(如固定型故障和延迟故障)来掩盖设备的实际功能。在不知道器件实现过程准确细节的情况下，逆向工程师可能会根据表面理解(例如 SEM 图像)来曲解器件(及相关电路)的功能。我们可以通过改变晶体管的掺杂浓度来实现器件级的混淆。为了伪装一个 PMOS 晶体管，我们可以用图 12.8 所示的方式混淆晶体管。在晶体管的源极和漏极区域掺入 N 型掺杂剂，而非原始 PMOS 中的 P 型掺杂剂。一旦我们将源极连接到 V_{dd}，掺杂引起的混淆就会产生短路。混淆器件可进一步应用于电路，以误导逆向工程。图 12.9 给出了一个简化的示例。晶体管 P_1 是经过了混淆的(使用图 12.8 中的掺杂方法)。由于晶体管 P_1 持续地连接到 V_{dd}，动态与非门不再像真正的与非门那样工作。使用混淆逻辑门将导致逆向工程师额外付出大量的精力，从使用了混淆器件的电路中提取原始功能。因此，有意将硬件木马插入此类电路的攻击者不易实现其最终攻击目标，因为受硬件木马污染的逻辑门可能从一开始就不是真正起作用的门。

除了源极/漏极区域外，晶体管沟道和晶体管与晶体管之间的连接也可以使用混淆技术[63]。虚连接将导致开路。操纵层间介质(ILD)将会产生隐蔽的容性信号(即串扰)。光学邻近效应修正(OPC)和亚分辨率辅助特征(SRAF)技术最初是为了提高制造芯片的质量而开发的，这些技术也可以用来产生以混淆为目的的时序故障。然而，基于掺杂的混淆技术不会改变晶体管的几何结构。电压衬度像(PVC)[54]和皮秒成像电路分析(PICA)[59]可以分别检测源漏极掺杂和沟道掺杂的变化。超导量子干涉仪(SQUID)[42]显微镜可供攻击者检查开路/短路连接。表 12.2 总结了器件级混淆处理方法和相应的检测方案。更多有关器件级混淆的详细信息，请参阅文献[63]中的调查报告。

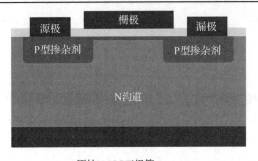
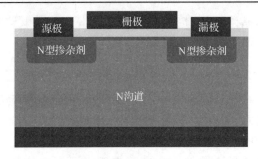

原始PMOS三极管　　　　　　　　　　　　混淆后的三极管

图 12.8 通过改变掺杂浓度来混淆硬件。晶体管的源极和漏极区域使用相同的
掺杂剂。如果源极连接到 V_{dd}[63]，PMOS 晶体管会产生恒定的 V_{dd} 输出

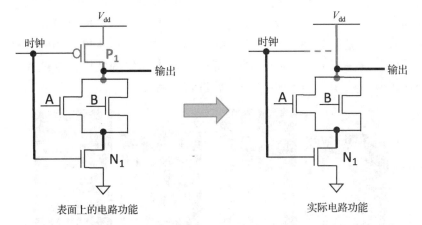

表面上的电路功能　　　　　　　　　　　　实际电路功能

图 12.9 由混淆后的 PMOS 晶体管引起故障，导致了不同的逻辑功能

表 12.2 故障机制和相应的混淆类型及检测方案总结[63]

			混淆种类			检测
			阻塞故障	时序故障	隐秘信号	
物理的设计机制	掺杂	源极/漏极	×			PVC
		沟道	×	×		PICA
	金属填料		×	×	×	SEM
	ILD操纵	稀释		×	×	–
		增稠	×	×	×	–
	互联掩模操纵		×	×	×	SEM, SQUID
	SRAF			×		

12.4.2　电路级混淆

电路级混淆技术分为两类：伪装布局和晶体管锁定。电路布局上的伪装使得逆向工程师无法通过读取电路布局来恢复该电路的晶体管级原理图。该伪装技术已应用于二维（2D）和三维（3D）IC 中。晶体管锁定是另外一种（一般意义上的）混淆类型，它通过在原理图中禁用某些晶体管来改变逻辑门功能[32,40]。最近的一项研究工作[20]结合了伪装技术

和晶体管级锁定技术进行三维 IC 的电路混淆。下面我们介绍一些有代表性的电路级混淆方法。

12.4.2.1　二维 IC 中的伪装技术

电路伪装是一种在逻辑单元的物理布局中进行细微改变，以隐藏其实际逻辑功能的技术[15,16,48]。伪装的主要目的是伪装电路，使得利用 SEM 图像的逆向工程师无法恢复原始的芯片设计。伪装的一般原理是使连接的节点看起来是孤立的，或者使孤立的节点看起来是连接的。在实际应用中，可以使用强大的自定义单元伪装库[14,16,21]或通用的伪装单元布局[48]对电路进行部分伪装。文献[16]中展示了常规的和伪装后的两输入与门具有相同的 SEM 图像，如图 12.10 所示。因此，如果攻击者仅依赖于 SEM 图像分析，就很容易提取出错误的网表。此外，由于提取了错误的网表，攻击者无法精确地修改网表以插入硬件木马。在伪装库[16]中，为了预防自动布局识别[14,21]，所有单元格在每个掩模层上看起来都一样。但是，如果让每个单元的大小和间距与其他单元相同，则会降低单元的性能。为了破除这一限制，Cocchi 等人提供了基本模块伪装库，这些库通过修改每个逻辑门布局而得到[21]，并可在制造过程之后进行编程。

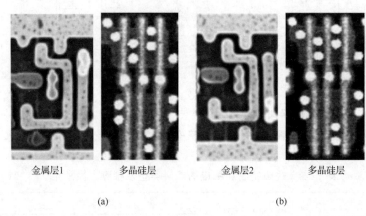

金属层1　　　　　多晶硅层　　　　　金属层2　　　　　多晶硅层

(a)　　　　　　　　　　　　　(b)

图 12.10　(a)常规与门的 SEM 图像；(b)伪装后与门的 SEM 图像[16]

12.4.2.2　三维 IC 中的伪装和多层锁定

文献[20]提出了一种用于单片式三维(M3D)IC 的多层逻辑锁定机制，以阻遏 IP 盗版和逆向工程的攻击[52,58]。在 M3D IC 中，功能模块分为两层，底层为 PMOS 上拉网络(PUN)，顶层为 NMOS 下拉网络(PDN)[64]。不同层次上的上拉网络和下拉网络由伪装的并行或串行锁定电路独立锁定。这两层之间的锁定单元的数量、密钥值、伪装的触点信息和锁定电路位置不同。这样的安排方式可以保护三维电路免受利用两层协作分析的攻击。如果没有正确的密钥，锁定的功能模块会产生故障(翻转输出值，或导致浮动接地/电源，或地/电源线短路)或电源特性产生巨大变化。锁定密钥仅对授权用户可用。即使攻击者能够得到完整布局，对整个锁定的三维电路进行逆向工程仍然十分困难。文献[20]一共介绍了四种锁定配置：PMOS 并行锁定(PPL)、NMOS 并行锁定(NPL)、PMOS 串行锁定(PSL)和 NMOS 串行锁定(NSL)。此外，文献[20]中还利用触点伪装来阻止基于图像分析的逆向工程和硬件木马植入。

串行三维逻辑锁定：串行锁定电路的原理图如图 12.11 所示。PMOS 晶体管(P_1)由一个密钥位(密钥位 1)控制。电源脚 VDD 和 P_1 源极端通过伪装触点与上拉网络相连。其中一个伪装触点填满了电介质，这就使得只有一个真正的连接。如在二维 IC 中所展示的，伪装触点是一种阻止基于图像分析的逆向工程攻击可行且有前景的方法[48]。锁定电路也可以应用于下拉网络层，在 NMOS 下拉网络和真实的接地线之间插入带短路线网的 NMOS 锁定。不同的密钥位 1 和密钥位 2 将有助于降低层 1 和层 2 之间的相关性。为了简单起见，下面的示例使用相同的密钥位 1 和密钥位 2 值。表 12.3 列出了不同密钥值下，伪装触点 C_{N1}、C_{N2}、C_{P1} 和 C_{P2} 的连接配置。在表 12.3 的上半部分中，实际设计设置如下：正确的密钥位为 0，触点 C_{N1} 和 C_{P2} 与电介质断开；只有 C_{N2} 和 C_{P1} 真正相连。假设密钥位为 1 将关闭 PMOS P_1，从而导致浮动 VDD。图 12.11 描述了这种情况。表 12.3 的后半部分显示了另一种配置，即正确的密钥位为 1。在这种情况下，伪装触点 C_{N2} 和 C_{P1} 没有真正连接。错误地假设密钥位为 0，将关闭 NMOS N_1 并导致下拉网络具有浮动 GND。为了实现这种配置，需要修改图 12.11 中的伪装触点。

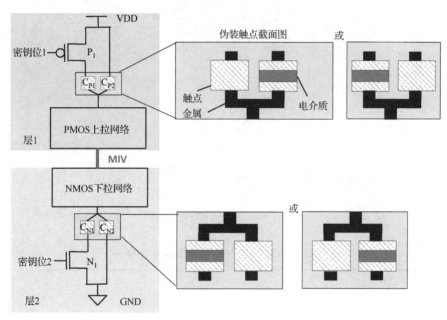

图 12.11　带串行锁定(PSL 和 NSL)和伪装单片层间通孔(MIV)的三维逻辑单元[20]

表 12.3　串行锁定中的触点和晶体管状态

正确的密钥位1=0，密钥位2=0							
密钥位	C_{N1}	C_{N2}	C_{P1}	C_{P2}	N_1	P_1	结果
0	×	✓	✓	×	关	开	正常
1	×	✓	✓	×	开	关	浮动VDD
正确的密钥位1=1，密钥位2=1							
密钥位	C_{N1}	C_{N2}	C_{P1}	C_{P2}	N_1	P_1	结果
0	✓	×	×	✓	关	开	**浮动GND**
1	✓	×	×	✓	开	关	正常

并行三维逻辑锁定：上文提到的伪装逻辑锁定也可以与原始下拉网络和上拉网络相并行，如图 12.12 所示。与串行锁定电路相反，并行锁定不需要短电路线网。如果正确的密钥为 0（表 12.4 的前半部分），则触点 C_N 是真正连接，而在伪装布局中触点 C_P 断开。由于 C_P 中的伪装连接断开，错误的密钥（即 1）产生始终接地的下拉网络。表 12.4 的后半部分表明，如果将错误的密钥 0 应用于 P_1，C_N 中的伪装连接断开，将导致上拉网络始终短接至 VDD。图 12.11 和图 12.12 所示的锁定单元中均使用了单个晶体管。在实际设计中，上拉网络和下拉网络的锁定电路不一定是对称的。不对称锁定电路将提供更强的保护，以防逆向工程攻击。

这种方法专门用来防止攻击者在 PMOS 和 NMOS 层分离后，将上拉网络和下拉网络关联起来。该方法的最终目标是避免攻击者获取整个三维电路设计并植入硬件木马。即使攻击者已获取某一层的设计，仍然很难完全导出另一层的设计。

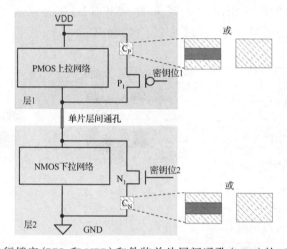

图 12.12 带并行锁定（PPL 和 NPL）和伪装单片层间通孔（MIV）的三维逻辑单元[20]

表 12.4 并联锁定中的触点和晶体管状态

正确的密钥位1=0，密钥位2=0					
密钥位	C_N	C_P	N_1	P_1	结果
0	✓	✕	关	关	正常
1	✓	✕	开	关	**总是下拉**
正确的密钥位1=1，密钥位2=1					
密钥位	C_N	C_P	N_1	P_1	结果
0	✕	✓	关	关	**总是上拉**
1	✕	✓	关	关	正常

文献[20]使用单片单元实现了 ISCAS'85 的 c17 基准电路。图 12.13（a）所示的 PSL 锁定了 c17 中一个 NAND2X1 门的 VDD。在同一个 NAND2X1 门的下拉网络中应用了伪装触点。由于 NMOS 锁定晶体管通过 CN2 触点对地短路，所以在图 12.13（a）中省略了锁定电路。当密钥比特为低时，PMOS 开启，因此 c17 正常工作。图 12.13（b）显示了密钥对 c17 输出信号和功率的影响。有效和无效密钥周期的输入模式完全相同。但是，对于无效和有效密钥情况下，主输出 N22 和 N23 会产生不同的值，有效和无效密钥周期相应的功

率特性也不同。这个例子表明，密钥通过 PSL 锁定的电路改变了主输出和功率特性，因此在攻击者没有有效密钥时成功混淆了三维电路。文献[20]接下来使用 PPL 代替 PSL 重复进行实验。相应的输出信号和功率特性如图 12.13（c）所示。与图 12.13（b）相比，无效密钥导致的持续下拉会引起功率发生显著变化，这与任何逻辑门的功率特性都不匹配。因此，该锁定电路还可以抵御基于功率的边信道攻击。

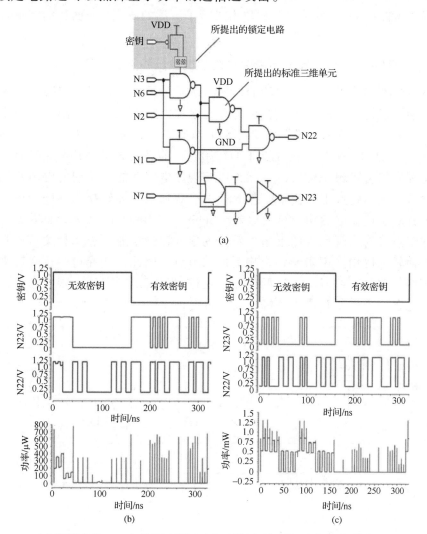

图 12.13　（a）带锁定的 c17 电路原理图；（b）无效/有效密钥对串行锁定的 c17 输出信号和功率的影响；（c）无效/有效密钥对并行锁定的 c17 输出信号和功率的影响

12.4.3　门级混淆

有相当数量的硬件木马均基于稀有事件。因为触发这种木马需要大量不同的输入模式，所以传统上通过功能性检测来进行木马检测的方法，对触发条件稀有的木马并不实用。随着芯片规模的增大，硬件木马的大小与芯片大小相比微不足道。因此，边信道分析方法也不适用于检测由硬件木马引起的延迟以及面积和功率的变化。门级网表混淆方法对器件级混淆方法进行了补充。网表混淆方法没有掩盖真正的器件功能，而只是修改电路的状态转换函数，使攻击者无法得到真正的上电状态。因此，攻击者植入的硬件木马要么处于验证模式，要么处于正常操作模式。由于攻击者不知道正确的混淆密钥，后一种模式下的木马将永远不会被触发。因此，门级混淆方法会阻碍硬件木马影响受保护的模块。

逻辑加密是保护组合逻辑电路的常用方法。理想情况下，锁定的组合逻辑将产生与原始逻辑相反的逻辑输出。文献[22,39,44,47,50]对如何选择加密位置和如何改进逻辑加密方法以阻止可能的 IP 盗版逆向工程攻击进行了广泛的研究。下面我们将重点讨论时序电路的混淆方法。

12.4.3.1　HARPOON：状态转换图和内部节点结构上的混淆

对状态转换图（STG）[6,7]进行混淆的最初目的是为了防止知识产权盗版。图 12.14 描述了状态转换图混淆的关键思想。在正常模式之前，添加了一个混淆模式的小型有限状态机（FSM）。只有正确的密钥序列才会驱动混淆有限状态机通过 $P_0 \rightarrow P_1 \rightarrow P_2$ 路径，然后到达状态 S_5。当混淆有限状态机在真正的初始状态前完成正确的转换路径后，有限状态机的输出将配置组合逻辑中的修改单元，以实现原电路功能。错误的混淆密钥将导致有限状态机永远不会达到真正的初始状态 S_5，并会将修改单元转换为不同的逻辑功能。修改单元的位置对于掩盖原始功能至关重要。Subhra 和 Bhunia[7]认为，具有大扇入和大扇出逻辑锥的节点容易实现更强的混淆。较大的扇入逻辑锥通常表示相关节点具有较高的逻辑深度，而较大的扇出逻辑锥将影响更多的节点。因此，选择这些逻辑锥来进行有限状态机控制的修改更节约成本。这两位作者还进一步扩展了混淆有限状态机，使其在混淆模式下还包含一个认证有限状态机，以同时阻止硬件篡改和盗版。

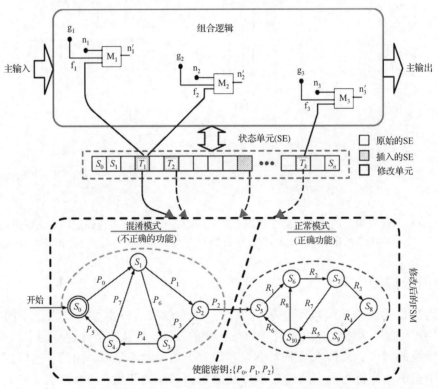

图 12.14　HARPOON：通过修改状态转换图和内部节点的功能与结构混淆[7]

随后，该混淆方法的概念被证实对硬件木马的预防和检测也是有效的[10,11]。与阻止盗版的混淆不同，硬件木马预防和检测的混淆在混淆模式下引入了一个隔离状态空间，如图 12.15 所示。隔离状态是来自原始有限状态机的未使用状态，或者通过向原始状态向量添加新比特位来创建的新状态。由于硬件木马具有隐蔽性，因此由木马设计者利用的稀有事件很有可能落入隔离状态空间。因此，一旦攻击者没有正确的混淆密钥，硬件木马将被限制在混淆模式中。如果满足木马触发条件，原始状态空间中的有效木马可能会改变系统的原始功能，但是无效的混淆密钥会阻止有限状态机进入正常操作模式，从而防止木马对系统造成伤害。文献[10]中设计了一种门级网表的自动混淆处理流程。

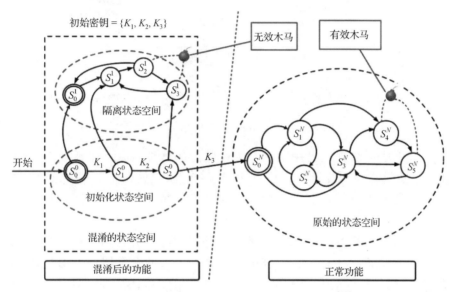

图 12.15　预防和检测硬件木马的混淆方案[10]

12.4.3.2　动态状态偏移方法

对有限状态机的真实上电状态进行的混淆已被证明是一种对抗 IP 盗版的有效对策。没有正确的密钥，有限状态机就无法进入正常模式。然而，一旦有限状态机在正常操作模式下运行，就难以得到有效的保护。这为攻击者留下了安全漏洞，尤其是在软 IP 或硬 IP 盗版的情况下。为了解决这种安全漏洞，研究人员提出了一种新的动态状态偏移方法[19]来保护正常操作模式下的状态，如图 12.16 所示，正常模式下的每个正常状态 STx 转换都需要通过密钥认证。如果将一个错误的密钥 KS 应用于有限状态机，正常状态将被偏移至其黑洞簇 Bx。一旦进入黑洞簇，有限状态机将永远不会回到正常状态。

每一个黑洞簇都是由多个状态(图中仅显示三个)组成的，而非单个状态。每个黑洞状态都可以映射到唯一的一个错误密钥。为了抵御攻击者利用不同的错误密钥进行暴力攻击，文献[19]使用 Mapfunc 函数动态地将每个黑洞状态指派给一种密钥错误情况。该方法的一个显著特征是黑洞簇内的状态不保持稳定。有限状态机不断地切换到其他黑洞状态，以使攻击者无法进行逆向工程。

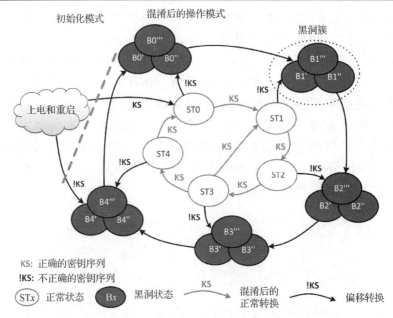

图 12.16　网表混淆的动态状态偏移方法

考虑到门级网表无法提供已用状态和未用状态的清晰信息，需要使用一个状态翻转向量 FlipReg 来有选择性地反转状态位，使用一个逻辑翻转向量 FlipLogic 修改主输出。由于时序电路中固有的反馈回路，有限状态机状态比特位将随着时间推移自然翻转，而不用使用预定的转换规范。

黑洞簇中的动态状态偏移：在新的有限状态机中，每个状态（即 {S3, S2, S1, S0, B3, B2, B1, B0}）均由原始状态位 {S3, S2, S1, S0} 和几个新添加的触发器 {B3, B2, B1, B0}（黑洞状态）组成。当使用了正确的密钥序列后，新添加的触发器 {B3, B2, B1, B0} 被设为零，新状态与状态扩展前的有限状态机状态保持一致。因此，如果密钥正确，新增加的触发器不会更改原始函数。若 {B3, B2, B1, B0} 的状态不全为零（由于密钥错误），新的状态 {S3, S2, S1, S0, B3, B2, B1, B0} 属于黑洞簇中的一个状态。

为了增加逆向工程攻击的难度，通过在黑洞簇中创建动态转换，有限状态机得到了进一步的强化。与现有的工作[7,8,10]不同，黑洞状态之间的状态转换不是静态的和预先定义的。如图 12.17 的混淆流程图所示，动态状态偏移方法中的动态性是通过使用秘密的 Rotatefunc 和 Mapfunc 算法实现的。使用 Mapfunc 算法从正确的状态转换中转移原始状态位。该算法以新增加的状态位和错误的密钥序列作为输入，生成 FlipReg 矢量，该矢量将有选择地翻转有限状态机状态下的一些位。每个错误的密钥序列都将产生一个唯一的 FlipReg 向量。

动态状态偏移的详细示例如图 12.18 所示。如果使用了错误的密钥序列 (!KS)，新状态位将预设为非零向量（例如 4'b0001），原始状态位则保留原始设计中定义的所有值。周期 0 之后，新添加的状态位由 Rotatefunc 算法进行修改，该算法将向量 {B3, B2, B1, B0} 更改为新的非零向量。这里的 Rotatefunc 是一个循环左移函数，但它也可以是由混淆功能提供者所定义的任何算法。当 {B3, B2, B1, B0} 为 4'b0001 时，S3 原始状态位由 4'b1000 的 FlipReg 翻转。当整个 FSM 状态寄存器被偏移到一个新的值时，FSM 将在第 1 个周期后生成一个新的 FlipReg 向量 4'b1101。因此，处于原始状态的 S2 和 S0 比特位随后被翻转到其互补值，而 S3 在第 2 个周期结束时被反转回来。因此，从描述中可以清楚地看到，动态状态偏移方法将有限状态机状态位伪随机地、有选择地反转，而不是将原始状态位设置为固定向量。因此，黑洞的状态不是在设计时确定的，而是根据应用的错误密钥动态选择的。正确的密钥可以通过硬件连接到网表中，也可以保存到可信的存储器中。前者在一定程度上不如后者安全，但硬件效率更高。

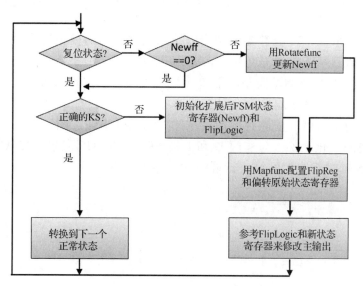

图 12.17　动态状态偏移方法流程图[19]

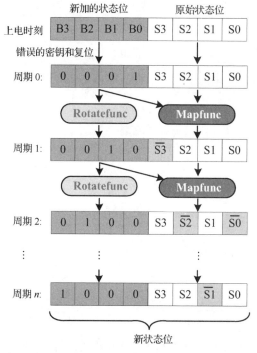

图 12.18　输入错误密钥后引发有限状态机动态状态偏移的示例[19]

12.4.3.3　使用可重构逻辑进行混淆处理

除了 12.4.3.1 节和 12.4.3.2 节中已经讨论的密钥控制混淆方法外，逻辑功能也可以通过制造后可重构逻辑进行混淆。在文献[40]中，Liu 和 Wang 利用基于 LUT 的可重构实现来设计混淆方法。基于重构的逻辑将功能单元转变为移动目标，而不是固定的被攻击节点。Wendt 和 Potkonjak 提出结合物理不可克隆（PUF）单元和 FPGA 用于实现部分功能模块[66]。由于 PUF 的输出是不可预测的，同时在设计时 FPGA 没有进行配置，因此模块的功能在制造前并没有完全实现。

因此从理论上来说，攻击者要识别用以植入硬件木马的极稀有事件并不是一项简单的任务。此外，盲目植入的木马可能在制造和配置完成之后被无效化。可以做出合理假设，由 PUF 和 FPGA 组成的不完整功能单元将会被预留来实现系统中一些强调安全性的功能。换句话说，不完整功能单元有可能成为木马攻击的目标。对经 PUF 和 FPGA 混淆的电路进行功能测试，可以检测到混淆后电路中的硬件木马。图 12.19 显示了一个基于 PUF 的逻辑混淆的简化示例。与非门 D 和 F 被 FPGA 和 PUF 混淆。文献[66]还分析了使用基于 PUF 的逻辑对互连的网络进行混淆的一些可能方法。

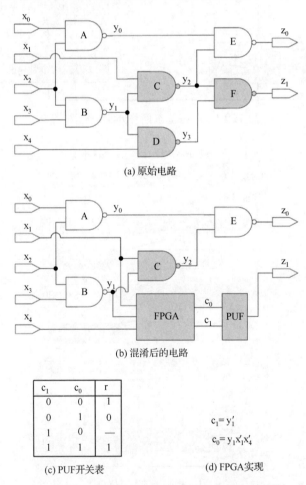

(a) 原始电路

(b) 混淆后的电路

c_1	c_0	r
0	0	1
0	1	0
1	0	—
1	1	1

(c) PUF开关表

$c_1 = y_1'$

$c_0 = y_1 x_1' x_4'$

(d) FPGA实现

图 12.19　基于 PUF 的逻辑混淆的简化示例[66]

12.4.4　寄存器传输级混淆

图 12.20 所示的基于互锁的混淆方案[1]最初是为了对抗 IP 盗版。状态转换的连续性通过芯片上随机唯一模块(RUB)生成的唯一密钥来保证。当一个错误密钥被用于有限状态机时，此方法将现有状态中的一个状态复制三次，阻止其从受保护状态转换到下一个有效状态。但是在此方法中，攻击者可以识别出停滞状态，然后将状态寄存器值强制修改为其他值。因此，混淆机制可能会失效。

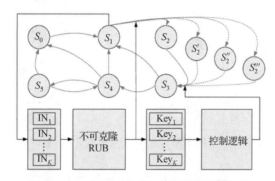

图 12.20　文献[1]中基于互锁的混淆方案

文献[18]建议使用混淆来阻止硬件篡改，图 12.21 说明了这项工作的主要思想。与文献[7]使用外部密钥序列不同，文献[18]使用一个内部生成的码字来锁定设计，该码字基于各个机密状态间特殊的转换顺序来生成。尽管该方法有助于解决文献[7,8,10]中的密钥泄露问题，但电路混淆程度显著降低了。这是因为错误的密钥只会导致有限状态机暂时偏离正确的转换路径；正常状态转换将在一次或几次状态转换之后恢复。这种方法的另一个局限性是，如果内部码字生成模块受到影响，对进入模式的混淆将失效。

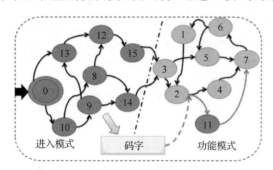

图 12.21　文献[18]中基于互锁的混淆方案

文献[51]中的盗版感知 IC 设计流程，提出使用片上真随机数生成器和公钥加密(RSA)来丰富寄存器传输级(RTL)描述。其作者在文献[37]中进一步扩展了他们的工作。除了与文献[8]中类似的混淆模式思路外，文献[37]还添加了一个从正常状态转换到黑洞状态的通道，这样能阻止状态恢复为正常操作模式。从正常状态到黑洞状态的路径，为正常操作模式提供了保护，如图 12.22 所示。

Subhra 和 Bhunia 将他们的门级混淆方法扩展到了 RTL[8,9,11]。他们使用综合工具将 RTL 描述转换为门级网表，然后利用新的 STG 和修改单元来混淆综合后的网表[8]。在文献[11]中，Subhra 等人提出了一种按需透明方法，用于促进基于逻辑测试的木马检测。首先，Subhra 等人定义了一个透明模式，在该模式中，电路根据用户定义的密钥生成特定的签名，并将该签名传递至主输出。如果将硬件木马插入电路，则特定签名将与预期签名不同。因此，我们可以检查签名，以检测是否存在硬件篡改。图 12.23(a)总结了按需透明方案。对于多模块设计，该方案可以级联使用，直到特定的签名传输到主输出端口，如图 12.23(b)所示。

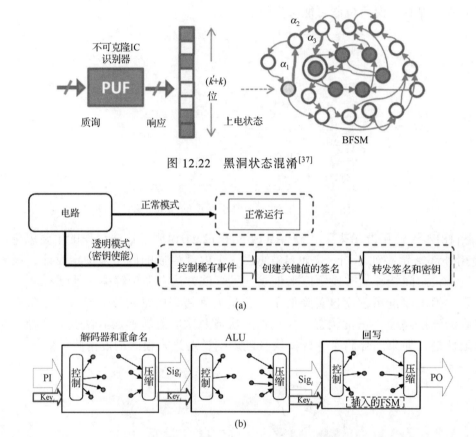

图 12.22　黑洞状态混淆[37]

图 12.23　硬件木马检测的按需透明方案。(a)检测方案；(b)多模块设计中的级联使用[11]

12.4.5　片上通信级

当数十亿个晶体管集成在一块裸片上时，片上网络(NoC)成为一个高效的片上通信基础架构[4,17,62]。文献[2,5,26,31,46]中强调了使用不安全 NoC 的后果。植入到 NoC 中的硬件木马将导致信息泄露、未经授权的内存访问和拒绝服务攻击，例如错误路径路由、死锁和活锁。本节介绍一种运行时硬件木马检测和缓解方法，以增强 NoC 的防篡改能力。与现有方法相比，该方法充分考虑了 NoC 的高度模块化、高扩展性和并行传输通道等特点，同时增强了 NoC 抵御潜在硬件木马攻击的能力。

在以往的研究[24,36]中，内存访问范围的检查是保证 NoC 安全的主要方法。然而，这些对策有一个共同的局限性——内存范围检查单元本身缺乏保护(除非在内存中使用密码)。此外，在数据包通过地址过滤器后，网络接口(NI)或路由节点中没有对其进行进一步的保护。遗憾的是，网络接口和路由节点可能会在路由计算阶段之后受攻击。例如，可修改保存在输出缓冲区中数据包的内存地址。许多针对 NoC 的硬件木马对策[23,24,45]主要存在于网络接口中，而不是路由节点中。路由节点有五个与相邻节点（即路由器和网络接口）互连的通道；与之相反，网络接口只有一个到其 IP 核的连接和一个到其路由器的连接。文献[25]中的硬件木马缓解方法旨在检测和缓解以下硬件木马攻击：（1）修改数据切片类型；（2）将合法数据包的目标地址更改为未经授权的地址；（3）破坏数据包的完整性。文献[25]中主要针对造成 NoC 带宽损耗的硬件木马。

　　如图 12.24 左侧所示，通用网格结构的 NoC 由链路、网络接口（NI）和包括五个端口（北、东、南、西和本地输入/输出端口）的路由节点组成。图中阴影区以一对输入和输出端口为例，说明了该路由节点设计的创新性。图 12.24 右侧的放大图片给出了应用在南（S）输入端口和东（E）输出端口的硬件木马对策（HTC）的示意图。在输入端口中，HTC1模块在输入的 NoC 数据切片到达 FIFO 之前，对其进行动态重新排列。因此，输入 FIFO中存储的 NoC 数据切片已经被打乱。由于排列模式的随机性和动态性，与攻击具有静态保护的路由节点相比，攻击者更难通过植入主动防御路由节点中的硬件木马，将数据切片内容更改为有含义的内容。文献[25]中数据切片重排的目标是降低植入到 FIFO 中的硬件木马成功修改 NoC 包中关键位的概率。HTC2 模块用于检查数据切片的完整性，其完整性可能会被植入到输入 FIFO 中的硬件木马破坏。HTC2 的主要功能是通过丢弃数据切片并在必要时清空输入 FIFO 来防止恶意数据切片进入网络的其余部分。硬件木马也可以位于数据切片处理单元和东输出端口的 FIFO 中。因此，在 FIFO 之后放置一个 HTC3 模块，以阻止恶意数据切片离开当前路由节点后，被恢复到原始比特位顺序。图 12.24 中提出的三个 HTC 模块相互协同提供主动防御，以阻止潜在的硬件木马，这些木马会损害NoC 数据切片的完整性，从而耗尽 NoC 的带宽。

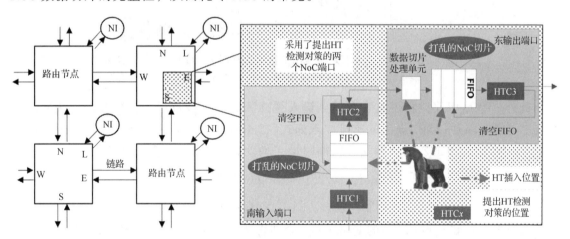

图 12.24　片上通信网格硬件木马防范与检测对策的示意图[25]

　　图 12.24 中的 HTC 模块内部细节如图 12.25 所示。对通用路由节点的更改在图 12.25中以高亮的实心模块显示。为确保数据包确实到达其原始目的地，NoC 数据包中的关键字段（即源/目的地址和数据切片类型位）就不能被篡改。为了在路由节点中可能存在硬件木马时，保持数据切片（flit）的完整性，文献[25]的方法首先使用错误控制码（ECC）对关

键数据切片字段进行编码。接下来，将动态数据切片排列（DFP）技术应用于数据包缓冲区，以便在数据切片进入输入 FIFO 之前，对 NoC 数据切片中的关键信息位进行随机重排序。如果攻击者在每个特定时刻都无法准确获取动态排列模式，那么他在路由节点中插入的硬件木马将不会按预期进行触发，或按其设计执行恶意任务。相应地，在输出端口应用动态数据切片去重排（DFDeP）技术。取消重排后，ECC 解码器（DeECC）有助于路由节点检测并更正关键数据切片中所有的 1 比特错误。

　　排列的随机性由本地随机向量发生器动态生成的模式选择向量来实现。每个路由节点都有自己的随机数生成器，它提供选择向量为 DFP 和 DFDeP 单元选择一个数据切片的排列模式。使用每个路由节点中实现的物理不可克隆结构，加上保存在仲裁器中具有唯一性的路由历史，生成一个随机向量。由于每个物理不可克隆的唯一性和路由历史的唯一性，DFP 和 DFDeP 的动态排列模式会随时间而变化，且每个路由节点均不同。因为每个路由节点数据包的路由历史都依赖于部署阶段的 NoC 应用程序，因此在 NoC 设计阶段，本地随机向量发生器的输出是不可预测的。所以攻击者植入的硬件木马在设计时很难成功地执行攻击。所提出的路由计算单元的设计目的，是根据不同版本的重排后数据切片内容，生成向路由下一跳方向输出端口的请求信号。为了降低硬件成本，研究人员提出了部分数据切片去重排和 DeECC 来正确生成诸如写请求和 FIFO 缓存状态信号等重要的内部和外部信号。

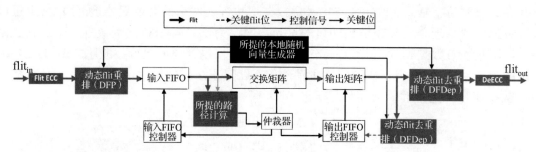

图 12.25（见彩图）　文献[25]中提出的混淆路由节点结构。实心模块所示部分即是对通用路由节点体系结构提出的创新改进

　　此外，数据切片比特位置在存储到输入缓冲区之前将被重排，在离开输出缓冲区之后被去重排。文献[25]中提出的重排原理如式（12.1）所示。模式选择向量基于物理不可克隆结构的输出，随工艺波动和动态质询向量 X 而变化，如式（12.2）所示：

$$\text{flit}_{\text{dp}}(t,i,j) = \Phi\big[\text{flit}(i,i,j), \text{PPS}(t,i,j)\big] \tag{12.1}$$

$$\text{PPS}(t,i,j) = f\big(\text{工艺变化}, X(t,i,j)\big) \tag{12.2}$$

其中，式（12.1）和式（12.2）中的变量 i 和 j 分别表示路由节点的 ID 和输入端口的 ID。变量 $\text{flit}(t)$ 和 $\text{flit}_{\text{dp}}(t)$ 分别是原始数据切片和 t 时刻动态重排后的帧。函数 Φ 代表所提出的动态重排算法，它是关于输入数据切片和唯一的 PPS 向量的函数。式（12.1）不是数据切片重排的显式数学表达式，而是用来表示所提出动态重排相关的依赖项。质询向量 $X(t,i,j)$ 取决于每个路由节点输出端口中的路由历史。由于每个路由节点都有唯一且不可预测的路由历史，因此随机 $\text{PPS}(i,j,t)$ 和重排配置对于每个路由器不同时刻的输入端口都是唯一的。重排函数原理图如图 12.26 所示。

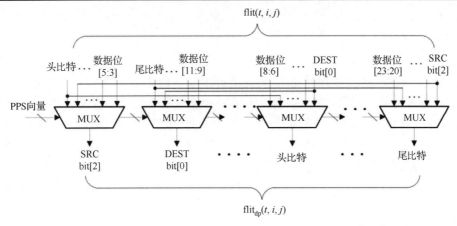

图 12.26　基于物理不可克隆的数据切片重排函数 Φ 的原理图。
重排算法在多路复用器（MUX）之前由硬接线实现[25]

12.4.6　其他方法

分割制造方法[29,43,60,67,69]通过将电路分为多个层来混淆设计，这些层被送到不同的晶圆厂进行制造。由于每个晶圆厂都没有完整的设计，不可信晶圆厂中的攻击者对整个设计的了解有限，所以他们可能无法将有效的硬件木马植入自己拥有的那部分设计中。近年来，研究人员已经认识到，分割制造可能不像预期的那样安全[41,49,61,65]。

12.5　FPGA 混淆

在 FPGA 上也可能发生硬件木马攻击。木马可以植入未加密的配置比特流[12]中，导致多余的电路切换活动，从而增加功耗和电路工作温度。即使配置比特流受到加密保护，攻击者也可以使用算法[55]和布尔匹配[56]从其比特流开始对设备的网表进行逆向工程。文献[38]提到最近的一种攻击，它稍微改变了硬件描述语言（HDL）代码，使得插入的木马可以逃避合成工具或其他现有安全措施的检测。

现在有很多对策可以用于检测和阻遏 FPGA 中的硬件木马。其中一个特殊的方法建立在代码扁平化的概念上[33]。该方法使程序源代码扁平化，并通过硬件辅助的分支函数来混淆控制流，以防止攻击者对源代码的利用或修改。除了比特流加密外，文献[34]还通过使用密钥位设计混淆方法。FPGA 中的查找表（LUT）很少被充分利用，这样的事实表明，额外的存储位总是可用的。我们可以将用于混淆的密钥位存储在 LUT 中未使用的存储单元中。这会导致攻击者难以识别 LUT 内的功能；因此，他们能在该 FPGA 中成功执行恶意修改攻击的机会更少。另外一种利用了 FPGA 上未使用空间的对策是插入虚拟的填充逻辑[35]。所有未使用的资源（如触发器、LUT 和多路复用器）都通过低层次的 HDL 文件实例化，而且不更改原始设计功能。攻击者现在必须对更难识别的比特流进行逆向工程，并且未使用块中可供插入木马的空间更小。类似地，可将恒值发生器（CVG）电路[53]放置设计中以混淆设计。这种方法用适当的逻辑值永久替换 0 和 1 引脚，从而创建虚拟连接并增加电路节点之间的依赖关系。此后的 HDL 代码将变得难以辨认，电路也将变得难于分析。

12.6　板级混淆

在 PCB 级（板级）实现混淆比芯片级混淆更困难，因为攻击者可以直接探测电路板并绕过所应用的木马植入对策。文献[28]提出了一种智能排列方法，将未使用的通用端口（作为虚拟端口）与其他专用端口一起进行重新排列。排列方式由密钥控制。Ghosh 等人在文献[27]中提出，通过在 PCB 级加入虚拟芯片来实现设计混淆。虚拟芯片打乱了电路板上的布线，并将其假的输出信号与真正元件产生的真实信号混合。此外，虚拟芯片还可为攻击者在对 PCB 进行逆向工程时必须用到的联合测试接入组（JTAG）提供安全性。

12.7　硬件混淆评估指标

表 12.5 中给出了一些定义硬件混淆的评估指标。第 1 行到第 7 行中显示的指标是可量化的，而第 8 行中显示的指标是不可量化的（通过这些指标无法证明混淆程度）。

表 12.5　硬件混淆的评估指标

序号	评估	混淆方法	安全性评估指标
1.	Q	基于密钥的混淆[19]	-寄存器和输出汉明距离 -代码覆盖率 -FSM寄存器的自相关系数
2.	Q	逻辑加密[50]	-输出汉明距离
3.	Q	布局混淆[49]	-邻近攻击正确性
4.	Q	晶体管级逻辑锁定[20]	-输出汉明距离
5.	Q	基于电路相似性的模糊划分与裁剪方法[13]	-电路相似性
6.	Q	基于密钥的控制与数据流混淆[9]	-效力 -抵御力与隐蔽性
7.	Q	用密钥重排互连[28]	-暴力攻击尝试
8.	NQ	分割制造混淆[29,43]	-邻域连通性 -单元级混淆

Q：可量化度量，NQ：不可量化度量。

汉明距离：两个等长二进制向量之间的汉明距离（HD）给出了两个向量间具有不同值的位置数。在安全性方面，通过比较有效密钥和错误密钥的设计输出来测量 HD。攻击者可以利用这个指标对设计进行逆向工程。HD 接近 50% 是比较合适的，这表明逆向工程所得的逻辑功能与原始功能有很大的不同。在组合电路中，使用输出 HD 评估混淆强度[50]。文献[19]在时序电路中也扩展了类似的概念，用寄存器 HD 与输出 HD 一起，评估对逆向工程攻击的抵御能力。输出 HD 的数学表达式表示为

$$\mathrm{OHD}(t) = \frac{\mathrm{Out}(t) \wedge \mathrm{Out}'(t)}{输出的总数} \tag{12.3}$$

其中，$\mathrm{Out}(t)$ 和 $\mathrm{Out}'(t)$ 分别为在 t 时刻应用正确密钥和不正确密钥时的输出。

代码覆盖率：代码覆盖率是用于评估测试基准在执行设计时的有效性的参数。代码覆盖率分析报告（例如，来自 Cadence 的 Incisive Comprehensive Coverage，ICCR 工具）清楚地标明了在给定的测试基准下，哪些网络发生了翻转、哪些网络从未翻转。攻击者可以利用该指标，使用先进 EDA 工具（如 ICCR）对设计进行逆向工程。应用错误密钥序列混淆后的设计，其覆盖率较高，表明该方法在正确和错误密钥场景下将得到较少的网络翻转互补百分比。对于成功的混淆设计，代码覆盖率应该较高，可以通过在原状态中融入虚拟状态（为混淆而添加的额外状态）来实现，这将使得攻击者难以通过代码覆盖率分析来识别虚拟状态。

FSM 寄存器的自相关系数：如果在错误的密钥序列场景下，FSM 寄存器内容以可预测的方式重复，攻击者可能会发现密钥序列与寄存器模式的关联。在理想情况下，即使在混淆模式下，FSM 寄存器的内容也应随机变化，并且这种变化没有清晰的模式。遗憾的是，由于硬件成本的限制，一旦 FSM 进入混淆模式，FSM 寄存器模式可能会在一段时间后重复。FSM 寄存器的自相关系数应该低一些。

邻近攻击正确性：该指标与邻近攻击[49,68]有关。邻近攻击可在分割制造中使用布局几何信息进行逆向工程攻击，它假定两个相互连接的门相邻放置。攻击者可能是一个可访问两个子网表 GDSII 布局文件的不可信晶圆厂，但他不知道这两个子网表之间的正确连接。邻近攻击正确性可用于测量分割制造的安全性，其定义为通过邻近攻击算法恢复出正确连接的百分比[49]。对于安全布局设计，理想的邻近攻击正确性应大约为 0%。越小的值表示攻击者更难于发现设计中的正确连接。

电路相似性：该指标表明了两个电路结构的实际相似程度，包括拓扑结构和其所包含逻辑门的电路结构。电路相似性越大，在一个特定的子电路中区分攻击特定的单元和与其相似的子电路就越困难。当该指标较高时，各电路具有自身的内部结构相似性，因此植入恶意设计的难度就很大。

效力：该指标是指与未混淆的程序相比，混淆后的程序在理解上的复杂程度。在数字设计中，混淆效力是根据混淆后电路和原始电路的结构和功能差异进行估计的。当对原始设计和混淆设计进行形式化验证时，根据未通过验证的节点百分比来评估功能/结构修改是否成功。这是因为对电路的控制和数据流进行的修改，将直接影响电路中内部节点的布尔函数。如果验证失败比例较高，则表明混淆后设计在功能和结构上与原始设计有很大的不同。

抵御力与隐蔽性：该指标在文献[9]中已定义。模式控制 FSM 的状态元素可托管在原始寄存器中，而没有非单独的模式控制 FSM（将用作混淆 FSM），以提高混淆级别。FSM 一旦托管在一组主机寄存器中，可借助 FSM 生成的控制信号对多个控制和数据流图节点进行修改。混淆方案的抵御力和隐蔽性是由攻击者发现对模式控制 FSM 托管和对信号修改的困难程度来计算的。该指标的数学表示如式（12.4）所示：

$$M_{\text{obf}} = \cfrac{1}{\sum_{k=1}^{n}\left(\binom{N}{k}\cdot k!\right)\cdot\binom{M}{m}} \tag{12.4}$$

其中，n 是由 N 个阻塞/非阻塞赋值语句所实现的模式控制寄存器数，M 是设计中阻塞/

非阻塞赋值语句的总数，m 是修改信号的数量。

较小的 M_{obf} 更理想，因为它表明混淆效率更高。在实际电路中，n 和 M 的值可能会非常大，这导致 M_{obf} 变小，并增加攻击者的逆向工程难度。

邻接性：该指标用于评估分割制造混淆，它测量相互连接的单元与相邻单元之间的距离。该指标值越高，就可以通过单元及其相邻单元的位置揭示更多电路的细节。该指标值越低，表明这些单元在电路和相邻单元中分布得越广，从而不会泄露任何设计信息，因此，电路逆向工程也更为困难。一种确定邻接性的方法是通过计算邻近单元的数目、某个特定的单元在单元附近区域 R 中有多少个连接来确定的，这种关系用式 (12.5) 表示：

$$C(R) = \frac{\sum 与R中邻近单元的连接数}{\sum R中的邻近单元数} \tag{12.5}$$

单元级混淆：该指标也被用于分割制造混淆，其中电路被分割成：前半部分，包括送至第一家晶圆厂的前道工序（FEOL）；后半部分，包括后道工序（BEOL）布线互连的其余部分[30]。逆向工程攻击中执行的第一步是找出标准单元的细节。此指标测量的是在 FEOL 层中被混淆以隐藏其功能的标准单元百分比。要评估这个指标，必须计算通过较细或较粗的单元实现进行了修改，并使其在视觉上不可辨认的单元百分比。

暴力尝试：暴力攻击是一种试错法，攻击者通过暴力破解而不是使用更聪明的策略来获得对受限设计的访问。该指标适用于大多数混淆方法，其目标是保护设计不受逆向工程的影响。暴力攻击成功的概率很大程度上取决于组合的数量（混淆强度），以及应用每个密钥后验证系统行为是否正确所需的时间。

12.8　小结

硬件混淆方法有助于芯片设计者在其产品中建立防御线，以阻止潜在的硬件篡改、逆向工程、IP 隐私和克隆等攻击，与测试、基于 SEM 图像的分析和边信道信号分析形成了补充。特别地，本章中所回顾的文献说明，在不同抽象层次上进行硬件混淆是一种有前途的解决方案，用于防止硬件木马插入或检测 IC 供应链中不受信任方实施恶意修改。混淆后的硬件设计使攻击者更难理解原始电路功能。因此出于以下几个原因，对于无法完全理解设计的攻击者来说，把硬件木马成功地植入混淆后的系统中将更加困难：首先，硬件木马的触发频率可能比攻击者预期的要高，因为在最初的设计中，木马触发条件的稀有性可能不是真实的；其次，由于进行了硬件混淆，没有正确密钥的攻击者可能无法访问正常运行模式的状态，因此植入的硬件木马可能被隔离或不会被触发；最后，混淆过程还可以与身份认证结合起来，生成用于木马检测的特殊签名。

尽管硬件混淆取得了很大的进步，但混淆方法仍然需要可量化的评估指标。ISCAS 基准通常用于评估各种硬件混淆方法导致的硬件开销和性能下降。更具意义的基准将帮助研发团体进行公平有效的比较。

参考文献

1. Y. Alkabani, F. Koushanfar, M. Potkonjak, Remote activation of ICs for piracy prevention and digital right management, in *Proceedings of International Conference on Computer-Aided Design (ICCAD)*, Nov 2007, pp. 674–677

2. D.M. Ancajas, K. Chakraborty, S. Roy, Fort-NoCs: mitigating the threat of a compromised NoC, in *2014 51st ACM/EDAC/IEEE Design Automation Conference (DAC)*, June 2014, pp. 1–6

3. B. Barak, O. Goldreich, R. Impagliazzo, S. Rudich, A. Sahai, S. Vadhan, K. Yang, On the (im) possibility of obfuscating programs, in *Annual International Cryptology Conference* (Springer, 2001), pp. 1–18

4. L. Benini, G.D.Micheli, Networks on chips: a new SoC paradigm. Computer **35**, 70–78 (2002)

5. S. Bhunia, M.S. Hsiao, M. Banga, S. Narasimhan, Hardware Trojan attacks: threat analysis and countermeasures. Proc. IEEE **102**, 1229–1247 (2014)

6. R.S. Chakraborty, S. Bhunia, Hardware protection and authentication through netlist level obfuscation, in *Proceedings of the 2008 IEEE/ACM International Conference on Computer-Aided Design* (IEEE Press, 2008), pp. 674–677

7. R.S. Chakraborty, S. Bhunia, Harpoon: an obfuscation-based SOC design methodology for hardware protection. IEEE Trans. Comput. Aided Des. Integr. Circuits Syst. **28**(10), 1493–1502 (2009)

8. R.S. Chakraborty, S. Bhunia, Security through obscurity: an approach for protecting register transfer level hardware IP, in *Proceedings of the 2009 IEEE International Workshop on Hardware-Oriented Security and Trust, HST'09* (IEEE Computer Society, Washington, DC, 2009), pp. 96–99

9. R.S. Chakraborty, S. Bhunia, RTL hardware IP protection using key-based control and data flow obfuscation, in *VLSI Design* (2010)

10. R.S. Chakraborty, S. Bhunia, Security against hardware Trojan attacks using key-based design obfuscation. J. Electron. Test. **27**(6), 767–785 (2011)

11. R.S. Chakraborty, S. Paul, S. Bhunia, On-demand transparency for improving hardware Trojan detectability, in *2008 IEEE International Workshop on Hardware-Oriented Security and Trust* (June 2008), pp. 48–50

12. R.S. Chakraborty, I. Saha, A. Palchaudhuri, G.K. Naik, Hardware Trojan insertion by direct modification of FPGA configuration bitstream. IEEE Des. Test **30**, 45–54 (2013)

13. Y. Cheng, Y. Wang, H. Li, X. Li, A similarity based circuit partitioning and trimming method to defend against hardware Trojans, in *2015 IEEE Computer Society Annual Symposium on VLSI* (July 2015), pp. 368–373

14. Circuit camouflage technology (2012), p. 697

15. R. Cocchi, L. Chow, J. Baukus, B. Wang, Method and apparatus for camouflaging a standard cell based integrated circuit with micro circuits and post processing, 13 Aug 2013. US Patent 8,510,700

16. R.P. Cocchi, J.P. Baukus, L.W. Chow, B.J. Wang, Circuit camouflage integration for hardware IP protection, in *Proceedings of Design Automation Conference (DAC)*, June 2014, pp. 1–5

17. W.J. Dally, B. Towles, Route packets, not wires: on-chip inteconnection networks, in *Proceedings of the 38th Annual Design Automation Conference, DAC'01* (ACM, New York, 2001), pp. 684–689

18. A.R. Desai, M.S. Hsiao, C. Wang, L. Nazhandali, S. Hall, Interlocking obfuscation for antitamper hardware, in *Proceedings of Cyber Security and Information Intelligence Research Workshop (CSIIRW)*

19. J. Dofe, Q. Yu, Novel dynamic state-deflection method for gate-level netlist obfuscation. IEEE Trans. Comput.-Aided Des. Integr. Circuits Syst. (99), 1–1 (2017)

20. J. Dofe, C. Yan, S. Kontak, E. Salman, Q. Yu, Transistor-level camouflaged logic locking method for monolithic 3D IC security, in *2016 IEEE Asian Hardware-Oriented Security and Trust (AsianHOST)*, Dec 2016, pp. 1–6

21. G. D'Souza, D. Laird, M. Wing, C. Murphy, D. How, R. Yu, J. Patel, I. Dobbelaere, J. Golbus, S. Subramaniam et al., Heterogeneous configurable integrated circuit, 19 Mar 2009. US Patent App. 11/855,666

22. S. Dupuis, P.S. Ba, G.D. Natale, M.L. Flottes, B. Rouzeyre, A novel hardware logic encryption technique for thwarting illegal overproduction and hardware Trojans, in *2014 IEEE 20th International On-Line Testing Symposium (IOLTS)*, July 2014, pp. 49–54

23. L. Fiorin, G. Palermo, S. Lukovic, C. Silvano, A data protection unit for NoC-based architectures, in *2007 5th IEEE/ACM/IFIP International Conference on Hardware/Software Codesign and System Synthesis (CODES+ISSS)*, Sept 2007, pp. 167–172

24. L. Fiorin, G. Palermo, S. Lukovic, V. Catalano, C. Silvano, Secure memory accesses on networks-on-chip. IEEE Trans. Comput. **57**, 1216–1229 (2008)

25. J. Frey, Q. Yu, A hardened network-on-chip design using runtime hardware Trojan mitigation methods. Integr. VLSI J. **56**, 15–31 (2017)

26. C.H. Gebotys, R.J. Gebotys, A framework for security on NOC technologies, in *Proceedings of IEEE Computer Society Annual Symposium on VLSI*, Feb 2003, pp. 113–117

27. S. Ghosh, A. Basak, S. Bhunia, How secure are printed circuit boards against Trojan attacks? IEEE Des. Test **32**, 7–16 (2015)

28. Z. Guo, M. Tehranipoor, D. Forte, J. Di, Investigation of obfuscation-based anti-reverse engineering for printed circuit boards, in *Proceedings of the 52nd Annual Design Automation Conference* (ACM, 2015), p. 114

29. M. Jagasivamani, P. Gadfort, M. Sika, M. Bajura, M. Fritze, Split-fabrication obfuscation: metrics and techniques, in *2014 IEEE International Symposium on Hardware-Oriented Security and Trust (HOST)*, May 2014, pp. 7–12

30. R. Jarvis, M. McIntyre, Split manufacturing method for advanced semiconductor circuits, 27 May 2004. US Patent App. 10/305,670

31. R. JS, D.M. Ancajas, K. Chakraborty, S. Roy, Runtime detection of a bandwidth denial attack from a rogue network-on-chip, in *Proceedings of the 9th International Symposium on Networks-on-Chip, NOCS'15* (ACM, New York, 2015), pp. 8:1–8:8

32. K. Juretus, I. Savidis, Reduced overhead gate level logic encryption, in *Proceedings of the 26th Edition*

on Great Lakes Symposium on VLSI, GLSVLSI'16 (ACM, New York, 2016), pp. 15–20

33. M. Kainth, L. Krishnan, C. Narayana, S.G. Virupaksha, R. Tessier, Hardware-assisted code obfuscation for FPGA soft microprocessors, in *2015 Design, Automation Test in Europe Conference Exhibition (DATE)*, Mar 2015, pp. 127–132

34. R. Karam, T. Hoque, S. Ray, M. Tehranipoor, S. Bhunia, Robust bitstream protection in FPGA-based systems through low-overhead obfuscation, in *2016 International Conference on ReConFigurable Computing and FPGAs (ReConFig)*, Nov 2016, pp. 1–8

35. B. Khaleghi, A. Ahari, H. Asadi, S. Bayat-Sarmadi, FPGA-based protection scheme against hardware Trojan horse insertion using dummy logic. IEEE Embed. Syst. Lett. **7**, 46–50 (2015)

36. L.-W. Kim, J.D. Villasenor, c.K. Koç, A Trojan-resistant system-on-chip bus architecture, in *Proceedings of the 28th IEEE Conference on Military Communications, MILCOM'09* (IEEE Press, Piscataway, 2009), pp. 2452–2457

37. F. Koushanfar, Provably secure active IC metering techniques for piracy avoidance and digital rights management. IEEE Trans. Inf. Forensics Secur. **7**, 51–63 (2012)

38. C. Krieg, C. Wolf, A. Jantsch, Malicious lut: a stealthy FPGA Trojan injected and triggered by the design flow, in *Proceedings of the 35th International Conference on Computer-Aided Design, ICCAD'16* (ACM, New York, 2016), pp. 43:1–43:8

39. Y.W. Lee, N.A. Touba, Improving logic obfuscation via logic cone analysis, in *2015 16th Latin-American Test Symposium (LATS)*, Mar 2015, pp. 1–6

40. B. Liu, B. Wang, Reconfiguration-based VLSI design for security. IEEE J. Emerg. Sel. Top. Circuits Syst. **5**, 98–108 (2015)

41. J. Magana, D. Shi, A. Davoodi, Are proximity attacks a threat to the security of split manufacturing of integrated circuits?, in *2016 IEEE/ACMInternational Conference on Computer-Aided Design (ICCAD)*, Nov 2016, pp. 1–7

42. K. Nikawa, Laser-squid microscopy: novel nondestructive and non-electrical-contact tool for inspection, monitoring and analysis of LSI-chip-electrical-defects, in *Digest of Papers. Microprocesses and Nanotechnology 2001. 2001 International Microprocesses and Nanotechnology Conference (IEEE Cat. No.01EX468)*, Oct 2001, pp. 62–63

43. C.T.O. Otero, J. Tse, R. Karmazin, B. Hill, R. Manohar, Automatic obfuscated cell layout for trusted split-foundry design, in *2015 IEEE International Symposium on Hardware Oriented Security and Trust (HOST)*, May 2015, pp. 56–61

44. S.M. Plaza, I.L. Markov, Solving the third-shift problem in IC piracy with test-aware logic locking. IEEE Trans. Comput. Aided Des. Integr. Circuits Syst. **34**, 961–971 (2015)

45. J. Porquet, A. Greiner, C. Schwarz, NoC-MPU: a secure architecture for flexible co-hosting on shared memory mpsocs, in *2011 Design, Automation Test in Europe*, Mar 2011, pp. 1–4

46. A. Prodromou, A. Panteli, C. Nicopoulos, Y. Sazeides, Nocalert: an on-line and real-time fault detection mechanism for network-on-chip architectures, in *2012 45th Annual IEEE/ACM International Symposium on Microarchitecture*, Dec 2012, pp. 60–71

47. J. Rajendran, Y. Pino, O. Sinanoglu, R. Karri, Security analysis of logic obfuscation, in *DAC Design*

Automation Conference, June 2012, pp. 83–89

48. J. Rajendran, M. Sam, O. Sinanoglu, R. Karri, Security analysis of integrated circuit camouflaging, in *Proceedings of Computer Communications Security（CCS）*（2013）, pp. 709–720

49. J.J. Rajendran, O. Sinanoglu, R. Karri, Is split manufacturing secure?, in *Proceedings of DATE'13*（2013）, pp. 1259–1264

50. J. Rajendran, H. Zhang, C. Zhang, G.S. Rose, Y. Pino, O. Sinanoglu, R. Karri, Fault analysisbased logic encryption. IEEE Trans. Comput. **64**, 410–424（2015）

51. J. Roy, F. Koushanfar, I. Markov, EPIC: ending piracy of integrated circuits, in *Proceedings of DATE'08*, Mar 2008, pp. 1069–1074

52. M. Schobert, *Softwaregestutztes reverse-engineering Von Logikgattern in integrierten schhaltkreisen*. PhD thesis, Humboldt-Universität zu Berlin（2011）

53. V.V. Sergeichik, A.A. Ivaniuk, C.H. Chang, Obfuscation and watermarking of FPGA designs based on constant value generators, in *2014 International Symposium on Integrated Circuits（ISIC）*, Dec 2014, pp. 608–611

54. T. Sugawara, D. Suzuki, R. Fujii, S. Tawa, R. Hori, M. Shiozaki, T. Fujino, *Reversing Stealthy Dopant-Level Circuits*（Springer, Berlin/Heidelberg, 2014）, pp. 112–126

55. P. Swierczynski, M. Fyrbiak, P. Koppe, C. Paar, FPGA Trojans through detecting and weakening of cryptographic primitives. IEEE Trans. Comput. Aided Des. Integr. Circuits Syst. **34**, 1236–1249（2015）

56. P. Swierczynski, M. Fyrbiak, C. Paar, C. Huriaux, R. Tessier, Protecting against cryptographic Trojans in FPGAs, in *2015 IEEE 23rd Annual International Symposium on Field-Programmable Custom Computing Machines*, May 2015, pp. 151–154

57. M. Tehranipoor, F. Koushanfar, A survey of hardware trojan taxonomy and detection. IEEE Des. Test Comput. **27**, 10–25（2010）

58. R. Torrance, D. James, The state-of-the-art in semiconductor reverse engineering, in *2011 48th ACM/EDAC/IEEE Design Automation Conference（DAC）*, June 2011, pp. 333–338

59. J.C. Tsang, J.A. Kash, D.P. Vallett, Picosecond imaging circuit analysis. IBM J. Res. Dev. **44**, 583–603（2000）

60. K. Vaidyanathan, B.P. Das, E. Sumbul, R. Liu, L. Pileggi, Building trusted ICS using split fabrication, in *2014 IEEE International Symposium on Hardware-Oriented Security and Trust（HOST）*, May 2014, pp. 1–6

61. K. Vaidyanathan, B.P. Das, L. Pileggi, Detecting reliability attacks during split fabrication using test-only BEOL stack, in *2014 51st ACM/EDAC/IEEE Design Automation Conference（DAC）*, June 2014, pp. 1–6

62. S.R. Vangal, J. Howard, G. Ruhl, S. Dighe, H.Wilson, J. Tschanz, D. Finan, A. Singh, T. Jacob, S. Jain, V. Erraguntla, C. Roberts, Y. Hoskote, N. Borkar, S. Borkar, An 80-tile sub-100-w teraflops processor in 65-nm CMOS. IEEE J. Solid State Circuits **43**, 29–41（2008）

63. A. Vijayakumar, V.C. Patil, D.E. Holcomb, C. Paar, S. Kundu, Physical design obfuscation of hardware: a comprehensive investigation of device and logic-level techniques. IEEE Trans. Inf. Forensics Secur.

12, 64–77（2017）

64. H. Wang, *Enhancing Signal and Power Integrity in Three-Dimensional Integrated Circuits*. PhD thesis, Stony Brook University（2016）

65. Y. Wang, P. Chen, J. Hu, J.J.V. Rajendran, The cat and mouse in split manufacturing, in *2016 53rd ACM/EDAC/IEEE Design Automation Conference（DAC）*, June 2016, pp. 1–6

66. J.B. Wendt, M. Potkonjak, Hardware obfuscation using PUF-based logic, in *2014 IEEE/ACM International Conference on Computer-Aided Design（ICCAD）*, Nov 2014, pp. 270–271

67. K. Xiao, D. Forte, M.M. Tehranipoor, Efficient and secure split manufacturing via obfuscated built-in self-authentication, in *2015 IEEE International Symposium on Hardware Oriented Security and Trust（HOST）*, May 2015, pp. 14–19

68. Y. Xie, C. Bao, Y. Liu, A. Srivastava, 2.5D/3D integration technologies for circuit obfuscation, in *2016 17th International Workshop on Microprocessor and SOC Test and Verification（MTV）*, Dec 2016, pp. 39–44

69. P.L. Yang, M. Marek-Sadowska, Making split-fabrication more secure, in *2016 IEEE/ACMInternational Conference on Computer-Aided Design（ICCAD）*, Nov 2016, pp. 1–8

第13章 硬件木马植入的威慑方法

Qihang Shi[①]，Domenic Forte 和 Mark M. Tehranipoor[②]

13.1 引言

硬件木马威胁已成为现代集成电路(IC)的主要安全问题[1]。硬件木马在设计或制造过程中对原始电路进行恶意修改[2]。硬件木马可以用来增加现场使用故障、降低IC可靠性、向攻击者泄露机密信息，或在预定条件下摧毁系统[3]。这使得硬件木马有可能威胁到民用和军用的芯片功能。与制造缺陷不同，木马可以专门设计，以规避最先进的 IC 测试和诊断，因此很难被检测到[4]。IC 供应链的分散特性意味着参与最终产品开发的大多数参与方都有机会植入硬件木马(见图 13.1)，这可能使得 IC 不可信。文献[5]对可能的木马攻击场景做出了讨论，并进行了全面的总结。硬件木马的这种特性使得它威胁到了电子产品的生产商和消费者：感染硬件木马会使消费者的设备出现缺陷、不符合规范，并有可能泄露敏感信息，从而会影响产品声誉，伤害生产商。IC 供应链中的每一方都必须确保能够检出其采购的产品中可能存在的木马，并防止木马感染其销售给客户的产品。

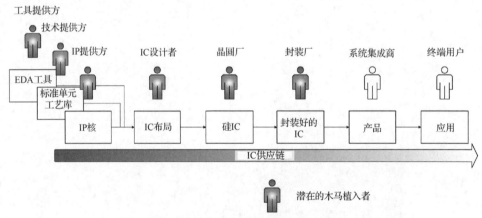

图 13.1　现代 IC 供应链和潜在的木马植入点

为了应对硬件木马威胁并建立 IC 供应链各方之间的信任，人们已经制定了若干对策[6]。这些技术通常从以下角度来解决问题：木马检测、阻塞木马植入、可信设计(DfTr)电路和使用测试设备进行检测[5,6]。木马反制技术通常提供以下的一种或全部两种形式的安全性：证明所获得的产品中存在木马或没有木马；使得用户的产品不可能感染木马。我们称能提供后一种形式安全性的技术为安全威慑方法。这两个形式之间最重要的区别是：调查技术的最终目标是确定任何非特定产品是否没有木马；而威慑技术的目标是阻止硬件木马植入特定的产

---

① Q. Shi，康涅狄格大学电气与计算机工程学院，Email：qihang.shi@engr.uconn.edu

② D. Forte, M. M. Tehranipoor，佛罗里达大学电气与计算机工程学院，Email：dforte@ece.ufl.edu; tehranipoor@ece.ufl.edu

品中，可以通过使在产品中检测木马变得更容易，或使某些不可信方很难植入木马来实现。本章重点介绍针对硬件木马植入的威慑方法，包括具有代表性的一些技术解决方案及其相对弱点和优势，以及每个解决方案最适合和不适合解决的木马威胁类型。

图 13.2 展示了现有的几种防止硬件木马植入的威慑方法[5,6]。其中最常见的方法是监测法，它使用片上传感器来监测电路活动导致的功率或温度等边信道信息[7,10]。然后，将片上传感器收集的数据发送至各种分类算法，以识别感染木马的样本和触发木马的样本。为了成功地进行这种分类，木马触发器或有效负载电路引起的切换活动必须使其偏离电路运行的正常范围。因此，如果正常的功能性电路活动能够保持在较低的水平，可使木马活动变得更加明显，这将对识别硬件木马有所帮助。这就产生了所谓的扫描单元重排序技术[11]。该技术通过优选每个扫描链的扫描触发器，将电路活动限制在特定区域，这样就可以更容易地将被硬件木马感染的 IC 边信道参数与无硬件木马感染的 IC 区分开。

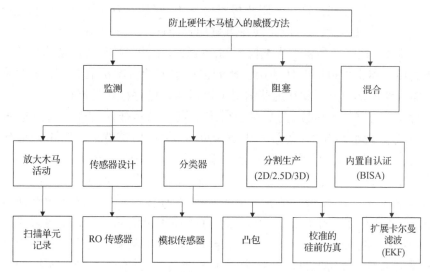

图 13.2　防止硬件木马植入的威慑方法分类

与监测法相比，其他技术试图让木马在物理上不可插入。我们称这种方法为阻塞性技术，因为它可以防止木马植入，而不是监视木马活动。一种最普遍的阻塞技术是分割制造[12]。分割制造可以通过阻止不可信方(不可信晶圆厂)获取完整的布局信息来防止木马植入特定的电路功能中。除了监测法和阻塞性方法，还存在将这两种方法的特征结合在一起的技术，例如内置自认证(BISA)[13-15]。BISA 技术通过使用成员逻辑门占用布局中的所有可用空间来防止木马植入，并通过监视成员门来防止其被移除。

每一种方法都有其独特的优点，并能满足特定的需求；但是没有一种方法适合所有的需求，也没有一种方法能够强大到抵抗所有的威胁。例如，监测法通常需要一个已知的好的样本(也称为"黄金 IC")来对比可疑样本，这在实际中并不总是可行的。阻塞性方法不依赖于此，但它所屏蔽的信息一些木马不需要，因此可能会受到此类木马的攻击。混合方法可以解决以上两个问题，但可能容易受到专门用来克服其防御的攻击。到目前为止，没有一种方法比其他方法更安全。因此，本章将通过介绍在所有方法中具有代表性的技术，讨论每种方法的相对适用性。

本章其余部分组织如下：13.2 节介绍几种典型的监测法，并讨论它们的相对优势。

13.3 节介绍两种不需要任何监测来阻止木马植入的技术，重点关注攻击者如何攻击或克服对这些技术的保护。13.4 节介绍 BISA 技术，主要介绍针对该技术的特定攻击方法及其可能的补救措施。最后，13.5 节总结本章。

13.2　监测法

通过监测来检测木马是否存在，通常是经由受木马活动影响的边信道测量来完成的。这是因为木马的有效负载不可预测。基于功能的检测方法可能会漏掉某个木马，该木马通过无线电天线等非常规方法泄露信息，而任何电路都会消耗电力、产生热量并带来噪声。由于 IC 上的硬件木马绝大多数是由寄生电路构成的，因此监测边信道特征最有可能捕获木马活动。通过边信道测量进行检测的另一个优点是，这种检测可以随时进行；带来的好处是运行时监测使得隐性的特征加倍显现，这对于阻止极难触发木马(如只有在满足某些特定条件时才出现的木马)非常有用。此类木马可能出现在可重配置器件[16]IP 核的比特流格式文件中。如果没有运行时间监测，这些木马将很难被检测到。尽管片上测量传感器的要求似乎增加了设计开销，但此类传感器也可以同时作他用，比如监测本处的时序松弛量[17]，并且在某种情况下会被大量加入到设计中，因此在这些情况下可以假设已存在此类传感器。

这种边信道测量方法的问题主要在于很难识别木马特征。首先，通过边信道测量来识别木马特征需要无木马样本(通常称为黄金样片)的边信道特征。若不知道什么样的特征是无木马的("正常")，就几乎不可能知道什么样的特征是感染了木马的("异常")。然而，拥有黄金样片的假设并不总是有效的。例如，如果一个不可信晶圆厂选择将木马植入其制造的芯片中，那么自然地，它会将其植入所有的芯片。除非能够获得可信晶圆厂的服务(这样就产生了一个质疑，为什么不直接使用可信晶圆厂，而要去使用不可信晶圆厂？)，否则就可能无法找到不含木马的样片。提供典型值的仿真可能会有所帮助；但是，由于制造过程中参数波动(通常称为"工艺波动")的存在，仿真所得的参数值甚至可能与无木马的芯片都不匹配。此外，边信道特征还受到短期情况的影响，如温度、电源噪声和电网功率下降、开关活动和串扰以及输入测试模式。通常不容易将已被木马感染的样本和无木马的样本分离出来，并且很难避免过拟合和欠拟合。因此，一般会采用正确检测率和虚警率来评估边信道的测量方法。

在本节中，我们将介绍两类技术解决上述问题。第一类技术使用各种分类方法来实现木马感染样本和无木马样本之间的合理分离；而另一类技术则试图限制功能性电路的切换活动，从而放大木马的切换活动。

13.2.1　边信道特征测量

有两种类型的传感器用于边信道测量并识别被木马感染的芯片。大多数技术使用某种基于环形振荡器(RO)的传感器[7,9]，而其他一些则使用电流监测器[8]或工艺控制监测器(PCM)[10]。如图 13.3(a)所示，基于环形振荡器的传感器通常插入到设计布局的常规几何位置。该设计简单地假设木马活动的所有边信道影响(如噪声、功率下降和串扰)都将由环形振荡器传感器以环形振荡器频率变化的形式被捕获；然后仅根据该测量进行分类。从这个意义上讲，可以认为工艺控制监测器与之类似，因为工艺控制监测器没有一个标准化的实现方法，并且它的目的是测量制造过程中的参数偏移——换句话说，测量边信道特征甚至不是其预期用途。由于它们大多数还利用了不依赖于需要精确数据进行数学建模的分类器[7,10]，这不太可能成为该方法的一个严重问题。环形振荡器和工艺控制监测器传感器的一个优点是，通常它们就已经存在于设计中了，从而消除了因它们的插入而产生的面积开销。

另一方面，电流监测方法更为精确，如图 13.3(b) 所示，它将设计分为多个区域，每个区域由一个电流监测器测量。这样可以得到非常精确的测量值，并且可以产生多维数据。例如，可以测量瞬态电流，基于此可以测量电流峰值之间的延迟，并与主要电路活动进行匹配，这在有限精度的环形振荡器下并不可行。此方法的另一个优点是电流监测器是一个模拟电路；它可能更轻巧，对电路功能的影响更小，用于运行时监测非常有效。

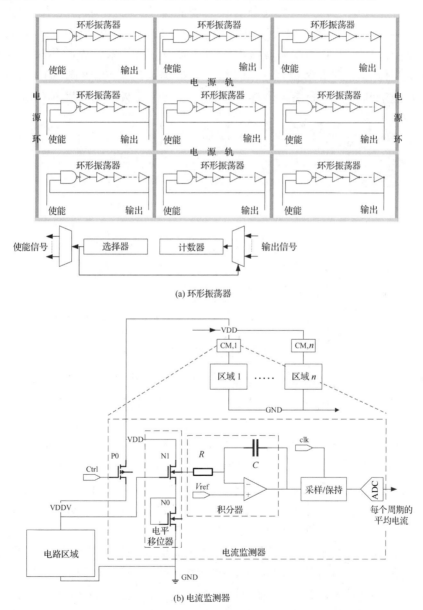

图 13.3 两种典型的传感器选择

　　然而，所有这些好处并非没有缺点。具有讽刺意味的是，第一个问题是它对功能电路的影响：它的功能依赖于模数转换，这种电路可能比环形振荡器更大、更复杂。这将迫使用户在区域开销和测量精度之间做出折中。此外，其较高的测量精度意味着它需要利用总线中的多个比特位将数据移出，这对于大型且密集的设计来说非常困难。该方法的模拟特性本质也使得测量更容易受到工艺波动的影响。最后，它测量的详细数据很可能成为信息窃取本身的目标，毕竟，将电流消耗与电路活动进行匹配也被称为时序攻击——一种边信道密码分析工具。

13.2.2　边信道测量的分类器

　　在测量边信道数据之后，需要进行分类以将感染木马的样本与无木马的样本分开。如前所述，如何做到这一点在很大程度上取决于该技术是否假定存在黄金 IC。文献[7]介绍了一个原型设计，其中的技术就做出了这一假设。该技术首先收集来自黄金 IC 的测量值以计算每个传感器的功率签名，即包络所有数据点的凸包（见图 13.4）。然后使用这个凸包验证其他未知样本：如果某个样本落在这个凸包之外，则将其标注为感染了木马。

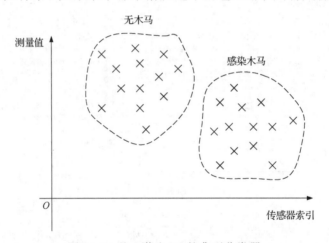

图 13.4　基于黄金 IC 的典型分类器

　　由于很难得到黄金 IC，人们提出了相应的技术来解决这一问题。一种方法是在硅前仿真的协助下建立一个凸包分类器。文献[10]介绍了使用该方法的一种技术，用硅后工艺控制监测器的测量校准硅前仿真的结果。这些测量将用每个样本的工艺波动信息更新模型。这项技术的作者认为，该校准步骤消除了对黄金 IC 的需求；但实际上，这可能消除了由于工艺波动造成的不准确，但功能性电路活动仍然由硅前模型来解决。这是很难校准的，因为想要对这一高度非线性且与模式相关的过程进行建模非常困难。此外，校准凸包分类器也不太可能是一个高效的过程，而且对每个样本进行校准将非常耗时。这可能导致设计师不得不在效率和准确性之间进行权衡。

　　另一种想法类似的技术[9]也执行校准，但它不是校准凸包分类器，而是校准参数化模型。该方法在校准凸包分类器时可能效率更高，是一个学习过程。此外，该技术不使用凸包分类器，而对传感器测量值使用扩展卡尔曼滤波（EKF）来估计芯片温度，然后计算所估计的温度和温度传感器测量值之间的差异（称为"残差"）。木马活动将导致残差的自相关参数偏离零值并被检出。这种方法的优点是，不用再关心功能性电路活动，因为 EKF 对其进行了处理。然而，计算自相关参数是一个统计过程，需要大量的样本；EKF 的观测校正周期进一步扩展了这一要求。此外，该技术中使用的温度模型可被视为瞬态功率的低通滤波器，因此可能会漏掉具有短签名或小功率特征的木马。

13.2.3 扫描单元重排序

扫描单元重排序是一种用于降低扫描功率、提高故障覆盖率或减少扫描路径的技术[18]。它在降低扫描功率方面的应用显然也有助于降低功能电路的边信道特征，使木马的影响更加明显[11]。为此，对扫描链的组成进行重新排序，使每个扫描链只包含位于同一几何邻域中的扫描单元(见图 13.5)。然后，当执行测试以激活木马并进行边信道测量时，每个扫描链被单独激活，将功能电路活动限制在设计的各个区域。这将降低功能性电路的活动并使其与木马的活动分离。随后，使用木马与电路的切换活动比(TCA)和木马与电路的功耗比(TCP)来衡量这种方法的有效性。

这种技术的一个优点是，可以与其他传感器和分类器一起使用来提高它们的性能。问题在于，能够访问布局的木马设计者可以选择将触发输入分散到布局中，以减小激活的可能性，并且随着使用的区域越来越多，激活正确区域的难度会呈指数增加。

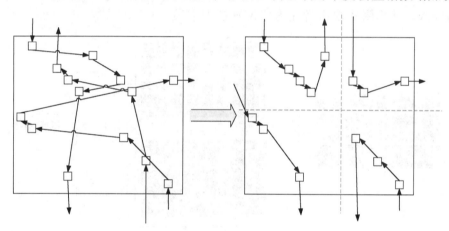

图 13.5 扫描单元重排序。布线并重新排序扫描链后，将功能性电路活动本地化

13.3 阻塞性方法

阻塞性方法不会试图激活木马并捕捉它们的活动，而是尝试完全阻止它们的植入。这种方法的优点显而易见：如果无法植入木马，则无须激活或检测木马。因此，就不再需要黄金样片/模型、边信道分析和准确的分类了。由于恶意意图难以量化和建模，因此这种方法中的技术通常还针对除木马和恶意修改(例如，知识产权)IP(盗窃、克隆和过度生产)以外的更广泛威胁。为了实现这些目标，阻塞性技术往往试图拒绝向不可信方泄露关键信息，例如设计或布局，并借此拒绝任何需要此信息的攻击，包括植入木马。因此，这类技术很少需要在设计中插入任何附加电路，大大减少了设计开销。

尽管阻塞性技术在有效应对更广泛的威胁方面优势明显，但它也并不完美。该技术的第一个限制是，只能防止收到用户设计的一方进行修改和泄露，而不能阻止木马被植入到用户获得的产品中，例如，以 IP 核或电子设计自动化（EDA）工具的形式出现的设计模块。对于那些原本就不需要阻塞性技术来拒绝泄露特定信息的木马来说，该技术也无效。最后，对于可重配置器件，如果木马只在运行期间出现，那么现有的阻塞性方法也无法阻止它。

在本节中，我们介绍一种具有代表性的阻塞性方法——分割制造，即一种旨在抵御不可信晶圆厂攻击的技术。

分割制造是一种旨在解决不可信晶圆厂威胁 IP 安全的技术[12]。IC 供应链全球化所带来的经济环境导致了不可信晶圆厂的存在。最先进的 IC 制造厂与 IP 所有者分离后被转移到海外，这样 IP 所有者很难进行监测或控制。因此，IP 所有者甚至最终用户（例如政府和军事组织）都面临着一个艰难的选择：是放弃负担得起的且最先进的制造服务，还是选择放弃 IP 或最终产品的安全性？分割制造通过从不可信晶圆厂删除完整的 IP 信息来解决这个问题。在分割制造中，IP 所有者与不可信晶圆厂签订合同，制造 IC 的前道工艺（FEOL）部件，然后将其交付给可信晶圆厂，以制造后道工艺（BEOL）部件（见图 13.6）。通过不让不可信晶圆厂获取完整布局信息，分割制造可防止其窃取 IP 信息或实施需要完整设计信息的攻击。这种技术通过阻止不可信晶圆厂定位设计的重要门电路和网络来制止木马的插入，从而阻止攻击者在这些位置植入木马。

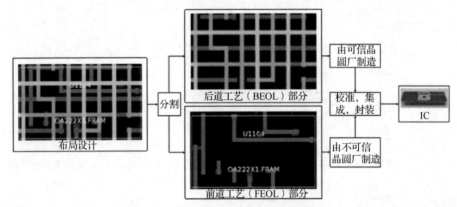

图 13.6（见彩图）　分割制造。IC 前道工序（FEOL）和后道工序（BEOL）的分离[19]

分割制造可用在 2D、2.5D 或 3D 制造工艺中。在 2.5D 和 3D 制造中，不可信晶圆厂不仅不允许获得 BEOL 设计，还不允许获得包括晶体管在内的部分设计，使其更加安全。一种提高安全性的方法是通过优化设计的分离，使不可信晶圆厂可以访问的 FEOL 部分只保留最少的信息量。这一过程称为布线提升，如同在 2D 情况下只包括将布线提升到 BEOL 部分的布局[20]。该优化需要一个量化的安全度量作为优化目标，文献[20]中提出了 k 安全性的概念作为优化的目标函数。k 安全性根据布局中的单元格与网表中的单元格之间可能的映射数来定义。这是因为，根据定义，针对分割制造的特定攻击旨在恢复 BEOL 连接；其他不以此为最终目标的攻击都不是针对分割制造的特定攻击，并且任何成功实现此目标的攻击都将完全危害分割制造。如果没有 BEOL 连接，不可信晶圆厂所能拥有的最大优势就是能够访问设计的网表。在此情况下，最后一道防线是让攻击者很难将布局中的单元(他想攻击的单元)映射到网表中的单元(他知道的单元)，其攻击方法需要充分利用网表信息。因此，k 安全性定义了将一个门匹配到已知网表中正确对应的门(即识别其功能)的难度系数，即不可与之区分的其他门的数量(k)，并且 FEOL 布局的安全性是所有 FEOL 门电路中最低的 "k"。例如，图 13.7 所示的全加器设计。为了演示，我们假设灰色阴影线是在 IC 的 BEOL 层上进行布线的，因此对于不可信晶圆厂是不可见的。由于不可信晶圆厂看不到任何连接到 XOR 门的布线(图 13.7 中用红色绘制)，因此无法区分这两个门。所以 XOR 门的 k 安全性为 2。但由于其他门电路没有任何相同的 FEOL 相似门，全加器的安全性将为 1。除了布线提升，还存在其他提高分割制造安全性的方法[21~26]，它们主要通过提出可能的攻击和安全指标来分割制造。在此类方法中，最广为人知的方法之一是邻近攻击，它模拟攻击者对 FEOL 中开路输入/输出引脚的 BEOL 连接进行有依据的猜测。与布线提升不同，此类技术更注重防止特定的木马行为，而不是提出一种通用的方法来定量提升分割制造的安全性。

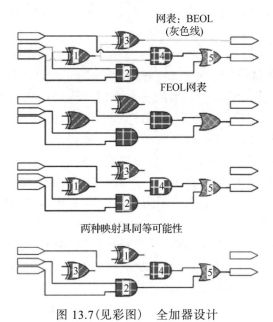

网表：BEOL
(灰色线)

FEOL网表

两种映射具同等可能性

图 13.7(见彩图)　全加器设计

分割制造有两个主要的弱点：实施的开销和无法预防的其他类型攻击。虽然分割制造不需要插入额外的电路，但要求不同晶圆厂制造不同的设计部件确实会影响成品率，而布线提升通常需要非多项式处理时间来生成解决方案。此外，尽管分割制造可以防止所有需要完整了解整个布局的攻击，但并非所有攻击都需要该信息。一个例子是无目标的木马植入[13]，其详细信息可在文献[27]中找到。无目标的硬件木马不针对原始电路的特定功能，因此无法进行需要了解这些功能的攻击。然而，无目标的硬件木马仍然能够降低所制造 IC 的性能或可靠性，或在关键控制系统中触发拒绝服务(DoS)[28]。此外，由于分割制造旨在阻止不可信晶圆厂实施的攻击，因此它无法阻止其他可能攻击者(如不可信 EDA 工具提供商、IP 设计师或 SoC 设计师)的攻击。例如，由员工进行的破坏。

13.4　混合方法

混合方法指既包括监测又包括阻塞的技术，因此它并不具有与这两者完全相同的优点和缺点。内置自认证（BISA）技术就是这样的一个例子。

内置的自认证（BISA）通过耗尽对硬件木马至关重要的资源——空白区域来防止木马植入。通常，在电路后端设计的布局步骤中，根据密度和可布线性将电路中的门放置在优化位置[29]。这会在布局中留下没有填充标准单元格的空间。为了满足功耗、串扰和布线目标等要求，必须存在空白区域。不考虑防止硬件木马插入的安全性目的，出于其他一些设计目的，也可以使用填充单元来填满这些空白区域，作为去耦电容或电源轨[30]。

但是，无监督的填充单元不受任何逻辑的监测，因此容易被木马插入恶意删除，以便为硬件木马腾出空间。如果空白区域或去耦填充单元被木马门取代，就很可能会导致轻微的性能损失，仅此而已，而且肯定不会引起对木马存在的怀疑。

13.4.1　BISA 结构

BISA 通过使用可测试标准单元占据空白区域来防止硬件木马植入。然后，将所有插入的 BISA 单元连接到树状结构中，形成一个内置自测试（BIST）电路，以便对其进行测试，以验证没有任何 BISA 单元被删除。删除它的成员单元将导致 BIST 失效，因此任何试图为硬件木马腾出空间的尝试都逃不过检测。如图 13.8（a）所示，BISA 由三部分组成：被测 BISA 电路、测试模式发生器（TPG）和输出响应分析仪（ORA）。被测 BISA 电路由在布局设计中插入到未使用空间的所有 BISA 单元组成。为了增加 BISA 电路的静态故障测试覆盖率，将其划分为若干较小的组合逻辑模块，称为 BISA 模块。每个 BISA 模块都可以视为独立的组合逻辑块。TPG 生成所有 BISA 模块共享的测试向量。ORA 将处理所有 BISA 模块的输出并生成一个签名。TPG 采用线性反馈移位寄存器（LFSR）实现，ORA 采用多输入签名寄存器（MISR）实现[31]。LFSR 和 MISR 用于生成随机向量并将响应压缩为签名。其他类型的 TPG 和 ORA 也可以应用[32]。

有效监测所有 BISA 单元的存在性，要求 BISA 模块具有较高的可测试性；因为即使不知晓 BISA 测试电路，无法测试的 BISA 单元也很容易被识别并移除。因此，每个 BISA 模块都需要优化布线，以便它们完全可测。BISA 技术通过将每个 BISA 模块组织成组合逻辑树来满足这一要求，如图 13.8（b）所示。该过程首先对 BISA 模块所选定的 BISA 单元进行排序，然后根据其排列的顺序在 BISA 单元之间创建连接。图 13.8（b）所示的方法通过在矩形边界框中查找所有 BISA 单元，对它们随机排序，并以迭代的方式在排序列表中将每个 BISA 单元的输出与它前面 BISA 单元的未连接输入进行连接，从而在这些 BISA 单元之间建立连接。

与其他具有相似目标的技术相比，BISA 的主要优势在于不需要黄金样片。由于 BISA 依赖于逻辑测试，它与基于边信道分析的木马检测技术相似，其工艺波动也不是一个相关因素。除此之外还有一个优势，BISA 对原始设计在面积和功率方面的影响也可以忽略不计。

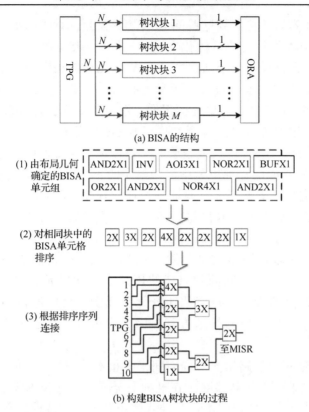

图 13.8（见彩图）　（a）BISA 的结构；（b）构建 BISA 树状块的过程

13.4.2　BISA 的特定攻击及其局限性

遗憾的是，针对 BISA 也存在特定攻击。要攻击 BISA，攻击者必须找到一种方法，在不触发 BISA 检测的情况下移除足够的单元，为木马植入留出空间。根据移除过程中使用的目标和方法，存在几种可能的攻击 BISA 备选方案：

1. 攻击 BISA 的 TPG 或 ORA。
2. 直接从 BISA 或原始电路中移除单元，称为移除攻击。
3. 使用功能上更小的等效电路替换 BISA 或原有电路，称为重设计攻击。特别地，如果用面积更小的功能单元替换较大单元，称为缩放攻击。

在对 BISA 的三种可能攻击中，攻击 TPG 或 ORA 成功的可能性最小。BISA 使用伪随机模式来执行 BIST；这使得增加模式数目非常容易，因此攻击者很难确保修改后的 TPG 或 ORA 对任意多个模式的所有响应保持不变。同样，直接移除 BISA 单元不太可能成功，因为在 BISA 插入时，BISA 测试覆盖了这些单元。当然，攻击者的确可能从原设计中直接移除非重要功能的单元；然而，设计优化和测试覆盖将使攻击者实现此类攻击的机会变得非常小。

最有可能成功的 BISA 攻击是所谓的重设计攻击。这种攻击使用更小的功能等效电路取代原来的电路，为木马植入腾出空间。在该攻击中，BISA 和原始电路都可以作为目标。对原电路进行重新设计，将导致功率和路径延迟等电气参数的显著变化。基于延迟和基于功率的技术可以较容易地检测到这些问题[33-42]。因此，对 BISA 单元的攻击更有可能成功。可以通过在 BISA 设计上执行优化来进一步保护 BISA 单元，以防止此类特定攻击；但是，攻击者也可以选择设计一个与多个 BISA 单元功能相同的自定义单元，以便为木马插入腾出空间。防止此类攻击需要对所有可能的自定义单元设计进行预估，这些自定义单元在功能上等同于任意 BISA 单元的组合。除非是非常小的 BISA 电路，否则这是不可能实现的。因此，这种攻击仍然可能威胁到 BISA 的安全。

除了特定的攻击外，BISA 的性能也受到一些限制。例如，由于存在缩放攻击，所有 BISA 单元必须是相同功能的标准单元中面积最小的，这可能使攻击者更容易识别它们。此外，尽管 BISA 进行了逻辑测试以验证是否存在篡改，但它仍然仅通过阻塞性方法来防止植入，而没有使用逻辑测试来测量任何可分类的特征。因此，它不能用于运行时间监测，所以对于下载到可重配置器件比特流中的木马就不太可能有效。

一些现有的限制和攻击可能会被消除。例如，如果分割制造与 BISA 一起使用，可能有助于消除重设计攻击的问题和只能使用最小尺寸单元的限制；因为它会剥夺攻击者识别电路任何部分的能力，并借此让其无法减少自己的所占面积[13]。为了达到最佳效果，布线提升是一个理想的候选方案，因为它可以从数学上确定性地减小可识别的电路数目[43]。

BISA 技术通过使用门电路填充布局空间来阻止木马的植入。但是，仅仅占用可用空间是无效的，因为对手可以将其移除。在这种情况下，阻塞技术需要对插入的门进行监测，以确保攻击者没有移除任何门给木马插入腾出空间。从某种意义上说，BISA 技术通过实现监测传感器而达到了阻塞目标。

13.5　小结

在本章中，我们介绍并讨论了防止硬件木马植入的威慑方法，这些方法被定义为旨在阻止硬件木马植入到某些特定产品的技术。我们展示了三种最具代表性的威慑方法：主要通过测量和分类边信道特征来实现威慑的监测方法；试图拒绝攻击者获得插入木马程序所需的必要信息的阻塞性方法；结合两种方法特征的混合方法。然后，我们介绍了每种方法的一些典型技术，并讨论了它们的相对优缺点。从讨论中可以看出，每种方法对某些类型的威胁都是有效的，但解决所有威胁的终极有效性解决方案还没有找到。

参考文献

1. Trust in integrated circuits (TIC) – proposer information pamphlet (2007)

2. M. Tehranipoor, C. Wang, *Introduction to Hardware Security and Trust* (Springer, New York, 2012)

3. M. Tehranipoor, F. Koushanfar, A survey of hardware trojan taxonomy and detection. IEEE Des. Test Comput. **27**(1), 10–25 (2010)

4. What's new about hardware Trojans

5. K. Xiao, D. Forte, Y. Jin, R. Karri, S. Bhunia, M. Tehranipoor, Hardware Trojans: lessons learned after one decade of research. ACM Trans. Des. Autom. Electron. Syst. (TODAES) **22**(1), 6 (2016)

6. S. Bhunia, M.S. Hsiao, M. Banga, S. Narasimhan, Hardware Trojan attacks: threat analysis and countermeasures. Proc. IEEE **102**(8), 1229–1247 (2014)

7. X. Zhang, M. Tehranipoor, Ron: an on-chip ring oscillator network for hardware Trojan detection, in *Design, Automation & Test in Europe Conference & Exhibition (DATE)* (IEEE, 2011), pp. 1–6

8. S. Narasimhan, W. Yueh, X.Wang, S. Mukhopadhyay, S. Bhunia, Improving ic security against trojan attacks through integration of security monitors. IEEE Des. Test Comput. **29**(5), 37–46 (2012)

9. C. Bao, D. Forte, A. Srivastava, Temperature tracking: toward robust run-time detection of hardware Trojans. IEEE Trans. Comput. Aided Des. Integr. Circuits Syst. **34**(10), 1577–1585 (2015)

10. Y. Liu, K. Huang, Y. Makris, Hardware Trojan detection through golden chip-free statistical side-channel fingerprinting, in *Proceedings of the 51st Annual Design Automation Conference, DAC'14* (ACM, New York, 2014), pp. 155:1–155:6

11. H. Salmani, M. Tehranipoor, Layout-aware switching activity localization to enhance hardware trojan detection. IEEE Trans. Inf. Forensics Secur. **7**(1), 76–87 (2012)

12. IARPA Trusted Integrated Circuits (TIC) program announcement

13. K. Xiao, D. Forte, M.M. Tehranipoor, Efficient and secure split manufacturing via obfuscated built-in self-authentication, in *2015 IEEE International Symposium on Hardware Oriented Security and Trust (HOST)* (IEEE, 2015), pp. 14–19

14. K. Xiao, D. Forte, M. Tehranipoor, A novel built-in self-authentication technique to prevent inserting hardware trojans. IEEE Trans. Comput. Aided Des. Integr. Circuits Syst. **33**(12), 1778–1791 (2014)

15. K. Xiao, M. Tehranipoor, Bisa: built-in self-authentication for preventing hardware Trojan insertion, in *2013 IEEE International Symposium on Hardware-Oriented Security and Trust (HOST)* (IEEE, 2013), pp. 45–50

16. D.B. Roy, S. Bhasin, S. Guilley, J.-L. Danger, D. Mukhopadhyay, X.T. Ngo, Z. Najm, Reconfigurable lut: a double edged sword for security-critical applications, in *International Conference on Security, Privacy, and Applied Cryptography Engineering* (Springer, 2015), pp. 248–268

17. M. Sadi, L. Winemberg, M. Tehranipoor, A robust digital sensor ip and sensor insertion flow for in-situ path timing slack monitoring in socs, in *2015 IEEE 33rd VLSI Test Symposium (VTS)* (Apr 2015), pp. 1–6

18. Y. Bonhomme, P. Girard, L. Guiller, C. Landrault, S. Pravossoudovitch, Efficient scan chain design for power minimization during scan testing under routing constraint, in *ITC* (Citeseer, 2003), pp. 488–493

19. J. Rajendran, O. Sinanoglu, R. Karri, Regaining trust in VLSI design: design-for-trust techniques. Proc. IEEE **102**(8), 1266–1282 (2014)

20. F. Imeson, A. Emtenan, S. Garg, M. Tripunitara, Securing computer hardware using 3D integrated circuit (IC) technology and split manufacturing for obfuscation, in *Presented as Part of the 22nd USENIX Security Symposium (USENIX Security 13)* (2013), pp. 495–510

21. C.T.O. Otero, J. Tse, R. Karmazin, B. Hill, R. Manohar, Automatic obfuscated cell layout for trusted split-foundry design, in *2015 IEEE International Symposium on Hardware Oriented Security and Trust (HOST)* (IEEE, 2015), pp. 56–61

22. Y. Xie, C. Bao, A. Srivastava, Security-aware design flow for 2.5d IC technology, in *Proceedings of the*

5th International Workshop on Trustworthy Embedded Devices, TrustED'15（ACM, New York, 2015），pp. 31–38

23. J.J. Rajendran, O. Sinanoglu, R. Karri, Is split manufacturing secure? in *Proceedings of the Conference on Design, Automation and Test in Europe*（EDA Consortium, 2013），pp. 1259–1264

24. J. Magaña, D. Shi, A. Davoodi, Are proximity attacks a threat to the security of split manufacturing of integrated circuits? in *Proceedings of the 35th International Conference on Computer-Aided Design, ICCAD'16*（ACM, New York, 2016），pp. 90:1–90:7

25. Y. Wang, P. Chen, J. Hu, J.J. Rajendran, The cat and mouse in split manufacturing, in *Proceedings of the 53rd Annual Design Automation Conference*（ACM, 2016），p. 165

26. M. Jagasivamani, P. Gadfort, M. Sika, M. Bajura, M. Fritze, Split-fabrication obfuscation: metrics and techniques, in *2014 IEEE International Symposium on Hardware-Oriented Security and Trust（HOST）*（IEEE, 2014），pp. 7–12

27. Q. Shi, K. Xiao, D. Forte, M.M. Tehranipoor, Obfuscated built-in self-authentication, in *Hardware Protection Through Obfuscation*（Springer, Cham, 2017），ch. 11, pp. 263–289

28. R.J. Turk et al., *Cyber Incidents Involving Control Systems*（Idaho National Engineering and Environmental Laboratory, Idaho Falls, 2005）

29. X. Yang, B.-K. Choi, M. Sarrafzadeh, Routability-driven white space allocation for fixed-die standard-cell placement. IEEE Trans. Comput. Aided Des. Integr. Circuits Syst. **22**(4), 410–419 （2003）

30. S. Charlebois, P. Dunn, G. Rohrbaugh, Method of optimizing customizable filler cells in an integrated circuit physical design process, 28 Oct 2008, US Patent 7, 444, 609

31. K. Xiao, D. Forte, M. Tehranipoor, A novel built-in self-authentication technique to prevent inserting hardware Trojans. IEEE Trans. Comput. Aided Des. Integr. Circuits Syst. **33**(12),1778–1791 (2014)

32. M. Bushnell, V.D. Agrawal, Essentials of *Electronic Testing for Digital, Memory and Mixed-Signal VLSI Circuits*, vol. 17.（Springer, New York, 2000）

33. X. Wang, M. Tehranipoor, J. Plusquellic, Detecting malicious inclusions in secure hardware: challenges and solutions, in *IEEE International Workshop on Hardware-Oriented Security and Trust, HOST'08*（IEEE, 2008），pp. 15–19

34. D. Agrawal, S. Baktir, D. Karakoyunlu, P. Rohatgi, B. Sunar, Trojan detection using ic fingerprinting, in *2007 IEEE Symposium on Security and Privacy（SP'07）*（IEEE, 2007），pp. 296–310

35. S. Narasimhan, X. Wang, D. Du, R.S. Chakraborty, S. Bhunia, Tesr: a robust temporal selfreferencing approach for hardware Trojan detection, in *2011 IEEE International Symposium on Hardware-Oriented Security and Trust (HOST)*（IEEE, 2011），pp. 71–74

36. J. Zhang, H. Yu, Q. Xu, Htoutlier: hardware Trojan detection with side-channel signature outlier identification, in *2012 IEEE International Symposium on Hardware-Oriented Security and Trust (HOST)*（IEEE, 2012），pp. 55–58

37. S. Wei, S. Meguerdichian, M. Potkonjak, Gate-level characterization: foundations and hardware security applications, in *Proceedings of the 47th Design Automation Conference*（ACM, 2010），pp. 222–227

38. J. Aarestad, D. Acharyya, R. Rad, J. Plusquellic, Detecting Trojans through leakage current analysis

using multiple supply pad s. IEEE Trans. Inf. Forensics Secur. **5**(4), 893–904 (2010)

39. Y. Alkabani, F. Koushanfar, Consistency-based characterization for IC Trojan detection, in *Proceedings of the 2009 International Conference on Computer-Aided Design* (ACM, 2009), pp. 123–127

40. Y. Jin, Y. Makris, Hardware Trojan detection using path delay fingerprint, in *IEEE International Workshop on Hardware-Oriented Security and Trust, HOST'08* (IEEE, 2008), pp. 51–57

41. K. Xiao, X. Zhang, M. Tehranipoor, A clock sweeping technique for detecting hardware Trojans impacting circuits delay. IEEE Des. Test **30**(2), 26–34 (2013)

42. B. Cha, S.K. Gupta, Trojan detection via delay measurements: a new approach to select paths and vectors to maximize effectiveness and minimize cost, in *Design, Automation & Test in Europe Conference & Exhibition (DATE)* (IEEE, 2013), pp. 1265–1270

43. Q. Shi, K. Xiao, D. Forte, M. Tehranipoor, Securing split manufactured ICs with wire lifting obfuscated built-in self-authentication, in *2017 ACM 27th Great Lakes Symposium on VLSI (GLSVLSI)*, May 2017

第 14 章　FPGA 中的硬件木马攻击及其保护方法

Vinayaka Jyothi[①]和 Jeyavijayan (JV) Rajendran[②]

14.1　引言

　　现场可编程门阵列(FPGA)是包含可编程逻辑元件的集成电路(IC)，可由终端用户在制造后重新配置。近年来，FPGA 的使用急剧增加；据估计，2020 年 FPGA 的市场份额达到 99 亿美元[36]。FPGA 被广泛用于各种应用中，如专用集成电路(ASIC)原型开发、通信设备、医疗仪器、高性能计算系统、航空航天和国防系统。近年来，对节能和高性能 IC 的需求不断增长，导致 FPGA 的使用激增。FPGA 还可以以云服务[3]的形式提供，用户可在服务器机群的远程 FPGA 上创建和运行自定义硬件设计。因此，探索与 FPGA 设计相关的安全问题至关重要。

　　同时，集成电路设计流程的全球化降低了设计复杂性和制造成本，但也引入了一些安全漏洞[13]。IC 供应链中任何一个不良组件都可以执行以下攻击：逆向工程(RE)、硬件木马、伪造(特别是回收的 IC)和 IP 盗版[17,35]。这些攻击每年使半导体工业损失数十亿美元[30,37]，破坏国家安全[1,14]，并使关键性基础设施陷入危险[15]。虽然问题的一部分在于设计师无法控制他们在这个分布式供应链中的设计，但更重要的问题是，当前的 IC 设计工具并未将安全性作为设计指标。

　　本章探讨将硬件木马植入到 FPGA 正版设计中的方法。此类受损的设计可能导致性能下降、机密信息泄露以及攻击者未经授权和有害的操作。在诸如智能电网、核电站、医用人造器官和军事设备等关键基础设施中，使用受损设计可能引发灾难性后果。为了解释不同类型的木马，本章采用 Xilinx FPGA 设计流程。然而，同样的方法可以扩展到任何 FPGA 和 CAD 工具供应商。

　　本章组织如下：我们首先在 14.2 节中介绍威胁模型和 FPGA 木马的分类。接下来，我们将重点介绍三大类 FPGA 木马：FPGA 结构中的木马(见 14.3 节)、FPGA 工具链中的木马(见 14.4 节)和 FPGA 比特流中的木马(见 14.5 节)。14.6 节讨论针对 FPGA 比特流中木马的对策。最后在 14.7 节中总结本章。

14.2　威胁模型和分类

14.2.1　FPGA 设计流程

　　图 14.1 显示了 FPGA 的设计流程。首先由一位 FPGA 设计师设计 FPGA 基础底层结构。接着无晶圆厂 FPGA 设计公司将此 FPGA 结构的布局发送到晶圆厂进行制造。其中

---

① V. Jyothi，纽约大学，Email: vinayaka.jyothi@nyu.edu

② J. (JV). Rajendran，德克萨斯大学达拉斯分校，Email: jv.ee@utdallas.edu

许多晶圆厂通常设在海外，并不受信任。制造后，再对 FPGA 进行缺陷和故障测试。测试完成后，FPGA 就被放在市场上销售，交由终端用户在 FPGA 上实现目标设计。将建模语言(VHDL 或 Verilog)中描述的设计转换为特定针对某型号 FPGA 的编程文件，其中涉及多个步骤，如下所述：

1. 综合步骤包括将 HDL 转换为逻辑网表(类似于逻辑图或电路)。
2. 实现步骤包括转换和映射过程[①]，其中逻辑网表被转换并映射成目标设备的物理原语。
3. 布局布线(PAR)步骤使用一个映射后的本地电路描述(NCD)文件，对设计进行布局布线，并生成一个 NCD 文件供可编程文件生成器使用。
4. 在位文件生成步骤中，布线后的 NCD 用于创建可对 FPGA 编程的位文件。

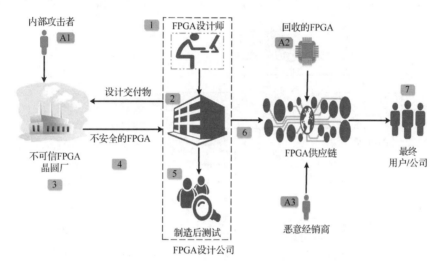

图 14.1　FPGA 设计流程。攻击者可以在不可信的晶圆厂(A1)植入硬件木马。恶意经销商可以降低供应链(A3)中 FPGA 的可靠性，甚至可以将回收的 FPGA 混入到 FPGA 供应链(A2)中。设计木马也可以通过 FPGA CAD 工具流植入

14.2.2　威胁模型

为了降低硬件/系统的开发成本，芯片产业无意中创建了一个复杂且极易受攻击的供应链，如图 14.1 所示。攻击者可以出现在供应链的任何地方。图 14.1 所示的威胁模型包括：

过量生产：一个不可信且能接触到 FPGA 布局掩模的晶圆厂，可以制造超过设计公司要求或授权数量的 FPGA。它可以在 FPGA 设计公司不知情的情况下将这些 FPGA 流入供应链中。这些 FPGA 可能没有经过适当的测试，可能会带来可靠性问题。这会导致设计公司收入或声誉受损。

回收再利用：FPGA 可从电子废品中提取，取下用过的 FPGA，并对其封装进行重新喷涂和重新印字。裸片也可以从封装中取出，重新封装并印字。然后，这些 FPGA 作为正版和全新的 FPGA 重新进入到供应链中。这些 FPGA 可能非常不可靠，容易出现缺陷，

---

① 转换和映射过程是 FPGA 供应商 Xilinx 使用的术语。这些过程可能使用不同的名称/术语。

并且通常会引起性能下降。

　　克隆和盗版：这是一种在无制造该 FPGA 的合法知识产权（IP）的情况下通过逆向工程复制的 FPGA。这些 FPGA 也可能包含恶意修改。

　　除了上述威胁外，FPGA 还易被植入木马，下面将详细介绍。

14.2.3　分类方法

　　如图 14.1 所示，可在 FPGA 设计的任何阶段（如设计、制造、封装和供应链）对其进行恶意更改。文献[19,34]提出了基于硬件木马的物理、激活和功能特征的分类法。我们根据创建、激活和进入 FPGA 结构点的方法对木马进行分类，如图 14.2 所示。大多数 FPGA 木马的定义与文献[19,34]中的 IC 木马分类类似。在本章中，我们将重点讨论分类法中特定 FPGA 的属性。感兴趣的读者可以参考文献[19,34]中介绍的综合分类法。

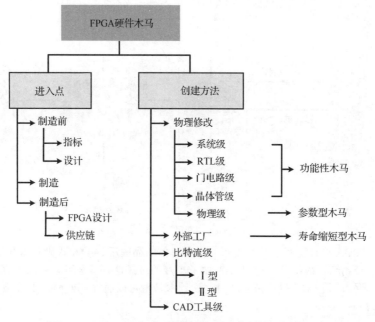

图 14.2　基于两个主要属性的 FPGA 硬件木马分类

14.2.4　进入点

　　基于 FPGA 中木马的进入点，可以将其分为：

- **制造前**：指确定系统指标（如功能、尺寸、功率、延迟等）的阶段。在此步骤中植入木马将导致设计或约束发生更改。例如，它可以改变电路的时序或增加电路的切换频率。无良员工可以植入恶意电路，例如"后门"，使其可在现场部署完 FPGA 后的某个时间点控制芯片。此类木马为 FPGA 结构型木马。
- **制造**：在此阶段设计一组用于在硅片上生产数字电路的掩模。晶圆厂内部的恶意攻击者可以进行木马的添加。这些木马可以是功能型的，也可以是参数型的。此类木马都被称为 FPGA 结构型木马。
- **制造后**：在这个阶段，RTL/HDL 设计用于对 FPGA 编程以实现所需的功能。木马可以由无良员工插入 RTL/HDL 设计中，也可以由第三方 IP 供应商的 IP 输入 RTL/HDL 设计中。此类木马为 FPGA 设计木马。此外，这种木马甚至可能降低 FPGA 的可靠性。

14.2.5　创建方法

根据创建方法，木马可分为：

- **功能型木马**：它们通过修改 FPGA 结构创建，包括添加/删除门电路/晶体管、修改 RTL 或布局而不影响 FPGA 结构的主要功能。此类木马可以在制造前阶段由 FPGA 设计公司的无良员工植入，或者在制造阶段由不受信任晶圆厂的恶意内部人员植入。
- **参数型木马**：它们通过修改物理设备参数创建，例如线网(wire)变细、栅极沟道长度变化、掺杂水平改变[5]、晶体管尺寸变化等。此类木马始终处于开启状态，主要用于降低 FPGA 的可靠性和寿命。
- **寿命缩短型木马(LRT)**：它是唯一一类在制造期间或制造前未插入硬件的木马，由外部因素(如极端温度、聚焦离子束[9]等)作用于 FPGA 而产生。LRT 加速了整个或部分 FPGA 结构的老化。它通常是由 FPGA 供应链中的恶意经销商创建，以降低 FPGA 可靠性，从而缩短 FPGA 的寿命。
- **比特流木马**：通过修改 FPGA 比特文件插入。可以通过逆向工程比特流来识别已被编程的逻辑所占用的 FPGA 区域，也可以在其中插入恶意电路。如果恶意电路不修改原始电路，则称其为 Ⅰ 型比特流木马。Ⅱ 型木马通常会修改 CLB 或其他 FPGA 资源的原始电路，以执行恶意操作。
- **CAD 工具木马**：它们是利用 CAD 工具链以各种中间网表格式插入的 FPGA 设计木马。这些木马可以植入合成的网表中，甚至可以植入映射后或布局后和布线后的网表中。由于缺乏理解中间格式和典型专有格式所需的资源，这些木马很容易避开检测。

14.3　FPGA 结构中的木马

FPGA 结构木马被植入 FPGA 硅结构中。它们可在不可信晶圆厂制造过程中植入，也可以由 FPGA 设计公司的无良员工在设计阶段插入。功能型结构木马的特点是攻击者添加/删除门电路以执行恶意活动，而参数型结构木马则是通过更改设备参数/指标(如线网变细、晶体管或触发器弱化)来创建的，以降低 FPGA 的可靠性[18,25]。在本节中，我们介绍三种可以植入 FPGA 结构中的木马：增加延迟的木马、引起电压波动的木马和寿命缩短型木马。

14.3.1　增加延迟的木马

基于延迟的结构木马是通过修改两个可配置逻辑块(CLB)之间的互连连接查找表(lookup tables，LUT)进行创建的。基于延迟的结构木马通过添加恶意元素而导致 FPGA 物理布局发生更改或微变，如图 14.3 所示。其中的假设是 FGPA 硅结构致密且利用率高，因此攻击者就需要更改 FPGA 硅结构以添加木马。例如，当木马植入 CLB 或路由交换机矩阵(RSM)中时，它会扰乱原始结构的物理布局，从而增加延迟。

    示例：图 14.4 是 FPGA 编辑器工具的屏幕截图。绿色的路线分别是修改前和修改后的路线。这模拟了向互联中植入木马，并由此影响了网络延迟，进而影响了连接 CLB 两个 I/O 引脚路径的总延迟。假设此路径被配置为用作相应 CLB 中由 LUT 编程实现的环形振荡器的路径。除木马扰动的路径外，所有的其他路径、LUT 和 PIN 在没有木马的环形振荡器和有木马的环形振荡器中都保持不变。互连修改前后的延迟分别为 0.140 ns 和 0.419 ns。木马造成的延迟差异为 0.279 ns。

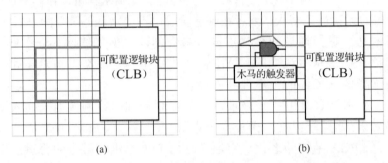

(a)   (b)

图 14.3(见彩图)   FPGA 结构木马干扰了原始布局。(a)路由交换机矩阵中无木马 FPGA 可配置逻辑块；(b)植入路由交换机矩阵的木马

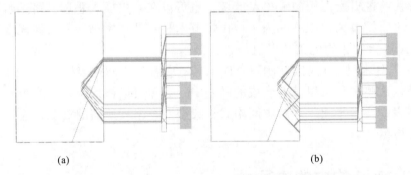

(a)   (b)

图 14.4(见彩图)   增加延迟的木马。(a)无木马的路由交换机矩阵；(b)由于木马的存在，路由交换机矩阵中的路由发生了变化

14.3.2   引起电压波动的木马

    这种木马通过添加联动的切换信号来实现，这些信号利用了 CLB 周围的密集互连资源。这相当于添加恶意元素而不干扰 FPGA 结构的真实布局。该切换信号连接到目标 CLB 所在逻辑瓦片(tile)的未使用线网和可编程互连点(PIP)，如图 14.5 所示。

    此木马会增加交换活动，从而增加动态功率，因此影响振荡频率。在文献[39]中，我们可以观察到木马切换活动导致的电压降影响了环形振荡器频率。

14.3.3   寿命缩短型木马(LRT)

    通过人为地创造加速 FPGA 结构老化的条件，可以在 FPGA 中引入寿命缩短型木马(LRT)。在几个物理因素中，导致(或任意 IC)FPGA 老化的关键因素是负偏压温度不稳定性(NBTI)和热载流子注入(HCI)[6]。这两个因素都会导致受影响晶体管的阈值电压偏移,表现为切换和路径延迟的增加。这将导致时序约束无法满足,并更快地磨损 FPGA。

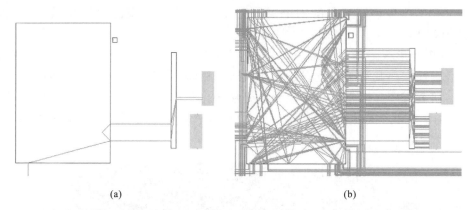

(a)　　　　　　　　　　　　　　　　　　(b)

图 14.5(见彩图)　引起电压波动的木马。(a)无木马的 CLB;(b)有木马的 CLB。木马导致了目标路径/路由附近的切换活动增加,进而表现为 CLB 附近电压的显著下降

负偏压温度不稳定性。晶体管参数可以在很多应力情况下发生改变。当晶体管受到相对较高的温度应力时,可以观察到偏压温度不稳定性。晶体管的电气参数可能发生改变,如可以通过在氧化物中产生界面陷阱并捕获空穴来改变阈值电压(V_{th})[16]。这将降低迁移率,降低元件参数,由此得到的晶体管性能也降低了。这就意味着设备老化得更快。负偏压温度不稳定性主要影响 PMOS 设备。电源电压和温度的升高会呈指数增加负偏压温度不稳定性效应。因此,通过将 FPGA 置于更高的工作温度和电源电压下,可以诱导负偏压温度不稳定性退化。

热载流子注入。热载流子注入主要影响 NMOS。当沟道中的加速电子可能与栅极氧化表面发生碰撞时,就会产生电子空穴对。由于自由电子被困在栅极氧化层中,V_{th} 将会增加。与热载流子注入相关的退化归因于晶体管的物理击穿和特性畸变。运行条件和开关频率是影响热载流子注入退化率的主要因素[31]。V_{th} 偏移与频率、运行时间和活动因子(转换和运行时的比率)存在亚线性相关性[7]。

14.3.3.1　加速 FPGA 老化

由于负偏压温度不稳定性和热载流子注入效应,晶体管的老化可以通过提高温度、电源电压和切换活动而显著增加。恶意的分销商可使 FPGA 承受极端的温度和电源电压,甚至通过编程使其在压力条件下以高切换活动运行不良设计。为了消除老化效应,制造商规定了安全操作范围。在安全操作范围之外运行 FPGA 会降低芯片的性能,从而降低芯片的可靠性。

简单地通过一支热风枪和一个外接电源就可以模拟这种极端条件,并在其下运行FPGA 实现攻击。能够使用复杂设备的攻击者可以使用聚焦离子束辐照[9,32],甚至用它来实现选择性 LRT,即只有 FPGA 中一些特定的逻辑瓦片或 CLB 会被损耗。聚焦热风枪也可用于创建选择性 LRT。然而,FPGA 封装的目的就是在整个 FPGA 中均匀分布热量,因此与聚焦离子束相比,使用聚焦热风枪很难达到这样的精度。

14.3.3.2 LRT 木马示例

LRT 木马通过将 FPGA 置于 180℃的极端温度下创建，而 FPGA 结构配置为增加了 FPGA 内切换活动的设计。该装置在 FPGA 上放置一个气隙较小的热风焊枪，如图 14.6 所示。FPGA 传感器显示的内部温度为 170℃（制造商规定的最高温度为 120℃，温差超过 50℃）。

使用 16 个环形振荡器测量第 3 天、第 6 天和第 7 天的性能下降。为了准确测量负偏压温度不稳定性和热载流子注入引起老化效应的影响，关闭热风枪并让 FPGA 冷却 24 小时，因为有研究表明晶体管可在一定程度上从老化效应中恢复[4]。图 14.7 显示了从第 0 天到第 7 天 16 个环形振荡器的频率响应。图 14.8 表示各环形振荡器的 FPGA 结构在第 7 天性能已下降 10%。

图 14.6　创建 LRT 木马的实验配置。使用热风焊枪将 FPGA 板 Xilinx
Nexys 4 置于 200℃的外部温度下 7 天时间。内部电源电压约为
0.905 V。此配置可避免损坏 FPGA 板上的任何接口和外围设备

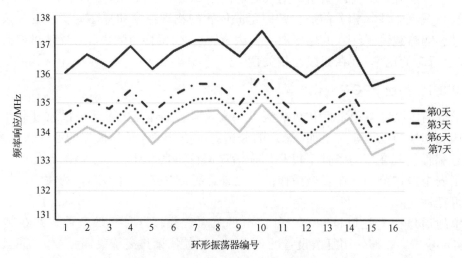

图 14.7　由于 LRT 木马，FPGA 逻辑瓦片的频率响应发生了变化。随
着 FPGA 逻辑瓦片的老化，FPGA 性能会因 LRT 木马而下降

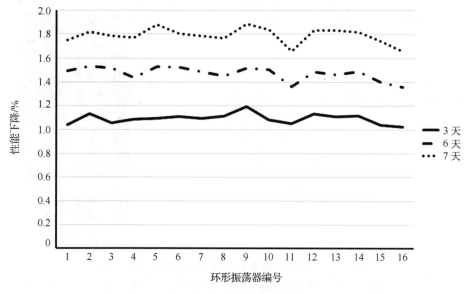

图 14.8　由于 LRT 木马，CLB 的延迟在 7 天内增加了 1.9%

14.4　FPGA 设计中的木马

14.4.1　在 FPGA 设计中植入木马

攻击工具的目的是解决对于给定的设计应该将木马放在哪里的问题。可以在不干扰原始设计映射和布线的情况下实现木马的放置。后者需要相当大的努力，并需要在 FPGA 设计周期内访问多个文件。

为了在 FPGA 设计中植入硬件木马，攻击者可能需要了解内部线网或逻辑，最好了解该设计在 FPGA 上的物理位置。如果根据输入或内部状态有条件地激活木马，攻击者需要对设计用到的线网进行抽头，并将其连接至木马触发电路。通过断开与目标元素的线网并重新连接到木马的有效负载电路输出，可将木马有效负载连接到目标元素。原始负载和木马有效负载可以使用多路复用器连接，选通线由木马激活电路控制。

在逻辑综合过程后，FPGA CAD 工具通常重命名并合并（逻辑优化之后）连接着逻辑元件的内部线网。攻击者需要跟踪设计中的名称更改，以将其与木马连接起来。这可以通过将合成的二进制网表（Xilinx 称之为 NGC）转换为可读的电子设计交换格式（EDIF）文件和 Xilinx 设计语言（XDL）文件来实现。图 14.9（a）显示了 HDL 代码，图 14.9（b）显示了在 PAR 之后从布线后的网表（NCD）获得的相应 XDL 文件，它描述了 HDL 如何映射成 LUT。有关可配置逻辑块（CLB）和 LUT 位置的其他信息也出现在 XDL 文件中。图 14.9（c）显示了 CLB 块如何相互连接以实现 HDL 中描述的功能。我们可以从 NCD 或 XDL 文件中提取原始设计在的位置和所使用的互连。此外，即使是后 PAR 时序仿真模型也可用于获取设计所在的位置（见图 14.10）。

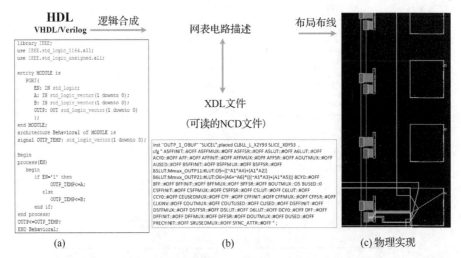

图 14.9（见彩图） 从 HDL 代码到 FPGA 的物理实现。(a) HDL 的设计说明；(b) 以 XDL 格式描述的布线后 CLB 配置，此 CLB 中仅使用 LUT B；(c) 设计的物理实现

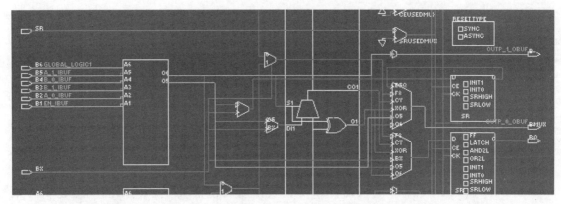

图 14.10（见彩图） CLB 中一个逻辑切片 (slice) 的详细配置局部视图（图 14.9 中标为蓝色的逻辑切片）。高亮的路径表示 CLB 的原语是如何使用的

14.4.2 HDL 中的木马

攻击者可以在 HDL 设计中植入木马。在 HDL 中，攻击者可以很容易地跟踪用作木马激活的逻辑元素或状态，并将木马有效载荷传递给目标。在这一级别植入木马对于攻击者来说非常容易，因为可以从行为代码或结构代码中找到线网和逻辑元素。

示例 考虑 ISCAS'85 基准[8]中的 c17 电路，其 RTL 表示如图 14.11 所示。RTL 中，可供攻击者使用的内部逻辑节点数有 4 个：N1、N11、N16 和 N19[不包括五个主输入 (PI) 和两个主输出 (PO)]。图 14.12 显示了植入到内部节点 N16 的功能型木马。木马组件是一个 MUX，当 N2 为逻辑"1"时激活，其有效负载是翻转节点 N16 与 N11 的结果。该木马在激活后会破坏原电路的功能。这个示例演示了攻击者可利用的 RTL 或 HDL 电路设计空间。

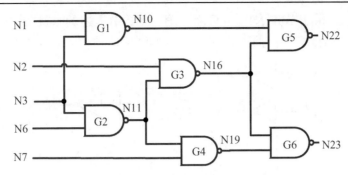

图 14.11　ISCAS'85 c17 原版 HDL 电路的可能木马植入点。
RTL/HDL 中门电路的每个输入和输出都是可能的植入点

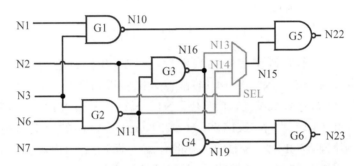

图 14.12　在 ISCAS'85 c17 HDL 电路中植入一个功能型木马。木
马是一个 MUX，当 N2 为逻辑 "1" 时破坏电路运行

14.4.3　综合后网表中的木马

攻击者可以将木马植入综合后网表（又称 NCD 文件）。要执行此操作，可以将综合后的 NCD 文件转换为 XDL 格式。XDL 文件包含 FPGA 设计的 CLB 配置、CLB 之间的互连以及有关布线输入和输出信息。映射后/布线后的网表通常会经过逻辑优化，线网和互连将被重命名，因此相同线网和组件将不再是行为/结构代码中所描述的名称。通过 CAD 工具进行逻辑合并也使得手动接入内部逻辑变得困难。例如考虑两个运算式，A=B+CD 和 E=F⊕ CM。计算机辅助设计工具可以通过只使用一个六输入 LUT 来实现这两个式子，方法是将左侧出现的参数作为 LUT 的输入，输出的 E 和 F 分别连接到 O5（五输入 LUT 的输出）和 O6（六输入 LUT 的输出）。

要在这一级植入木马，攻击者需要获得重命名信号的信息，该信息可通过获取综合后网表，并将其转换为 EDIF 来获取。在获得设计中可用的线网和逻辑后，攻击者可以对木马激活电路和有效载荷电路进行调整。木马将由 XDL 语言描述，并按照与 HDL 级植入木马类似的方法插入到综合后设计中。

示例　考虑用 FPGA 实现的同一个 c17 电路；攻击者向综合后网表植入木马时的设计空间会发生显著变化。图 14.13 给出了 c17 在 Nexys4-DDR FPGA 上综合后的电路图。原本图 14.11 所示的 RTL/HDL 所有内部节点现在均不可用。由于优化，Xilinx CAD 工具仅使用两个 LUT 来实现 c17。新的优化后节点是 N221 和 N231。N221 对应于节点 N10 和 N16 的合并逻辑。N231 对应于图 14.11 中的 N11 和 N16。使用 LUT 视角给出的内容和连接如图 14.14 所示。由于节点 N16 不可用，图 14.12 中描述的 RTL 木马就不能以不破坏原始映射设计的方式在综合后插入。在此我们提供了两种植入该木马的方法。

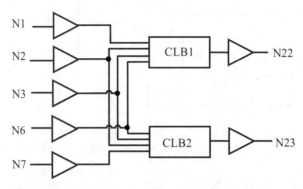

图 14.13　c17 综合后的电路图

增加硬件。该方法不修改网表中的映射后 LUT。我们创建一个额外的 LUT（比如 MUXLUT），使用来自 IBUF N2（图 14.14）的输入来获得与图 14.12 中木马相同的激活条件。另一个 LUT，比如有效载荷 LUT，使用 N1、N2、N3 和 N6 生成有效载荷。输出连接到 MUXLUT。图 14.14 中 N221LUT 与 N221-OBUF 之间的连接被删除，N221 将与 MUXLUT 连接。当 N2 为 1 时，MUXLUT 将有效载荷 LUT 的内容输出到输出端，否则仍然输出 N221 的内容（c17 的正常输出）。如果不进行优化，则需要另外两个 LUT。但优化后就只需要一个 LUT 了。包括激活逻辑和有效载荷在内的节点数为五个：N1、N2、N3、N6 和 N221。因此，我们可以将逻辑打包放入一个六输入的 LUT 中。

重用现有硬件。在此情况下，我们修改原始 LUT 自身的内容，以实现所需的功能。从图 14.11 中的原始 c17 和图 14.12 中的木马中，我们可以看到这两个节点都依赖于 N1、N2、N3 和 N6，而图 14.14 中的 LUT 在映射后，由表示 c17 正常电路功能的真值表组成。我们可以用同样一个 LUT，修改其真值表，以实现木马和普通 c17 的功能。

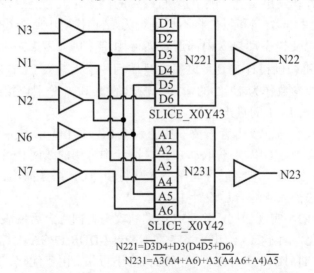

$$N221 = \overline{D3}D4 + D3(D4\overline{D5} + D6)$$
$$N231 = \overline{A3}(A4 + A6) + A3(A\overline{4}A6 + A4)\overline{A5}$$

图 14.14　含有恶意 LUT 内容的 c17 综合后示意图

通过这种方式，我们将木马引入电路而不会引入任何额外的逻辑，也不会对硬件进行任何更改。在这种情况下，LUT221 的真值表由无木马电路的表达式（$\overline{D3D4}$）+（D3（（D4$\overline{D5}$）+D6））给出。我们用表达式（（D6+D4）（D6+D5）D3）给出恶意输出的真值表，并重新编程 LUT221，其中 D4 是由 N2（木马触发器）驱动的 LUT 输入。这样，当木马程序未被触发（N2 为 0）时，c17 将正常工作，并在激活（N2 为 1）时输出木马有效负载。而所需要实现的表达式是通过等效转换带有正常操作的木马的逻辑，并将其最小化为连接的正常形式得到的。

14.4.4　案例：映射/布局布线后网表中的木马

在映射/布局布线后的网表中插入木马的过程，与在综合后网表中插入木马的过程相同。木马插入后，将 XDL 文件转换回 NCD（CAD 工具可能会重新运行"布局布线"步骤），并生成比特流文件。在该层次上植入木马之后，接下来的步骤是生成可编程比特流文件。在全映射或全布局的设计中插入木马需要大量的工作。可以通过设计脚本来进行木马植入并验证设计的布线可以减轻该部分的工作量。在这一层次上检测木马也相当困难，而且这种木马的检测率很低。

14.5　比特流中的木马

FPGA 通过从 PC 或网络加载二进制文件（称为配置比特流或比特文件）来进行配置（或编程）。Xilinx 配置比特流文件的结构对于插入木马至关重要。该比特文件的语法和语义通常是专有的，关于比特流组织方式的公开信息非常少而且都很初级，如文献[38]中所述。然而，学术界利用这些相对稀缺的信息设计出有用的软件工具，主要是为了对配置过程实现更多的控制[23]。

14.5.1　Xilinx 比特流结构

文献[10,38]和[23]中给出了配置比特流的描述，重点针对 Virtex-II FPGA，其描述如下。

Xilinx Virtex-II FPGA 构建模块。在 Virtex-II FPGA 中，CLB 是基本的构建模块。它们通常以行和列的形式组织，占据了大部分 FPGA 硅面积。CLB 由四个逻辑切片（slice）组成，每个逻辑切片包含两个触发器（FF）、两个用于实现逻辑功能的四输入 LUT 以及用于内部逻辑资源连接和布线的多路复用器。每个 CLB 都连接到 RSM，RSM 提供了在 FPGA 中互连多个 CLB 的路径。BRAM 模块用作存储器。在 FPGA 器件上的输入/输出模块（IOB）中实现每个引脚的输入/输出逻辑。这些资源使用比特流中专用且独立的列表示。

Xilinx 配置比特流文件的组织方式。Xilinx Virtex-Ⅱ配置比特流存储在配置内存中，并在各帧中以如下方式排列：宽度为 1 比特，并且从器件的上边沿一直延伸至下边沿，如图 14.15 所示。所有操作都必须根据完整的配置帧进行，因为它们是配置内存空间中最小的可寻址段。单个硬件不是由配置内存帧直接映射的，但是它们配置了许多物理资源的垂直逻辑切片[38]。帧的大小取决于待生成配置文件的器件系列（如 Virtex-II）以及特定的 FPGA 器件型号（XC2V40）。配置比特数和帧数之间的关系由以下公式给出：

$$配置比特数 = 帧数 \times 帧尺寸 \tag{14.1}$$

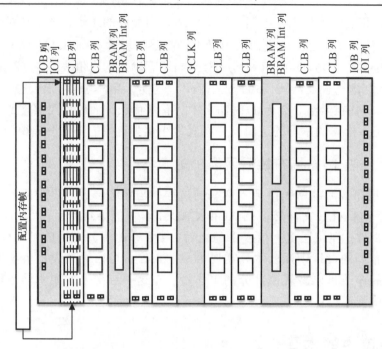

图 14.15　Xilinx Virtex-Ⅱ 比特流文件的排列方式[10]

　　除了帧中的配置位之外，比特文件还包含其他辅助信息，包括此设计顶层模块名称的 ASCII 编码、循环冗余校验（CRC）字、元件系列和时间戳。在文件中还包括表示无操作的长尾随零序列。每个配置帧都有一个唯一的 32 位地址，该地址由块地址、主地址和次地址以及字节数组成。主地址表示块中的特定列，次地址表示列中的特定帧。

14.5.2　修改比特流的木马

　　有两种方式可以修改配置比特流以添加硬件木马：

- Ⅰ型木马：植入的木马电路和 FPGA 上的原始电路之间没有任何资源或面积的重叠。换言之，用于配置 FPGA 上木马电路的比特流部分只需插入到原来没有使用资源的现有比特文件中，而在 FPGA 的未占用资源上配置额外的电路。在这种情况下，原始电路和木马的功能彼此独立，因为原始设计和硬件木马之间没有互连。这种木马被称为Ⅰ型木马。
- Ⅱ型木马：从 FPGA 上占用的资源来说，植入的木马电路和原始电路之间存在重叠。原始电路和木马电路相互连接，这种木马被称为Ⅱ型木马。在这里，木马可以从原始电路中提取信息，也可以干扰其功能。

　　Ⅰ型木马容易插入比特流中。Ⅱ型木马则较难植入，因为它需要详细了解 FPGA 结构中互连的布线方式与比特流之间的相关性。即使对于 Virtex-Ⅱ（XC2V40）等相对低端的 FPGA 型号，在没有能提供基础信息的支持文档情况下，植入Ⅱ型木马也是一项极其复杂的任务。文献[24]中主要处理这个问题。但是文献[24]中采用的方法首先要获得 XDL 的设计描述，然后修改该文件，最后转换为比特文件。这种方法没有直接对比特文件进行操作。

14.5.3　文献中的木马例子

文献[10]演示了一种使用未加密比特流、基于软件的比特流木马植入技术。所提出的木马攻击将直接修改比特文件来植入木马。这种攻击的有效性在于，除了内建 CRC 生成和匹配机制外（可被禁用），目前还没有验证 FPGA 比特文件正确性的机制。在部署之前，这种修改将非常难以检测。该攻击的一个主要优点在于，在 FPGA CAD 工具设计过程中，不会在生成的日志文件中留下木马植入的痕迹，因为木马是在这些步骤完成后插入的。

在文献[20]中，研究人员利用现代 FPGA 的动态可重构能力来增加额外的功能。此外，许多当代的高端 FPGA 系列（如 Xilinx Virtex 系列）支持比特流加密。然而，还有许多其他应用非常广泛的 FPGA 系列，比如 Xilinx Spartan 系列的 FPGA 就不支持比特流加密。此外最近也有报道称，依赖于 FPGA 内部三重 DES 引擎的 FPGA 比特流加密被边信道攻击攻破[22]。

此外在文献[33]中已经表明，可以对加密算法进行逆向工程，识别比特流中的加密元素，并做出修改以削弱 FPGA 的加密实现。已经证明，通过对比特流进行此类修改，可以很容易地从加密算法中提取密钥[33]。

14.6　针对 FPGA 木马的对策

文献中的硬件木马检测技术可分为两类：侵入性和非侵入性。侵入性技术需要对原始设计进行一些修改，以帮助对 IC 进行指纹提取，并在制造后验证其真实性。文献[26,27]给出了一些例子，包括基于环形振荡器的可信设计、IC 伪装和逻辑加密。

FPGA 由大量可编程组件组成，入侵性技术将需要为每个可编程组件提供额外的门或硬件。因此，在 FPGA 中使用侵入性技术并不可行，因为这将导致指数级的硅面积开销。此外，物理逆向工程技术可用于测试少量的 IC，但不能保证剩余的 IC 不存在恶意修改（见图 14.16）。

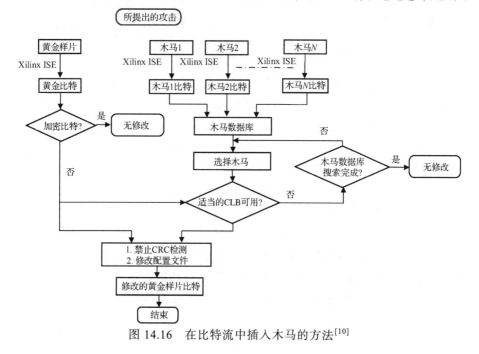

图 14.16　在比特流中插入木马的方法[10]

相反，非侵入性技术则不会修改原始设计。它使用由黄金设计采集的功率、时序延迟、和/或其他边信道信息的指纹，并结合功能测试进行木马监测。大多数非侵入性技术都使用统计分析来区分恶意芯片和正品芯片。

只有少数工作可以检测到 FPGA 结构中的硬件木马[18,21,25]，如下所述。

14.6.1 使用模块冗余的硬件木马容错[21]

在文献[21,28,29]中，使用基于三重模块冗余（TMR）的技术来创建木马容错设计方法。TMR 是一种著名的故障缓解方法，用于化解电路故障。其中原始系统的三个冗余副本执行同一个过程，结果由多数表决系统处理，以生成单个输出。冗余模块中任何一个模块故障都不会导致输出错误，因为多数表决器从两个无故障模块中选择结果。然而，TMR 导致 3 倍的面积和功率开销。为了减少开销，提出了自适应 TMR（ATMR）。运行时只使用两个模块，只有当两个激活模块的结果不匹配时才启用第三个模块，如图 14.17 所示。使用仲裁器识别错误的模块。实验结果表明，与 TMR 相比，使用 ATMR 的性能和硬件开销差别可以忽略不计，但可以降低 1.5 倍的功率。

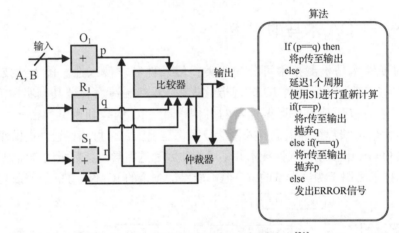

图 14.17　自适应 TMR 木马容错技术[21]

上述威胁模型假设木马不会在冗余模块中同时激活。但这种假设可能并不总是正确的。为了克服这一限制，对木马容错方案进行了扩展，以通过使用冗余模块的变体形式来改进保护效果。这里的关键思想是，不使用相同的逻辑电路实现所有的冗余模块，而是在逻辑结构和存储模块上做出变化，实现冗余模块的变体。这样冗余模块之间就不存在相同的节点，因此，如果木马在两个模块上激活，则可认为它对两个模块都有不同的影响。其中主要的要求是各个冗余模块变体需要在 LUT 和互连结构上有所不同，同时还要保持功能行为和参数规范的完整性。

为了解决比较器或仲裁器实现在受感染区域的这一限制，建议对比较器和仲裁器也使用多数表决系统。然而，这种方法有相当大的硬件开销。

此外，该技术还可用于识别影响原始电路功能的功能型木马。当存在密钥泄露木马时，该技术可能会失效，因为此类木马通常不会干扰或更改原始设计的功能。

14.6.2　FPGA 可信熔断（TrustFuzion）[18,25]

FPGA 可信熔断（FTZ）安全机制是检测和隔离 FPGA 结构中木马等异常的非破坏性方法。作者使用"异常"一词来表示 FPGA 结构中存在的木马和可靠性问题。根据 FPGA 结构中裸片内工艺波动（PV）的空间相关性检测异常，然后隔离这些异常，这样任何设计都可以可靠地运行，即使是在感染木马的 FPGA 芯片上。FTZ 的原理是基于如下观察，FPGA 结构裸片内工艺波动（PV）的物理特性显示出巨大的空间相关性[2,11,12]。

根据文献[2,12,40]中的观察结果，可以假设从被测器件测得的裸片内波动应具有很强的空间相关性，当配置使用相同的逻辑和互连资源时，空间上较为接近的逻辑瓦片具有相似的特性。如果测试中 FPGA 的一个器件或一组器件违反了空间相关性，则称检测到异常。空间相关性被破坏的特征是相邻逻辑瓦片之间的空间相关性存在较大偏差，由不一致的工艺波动导致。使用环形振荡器测量裸片内的工艺波动[18,25,39]。

基于空间相关性的违背来检测异常。针对具有异常的 FPGA 器件，隔离出现异常的器件位置，并将这部分区域移出在设计之外。然后，将 FPGA 划分为不同的区域，以排除有异常的位置。这些 FPGA 区域就称为可信熔断区域。

14.6.3　比特流木马对策

针对比特流木马的对策包括：

用虚拟逻辑填充未使用的 FPGA 资源。Ⅰ型比特流木马在未使用的 FPGA 资源中插入恶意电路。这可以通过使用虚拟逻辑填充所有未使用的资源来预防。这样，攻击者的攻击空间就大大减少了[10]。然而这将增加 FPGA 的功耗，并对性能产生不利影响。将 FPGA 设计中未使用的引脚接地。Ⅱ型比特流木马可以通过秘密通道利用 FPGA 中未使用的 I/O 引脚泄露密钥。这可以通过将未使用的引脚接地来预防。但是，这并不能防止木马通过 FPGA 设计中用到的引脚或任何其他边信道来泄露密钥。

内置自检。削弱加密算法的Ⅱ型木马可以通过使用集成自测试来识别，该测试会使用一个固定密钥和明文检查在 FPGA 中实现的加密算法功能[33]。但是完整值必须存储在 FPGA 比特流中，攻击者还是可以识别并修改该值。

用于检查 CRC 状态的专用硬件。文献[10]中描述的Ⅰ型木马可以禁用比特流中的 CRC。可以放置自定义硬件在配置内存和 FPGA 之间以检查是否禁用 CRC，并且可以用来在禁用 CRC 时阻止加载比特流[10]。

对比特流文件进行加扰和解扰。比特流可以通过软件进行加扰，在加载到 FPGA 之前，可以使用专用硬件进行解扰[10]。这将给攻击者增加额外的复杂度，防止其直接修改比特流。然而加扰机制必须保密，这是 FPGA 比特流加密的另一种低成本的替代方案。

14.7　小结

在过去的十年中，FPGA 的使用显著增加，甚至被用于包括关键任务系统的各种应用。因此，研究 FPGA 安全的威胁领域至关重要。本章介绍可在 FPGA 生命周期不同阶段植入的不同 FPGA 木马。大多数 FPGA 安全性相关研究都是在 FPGA 结构上模拟木马，并相信 FPGA 结构是可信的。但和任何其他类型的 IC/ASIC 一样，木马甚至可以植入到 FPGA 结构中。本章介绍了相关文献中由不可信晶圆厂和供应链中的恶意行为者可植入的 FPGA 结构型木马，并介绍了其分类。比特流文件和 HDL 格式的设计也可能被木马破坏。

本章还讨论了文献中提出的对策。验证 FPGA 物理结构中是否包含硬件木马的技术并不太多。存在于 FPGA 物理结构中的木马可以通过观察裸片内工艺波动的空间相关性进行检测。基于裸片内工艺波动的方法可以通过定位相邻区域的不一致物理特性来识别导致延迟或电压变化的异常。对恶意修改带来的影响研究，可以通过设计并仿真无异常和有异常的布局来完成。这将有助于更好地了解异常特征，并有助于确认植入到 FPGA 结构中异常的精确类型。然而，研究人员无法获得许多设计细节的保密信息，因此阻碍了相关研究。

参考文献

1. S. Adee, The hunt for the kill switch (2008). Last accessed 13 July 2016

2. A. Agarwal, D. Blaauw, V. Zolotov, Statistical timing analysis for intra-die process variations with spatial correlations, in *IEEE International Conference on Computer Design* (2003),pp. 900–907

3. Amazon, Amazon EC2 F1 instances – run custom FPGAs in the AWS cloud

4. A. Amouri, M. Tahoori, High-level aging estimation for FPGA-mapped designs, in *IEEE International Conference on Field-Programmable Logic and Applications* (2012), pp. 284–291

5. G.T. Becker, F. Regazzoni, C. Paar, W.P. Burleson, Stealthy dopant-level hardware trojans, in *International Workshop on Cryptographic Hardware and Embedded Systems* (2013), pp. 197–214

6. K. Bernstein, D.J. Frank, A.E. Gattiker, W. Haensch, B.L. Ji, S.R. Nassif, E.J. Nowak, D.J. Pearson, N.J. Rohrer, High-performance CMOS variability in the 65-nm regime and beyond. IBM J. Res. Dev. **50**, 433–449 (2006)

7. A. Bravaix, C. Guerin, V. Huard, D. Roy, J. Roux, E. Vincent, Hot-carrier acceleration factors for low power management in DC-AC stressed 40 nm NMOS node at high temperature, in *IEEE International Reliability Physics Symposium* (2009), pp. 531–548

8. D. Bryan, The ISCAS85 benchmark circuits and netlist format. North Carolina State University, 25 (1985)

9. A.N. Campbell, K.A. Peterson, D.M. Fleetwood, J.M. Soden, Effects of focused ion beam irradiation on MOS transistors, in *IEEE International Reliability Physics Symposium* (1997), pp. 72–81

10. R.S. Chakraborty, I. Saha, A. Palchaudhuri, G.K. Naik, Hardware Trojan insertion by direct modification of FPGA configuration bitstream, in *IEEE Design & Test* (2013), pp. 45–54

11. H. Chang, S.S. Sapatnekar, Statistical timing analysis under spatial correlations, in *IEEE Transactions on Computer-Aided Design of Integrated Circuits and Systems* (2005), pp. 1467–1482

12. B. Cline, K. Chopra, D. Blaauw, Y. Cao, Analysis and modeling of CD variation for statistical static timing, in *IEEE International Conference on Computer Design* (2006), pp. 60–66

13. DARPA, Defense Science Board (DSB) study on high performance microchip supply (2005)

14. Defense Tech, Proof that military chips from China are infected? （2012）

15. EETimes, Report: Bogus U.S. military parts traced to China （2011）

16. V. Huard, M. Denais, C. Parthasarathy, NBTI degradation: from physical mechanisms to modelling. Microelectron. Reliab. **46**, 1–23 （2006）

17. Intelligence Advanced Research Projects Activity, Trusted integrated circuits program

18. V. Jyothi, M. Thoonoli, R. Stern, R. Karri, FPGA trust zone: incorporating trust and reliability into FPGA designs, in *IEEE International Conference on Computer Design* （2016）, pp. 600–605

19. R. Karri, J. Rajendran, K. Rosenfeld, M. Tehranipoor, Trustworthy hardware: identifying and classifying hardware trojans. Computer **43**, 39–46 （2010）

20. P. Lysaght, B. Blodget, J. Mason, J. Young, B. Bridgford, Invited paper: enhanced architectures, design methodologies and CAD tools for dynamic reconfiguration of Xilinx FPGAs, in *IEEE International Conference on Field Programmable Logic and Applications* （2006）, pp. 1–6

21. S. Mal-Sarkar, A. Krishna, A. Ghosh, S. Bhunia, Hardware trojan attacks in FPGA devices: threat analysis and effective counter measures, in *ACM Great Lakes Symposium on VLSI Design* （2014）, pp. 287–292

22. A. Moradi, A. Barenghi, T. Kasper, C. Paar, On the vulnerability of FPGA bitstream encryption against power analysis attacks: extracting keys from Xilinx Virtex-II FPGAs, in *ACM conference on Computer and Communications Security* （2011）, pp. 111–124

23. C.J. Morford, Bitmat-bitstream manipulation tool for Xilinx FPGAs. PhD dissertation, Virginia Tech （2005）

24. J.-B. Note, É. Rannaud, From the bitstream to the netlist, in *International ACM/SIGDA Symposium on Field Programmable Gate Arrays* （2008）, vol. 8, pp. 264–264

25. Y. Pino, V. Jyothi, M. French, Intra-die process variation aware anomaly detection in FPGAs, in *IEEE International Test Conference* （2014）, pp. 1–6

26. J. Rajendran, V. Jyothi, O. Sinanoglu, R. Karri, Design and analysis of ring oscillator based design-for-trust technique, in *IEEE VLSI Test Symposium* （2011）, pp. 105–110

27. J. Rajendran, Y. Pino, O. Sinanoglu, R. Karri, Logic encryption: a fault analysis perspective, in *Design, Automation Test in Europe Conference Exhibition* （2012）, pp. 953–958

28. J. Rajendran, H. Zhang, O. Sinanoglu, R. Karri, High-level synthesis for security and trust, in *IEEE International On-Line Testing Symposium* （2013）, pp. 232–233

29. J. Rajendran, O. Sinanoglu, R. Karri, Building trustworthy systems using untrusted components: a high-level synthesis approach. IEEE Trans. Very Large Scale Integr. Syst. **24**(9), 2946–2959 （2016）

30. SEMI, Innovation is at risk as semiconductor equipment and materials industry loses up to $4 billion annually due to IP infringement （2008）

31. Y. Shiyanovskii, F.Wolff, A. Rajendran, C. Papachristou, D.Weyer,W. Clay, Process reliability based Trojans through NBTI and HCI effects, in *NASA/ESA Conference on Adaptive Hardware and Systems* （2010）, pp. 215–222

32. S.P. Skorobogatov, R.J. Anderson, Optical fault induction attacks, in *International Workshop on Cryptographic Hardware and Embedded Systems* （2002）, pp. 2–12

33. P. Swierczynski, M. Fyrbiak, P. Koppe, C. Paar, FPGA Trojans through detecting and weakening of cryptographic primitives. IEEE Trans. Comput. Aided Des. Integr. Circuits Syst. **34**, 1236–1249 (2015)

34. M. Tehranipoor, F. Koushanfar, A survey of hardware Trojan taxonomy and detection. IEEE Des. Test Comput. **27**, 10–25 (2010)

35. R. Torrance, D. James, The state-of-the-art in semiconductor reverse engineering, in *IEEE/ACM Design Automation Conference* (2011), pp. 333–338

36. Transparency Market Research, FPGA market – Global industry analysis, size, share, growth, trends and forecast, 2014–2020

37. USPTO, Piracy of intellectual property (2005)

38. Xilinx, Virtex-II platform FPGA user guide (v2.2)

39. X. Zhang, M. Tehranipoor, RON: an on-chip ring oscillator network for hardware Trojan detection, in *IEEE Design, Automation Test in Europe Conference Exhibition* (2011), pp. 1–6

40. W. Zhang, K. Balakrishnan, X. Li, D.S. Boning, S. Saxena, A. Strojwas, R. Rutenbar, Efficient spatial pattern analysis for variation decomposition via robust sparse regression. IEEE Trans. Comput. Aided Des. Integr. Circuits Syst. **32**, 1072–1085 (2013)

第六部分　新兴趋势、工业实践和新的攻击

第 15 章　工业 SoC 设计中的硬件可信性：实践与挑战

Sandip Ray[①]

15.1　引言

我们生活在物联网(IoT)的体制中，在此体制下，互联的智能计算设备(或"物")的数量超过了人类，并且以更快的速度扩张[12]。今天，我们周围的环境包括了数十亿个此类计算设备，感知、识别、跟踪并分析我们最隐密的个人活动，包括健康、睡眠、定位和人际关系网。由于计算系统在我们生活的各个方面的应用如此广泛、无所不在和具有侵入性，确保我们能够信任这些系统的运行是可靠、安全和符合规范的，这对我们的正常生活至关重要。

遗憾的是，在现代计算系统中确保这样的可信性是一项极具挑战性的事业。在工业系统开发流程的各个阶段，包括体系结构、设计、系统集成，甚至是验证，都可能存在破坏可信性的漏洞。此外，如果相同的系统设计在多个平台上复制，并且相同的设备部署在无数个操作环境中，那么"隐蔽"漏洞的影响可能会被放大为灾难的根源。另一方面，随着超大规模集成电路技术的逐步小型化、系统体系结构和设计技术的进步以及现代应用的严格要求，系统复杂性也在急剧上升。此外，这些复杂系统的上市时间需求比以往任何时候都更加急迫，使得执行全面的设计验证变得更具挑战性。因此，我们必须重新思考我们的信任范式，了解当前范式的局限性，并开创技术以确保在这些挑战性约束下开发的计算系统是可信的。

本章介绍硬件可信性验证技术。如上所述，可信性涵盖了整个平台，包括功能性、软件兼容性、电气和物理特性、边际性和安全性。显然，在一篇文章中不可能对整个范围进行全面的处理。这里我们根据本书的动机，主要关注可信问题，因为它们直接涉及系统安全，如防止攻击者获取系统中某些未经授权的信息或数据的技术。

即使在此限定下，现代硬件设计中的可信挑战仍然是一个庞大的主题。安全挑战来自无数潜在的攻击机会、现代计算机系统的巨大攻击面、各种各样的攻击者动机等。15.2 节中我们将简要概述这些因素的多样性。对这些细节感兴趣的读者，我们建议参考该领域的其他相关研究，如文献[1,11,14]。本章的重点在于解决这些挑战的实践，即可信性验证技术在工业中的实际使用。目的是为安全可信性验证实践提供一个统一的参考，并强调当前的实践状态与现代硬件设计中的可信性要求之间存在着巨大差距。

与本文中的其他大多数章节不同，可信性验证实践本身并不局限于木马检测。虽然处理木马仍然是硬件可信性要求的一个重要目标，但目前(基于安全的)可信保证方法试图提供通用的流程和方法以确保可信，而不管漏洞的来源是恶意的木马还是无意的错误。事实上在许多情况下，从检测的角度来看两者的差异并不清晰。

---

① 恩智浦半导体公司，Email: sandip.ray@nxp.com; sandip.r.ray@gmail.com

本章剩下的部分首先介绍安全相关可信漏洞源的范围。然后我们介绍目前正在使用的检测实践。这些技术因攻击模式和部署模式而异。在这里，我们不再详细介绍这些技术的任何具体细节，而重点对一系列所涉及的技术进行全面综述，从软件/设计目标到涉及 PCB 和平台的技术。本章的论述并不需要读者对硬件可信性挑战有所了解，或在以前的实践中使用过任何可信性验证技术。

15.2　可信挑战的范围

在直接影响安全性的设计中最重要的系统漏洞，可能源于现代系统设计流程的全球分布特性。在过去的几十年中，基于互联网的通信和计算技术的一个关键成就，是使全世界的人类比历史上任何时候都更紧密地联系在一起。我们现在生活在一个高度互联的世界里，在这个世界里，物理上的接近程度与合作和协调的障碍越来越不相关。事实上，一个公司拥有遍布全球多个大陆的团队非常常见，其员工在文化、宗教、历史和习俗方面具有高度多样性。全球化的一个结果就是全球供应链的不断增长。事实上，现在开发任何复杂产品，无论什么行业，都涉及多个参与方，通常分布在世界各地。当然，这意味着这个复杂分布式供应链的所有参与者必须协同工作来创建产品。遗憾的是，就像所有分布式系统一样，这将很难协调。特别是，从供应链的角度来看，至少有三个独特的挑战会影响系统的脆弱性。

接口的一致性：现代硬件设计通常开发为一个片上系统(SoC)，其中由不同的 IP 提供商开发一组具有一致功能的硬件模块(通常称为"知识产权"，简称"IP")，然后集成这些硬件模块来提供完整的系统功能。在当今的供应链中，各个 IP 由在地理上和文化上不同的多个组织(无论是同一公司内的多个组织还是独立的 IP 供应商)分散开发。为了使这种体系结构可信，重要的是，IP 间通信的接口被清晰地定义，且参与到通信的各 IP 均遵从此接口。地理上的分离和分布式控制常常会使这种通信变得困难，使得各方对接口的性质有不同的期望。当然，这种差异的主要影响是功能正确性的折中；例如，如果 IP A 通过接口向 IP B 发送后者并不期待接收的消息，则该消息可能永远不会得到处理，最终导致饥饿或死锁。然而，期望值的不匹配也可能导致安全或敏感信息的泄露；例如，由于接口规范中的模糊性，接收 IP 可能会错误地处理安全敏感消息。

功能期望的一致性：功能规范的一致性是接口一致性的一个更普遍的情况，因此功能规范中的模糊性可能导致安全漏洞。例如，假设需要 IP A 保持不变，即某些数据变量不应超过某个大小限制。该不变性可以用来(由其他 IP 提供商)定义容器数据结构，用于存放具有硬性大小限制的变量。如果不变量性不是由 IP 开发人员强制执行的(可能是无意执行的)，那么结果可能是缓冲区溢出，从而导致安全问题或"后门"问题。对不同 IP 开发人员的功能期望不一致的其他结果可能包含了在数量上使用英制度量单位与公制单位、实时期望等之间的混淆。

为了乐趣或利润而进行的设计修改：在全球化的分布式设计流程中，另一个明显的挑战是如何对设计质量进行有效地控制。缺乏控制的结果是存在恶意修改设计的可能性，可能是由无良员工或恶意 IP 供应商造成的，这使得系统在某些(难以触发)情况下泄露信息。例如，2012 年，剑桥研究人员的一项研究显示，高度安全的军用级 ProAsic3 FPGA[16]中存在一个无文档记载的硅芯片级"后门"，后来被描述为由芯片调试底层架构无意中引入的一个漏洞。在最近的一份报告中，研究人员展示了这样一种攻击，即处理器固件的恶意升级会通过影响电源管理系统而破坏该处理器[7]。此类问题被称为木马问题，在本书的各个章节中已经被广泛讨论，我们在这里就不再详细讨论。然而我们指出，这种恶意修改可能不仅来自于恶意意图，甚至可能是无意或无害的设计优化，在边信道木马的情况中尤其如此。例如，在计算密集型算法中，一个常见的性能优化方法是设计启发式算法来加速一些常见情况。但如果没有小心执行这一想法，就可能会导致一个边信道木马，使外部用户能够通过观察计算速度推断是否正在执行常见情况。可信和不可信的 CAD 工具对 SoC 设计人员而言，同样存在类似的可信问题。因为这些工具旨在对设计的电源、性能和面积进行优化，而未考虑安全因素；因此，它们有时在优化过程中，可能会引入新的漏洞[9]。

不可信晶圆厂的问题： 全球化的另一个重要结果（以及潜在的质量不足）是可能出现伪造系统和器件。一个典型的长分布式供应链由多层分销商、批发商和零售商组成，在此供应链分布式 SoC 设计的制造过程中，伪造产品的威胁越来越大。这些伪造品可能是低质量的克隆品、不可信晶圆厂生产过剩的芯片，也可能是回收旧片[19]。

上述讨论表明，我们需要在器件通过整个分布式供应链时重新考虑器件的安全问题，识别每一点可能引入的潜在漏洞，并确定缓解措施。当然，考虑到生产过程的分布式性质，缓解措施只能从一个参与者的角度来定义，而将供应链中的其他参与者均视为潜在的不可信参与者。在本章的其余部分，我们将从两个具体的视角出发讨论。从设计的角度来看，我们将 SoC 集成公司视为可信方，它不信任 IP 提供商；从整个平台的角度来看，我们将芯片供应商视为可信任方，毕竟他们正在出售芯片且芯片可信对其有利，除此之外其他所有参与者（如晶圆厂、生产方、验证方等）均被视为不可信方。

15.3　安全策略和执行

现代 SoC 设计中，安全保证的一个关键组成部分是执行安全策略。安全策略是一种（系统级）需求，它指定系统必须如何处理对安全敏感资产的访问。在这里，我们简要概述了安全策略和执行这些策略的典型工业流程。以下是两个示例策略：

示例 1：在启动期间，除加密传输的预期目标外，SoC 中的任何 IP 都无法观察到加密引擎传输的数据。

示例 2：包含安全密钥的可编程保险可在制造过程中更新，但不能在生产后更新。

一般来说，安全策略可以指定各种需求，包括访问控制、信息流、活动性和检查时间/使用时间。在现代 SoC 设计中，可信保证的一个关键组成部分是确保策略确实如预期般得到执行。在当前的工业实践中，这是通过一个称为威胁建模的过程来完成的。威胁建模大致包括以下五个步骤，这些步骤重复到完成为止：

资产定义： 识别掌控安全保护的系统资产。这需要识别 IP 以及资产出现的系统执行点。如上所述，这包括静态定义的资产以及在系统执行期间生成的资产。

策略规范： 对于每个资产，确定涉及它的策略。请注意，策略可能"涉及"某一资产，而不指定对其的直接访问控制。例如，策略可以指定特定 IP 如何访问安全密钥 K。从另一方面来说，这可能意味着保存 K 的可编程保险控制器在启动阶段可以与其他 IP 通信，进行密钥分发。

攻击面识别：对于每种资产，确定可能破坏资产管理策略的潜在攻击行为。这需要识别、分析和记录每个潜在的"入口点"，即任何将与资产相关的数据传输到不可信任区域的接口。入口点取决于攻击中考虑的潜在攻击者的类别；例如，隐蔽信道攻击者可以利用诸如功耗或温度等非功能设计特征来推断正在进行的计算。

风险评估：敌方破坏安全目标的可能性其本身并不需要采取缓解策略。风险评估和分析是根据所谓的恐惧范式来定义的，由以下五个组成部分组成：(a)损害可能性；(b)再现性；(c)可利用性，即攻击者执行攻击所需的技能和资源；(d)受影响的系统，例如攻击是否会影响单个或数千万个系统；(e)可发现性。除了攻击本身，还需要分析攻击可能发生在运行现场的可能性、对手的动机等。

威胁缓解：一旦考虑到攻击的可能性，风险就被认为是实质性的，因此必须定义保护机制，并且必须对修改后的系统再次进行分析。

显然，在整个系统的资产和策略范围内，人工执行上述行为是一项艰巨的任务，特别是考虑到与隐性期待相关的微妙差别、潜在攻击者可能破坏风险分析/缓解分析以及功能行为和安全约束之间的复杂相互作用。诚然，在不同的步骤中，有一系列可用的工具来提供帮助，例如用于记录威胁步骤和严重性识别(识别安全场景)的工具等[8,17]。然而，关键的体系结构决策和分析仍然高度依赖于人类的洞察力。

15.4　设计和实现的可信性验证

安全验证仍然是现代 SoC 设计中可信保证的主要工具。该活动的目标是确保对安全关键资产的保护能按预期工作，并确定对手可能破坏此类保护的方式。显然，安全验证技术是威胁建模的重要组成部分。但一般来说，验证是一项复杂的活动，它跨越了整个设计的生命周期，包含各种相互依赖的部分。在当前的实践中，我们将安全验证分为四类。

对安全性敏感设计特性的功能性验证：这本质上是对功能性验证的扩展，但还与关键安全特性实现中涉及的设计元素有关。密码引擎 IP 就是一个例子。加密引擎的一个关键功能要求是它对所有模式的数据进行正确的加密和解密。与任何其他设计模块一样，加密引擎也是功能性验证的目标。但是，考虑到它是许多安全关键设计特性的重要组成部分，安全验证规划可能会做出判断，密码功能的正确性已经足够关键，从而需要在常规功能性验证之上进行进一步的验证。因此，这类 IP 可能会接受更为严格的测试，甚至在某些情况下进行形式分析。其他此类关键 IP 可能包括安全引导、现场固件补丁等过程中涉及的 IP。

确定性安全要求的验证：确定性安全要求是可以直接从安全策略派生的验证目标。这些目标通常包括访问控制限制、地址转换等。设有一个访问控制限制，该限制指定需要阻止 DMA 访问的特定内存范围；这样做可以确保防止代码注入攻击或保护存储在该位置的密钥等。一个明显的派生验证目标就是确保所有访问地址转换后，位于受保护范围内的 DMA 调用都必须被中止。注意，这些属性的验证可能不包括在功能性验证中，因为对于"正常"的测试案例或使用场景，对受保护 DMA 地址进行的 DMA 访问请求不太可能出现。

负面试验：负面测试超出了设计的功能规范，用以确定安全目标是否可能被颠覆或是否制定得过低。继续以上的 DMA 保护示例，负面测试可能扩展确定性安全要求（即终止受保护内存范围的 DMA 访问），也就是确定除了由 DMA 访问请求激活的地址转换外，是否还有任何其他访问受保护内存的路径，如果有，再确定会激活这些路径的潜在输入激励。

黑客马拉松：黑客马拉松也称为白盒攻击，属于安全验证范围的"黑魔法"端。这个想法是让专家级黑客进行面向目标的尝试来破坏安全目标。尽管有一些关于如何做到这点的指导方针（见下一节中有关渗透测试的讨论），但这项活动主要取决于人类的创造力。由于黑客马拉松的成本较高且需要很高的专业水平，所以其执行主要是为了攻击复杂的安全目标，通常在硬件/固件/软件接口或在芯片边界进行。

为了执行各种安全验证任务，当前的实践中使用了各种验证技术。三种常见的技术是模糊化、渗透测试和形式化验证。在这里，我们简要总结了这些技术在安全验证实践中的应用。

模糊：模糊或模糊测试[18]是一种硬件或软件的测试技术，涉及提供无效、意外或随机输入，并监控异常结果，如崩溃或内置代码断言失败或内存泄漏。它原本是一种软件测试方法，随后被改动以适应硬件/软件系统。用在安全领域中，它可以有效地暴露许多潜在的攻击者入口点，包括缓冲区或整数溢出、未处理的异常、争用条件、访问冲突和拒绝服务。传统上，模糊要么使用随机输入，要么使用有效输入的随机突变。与渗透测试和形式化验证等其他验证技术相比，该方法的一个独特魅力在于其高度自动化。然而，由于它依赖于随机性，模糊可能会错过依赖于极端情况场景的那些安全违规。

渗透测试：渗透测试也称为入侵测试，是系统性地攻击计算系统或平台，以识别安全漏洞的过程。这是一个高度人工的过程，通常由对设计和实现有深入了解的专家黑客执行。渗透测试可以在任何抽象层次上瞄准系统，从架构到制造成的 IC。在 15.5 节，我们将讨论针对物理 IC 的渗透测试技术。这一过程涉及复杂的电子辅助设备，包括离子束、激光攻击、故障攻击等。当目标是一个设计或软件（在 IC 制造之前）时，渗透测试工作可以识别功能漏洞。这一过程分为以下三个阶段：

1. 攻击面枚举。第一个任务是识别易受攻击的系统特性或方面。这通常是一个创造性的过程，涉及一系列的活动，包括文档审查、网络服务扫描和模糊或随机测试（见下文）。

2. 脆弱性利用。一旦发现潜在的攻击者入口点，将尝试针对目标区域进行适用的攻击和利用。这可能需要研究已知的漏洞，查找适用的漏洞类攻击，进行针对目标的漏洞研究，以及编写/创建必要的漏洞利用方法。

3. 结果分析。如果攻击成功，那么在此阶段将目标的结果状态与安全目标和策略定义进行比较，以确定系统是否确实受到了损害。请注意，即使安全目标没有直接受到影响，成功的攻击也可能识别出额外的攻击面，然后必须通过进一步的渗透测试加以应对。

注意，虽然渗透测试和功能性验证测试之间存在共性，但是有几个重要的区别。特别是，功能测试的目标是模拟在设计规范中所定义的设计运行正常环境下的良性用户行为和(可能的)意外故障；而渗透测试超出了规范，达到由安全目标设置的限制，并模拟故意攻击者的行为。

形式化验证：涉及到采用数学逻辑来形式化地推导安全保证需求，或者识别目标系统(体系结构、设计或实现)中的缺陷。形式化方法的应用通常涉及大量的工作，无论是在执行演绎推理的人工操作中，还是在开发安全目标的抽象时(可通过自动形式化工具进行分析[2,4])。然而尽管成本高昂，但这项工作对于高度关键的安全目标(如加密算法的实现)是合理的。此外对于某些关键属性，可以轻量级的方式，使用自动形式化方法作为有效的状态探索工具。例如，TOCTOU 属性冲突通常涉及同一协议不同实例的重叠执行场景，这些场景可通过形式化方法工具有效地暴露出来[6]。形式化推理的功效，特别是在设计中发现极端情况漏洞，使得 EDA 供应商在专门针对安全目标的形式化工具之上开发定向"应用程序"，使得在此类情况下更容易使用。例如，Cadence JasperGold™ 提供了针对硬件信息流属性的安全路径验证应用程序[5]。尽管有这些努力以及它们在各种工业项目中的成功应用，但形式化验证仍然是一项复杂的工作，需要高度熟练的专门人员。

15.5　平台级可信保证

前几节介绍了在 SoC 系统集成期间针对集成不可信 IP 和软件模型的可信保证技术。遗憾的是，这些技术不能充分地涵盖各种实现错误。此类错误可能导致边信道或隐蔽通道的信息泄露。泄露严重依赖于设备物理特性，例如通过电压、电流或发射特性。为了在部署之前检测此类泄露，安全保证的一个关键组成部分是对设备的物理(硅)实现进行入侵测试。通常，这种方法涉及移除和添加材料到集成电路(IC)，以访问和修改芯片中的信息。潜在的攻击包括光学检查、读取内部数据或在硅中添加/删除/修改线网。在本节中，我们将总结部分此类关键活动。与设计模型上的渗透测试一样，这些活动本质上模仿了外部黑客对设备的攻击、识别设计或实现漏洞以及执行缓解措施。当然需注意，此类活动非常麻烦且需要较高的创造性，同时经常会用到高度复杂的工具。

硬件逆向工程：硬件逆向工程是指从布局或硅实现中推断模块或系统的功能和实现。这一过程通常包括以下三个步骤：(1)芯片成像，通过打磨、显微镜观察等，从硅中识别出布局层结构；(2)通过复杂的模式识别来识别并解释布局层结构，将布局层设计变成门电路；(3)通过结合门级仿真、静态分析和机器学习技术，从生成的门级网表推断出更高级别的功能。显然，每一个步骤都是复杂的、计算密集的，并且有很大的错误概率。此外，这些测试具有破坏性，因此，必须谨慎地使用，以最大限度地提高成功的机会。遗憾的是，在这一领域，能够与工业系统规模相适应的工具非常缺乏(这也可能被认为有好处，因为如果此类工具可用，就可能会被用于恶意破解部署至现场的设备)。在撰写本文时，一种可用的工具是 Degate[15]，它有助于解释电路图像。如何开发逆向工程工具，使其能够在不能进行现场逆向工程的情况下进行验证，也是一个具有挑战性的问题。

纳米探测和原子力显微镜：此类活动需要使用精密的扫描探针(见图 15.1)，其分辨率为纳米级或更低。在目前的实践中，我们经常使用步进长度小于 1 纳米的细探针针头，并通过电机控制有效地提高效率。这样的装置能够根据指令精确地移动，以及对器件进行极精确的扫描。

图 15.1　一种纳米探针装置。针由电动臂控制，可精确扫描和修改 IC

边信道分析：边信道分析攻击是指通过测量设备的非功能特性来推断设备中的信息和数据。今天业界用于可信保证的边信道攻击包括时序攻击（即测量运行时间差异，并以统计方式从中提取机密资产）、功率攻击（即测量功率或差分功率）、电磁辐射攻击、通信攻击（即根据系统对特定命令的响应，例如用户提供对系统质询的失败响应错误消息来推断机密信息），甚至热量测量。随着所开发的器件数目增多以及基础设施中所包含的器件数目增加，潜在边信道的数量和多样性也变得非常高。因此，用于可信保证的边信道分析必须是审慎且高效的。

故障攻击：故障攻击用于确定是否可以利用电路的故障或缺陷行为来推断设备中的关键信息。这种攻击分为两个阶段。在第一阶段，通过外部设备在计算中引入故障。常见的故障源包括激光束、时钟抖动、电压突增或聚焦离子束，等等。所使用的特定设备取决于各种因素，包括所引入的故障类型、目标芯片、可用控制的数量等。一旦引入故障，在第二阶段，我们将尝试使用故障行为作为一种边信道来推断系统中的秘密。

15.6　安全认证

安全认证是认证一个组织（通常是产品供应商）向外部各方提供产品安全特性有效性保证的过程。认证是工业可信保证的重要组成部分。在本节中，我们提供了各种用于安全关键硬件（和软件系统）的认证过程。

安全认证涉及两个独立于产品供应链的额外参与者（除了提供产品的供应商或制造商）：

- 评估产品安全声明的实验室或机构（称为信息技术安全评估机构或"ITSEF"）；
- 根据 ITSEF 的评估报告批准安全声明的组织（称为认证机构）。

为了阐明认证的作用和范围，我们在下面将讨论两个特定的认证标准：通用标准和 FIPS。除此之外，还有其他的（非标准的，有时是专有的）一些专用认定标准，专门针对特定高度敏感应用[3]，例如信用卡、银行系统等。

　　通用标准：信息技术安全评估的通用标准[20]，俗称通用标准(CC)，是一种国际标准(ISO/IEC 15408)，用于评估信息安全产品的指南和规范，特别是为了确保它们满足部署在政府部门所需的商定安全标准。标准适用于从操作系统到硬件的各种产品。与其他认证一样，制造商提供产品辅助资料(例如产品概述、安全要求、实施架构、验证流程等)，ITSEF 进行评估，认证机构提供最终认证。为了规范认证过程，通用标准规定了一组产品安全保证声明的评估保证级别(EAL)。保证级别提供一个数字等级，指定评估的严格性。每个 EAL 对应一组安全保证要求(或"SAR")，其中涵盖了产品的开发。通用标准中列出了七个 EAL，其中 EAL1 是最基本的，EAL7 是最严格的(因此应用起来最昂贵)。

　　FIPS 140-2：联邦信息处理标准(FIPS)[10]是一种专门适用于加密图形模块的美国政府计算机安全标准。其目标是协调设计的加密组件，包括硬件和软件组件。该标准涵盖模块的规格、接口和端口，以及它们在服务和认证、物理安全、部署目标、电磁干扰等方面的作用。FIPS 140-2 定义了四个安全级别，其中级别 1 最低，级别 4 最高。1 级重点关注模块的基本安全要求、算法和功能；2 级针对防篡改，例如使用密封和涂层以防止物理访问造成的攻击；3 级需要相应的机制，以防止恶意人员访问模块内的安全参数；4 级要求对未经授权的物理访问尝试进行保护和隔离。

　　虽然认证是确保安全关键系统和设备可信性的关键组成部分，但仍然需要仔细了解评估结果和认证的具体内容；证书并不一定确保设备不受攻击和漏洞的影响。例如，通用标准的 EAL6 需要安全策略模型和证据来证明功能规范满足某些安全需求。这显然是确保目标设备可靠性的关键要求。但是，仅此证书并不意味着设备的实现确实符合证书中使用的安全策略模型。在特定环境中部署设备的客户必须理解这些差异和潜在的细微之处，并确定如何使用认证结果来确保应用的可靠性。

15.7　小结

　　我们概述了当前工业实践中采用的安全和可信保证及验证机制。如今，在实践中应用的可信保证技术涵盖了从体系结构到硅实现的一大类技术和模型目标。这一过程复杂性高并且成本高，在一定程度上是因为当今的安全保障本质上是被动的：它是通过对过去攻击的创造性和经验来识别安全攻击及其缓解策略，而不是通过对部署需求和脆弱性源进行全面、系统地分析来进行识别的。事实上，考虑到攻击的多样性和设备的复杂性，我们并不清楚如何更系统化地来进行安全保障。此外，随着我们从体系结构到 RTL/软件模型，最后到硅芯片攻击，各种保证活动所需的专业知识差异很大。这意味着需要进行关于安全性的整体研究，它可以无缝地向不同的抽象级别移动。我们希望这里通过展示在目前工业实践的差距有助于此项研究。

参考文献

1. S. Bhunia, S. Ray, S. Sur-Kolay (eds.), *Fundamentals of IP and SoC Security: Design, Validation, and Debug* (Springer, Cham, 2017)

2. E.M. Clarke, O. Grumberg, D.A. Peled, *Model-Checking* (The MIT Press, Cambridge, 2000)

3. EMVCo: EMV® Specifications

4. A. Gupta, Formal hardware verification methods: a survey. Formal Methods Syst. Des. **2**(3), 151–238 (1992)

5. JasperGold Security Verification Path App

6. S. Krstic, J. Yang, D.W. Palmer, R.B. Osborne, E. Talmor, Security of SoC firmware load protocol, in *IEEE HOST* (2014)

7. E. Messmer, RSA security attack demo deep-fries Apple Mac components (2014)

8. Microsoft Threat Modeling & Analysis Tool version 3.0 (2009)

9. A. Nahiyan, K. Xiao, D. Forte, Y. Jin, M. Tehranipoor, AVFSM: a framework for identifying and mitigating vulnerabilities in FSMs, in *Design Automation Conference* (2016)

10. NIST: Federal information processing standards publication: security requirements for cryptographic modules

11. S. Ray, J. Bhadra, Security challenges in mobile and IoT systems, in *IEEE System-on-Chip Conference* (2016)

12. S. Ray, Y. Jin, A. Raychowdhury, The changing computing paradigm with Internet-of-Things: a tutorial introduction. IEEE Des. Test Comput. **33**(2), 76–96 (2016)

13. S. Ray, S. Bhunia, P. Mishra, Security validation in modern SoC designs, in *Fundamentals of IP and SoC security: design, validation, and debug*, ed. by S. Bhunia, S. Ray, S. Sur-Kolay (Springer, Cham, 2017), pp. 9–28

14. S. Ray, E. Peeters, M. Tehranipoor, S. Bhunia, System-on-Chip platform security assurance: architecture and validation. Proc. IEEE (2017)

15. Reverse engineering integrated circuits with degate

16. S. Skorobogatov, C. Woods, Breakthrough silicon scanning discovers backdoor in military chip, in *CHES* (2012), pp. 23–40

17. J. Srivatanakul, J.A. Clark, F. Polac, Effective security requirements analysis: HAZOPs and use cases, in *7th International Conference on Information Security* (2004), pp. 416–427

18. A. Takanen, J.D. DeMott, C. Mille, *Fuzzing for Software Security Testing and Quality Assurance* (Artech House, Norwood, 2008)

19. M. Tehranipoor, U. Guin, D. Forte, *Counterfeit Integrated Circuits: Detection and Avoidance* (Springer, Cham, 2014)

20. The Common Criteria

第16章 总结与未来的工作

Swarup Bhunia 和 Mark M. Tehranipoor[①]

16.1 总结

硬件木马或硬件木马攻击是近十年来研究的热点。随着时间的推移，这项研究的范围也在逐渐扩大——因为恶意的硬件篡改可能被扩展到集成电路生命周期的不同阶段（从 IP 核到微芯片）以及硬件抽象的不同级别（从微芯片到印制电路板）。现在它代表了硬件安全的一个新分支。硬件木马引起的安全问题涉及电子硬件生命周期的各个方面，从片上系统设计人员到原始设备制造商（OEM）再到终端用户。传统观点假定硬件很难被破坏，它从根本上比软件部分更加安全可信，可被用在不同的计算与通信系统中作为可信锚或"信任根"。因此，硬件也受恶意篡改的影响是一个违背传统观点的有趣事实。

在过去的几十年里，对硬件木马的研究大致遵循以下两个方向之一：(1)探索威胁模型和攻击模式；(2)在不同层次上处理攻击的方法。第一个方向的重点是在制造过程的不同阶段中发现硬件被如何篡改以达到恶意目的，以及如何通过实现不同的负载以满足多种攻击目标。第二个方向主要针对对策，分为两类：(1)硬件可信性验证和(2)"安全设计"(DfS)解决方案。硬件木马问题很快就创造出了一个全新的硬件可信性验证领域，该领域旨在分析一个硬件（无论是 IP 核、芯片还是 PCB）以验证其可信度与恶意设计电路。第一类对策由广泛的硬件可信性验证解决方案组成，包括定向功能测试、统计检验和形式化验证方法。另外，第二类对策采用先发制人的方法，即在硬件制作之前就将预防木马攻击的措施内置在设计中。这些解决方案可以尝试"硬化"设计，使恶意植入变得困难或不可行，或使可信性验证变得更容易，或允许在线监测木马激活，以检测和/或容忍现场操作期间的木马影响。特别是在现场运行中，针对木马恢复能力或木马容错（类似于容错的概念）的设计技术，为木马的研究开辟了一个很有前景的新方向。

本书尝试囊括过去十年(2007—2017)上述领域的所有方面，并由该领域杰出研究人员和从业者贡献了一系列章节。这些章节涵盖了现代电子硬件在木马攻击方面的一系列弱点，以及所有可能的保护方法。我们希望这些章节能够作为一个关于硬件木马攻击的综合资源，为研究人员、学生和从业者提供硬件木马攻击的基础知识。我们很高兴能够收集到这些高质量的章节，对出版包括了硬件安全性领域这个重要课题材料概要的第一本书做出贡献。

在过去的十年中，木马攻击和硬件可信性保证一直是国防部的主要兴趣所在。这是

① 佛罗里达大学电气与计算机工程学院
Email：swarup@ece.ufl.edu; tehranipoor@ece.ufl.edu

由于在不同的军事应用中，恶意植入硬件可能导致灾难性后果。不可信的硬件已经成为我们国家安全的重要关切。由于对微电子设计和制造周期的控制迅速减弱，以及涉及多个不可信方的复杂电子产品分布式供应链，这些问题变得更为严重。克隆现代芯片和印制电路板相对容易，也使得对手可以将嵌入恶意电路的克隆芯片整合到供应链中。最近的报告显示，芯片的克隆是硬件可信问题一个新的重要方面。对于系统集成商（如 OEM）来说，由于缺少黄金样片实例或参考设计，验证从供应链获得芯片的可靠性非常具有挑战性。在可预见的未来，从供应链获取电子元器件的可信性验证仍然是一个关键问题，也是一个研究的热点领域。这样的问题可能会触发硬件可信性验证方面的关键创新，这又与芯片设计人员试图验证在不可信厂商生产芯片的场景完全不同。在后一种情况下，芯片设计人员可以访问整个设计并了解其预期的功能/参数性能。

然而，硬件可信性正逐渐被主流半导体行业重视，成为一个越来越重要的问题。不同形式的恶意植入成为片上系统设计者的一个正当关切，例如在不可信 IP 上进行设计篡改，可能会泄露机密信息。我们期望在未来数年内，各大芯片设计及电子设计自动化厂商会更重视与硬件木马相关的研发活动。

16.2　未来的工作

虽然本书涵盖了这一领域先前的和正在进行的研究活动，我们希望它能在许多方面激发新的研究探索。特别地，预期会新开辟的研究途径如下：

1．更复杂的攻击

通过恶意硬件篡改对计算系统加载复杂而强大的攻击，该研究预计仍将是一个活跃的主题。即需要研究能够在现场操作中利用软件或数据进行巧妙的硬件篡改，并制定适当的对策。这种篡改可能导致在攻击者进行控制的时间里，泄露硬件设备内部机密信息或引发故障。也可以研究硬件篡改在加载不同形式的物理攻击时的有效性，包括边信道攻击，例如故障注入攻击，其中木马可以通过故障注入加速密钥泄露。最后，利用多方的串通可以实现一种木马，例如设计室里的无良设计师与晶圆厂里的攻击者相勾结。这种木马在硅后测试中很难检测到，因为它们可能会由测试期间不太容易被激活的稀有操作条件触发后，才改变设计的功能或参数性能。

2．自动化的脆弱性分析

对于开发 CAD 工具使其能自动分析设计的可靠性或针对恶意篡改的脆弱性的需求在日益增加。前一个工具对于评估集成到 SoC 中不可信 IP 模块的可靠性非常重要。这样一个工具将帮助 SoC 设计人员在使用它之前，了解与已知木马模型相关的可能恶意行为。需要注意的是，除了故意进行恶意篡改外，攻击者还可能利用表面上良性的非功能性设计构件，比如可测试设计（design-for-test, DFT）或可调试设计（design-for-debug，DFD）的基本构件来达到恶意目的，比如信息泄露。理想情况下，自动化漏洞分析工具也应该捕捉到这些问题。后一个工具在分析设计遭到制造商恶意篡改时，所表现出的脆弱性情况具有重要作用。它应该突出设计中与其他组件或区域相比，更为脆弱的部分。随着芯片设计人员对第三方 IP 模块的依赖越来越强，以及芯片制造过程中越来越多的可信问题，对这种自动分析工具的需求将会越来越大。

3. 度量和基准

由于硬件抽象与 CAD 工具相关联，需要新的研究来为不同的抽象级别开发相应的可信度量和基准。例如，对硬件 IP 模块进行可信量化的方法将包括许多重要的研究问题，例如：(1)什么结构会被认为不可信；(2)怎样的 IP 或其组件(如处理器的算术逻辑单元)功能行为可以提高信任问题；(3)能否提出一组明确定义的属性，以检查 IP 且其结果可用于可信量化。可信度量需要考虑可信评估的所有方面，才能得出一个总体的可信值。类似地，对评估可信性验证或可信性设计方案的可信基准的需求也将不断增长。虽然在这方面已经做出了一些突出的努力，但是还需要进一步的研究来扩充基准测试套件，使之适应正在出现的攻击模式，并涵盖各种硬件抽象。

4. 可信性验证

人们普遍认为，要实现一种能够可靠地抵御各种类型、形式和大小木马攻击的"银弹"解决方案是极其困难的。有效的可信性验证能够提供对各种可信问题的高度信心，它仍将是一项热门的研究。通过逻辑测试和边信道分析实现的可信性验证已经得到了广泛的研究。本书有专门的章节来详细阐述这些解决方案。然而，目前的解决方案往往只对特定类型的木马有效，或采取了不切实际的假设。此外，无黄金模型可信性验证问题还没有得到学术界的足够重视。这一领域显然需要新的重大研究。

5. 安全设计(DfS)方法

虽然可信性验证解决方案很有吸引力，因为它们不会带来硬件或设计开销，并且可以用于以往的组件，但是它们的效率有限，无法提供完整的可信保证。如果与相应的设计解决方案相结合，可信性验证可以提供更高的可信度。可信感知的设计方法试图使木马难以插入，即有效地"硬化"设计，并/或使木马易于激活/观察。低开销的设计解决方案能够适应自动化的要求，并在可信保证方面提供显著的好处，这有望在学术界和工业界继续成为有吸引力的研究主题。

6. 纳米级器件中的木马攻击

CMOS 技术的不断扩展将我们带到了亚 10 纳米技术领域，在那里出现了具有有趣开关特性的新型纳米器件。这些器件常常拥有独特的材料特性，并引入了全新的器件结构或状态变量(例如，电子的自旋、悬臂梁的机械状态或固体介质材料的电阻状态)。它们在许多方面表现出良好的行为，例如性能、功率、非易失性、可靠性、可制造性和集成度。纳米级器件的工作原理也有望改变硬件木马的概念。例如，纳米级晶体管的电流很大程度上依赖于沟道应力，可以通过更改工艺步骤甚至微小的布局变化来改变。更具有挑战性的问题将是可靠性木马，其目的是从根本上加速设备老化过程。类似的木马也可能出现在不带电的器件中，例如微调自旋极化或磁隧道结(MTJ)电阻。未来的研究将集中于探索纳米级器件的木马攻击和相应的木马可恢复性设计。

反侵权盗版声明

　　电子工业出版社依法对本作品享有专有出版权。任何未经权利人书面许可，复制、销售或通过信息网络传播本作品的行为；歪曲、篡改、剽窃本作品的行为，均违反《中华人民共和国著作权法》，其行为人应承担相应的民事责任和行政责任，构成犯罪的，将被依法追究刑事责任。

　　为了维护市场秩序，保护权利人的合法权益，我社将依法查处和打击侵权盗版的单位和个人。欢迎社会各界人士积极举报侵权盗版行为，本社将奖励举报有功人员，并保证举报人的信息不被泄露。

举报电话：（010）88254396；（010）88258888

传　　真：（010）88254397

E-mail：　dbqq@phei.com.cn

通信地址：北京市海淀区万寿路 173 信箱

　　　　　电子工业出版社总编办公室

邮　　编：100036